Manfred Thumm | Werner Wiesbeck | Stefan Kern

Hochfrequenzmesstechnik

Manfred Thumm | Werner Wiesbeck | Stefan Kern

Hochfrequenzmesstechnik

Verfahren und Messsysteme

2., durchgesehene Auflage

Mit 217 Abbildungen

STUDIUM

Bibliografische Information der Deutschen Nationalbibliothek
Die Deutsche Nationalbibliothek verzeichnet diese Publikation in der
Deutschen Nationalbibliografie; detaillierte bibliografische Daten sind im Internet über
<http://dnb.d-nb.de> abrufbar.

1. Auflage 1997
2., durchgesehene Auflage 1998

Ursprünglich erschienen bei Vieweg+Teubner | GWV Fachverlage GmbH, Wiesbaden 2008

Lektorat: Reinhard Dapper | Andrea Broßler

Umschlaggestaltung: KünkelLopka Medienentwicklung, Heidelberg
Gedruckt auf säurefreiem und chlorfrei gebleichtem Papier.

ISBN 978-3-519-16360-2   ISBN 978-3-663-01599-4 (eBook)
DOI 10.1007/978-3-663-01599-4

Vorwort

In der heutigen vernetzten und von vielfältigen Kommunikationsmöglichkeiten geprägten Welt kommt der Hochfrequenztechnik steigende Bedeutung zu. Neben der System- und Schaltungstechnik ist die Kenntnis der Meßverfahren und Meßsysteme der Hochfrequenztechnik wesentlich, beispielsweise bei Aufbau und Einsatz von Mobilfunknetzen oder Datennetzen. Weitere wichtige Anwendungsgebiete der Hochfrequenztechnik, und damit auch der zugehörigen Meßtechnik, sind Sensorik, Fernerkundung, Radar und industrielle Heiztechnik. Die Meßtechnik wird hier für Komponenten, Baugruppen, Subsysteme und Systeme im Frequenzbereich von einigen MHz bis in den Millimeterwellenbereich eingesetzt. Der Schwerpunkt liegt dabei im Mikrowellenbereich, da traditionelle Arbeitsbereiche der Hochfrequenztechnik wie die auf eine Vielzahl diskreter Filter aufbauende Sende- und Empfangstechnik durch die zunehmende Integration solcher Funktionen in einzelnen integrierten Schaltungen an Bedeutung verlieren. Unter Hochfrequenztechnik soll daher im Rahmen dieses Buches in erster Linie die Mikrowellentechnik, die sich eher mit der Beschreibung verteilter Elemente und verkoppelter Systeme durch Leistungswellen und Streuparameter als mit der Spannungs-Strom-Beschreibung diskreter Elemente befaßt, verstanden werden.

Der vorliegende Text entspricht in weiten Teilen der Vorlesung "Mikrowellenmeßtechnik" am Institut für Höchstfrequenztechnik und Elektronik der Universität Karlsruhe. Er wendet sich an Studenten der Elektrotechnik und Physik im Hauptdiplom, aber auch an Ingenieure und Wissenschaftler in der Praxis. Der Leser sollte grundlegende Kenntnisse über die Hochfrequenztechnik besitzen, die benötigten mathematischen Grundlagen gehen jedoch nicht über einfache Zusammenhänge der Fouriertransformation hinaus.

Im Rahmen dieses Buches ist besonders darauf Wert gelegt, diejenigen Meßsysteme und -methoden vorzustellen, denen man auch in der aktuellen Praxis begegnet. Insofern werden viele traditionelle Meßmethoden, wie man sie in älteren Werken zur Hochfrequenzmeßtechnik häufig findet, nur kurz behandelt. Für eine ausführliche Betrachtung solcher Methoden sei auf die Literatur verwiesen. Damit wird der Tatsache Rechnung getragen, daß manuelle Meßsysteme heute durch automatisierte und rechnergestützte Meßgeräte und -systeme weitgehend ersetzt sind. Es darf dabei allerdings nicht übersehen werden, daß auch das beste Meßgerät nicht ohne Verständnis seines Funktionsprinzips verwendet werden kann oder sollte. Die komfortable Ausstattung vieler Geräte kann nur zu leicht vergessen lassen, daß jedes

Meßgerät mit prinzipiellen Fehlern behaftet ist, die nur bei Kenntnis der Funktionsweise und des Zusammenwirkens aller Komponenten des Meßsystems vermieden oder minimiert werden können.

In diesem Sinne macht der vorliegende Text, ausgehend von der Beschreibung grundlegender Komponenten wie Mischern oder Oszillatoren (Kapitel 2), die Funktionsweise der Meßsysteme zur Leistungsmessung (Kapitel 3) und Frequenzmessung (Kapitel 4), zur Spektralanalyse (Kapitel 5) und zur Signalanalyse im Modulationsbereich (Kapitel 6) verständlich. Neben diesen fundamentalen Messungen zur Signalanalyse sind in gleicher Weise Systeme für die ebenso wichtigen Meßaufgaben der Phasenrauschmeßtechnik (Kapitel 7), der Netzwerkanalyse (Kapitel 8) und der Antennenmeßtechnik (Kapitel 9) behandelt. Damit sind alle grundlegenden Bereiche der aktuellen Hochfrequenzmeßtechnik abgedeckt. Nicht oder nur am Rande behandelt werden darüber hinausgehende Gebiete wie die digitale Signalanalyse beispielsweise in Mobilfunknetzen oder die Bestimmung von Materialparametern.

Ein Buch, das die aktuelle Technik zum Thema hat, kann nicht ohne die Unterstützung etlicher praktisch tätiger Personen und Firmen auskommen. An dieser Stelle sei daher der Vielzahl von Studenten und wissenschaftlichen Mitarbeitern der Universität Karlsruhe gedankt, die durch Verbesserungs- und Korrekturvorschläge einen wesentlichen Beitrag zum Entstehen dieses Buches geleistet haben. Neben vielen anderen ist hier besonders Herrn Dr.-Ing. Hans-Ulrich Nickel zu danken. Ebenso sei den im Bildnachweis genannten Firmen gedankt für die freundliche Erlaubnis, ihre Abbildungen zu verwenden.

Karlsruhe, im Januar 1997

Manfred Thumm, Werner Wiesbeck
und Stefan Kern

Vorwort zur 2. Auflage

Die erste Auflage dieses Buchs hat eine erfreulich gute Aufnahme gefunden. Für die zweite Auflage, die nun schon nach wenig mehr als einem Jahr folgt, wurden die wenigen bekannt gewordenen Unstimmigkeiten berichtigt sowie das Literaturverzeichnis ergänzt. Wir bedanken uns bei den bisherigen Lesern und wünschen allen zukünftigen eine interessante und nützliche Lektüre.

Karlsruhe, im Mai 1998

Manfred Thumm, Werner Wiesbeck
und Stefan Kern

Inhaltsverzeichnis

1 Einleitung

Im weitesten Sinne wird Hochfrequenzmeßtechnik betrieben, seit Heinrich Hertz von 1886 bis 1888 als Ordinarius am Physikalischen Institut des Polytechnikums Karlsruhe der Nachweis von Abstrahlung, Ausbreitung, Empfang und Polarisation elektromagnetischer Wellen (um 100 MHz) gelang. Die technische Entwicklung zeigte von Beginn an einen Trend zu höheren Frequenzen, der auch heute noch vorherrscht und der Hochfrequenzmeßtechnik stetig neue Aufgabenbereiche zukommen läßt.

1.1 Frequenz- und Leistungsbereiche

Der Frequenzbereich der Hochfrequenztechnik ist durch die Verwendung von Komponenten in der Größenordnung der Wellenlänge gekennzeichnet. Im engeren Sinne trifft dies auf die Mikrowellentechnik zu, deren untere Frequenzgrenze bei etwa 300 MHz durch den Übergang von der Technik diskreter, konzentrierter Schaltungselemente zur Technik verteilter Elemente festgelegt wird. Als obere Frequenzgrenze kann 300 GHz angegeben werden. Hier wird die elektronische Schwingungserzeugung und der Einsatz von Hohlleitern schwierig, es kommen vermehrt optische und quantenmechanische Verfahren zum Einsatz. Beide Frequenzgrenzen sind nicht bindend, sondern von der verwendeten Technik abhängig. Die traditionelle Unterteilung des Hochfrequenzbereichs ist (mit der Freiraumwellenlänge im Vakuum λ_0):

- HF (high frequencies)
  $f = 3...30$ MHz; $\lambda_0 = 100...10$ m
- VHF (very high frequencies)
  $f = 30...300$ MHz; $\lambda_0 = 10...1$ m (Meterwellen)
- UHF (ultra high frequencies)
  $f = 300...3000$ MHz; $\lambda_0 = 1...0{,}1$ m (Dezimeterwellen)
- SHF (super high frequencies)
  $f = 3...30$ GHz; $\lambda_0 = 10...1$ cm (Zentimeterwellen)
- EHF (extremely high frequencies)
  $f = 30...300$ GHz; $\lambda_0 = 10...1$ mm (Millimeterwellen)

Eine feinere Einteilung des Frequenzbereichs orientiert sich vor allem an den Hohlleiterbändern (Bild 1.1, bis 100 GHz).

Bandbezeichnung alt		Bandbezeichnung neu	
HF	3-30 MHz	A	0-250 MHz
VHF	30-300 MHz	B	250-500 MHz
UHF	300-1000 MHz	C	500-1000 MHz
L	1-2 GHz	D	1-2 GHz
S	2-4 GHz	E	2-3 GHz
		F	3-4 GHz
C	4-8 GHz	G	4-6 GHz
		H	6-8 GHz
X	8-12 GHz	I	8-10 GHz
J / Ku	12-18 GHz	J	10-20 GHz
K	18-27 GHz	K	20-40 GHz
Q / Ka	27-40 GHz		
	40-60 GHz	L	40-60 GHz
O / E	60-90 GHz	M	60-100 GHz

Frequenz f / GHz	Wellenlänge λ_0 / m
0,1	3
0,2	1,5
0,3	1
0,4	0,75
0,5	0,6
0,6	0,5
0,8	0,375
1,0	0,3
2	0,15
3	0,1
4	0,075
5	0,06
6	0,05
8	0,0375
10	0,03
20	0,015
30	0,01
40	0,0075
50	0,006
60	0,005
80	0,00375
100	0,003

Bild 1.1 Frequenzbänder (alte und neue Bezeichnung)

Interessant ist, daß die Quantenenergie h·f an der oberen Frequenzgrenze erst etwa 1 meV beträgt (mit der Planck-Konstante $h \approx 6{,}6 \cdot 10^{-34}$ Js $\approx 4{,}1 \cdot 10^{15}$ eVs) und damit noch deutlich kleiner ist als die thermische Energie k·T, die bei Zimmertemperatur bereits 25 meV beträgt (mit der Boltzmann-Konstante $k \approx 8{,}6 \cdot 10^{-5}$ eV/K).

Hochfrequenzleistung kann heute bis in den Gigawattbereich erzeugt und noch unterhalb des Pikowatt-Bereichs nachgewiesen werden. Die übliche Einteilung lautet etwa:

Niedrige Leistung:	< 1 mW (0 dBm)
Mittlere Leistung:	1 mW...10 W (40 dBm)
Hohe Leistung:	> 10 W

Die Hochfrequenzmeßtechnik bewegt sich meist im Bereich niedriger bis mittlerer Leistungen. Die Messung von Hochleistungssignalen bzw. ihre Umsetzung in niedrigere Leistungsbereiche ist eine spezielle Problematik und wird im Rahmen dieses Buches nicht dargestellt.

1.2 Besonderheiten im Hochfrequenzbereich

Wie bereits erwähnt sind die Bauelemente im Hochfrequenz- bzw. Mikrowellenbereich in der Größenordnung der Wellenlänge oder größer. Entsprechend müssen folgende Effekte berücksichtigt werden:

- Elektromagnetische Vorgänge müssen als schnell veränderliche, nichtlokale Vorgänge betrachtet werden. Beispiele:
  - Der direkte elektrische Leerlauf kann wegen der Abstrahlung nicht realisiert werden, z. B. wirkt ein offener Hohlleiter als Antenne.
  - Für einen elektrischen Kurzschluß genügt keine einfache Verbindung, vielmehr muß das gesamte elektrische Feld flächenhaft kurzgeschlossen werden.
- Damit werden auch Strom und Spannung vom Integrationsweg abhängig oder sind gar undefiniert (z.B. im Hohlleiter). Man geht deshalb von der Strom-Spannungs-Beschreibung (Vierpol-Beschreibung) zur Streuparameter-Beschreibung (Zweitor-Beschreibung oder S-Parameter-Beschreibung, siehe auch Abschnitt 8.1) mit hin- und rücklaufenden Leistungswellen über.

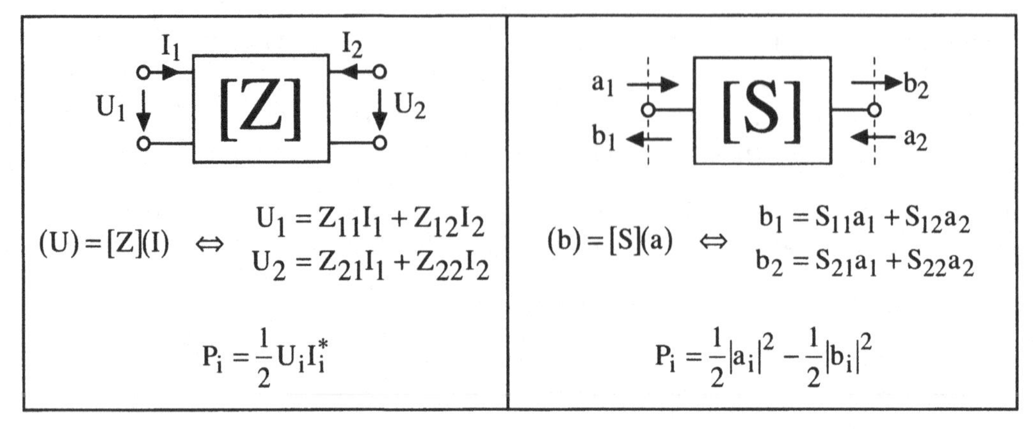

$$U_i = \sqrt{Z_i}(a_i + b_i) \qquad I_i = (a_i - b_i)/\sqrt{Z_i} \tag{1.1}$$

- Elektrische Verbindungen zwischen zwei Bauteilen müssen als Leitungen mit charakteristischen Übertragungs- und Transformationseigenschaften betrachtet werden. Alle Leitungen sind bei der Schaltungsdimensionierung zu berücksichtigen.

Daneben treten noch einige weitere Effekte infolge der hohen Frequenzen auf:

- Laufzeiten von Teilchen (z.B. Ladungsträger in Röhren oder Halbleitern) sind nicht mehr klein gegen die Periodendauer der Schwingung. Beispiele für Laufzeiteffekte sind:
  - Abnahme des Eingangswiderstands und des Verstärkungsfaktors von Transistoren bzw. dichtegesteuerten Elektronenröhren mit wachsender Frequenz
  - Schwingungserzeugung mit Laufzeitröhren und IMPATT-Dioden (Lawinenlaufzeitdioden).
- Aufgrund des Skin-Effekts liegt die Eindringtiefe von Wechselfeldern und Wechselströmen in üblichen Leiterwerkstoffen im µm-Bereich oder darunter.
- Bei der Ausbreitung elektromagnetischer Wellen müssen "optische" Erscheinungen wie Reflexion, Brechung, Beugung, Streuung und Polarisation berücksichtigt werden. Außerdem nimmt die atmosphärische Dämpfung mit steigender Frequenz stark zu.

1.3 Automatisierung

Die zunehmende Verwendung von Mikroprozessoren in modernen Meßgeräten erlaubt eine starke Automatisierung in allen Bereichen der Meßtechnik. Dies trifft in besonderem Maße auf die Hochfrequenzmeßtechnik zu, weil hier einerseits umfangreiche Umrechnungen und Korrekturen vorgenommen werden müssen, andererseits der Einsatz eines Mikroprozessors den Preis der meist sehr kostspieligen Geräte nur unwesentlich erhöht. Überall, wo ein manueller Eingriff in den Verlauf der Messung vermieden werden kann, wird man daher folgende Strukturen finden:

- Steuerung des Meßablaufs durch Programme; automatisierte Kalibrierungen und Meßbereichseinstellungen.
- Digitale Erfassung und Verarbeitung der Meßwerte, Korrektur systematischer Fehler.
- Ausgabe der Meßwerte auf Displays in gewünschter Form, ggf. auch Umrechnung in geeignete Darstellungsformen, und Weitergabe der Meßwerte an übergeordnete Meßsysteme oder Rechner.

Ein modernes Hochfrequenz-Meßgerät läßt seine Funktion oft nur noch durch die Beschriftung der Bedienelemente erkennen. Die Verwendung solcher Geräte erfordert trotz ihres hohen Bedienkomforts ein grundlegendes Verständnis der Funktionsweise, um systematische Fehler bzw. Fehler durch nichtideale Eigenschaften des Meßgeräts vermeiden zu können. Zwei Beispiele zur Verdeutlichung:

- Linien im Spektralanalysator können vieldeutig sein aufgrund der internen Mischvorgänge (z.B. Spiegelfrequenzen) oder gar erst im Spektralanalysator selbst entstanden sein (Übersteuerung).
- Störlinien im Ausgangsspektrum eines Meßgenerators können die Meßdynamik nach unten begrenzen, unabhängig von der Qualität des verwendeten Meßempfängers. Beispielsweise kann ein Bandsperrfilter mit 70 dB Sperrdämpfung nicht vermessen werden, wenn der Generator Störlinien mit 50 dB Störabstand aufweist.

Wobbelmessung

Als wichtigstes klassisches Verfahren zur Automatisierung sei noch die Wobbelmessung hervorgehoben. Statt der Vermessung einzelner Frequenzpunkte wird dabei ein gewünschtes Frequenzband automatisch durchlaufen. So gewinnt man mit einem Meßvorgang ein kontinuierliches Bild der Meßwerte. Das Verfahren stellt also eine

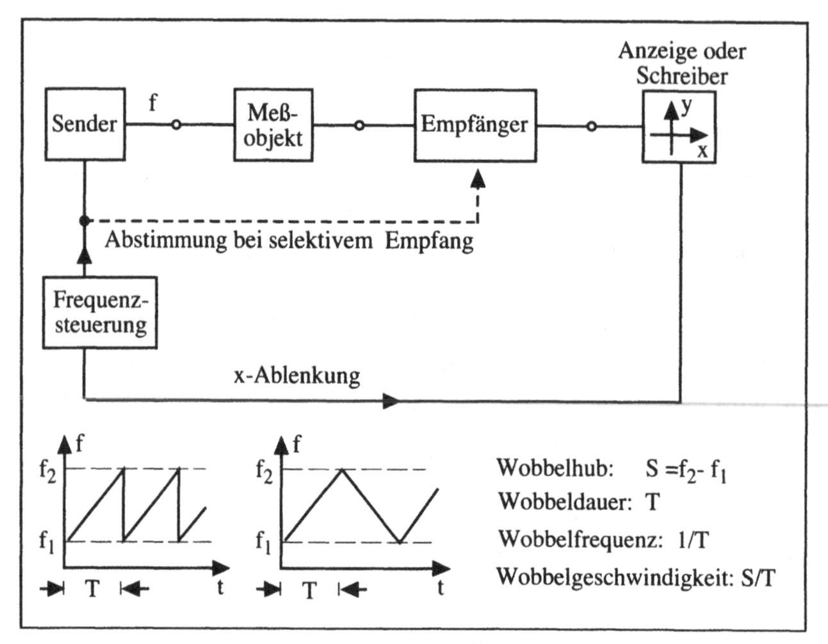

Bild 1.2 Aufbau und wichtigste Größen eines Wobbelmeßplatzes

wesentliche Erleichterung dar, ist aber auch mit prinzipiellen Fehlern und Ungenauigkeiten behaftet und wird deshalb noch im Detail behandelt (Abschnitt 2.4.3 und Abschnitt 5.1.1).

1.4 Zusammenstellung der Meßgrößen

Die fundamentalen Meßgrößen der Hochfrequenzmeßtechnik sind

- Leistung und
- Frequenz.

Die Meßverfahren werden in den Kapiteln 3 bzw. 4 behandelt. Zur Signalanalyse werden drei zweidimensionale Darstellungen verwendet:

- v(t) **Darstellung im Zeitbereich**: Die Leistung bzw. die Amplitude wird über der Zeitachse aufgetragen. Als Meßgeräte kommen Abtastoszilloskope und schnelle Leistungsmesser zum Einsatz. Dies ist die traditionelle Darstellung der NF-Technik. Im Hochfrequenz- bzw. im Mikrowellenbereich nimmt die Bedeutung dieser Darstellungsweise ab. Messungen im Zeitbereich werden deshalb nur kurz in Abschnitt 3.3 behandelt.

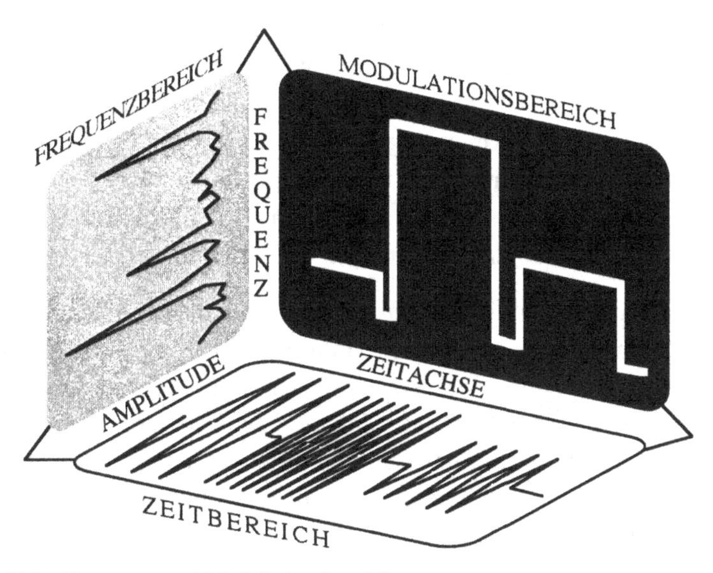

Bild 1.3 Zeit-, Frequenz- und Modulationsbereich

- V(f) **Darstellung im Frequenzbereich**: Die Leistung bzw. die Amplitude wird über der Frequenz aufgetragen (Spektralanalyse). Dieser klassische Bereich der Signalanalyse in der HF-Technik bzw. das zugehörige Meßgerät (Spektralanalysator, SA) wird im fünften Kapitel behandelt.

- f(t) **Darstellung im Modulationsbereich**: Die momentane Frequenz bzw. die momentane Phase wird über der Zeit aufgetragen. Komfortable Messungen in diesem Bereich wurden erst durch den sogenannten "totzeitfreien Zähler" der Firma Hewlett-Packard ermöglicht. Die Anwendung dieses Geräts ist nicht auf den Hochfrequenzbereich beschränkt. Wegen seiner vielfältigen Möglichkeiten insbesondere zur Untersuchung des dynamischen Verhaltens eines Systems wird der totzeitfreie Zähler ausführlich in Kapitel 6 vorgestellt.

Auf diese grundlegenden Messungen bauen alle weiteren Meßaufgaben im Hochfrequenzbereich auf. Wegen ihrer großen Bedeutung sind folgende spezielle Aufgabenstellungen in den verbleibenden Kapiteln behandelt:

- Messung des Phasenrauschens (Kapitel 7): Im Hochfrequenzbereich werden oft monofrequente Signale (reine Sinussignale) mit nur einer Spektrallinie angestrebt, z.B. als Trägersignale für die Nachrichtenübertragung. Man interessiert sich daher für die Abweichung von der reinen Spektrallinie. Diese kann durch das Phasenrauschen beschrieben werden.

- Messung von Netzwerkparametern: Entsprechend dem Übergang von der Strom-Spannungs-Beschreibung zur Leistungswellen-Beschreibung übernimmt im Hochfrequenz- bzw. im Mikrowellenbereich die Netzwerkanalyse mit Leistungswellen die Rolle der Vermessung von Strömen oder Spannungen in einem Netzwerk. Wegen der Komplexität dieser Aufgabe werden spezialisierte Geräte, die Netzwerkanalysatoren (NWA) dafür eingesetzt. Kapitel 8 beschreibt den Aufbau dieser Meßgeräte und die Analyse linearer Netzwerke.

- Antennenmeßtechnik: Da viele Hochfrequenzsysteme letztendlich zur Übertragung von Information oder Energie im Freiraum dienen, sind die Eigenschaften von Antennen von besonderem Interesse. Bei der Messung von Antennen geht, im Gegensatz zu den vorhergehenden Meßaufgaben, der umgebende Raum in die Messung mit ein. In Kapitel 9 wird daher nicht nur auf die meßtechnische Charakterisierung von Antennen, sondern auch auf die Meßumgebung bzw. Meßräume eingegangen.

Neben den genannten Meßaufgaben gibt es viele weitere spezielle Anwendungen der Hochfrequenzmeßtechnik, auf die nicht oder nur am Rande eingegangen werden kann. Dies sind beispielsweise die digitale Signalanalyse in der Mobilfunktechnik oder in Datennetzen, die EMV-Technik, Meßaufgaben der Sensorik, die Bestimmung von Materialparametern, die HF-Hochleistungsmeßtechnik und die Vermessung nichtlinearer Elemente und Baugruppen, oder die Bestimmung der Felder in überdimensionierten Wellenleitern, um nur die wichtigsten zu nennen. Auch Fernerkundung oder Radar können als Gebiete der Hochfrequenzmeßtechnik aufgefaßt werden. Auch wenn diese Anwendungen weit über den Themenkreis dieses Buches hinausgehen, basieren doch auch sie auf den in den folgenden Kapiteln dargestellten Zusammenhängen und Meßmethoden.

Bevor nun auf die Meßverfahren und -geräte im einzelnen eingegangen wird, sollen in Kapitel 2 Aufbau und Eigenschaften der benötigten Signalquellen diskutiert werden. Viele der dabei vorgestellten Komponenten werden auch später bei den Meßgeräten und -systemen zu finden sein.

2 Meßgeneratoren

2.1 Klassifizierung

Aufgabe von Meßgeneratoren (Meßsendern) ist die Bereitstellung von Hochfrequenz-Signalen mit definierten Parametern (Frequenz, Amplitude, Modulation) zur Speisung der Meßobjekte. Meßgeneratoren lassen sich in festfrequente und wobbelbare oder in freilaufende und synthetisierte Systeme unterteilen.

	freilaufend	synthetisiert
festfrequent	Signalgenerator	Synthese-generator
wobbelbar	Wobbelgenerator	wobbelbarer Synthesizer

Bild 2.1 Klassifizierung von Meßgeneratoren

Folgende Eigenschaften und Spezifikationen sind für Auswahl und Betrieb eines Meßgenerators zu beachten:

Frequenzbereich	**Amplitudenbereich**
- Frequenzauflösung - Frequenzstabilität - spektrale Reinheit (Störsignalabstand)	- Amplitudenauflösung - Amplitudenstabilität
Modulationsbereich - Modulationsmöglichkeiten (AM, FM, PM, Puls) - Schaltgeschwindigkeit	**Sonstiges** - Störstrahlung durch Gehäuse - Mechanische Daten (Gewicht, Mobilität, Arbeitsgeräusch) - Anschlußmöglichkeiten - Preis

2.1.1 Signalgenerator

Signalgeneratoren (signal generators) sind Meßgeneratoren für diskret einstellbare Frequenzen. Der Frequenzgang eines Testobjektes läßt sich damit nur punktweise ausmessen. Oszillatoren für Signalgeneratoren benötigen als frequenzbestimmendes Element Resonatoren hoher Güte für möglichst stabile Ausgangsfrequenzen.

Die Frequenzeinstellung erfolgt oft mechanisch. Beispielsweise kann bei Hohlraumresonatoren durch bewegliche Tauchstifte eine Abstimmung innerhalb etwa einer Oktave (Frequenzverhältnis 1:2) erreicht werden. Für höhere Frequenzen ab ca. 40 GHz verwendet man eher Hohlleiter-Resonatoren, die beispielsweise über Kurzschlußschieber abstimmbar sind und in welche die aktiven Elemente direkt montiert werden. Die Bandbreite der Abstimmung ist dabei oft durch die Bandbreite der verwendeten aktiven Elemente (Gunn-Element oder IMPATT-Diode) auf unter 10% beschränkt.

Mit schwach angekoppelten Varaktor-Dioden (Kapazitätsdioden) kann zusätzlich eine geringfügige Frequenzverstimmung erfolgen. Damit ist die Möglichkeit zur Frequenzmodulation (bis 100 MHz Hub) oder zum Aufbau einer externen Phasenregelschleife (**PLL**, phased locked loop) zur Stabilisierung der Ausgangsfrequenz gegeben.

2.1.2 Wobbelgenerator

Wobbelgeneratoren (sweep generators) sind für automatische Meßverfahren geeignet. Sie arbeiten nach dem Prinzip eines freilaufenden, spannungs- oder stromgesteuerten Oszillators (**VCO**, voltage controlled oscillator). Die Frequenz des Ausgangssignales ist kontinuierlich zwischen wählbaren Start- und Stop-Frequenzen veränderbar.

Früher bestand ein Wobbelgenerator aus dem Grundgerät mit Spannungsversorgung, Sägezahngenerator sowie Bedienelementen zur Parametereingabe und aus zusätzlichen Einschüben für die einzelnen Frequenzbänder mit VCO, Verstärker, Filter und einer Amplitudenregelschleife. Ein moderner Wobbelgenerator deckt hingegen einen weiten Frequenzbereich ab (z.B. 10 MHz - 40 GHz mit Koaxialausgang). Die hohe Bandbreite macht es notwendig, Koaxialleitungen und Koaxialverbinder mit sehr kleinen Durchmessern zu verwenden. Beispielsweise können Stecker der K-Norm bis 45 GHz mit einer reinen TEM-Welle betrieben werden.

Typische Spezifikationen für Wobbelgeneratoren sind eine Frequenzeinstellung mit einer Auflösung von 1 kHz bis 1 MHz und eine -meist kalibriert- einstellbare Ausgangsleistung von z.B. 0 dBm bis 20 dBm. Wobbelgeneratoren sind für allgemeine Anwendungen und zum Einsatz in skalaren Netzwerkanalysatoren (Abschnitt 8.3) eine preisgünstige Alternative zum synthetisierten Wobbler.

2.1.3 Schritt- oder Synthesegenerator

Beim Synthesegenerator (synthesized signal generator) wird das Ausgangssignal durch Frequenzsynthese aus einer hochstabilen Referenz (Quarzoszillator, vgl. Bild 4.6) gewonnen. Dabei werden Frequenzstabilitäten bis 10^{-9} erreicht. Zu unterscheiden sind:

- **Direkte Frequenzsynthese (DFS):** Das Signal wird direkt durch analoge Frequenzumsetzung aus dem Referenzsignal abgeleitet (**DAS**, direct analog synthesis) oder digital mit einem Digital-Analog-Wandler erzeugt (**DDS**, direct digital synthesis). Letzteres ist bisher auf Frequenzen unter 1,5 GHz beschränkt.
- **Indirekte Frequenzsynthese (IFS):** Das Signal wird von einem VCO erzeugt und über eine Phasenregelschleife an das Referenzsignal phasenstarr gekoppelt.
- Heute sind sogenannte **hybride Synthesizer** üblich, die beide Synthesemethoden kombiniert nutzen (DDS für Niederfrequenz, IFS und DAS für Hochfrequenz).

Wie die Wobbelgeneratoren decken auch moderne Synthesizer ein breites Frequenzband ab (10 MHz bis 40 GHz), werden aber wegen ihres höheren Schaltungsaufwands oft besser ausgestattet. Meist ist die Möglichkeit zur Modulation (AM, FM, PM, Puls) vorhanden, und bisweilen ist auch ein Präzisionsabschwächer eingebaut, mit dem die Ausgangsleistung von z.B. -120 dBm bis +5 dBm kalibriert eingestellt werden kann.

Neben allgemeinen Anwendungen werden Synthesizer speziell für hochwertige Spektralanalysatoren (Kapitel 5), vektorielle Netzwerkanalysatoren (Abschnitt 8.2), Phasenrausch-Meßanordnungen und andere Meßsysteme, die eine hohe Kurzzeitstabilität der Signalquelle (Kapitel 7) erfordern, benötigt. Für automatisierte Meßsysteme wird ein wobbelbarer Synthesizer (synthesized sweeper) eingesetzt.

2.1.4 Wobbelbarer Synthesegenerator

Es gibt beim Synthesizer zwei Möglichkeiten, über einen Frequenzbereich zu wobbeln:

- **Diskrete Wobbelung** (step sweep mode): Der Frequenzbereich wird mit diskreten Schritten durchlaufen (Größenordnung bis 2000 Frequenzpunkte). An jedem Frequenzpunkt muß erst die PLL einrasten. Wegen Einschwingzeiten um 10 ms pro Frequenzpunkt verläuft diese Wobbelung relativ langsam.
- **Analoge Wobbelung** (ramp sweep mode): Der Frequenzbereich wird kontinuierlich durchlaufen, die Phasenregelschleife wird nur am unteren oder am oberen Ende des Frequenzbereichs verwendet, sonst aber umgangen ("lock and roll"). Unter Inkaufnahme einer verminderten Frequenzstabilität ($5 \cdot 10^{-4}$ statt 10^{-9}) kann hier die Wobbelung wesentlich schneller durchgeführt werden.

2.2 Baugruppen von Meßgeneratoren

Das Herz eines jeden Meßgenerators bildet mindestens ein Oszillatorschaltkreis. Weiterhin ist meist eine Amplitudenregelschleife vorhanden, und Synthesizer für höhere Frequenzen enthalten Phasenregelschleifen. Zur Erweiterung des Frequenzbereichs kommen Mischer oder Frequenzvervielfacher zum Einsatz. Die genannten Baugruppen eines Meßgenerators sind auch in vielen Meßgeräten und -systemen zu finden. Sie werden deshalb im folgenden einzeln besprochen.

2.2.1 Oszillatoren

Bei Oszillatoren kann meist das aktive Element und das frequenzbestimmende Element unterschieden werden. Eine Ausnahme bilden z.B. Oszillatoren mit IMPATT-Dioden (Abschnitt 2.2.1.3). Die Tabelle (Bild 2.2) gibt eine Übersicht über die in der Hochfrequenztechnik zur Schwingungserzeugung verwendeten aktiven Elemente und die zugehörigen frequenzbestimmenden Elemente bzw. Durchstimmverfahren. Für die Meßtechnik kommen heute fast nur noch Halbleiterquellen zum Einsatz. Der Vorteil der höheren Leistung bei Röhrenquellen kommt nicht zum Tragen, da die heute verwendeten empfindlichen Detektoren nur mittlere Signalleistungen (im Milliwattbereich) erfordern.

Die Entwicklung der aktiven Hochfrequenzhalbleiter ist im Fluß, so daß die Tabelle nur einen Überblick über die technischen Möglichkeiten Mitte der neunziger Jahre geben kann. Zur Zeit werden sogenannte "High Electron Mobility"-Transistoren (HEMTs) als aktive Elemente für Höchstfrequenz-Oszillatorschaltungen entwickelt. Bisher sind an einzelnen Forschungsexemplaren Transitfrequenzen bis über 200 GHz erreicht worden. Für spannungsgesteuerte Oszillatoren (VCOs) mit geringem Phasenrauschen eignen sich besonders "Hetero Bipolar"-Transistoren (HBTs), die sich ebenfalls noch in der Entwicklung befinden.

Gerade in der Hochfrequenztechnik kommt heute eine Vielzahl verschiedener Oszillatorbauformen zum Einsatz, auf die nicht im Detail eingegangen werden kann. Die folgenden Abschnitte beschränken sich daher auf die Methoden zur automatischen, kontinuierlichen Frequenzdurchstimmung, die Meßverfahren wie die Wobbelmessung erst ermöglichen und die deshalb von besonderer Bedeutung für die moderne Meßtechnik sind. Für Details der Schaltungstechnik von Oszillatoren sei auf die Literatur verwiesen.

aktives Element		**Durchstimmung**
Halbleiterquellen (niedere bis mittlere Leistung)		
Zweitoroszillatoren mit Transistoren		
Bipolartransistor (sehr breitbandig, geringeres Phasenrauschen als FET-Oszillator)	$f_{max} \approx 20$ GHz	Schwingkreis/ Resonator
Feldeffekttransistoren (z.B. GaAs-MESFET mit Gatelängen bis 0,25 μm für 40 GHz)	$f_{max} \approx 40$ GHz	
Eintoroszillatoren mit Dioden		
Tunneldiode (Ge, GaAs; geringe Leistung)	$f_{max} \approx 100$ GHz	Resonator
Gunn-Element (GaAs, InP)	$f_{max} \approx 150$ GHz	Resonator
IMPATT-Diode (Si, GaAs; hohes Rauschen)	$f_{max} \approx 300$ GHz	Resonator/Arbeitspunkt
Röhrenquellen (hohe Leistungen)		
Triode, Tetrode, (breitbandig)	$f_{max} \approx 1$ GHz CW	Schwingkreis
Reflexklystron (schmalbandig)	$f_{max} \approx 36$ GHz CW	Resonator/ Reflektorspannung
Magnetron (schmalbandig)	$f_{max} \approx 5$ GHz CW	Resonator
Rückwärtswellen-Oszillator (RWO) (breitbandig)	$f_{max} \approx 180$ GHz CW	Beschleunigungs- spannungen
Gyrotron / Gyro-Verstärker (schmalbandig / breitbandig)	$f_{max} \approx 850$ GHz gepulst /CW	Resonator in verschiedenen Moden / Spannung
Cyclotron Autoresonance Maser (CARM) (breitbandig)	gepulst	Spannung
Free Electron Laser (FEL) (breitbandig)	$f_{min} \approx 3$ GHz gepulst	Spannung

Bild 2.2
Übersicht über Hochfrequenz-Quellen niederer, mittlerer und hoher Leistung (CW = continuous wave, Dauerstrichbetrieb)

2.2.1.1 Spannungsgesteuerter Oszillator (VCO) mit Varaktor

Um eine durch Gleichspannung gesteuerte Kapazität zu erhalten, wird beim Varaktor (variable Reaktanz, Kapazitätsdiode) die Spannungsabhängigkeit der Sperrschichtkapazität einer pn-Diode verwendet. Bei einigen Varaktoren kann die Kapazität im Verhältnis 1:40 variiert werden. Mit einer solchen Kapazität im Schwingkreis ist eine Durchstimmung der Resonanzfrequenz um mehrere Oktaven möglich. Zu höheren Frequenzen hin werden Schwingkreise jedoch unbrauchbar, stattdessen kommen Resonatoren als frequenzbestimmende Elemente zum Einsatz. Durch kapazitive Belastung des Resonators ist auch hier eine Durchstimmung mit Hilfe eines Varaktors möglich, allerdings nur um wenige Prozent der Mittenfrequenz.

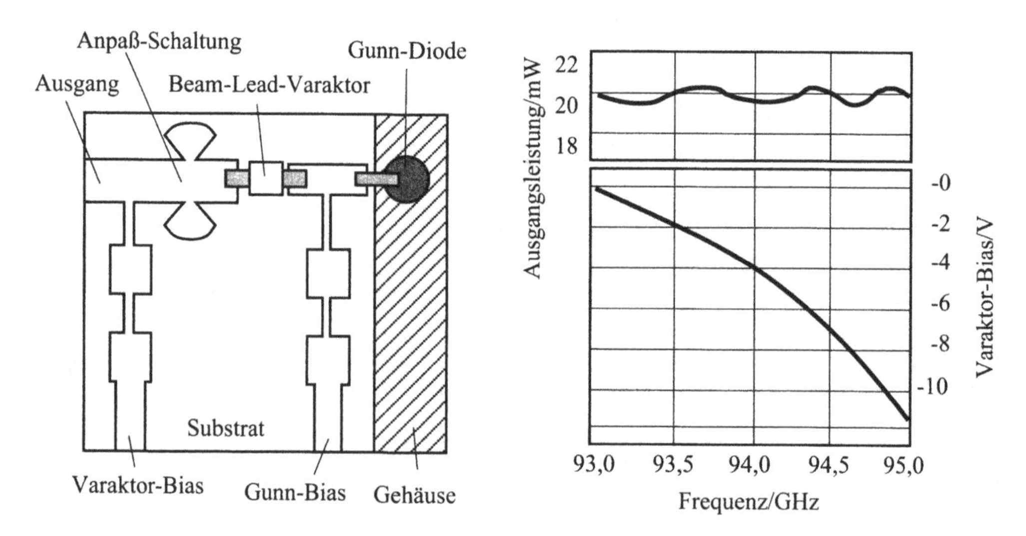

Bild 2.3 Gunn-Oszillator mit Varaktor-Abstimmung bei 94 GHz

2.2.1.2 YIG-Resonator als frequenzbestimmendes Element

Eine weitere Möglichkeit zum Aufbau eines elektronisch abstimmbaren Oszillators (VCO) ergibt sich beim Einsatz von magnetisch abstimmbaren ferrimagnetischen Resonatoren. Wesentliches Element dieser Filter sind kleine, einkristalline Kugeln aus Yttrium-Eisen-Granat (**YIG**, Yttrium Iron Garnet $Y_3Fe_5O_{12}$) oder Barium-Ferrit. Bild 2.4 zeigt den prinzipiellen Aufbau eines YIG-Bandpasses bzw. -Durchgangsresonators. Zwei Koppelschleifen sind hier aufgrund der orthogonalen Anordnung zunächst gegenseitig entkoppelt. Die mit einem konstanten Magnetfeld H_0 vormagnetisierte Ferritkugel bewirkt eine Drehung der eingespeisten linear polarisierten Welle und damit eine Überkopplung des eingespeisten Signals zur Ausgangs-Koppelschleife. Die Überkopplung wird maximal für eine Resonanzfrequenz f_0, die bei der sogenannten "uniformen Präzessionsresonanz" (UPR) auftritt (Gleichung 2.1).

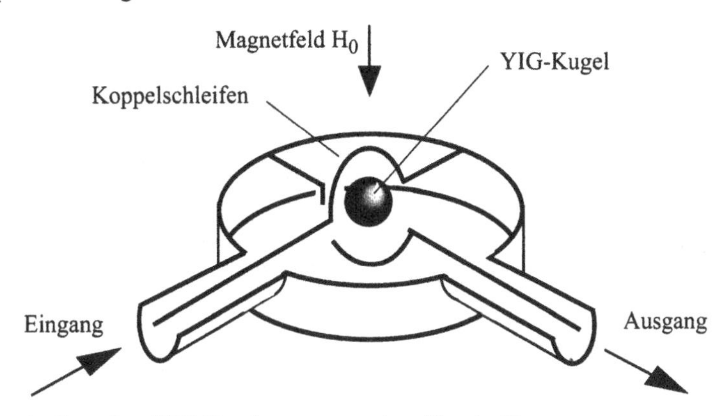

Bild 2.4 Aufbau eines YIG-Durchgangsresonators (Bandpaß)

$$f_0 = \gamma \cdot \left(H_0 + H_a + \left(N_t - N_z\right) \cdot M_s\right) \qquad (2.1)$$

mit
- γ: gyromagnetisches Verhältnis, $\gamma \approx 35{,}2\,\mathrm{kHz}/(\mathrm{A/m})$
- H_0: konstantes Magnetfeld zur Vormagnetisierung
- H_a: Anisotropiefeld (klein bei YIG)
- N_t: transversaler Entmagnetisierungsfaktor
- N_z: axialer Entmagnetisierungsfaktor
- M_s: Sättigungsmagnetisierung

Für eine ideale Kugel sind transversaler und axialer Entmagnetisierungsfaktor identisch ($N_t = N_z = 1/3$), so daß die Abhängigkeit von der Sättigungsmagnetisierung M_s entfällt. Dies ist günstig, weil M_s stark temperaturabhängig ist. Man verwendet deshalb hochgenau gefertigte YIG-Kugeln (0,2 - 2 mm Durchmesser, Toleranz ± 5 µm) mit glatter Oberfläche.

Man erhält so einen Durchgangsresonator, dessen Mittenfrequenz (abgesehen vom vernachlässigbaren Anisotropiefeld) proportional zum Vormagnetisierfeld H_0 ist. Mit YIG-Resonatoren werden Abstimmbereiche von ein bis zwei Oktaven erreicht, bei einer hohen Abstimmlinearität um 0,1%. Günstig für Oszillatoranwendungen ist die hohe Güte (Q bis zu 10^4). Bei Verwendung als Bandpaß ergeben sich damit Bandbreiten von einigen 10 MHz.

Die untere Einsatzfrequenz für Kugeln aus reinem YIG liegt bei 1,67 GHz (mit $H_0 \approx 47$ kA/m). Darunter verschwindet das innere Magnetfeld, der Kristall ist nicht mehr in Sättigung. Durch andere Formgebung oder teilweise Substitution des Eisens mit Gallium können untere Grenzfrequenzen um 300 MHz erreicht werden. Eine obere Einsatzgrenze um 50 GHz ist durch die technisch verfügbaren Magnetfeldstärken gegeben. Durch Einsatz von Barium-Ferrit statt YIG werden neuerdings abstimmbare Filter und Resonatoren bis 75 GHz praktikabel.

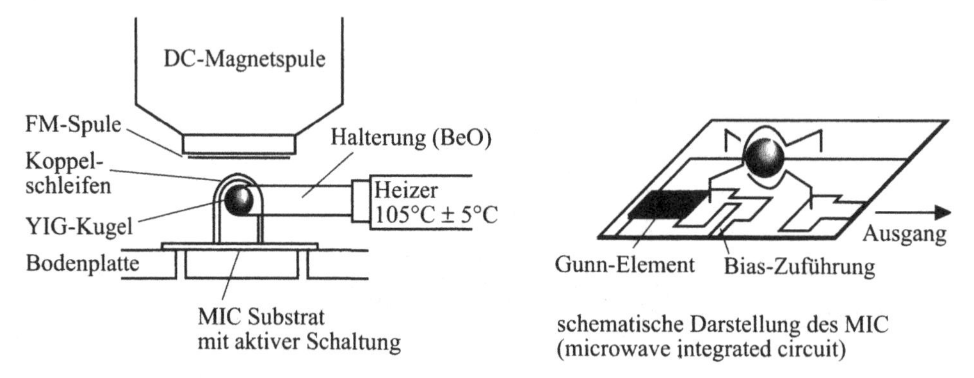

Bild 2.5 Praktische Ausführung eines YIG-Oszillators

2.2.1.3 IMPATT-Oszillatoren

Die IMPATT-Diode (Lawinenlaufzeitdiode) ist für sich allein schon ein schwingungsfähiges Element, wobei die erzeugte Frequenz vom Bias-Strom abhängt. Eine Oszillatorschaltung mit IMPATT-Dioden ist entsprechend einfach aufgebaut (siehe Bild 2.6). Zusätzlich zur Frequenzeinstellung über den Bias-Strom ist auch eine Beeinflussung der Signalfrequenz durch Resonatoren möglich.

Oszillatoren mit IMPATT-Dioden werden im Bereich über 50 GHz interessant, weil sich hier YIG-Resonatoren nur schwer realisieren lassen. Um ein ganzes Hohlleiterband (≈ 1 Oktave) auszufüllen, werden meist 3 Oszillatoren mit aneinander grenzenden Abstimmbereichen verwendet. Bei der Durchstimmung über den Bias-Strom ist zu beachten, daß mit der Änderung des Arbeitspunkts auch die Oszillatorleistung erheblich schwankt (Bild 2.6, vgl. Bild 2.3) und somit eine Amplitudenregelschleife notwendig wird.

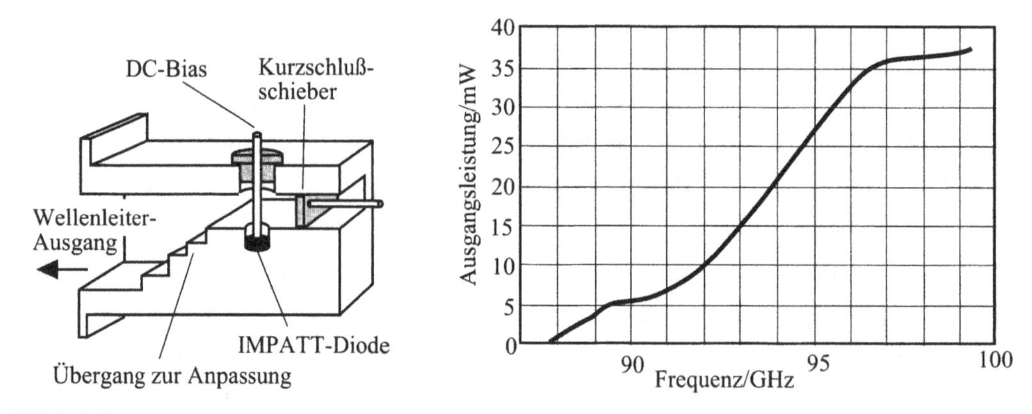

Bild 2.6
Prinzipieller Aufbau eines IMPATT-Oszillators im Hohlleiter und Spannungsabhängigkeit der Ausgangsleistung eines ungeregelten IMPATT-Oszillators bei 94 GHz

2.2.2 Frequenzvervielfacher mit Speichervaraktoren

Zur Frequenzvervielfachung wird ein nichtlineares Element benötigt, an dem aus einer reinen Sinusschwingung Oberwellen entstehen. Man verwendet meist nichtlineare Kapazitäten (Varaktoren), weil dann keine zusätzlichen Verluste durch Wirkwiderstände entstehen. Eine Frequenzvervielfachung mit Sperrschichtvaraktoren ist für nicht zu hohe Harmonische möglich (Vervielfachungsfaktor n bis zu 4), für höhere Harmonische und hohe Wirkungsgrade wird aber eine stärker ausgeprägte Nichtlinearität benötigt. Dazu wird die - für andere Anwendungen unerwünschte - Ladungsspeicherung von Minoritätsträgern in speziellen pn-Dioden, den Speichervaraktoren (Speicher-Schaltdiode, step-recovery- oder snap-off-diode), ausgenutzt. Im Gegensatz zu Sperrschichtvaraktoren wird beim Speichervaraktor die Diode in den Flußbereich ausgesteuert. Die Minoritätsträger, die dabei in die Bahngebiete injiziert werden, werden dort gespeichert und können erst nach ihrer Lebenszeit τ rekombinieren (was dann einen Leitungsstrom zur Folge hätte). Wird nur kurzzeitig in Flußrichtung gesteuert und nach einer Zeit $t << \tau$ wieder zurückgeschaltet, so können nur wenige Minoritätsträger rekombinieren. Die Verluste sind dann gering, die Diode wirkt als (nahezu) idealer Ladungsspeicher.

Bei idealer Ladungsspeicherung nimmt die anliegende Spannung einen konstanten Maximalwert U_D an, d.h. die Kapazität in Flußrichtung ist unbegrenzt groß. Die Wirkung des nichtlinearen Verhaltens der Kapazität wird deutlich, wenn man den Spannungsverlauf über dem Speichervaraktor bei eingeprägtem sinusförmigem Strom betrachtet.

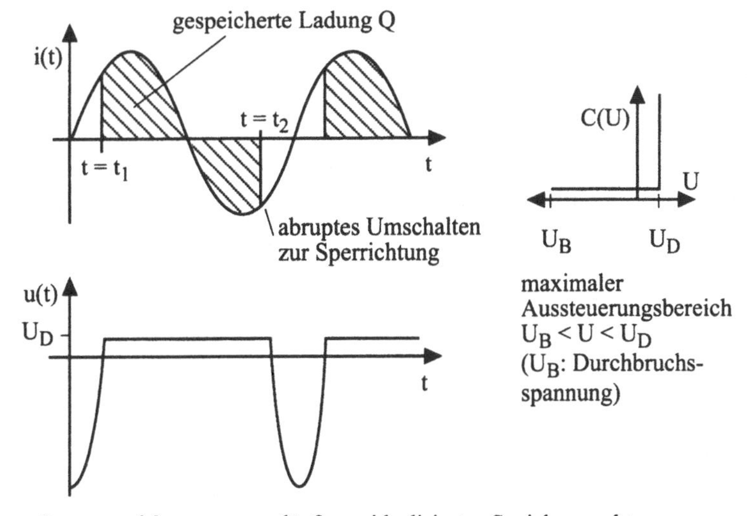

maximaler Aussteuerungsbereich $U_B < U < U_D$ (U_B: Durchbruchsspannung)

Bild 2.7 Strom- und Spannungsverläufe am idealisierten Speichervaraktor

In Bild 2.7 geht die Spannung über der Diode zum Zeitpunkt t_1 in den Flußbereich über und wird dann aufgrund der Ladungsspeicherung konstant auf dem Wert U_D gehalten. Insgesamt wird während der positiven Halbwelle des Stromverlaufs die Ladung $Q = \int i(t)\, dt$ injiziert und gespeichert. Während der negativen Halbwelle fließt zunächst die gespeicherte Ladung Q wieder ab. Die Periode der Schwingung T muß hierbei wesentlich kleiner sein als die Rekombinationslebensdauer τ der injizierten Minoritätsträger, damit nicht schon während der Speicherung Verluste auftreten. Wenn bei $t = t_2$ der Strom der rückfließenden Ladungsträger den eingeprägten Strom i(t) nicht mehr aufrechterhalten kann, schaltet die Diode in Sperrichtung. Dann wird i(t) durch den kapazitiven Ladestrom der relativ kleinen Sperrschichtkapazität getragen, der Betrag der Spannung über der Diode steigt entsprechend abrupt an.

Der nichtlineare Effekt durch die Ladungsspeicherung erzeugt ein stark oberwellenhaltiges Signal aus einem reinen Sinussignal. Je mehr in den Flußbereich ausgesteuert wird, desto mehr nimmt der Spannungsverlauf die Form einer Impulsfolge an. Das Spektrum der Impulsfolge ist ebenfalls eine Impulsfolge, d.h. es werden Harmonische der Grundfrequenz mit gleicher Amplitude erzeugt bis zu einer Grenzfrequenz

$$f_g \approx \frac{1}{t_r} \tag{2.2}$$

mit t_r: Anstiegszeit der Spannungsimpulse (≈ Abrißzeit)

Der Speichervaraktor kann also benutzt werden, um je nach Lage des Arbeitspunkts mehr oder weniger hohe Harmonische der Grundfrequenz zu erzeugen. Der Wirkungsgrad ist theoretisch proportional 1/n (n: Anzahl der erzeugten Harmonischen), weil sich die eingespeiste Leistung gleichmäßig auf alle Harmonischen verteilt. Praktisch treten bei gleicher Belastung aller Oberwellen die höheren Harmonischen mit niedrigerem Pegel auf, andererseits kann durch Belastung nur einer Harmonischer der Wirkungsgrad für diese gesteigert werden. Für große n spricht man von einem Kammgenerator, der beispielsweise zur Frequenzmessung benötigt wird (siehe Abschnitt 4.2.2).

Man verwendet für Speichervaraktoren heute Silizium mit Lebensdauern der Minoritätsträger zwischen 0,1 und 1 µs. Der bei anderen hochfrequenten Anwendungen häufig eingesetzte Halbleiter GaAs ist insbesondere wegen der kurzen Minoritätsträger-Lebensdauer $\tau \approx 1$ ns nicht geeignet. Die Abrißzeiten guter Speichervaraktoren sind kleiner als 100 ps.

2.2.3 Frequenzumsetzung mit Diodenmischern

Zur Umsetzung von Signalen in andere Frequenzbereiche durch Mischung werden wie bei der Vervielfachung prinzipiell nichtlineare Elemente benötigt. Es können Röhren oder Transistoren, insbesondere Dual-Gate-FETs, eingesetzt werden. Im Rahmen dieses Buchs sollen jedoch nur Mischer mit Halbleiterdioden, die im Hochfrequenzbereich häufig anzutreffen sind, behandelt werden.

Die allgemeine idealisierte Diodenkennlinie lautet:

$$i(t) = I_S\left(e^{u(t)/U_T} - 1\right) \tag{2.3}$$

mit I_S: Sättigungsstrom der Diode

U_T: Temperaturspannung (25 mV bei 300 K)

Insbesondere im Mikrowellenbereich werden vorrangig Schottky-Dioden verwendet, weil beim Metall-Halbleiter-Übergang Minoritätsträger keine Rolle spielen (im Gegensatz zu pn-Dioden). Es treten daher keine Speichereffekte beim Umschalten vom Flußbereich in den Sperrbereich auf (keine Umladeverzögerung). Neben dem Einsatz in Mischern werden Schottky-Dioden in Detektoren zur Leistungsdetektion und -messung und als Varistor (variable resistor) mit einem einstellbaren Leitwert von

$$\frac{dI}{dU} = \frac{I_S}{U_T} \cdot e^{U/U_T} \tag{2.4}$$

bis 1000 GHz eingesetzt. Auf Dioden als Leistungsmesser wird in Abschnitt 3.2.6 näher eingegangen.

2.2.3.1 Allgemeines zu Mischern

Der ideale Mischer ist ein Multiplizierer und liefert aus zwei Eingangsfrequenzen die Differenz- und die Summenfrequenz. Im allgemeinen soll aber eine eindeutige Umsetzung erfolgen, d.h. eines der beiden Ausgangssignale wird durch Filterung unterdrückt. Bei den beiden Eingangssignalen handelt es sich gewöhnlich einmal um das eigentliche umzusetzende Signal der Frequenz f_S, im folgenden auch einfach als das Eingangssignal bezeichnet, und um ein Mischoszillatorsignal bekannter Frequenz f_{LO}, das vom sogenannten "local oscillator" (**LO**) erzeugt wird. Das LO-Signal liefert oft auch die zum Betrieb des Mischers nötige hohe Amplitude ("Pumpsignal").

Beim idealen Mischvorgang ist der Pegel des Ausgangssignals zum Pegel des Eingangssignals (bei festem LO-Pegel) proportional. Auch die Phasendifferenz zweier Eingangssignale, die mit demselben LO-Signal gemischt werden, bleibt erhalten. Man sagt vereinfachend:

- Beim Mischvorgang werden Amplitude und Phase getreu in den umgesetzten Frequenzbereich übertragen.

Je nach Lage der Ein- und Ausgangssignale wird zwischen **Abwärtsmischung** (Frequenz des Ausgangssignals $f_A < f_S$) und **Aufwärtsmischung** ($f_A > f_S$) unterschieden. Weiterhin spricht man von **Gleichlage** bzw. **Kehrlage**, je nachdem, ob f_A mit steigender Signalfrequenz f_S steigt oder sinkt (Bild 2.8).

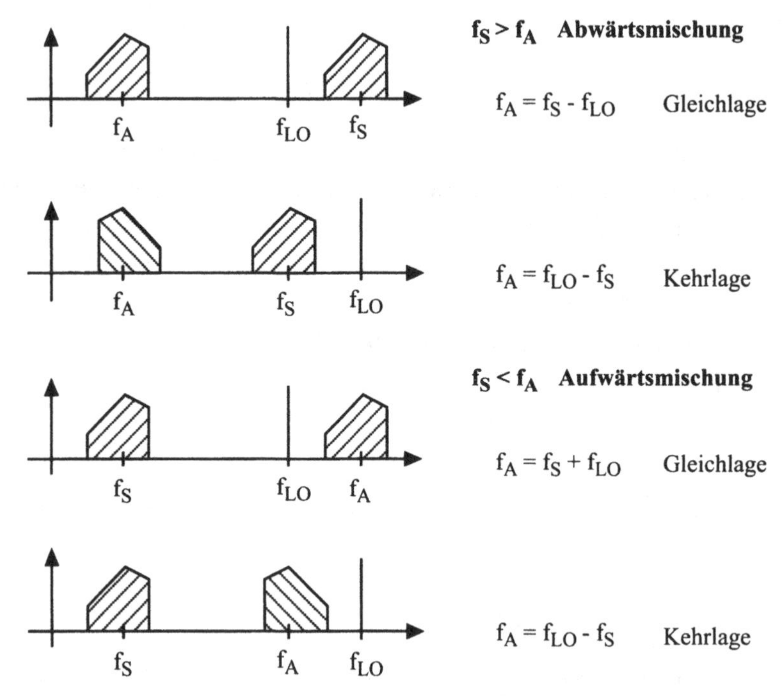

Bild 2.8 Verschiedene Frequenzlagen beim Mischprozeß

Aufwärtsmischung wird meist bei Sendern bzw. Generatoren eingesetzt, z.B. um komplizierte Signalstrukturen, die bei niedrigen Frequenzen erzeugt wurden, in hohe Frequenzbereiche umzusetzen. In Spektralanalysatoren kann bei nicht zu hohen Frequenzen Aufwärtsmischung verwendet werden, um Spiegelfrequenzen zu unterdrücken (Abschnitt 5.2.1). Die Abwärtsmischung ist das übliche Mittel, um in Überlagerungsempfängern eine hohe Eingangsfrequenz in eine leichter zu verarbeitende Zwischenfrequenz (**ZF** oder IF = intermediate frequency) umzusetzen. Man spricht hier vom **Heterodynprinzip** (Überlagerungsprinzip).

In der Realität stehen keine idealen Multiplizierer zur Verfügung. Ein realer Mischer besteht aus anderen nichtlinearen Elementen, z.B. aus Halbleiterdioden, und erzeugt neben der Summen- und der Differenzfrequenz auch Mischprodukte aus den Oberwellen, außerdem enthält das Ausgangssignal Reste der Eingangssignale f_{LO} und f_S. Allgemein können folgende Ausgangsfrequenzen entstehen:

$$f_A = |m \cdot f_S \pm n \cdot f_{LO}| \tag{2.5}$$

mit $m, n = 0, 1, 2, 3 \ldots$

Solange die Amplitude des Signals f_S klein ist, kann von m=1 ausgegangen werden. Man spricht von der "Linearitätsbedingung" (Leistung des Eingangssignals klein gegen LO-Signal und kleiner als ein vom Mischer abhängiger Maximalwert), weil nur in diesem Fall Amplitude und Phase getreu übertragen werden. Für $m > 1$ überlagern sich Mischprodukte aus der Grundwelle und aus den Oberwellen des Signals, so daß eine eindeutige Zuordnung von Phase und Amplitude des Ausgangssignals zur Amplitude und zur Phase der Grundwelle oder einer Oberwelle nicht mehr möglich ist.

Mischprodukte aus Oberwellen sind oft unerwünscht, und insbesondere der doppelt balancierte Mischer erlaubt die Unterdrückung einiger Oberwellen. Der Oberwellenmischer hingegen nutzt gerade die Mischprodukte des Eingangssignals mit Oberwellen des LO-Signals. Die Mischerkonzepte werden im folgenden einzeln beschrieben.

2.2.3.2 Eintaktmischer

Der Eintaktmischer (Ein-Dioden-Mischer) ist besonders einfach aufgebaut und kann daher leicht breitbandig ausgelegt werden. Bild 2.9 zeigt eine typische Ausführung.

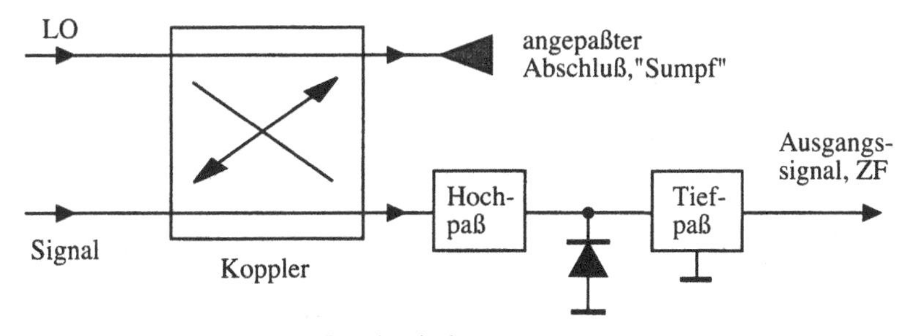

Bild 2.9 Prinzipschaltbild eines Eintaktmischers

Eingangssignal und LO-Signal werden über einen Koppler addiert, wobei die Art des Kopplers für die Mischung ohne Bedeutung ist. Sowohl für das Eingangssignal als auch für das LO-Signal treten dabei Verluste auf, weil die Leistungsanteile am zweiten Ausgang des Kopplers nicht zur Mischung verwendet werden. Je nachdem, welcher Koppelfaktor gewählt wurde, können jedoch dem Eingangssignal und dem Signal des

Mischoszillators unterschiedliche Verluste zugeteilt werden. Handelt es sich beispielsweise in Bild 2.9 um einen 10 dB-Koppler, so wird das LO-Signal um 10 dB abgeschwächt, das Eingangssignal dagegen nur um 0,46 dB. Da in der Schaltung des Eintaktmischers kein prinzipieller Unterschied zwischen Eingangssignal und LO-Signal besteht (abgesehen von unterschiedlicher Dämpfung), gehen alle Störungen im LO-Signal ebenfalls ins Ausgangssignal mit ein.

2.2.3.3 Gegentaktmischer (balancierter Mischer)

Beim Gegentaktmischer wird mit einem zweiten Eintaktmischer der Leistungsanteil am zweiten Ausgang des Kopplers ebenfalls ausgenutzt.

In Bild 2.10 sind mit dem Prinzipschaltbild des Gegentaktmischers zwei Ausführungen in Mikrostreifenleitungs-Technik gezeigt. Gleichspannungszuführungen für die Dioden wurden dabei weggelassen.

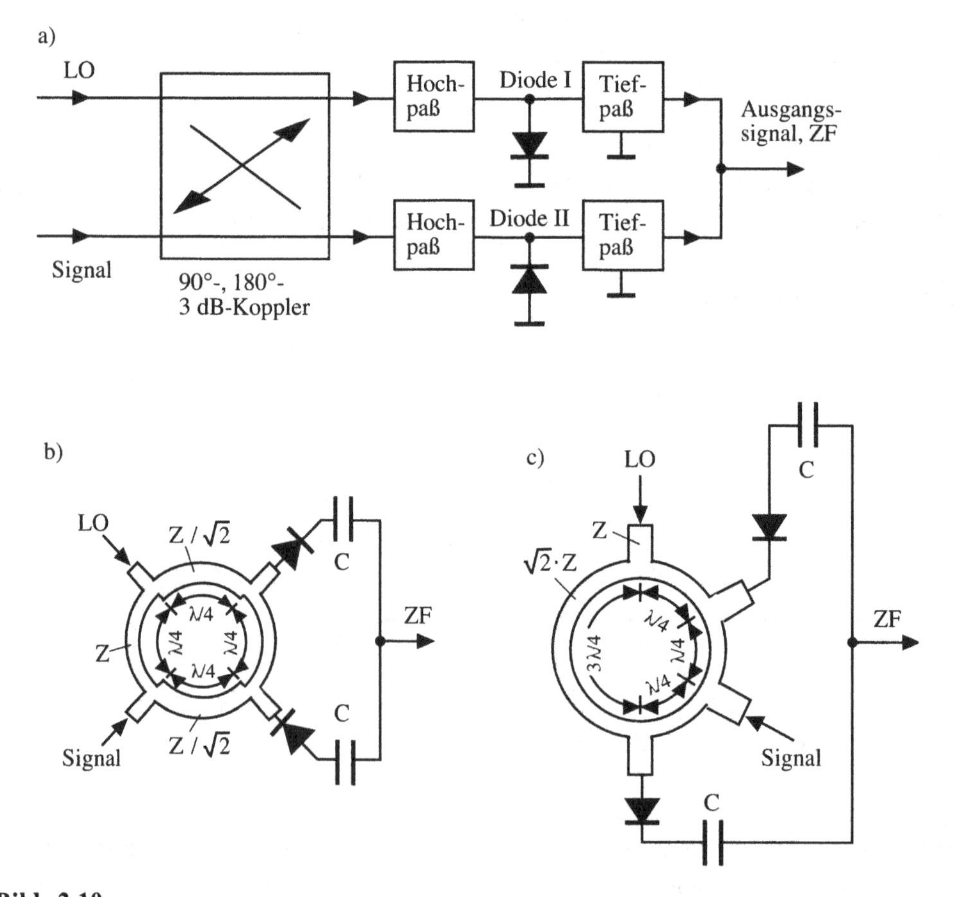

Bild 2.10
a) Prinzipschaltbild eines Zwei-Dioden-Mischers, b) Realisierung in Mikrostreifenleitungs-Technik mit Hybridring-Koppler (90°-Koppler) und c) mit Ratrace-Ring-Koppler (180°-Koppler)

Man verwendet einen 90°- oder einen 180°- 3 dB-Koppler, und die beiden Dioden werden entgegengesetzt gepolt. Dadurch ergeben sich Ausgangssignale der beiden Eintaktmischer mit gleicher Phasenlage, die einfach addiert werden können. Es treten keine zusätzlichen Signal- oder Mischoszillatorverluste auf. Dieser Sachverhalt soll rechnerisch für einen 90°-Koppler gezeigt werden.

Das Eingangssignal bzw. das LO-Signal am Eingang des Kopplers werden durch folgende Zeitfunktionen beschrieben:

$$\begin{aligned} u_S(t) &= \hat{U}_S \cos(2\pi f_S t + \varphi_S) \\ u_{LO}(t) &= \hat{U}_{LO} \cos(2\pi f_{LO} t + \varphi_{LO}) \end{aligned} \tag{2.6}$$

Dann liegen an Diode I bzw. II folgende hochfrequente Signale an:

$$\begin{aligned} \text{Diode I}: &\left[\hat{U}_S \cos(2\pi f_S t + 90° + \varphi_S) + \hat{U}_{LO} \cos(2\pi f_{LO} t + \varphi_{LO})\right]/\sqrt{2} \\ \text{Diode II}: &\left[\hat{U}_S \cos(2\pi f_S t + \varphi_S) + \hat{U}_{LO} \cos(2\pi f_{LO} t + 90° + \varphi_{LO})\right]/\sqrt{2} \end{aligned} \tag{2.7}$$

Der Faktor $1/\sqrt{2}$ beschreibt die Leistungsaufteilung des 3 dB-Kopplers. Die Ausgangsfrequenz f_A ergebe sich beispielsweise zu $f_A = f_S - f_{LO}$, so daß folgende Ausgangssignale auftreten:

$$\text{Diode I}: u_{ZF}^{(I)} \sim \hat{U}_S \cdot \hat{U}_{LO} \cdot \cos(2\pi f_A t + 90° + \varphi_S - \varphi_{LO}) \tag{2.8}$$

und wegen der Umpolung der Diode II

$$\begin{aligned} \text{Diode II}: u_{ZF}^{(II)} &\sim -\hat{U}_S \cdot \hat{U}_{LO} \cdot \cos(2\pi f_A t - 90° + \varphi_S - \varphi_{LO}) \\ &= \hat{U}_S \cdot \hat{U}_{LO} \cdot \cos(2\pi f_A t + 90° + \varphi_S - \varphi_{LO}) \end{aligned} \tag{2.9}$$

Damit haben aber die beiden Ausgangssignale dieselbe Phasenlage und überlagern sich konstruktiv ohne weitere Verluste.

Ein weiterer Vorteil dieses Mischertyps ist die Unterdrückung von Störungen aus dem Amplitudenrauschen der Eingangssignale. Diese Störungen entstehen bei der Mischung der Eingangssignale mit sich selbst (Gleichrichtung). Der Mechanismus kann am Spektrum des LOs gezeigt werden (Bild 2.11). Das LO-Signal weist zufällige Amplitudenschwankungen auf, deren Spektrum sich dem reinen LO-Signal überlagert. Bei der Mischung von f_{LO} mit f_S werden auch diese Spektralanteile mit umgesetzt, wobei das Verhältnis der Störanteile zum erwünschten Signal gleich bleibt, d.h. diese Störanteile sind gering. An der Diode findet aber auch eine Gleichrichtung des LO-Signals statt, die Spektralanteile aus dem AM-Rauschen werden dabei ins Basisband umgesetzt und reichen dann oft noch bis in den Frequenzbereich des Ausgangssignals. Diese Störanteile können erheblich sein, wenn das LO-Signal viel größer als das Eingangssignal ist.

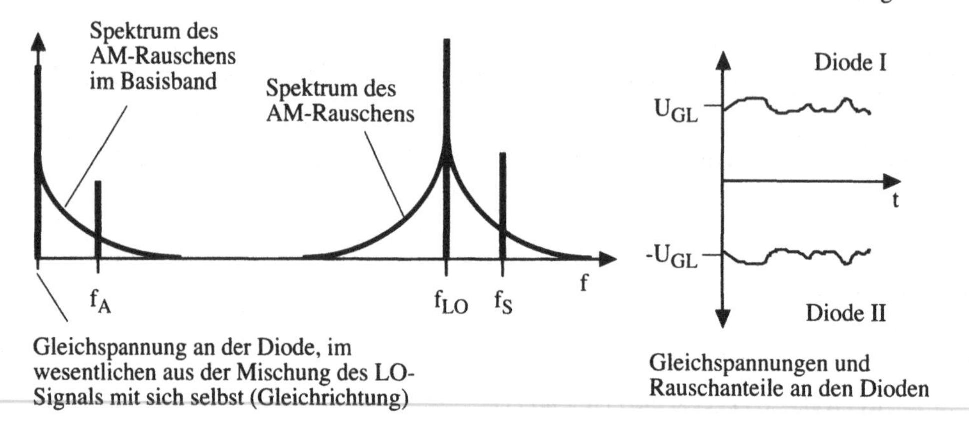

Bild 2.11 Störungen durch AM-Rauschanteile des LO-Signals

An beiden Dioden treten solche Spektralanteile aus dem AM-Rauschen auf, wegen der entgegengesetzten Polung der Dioden aber mit entgegengesetzter Phasenlage. Sie heben sich daher bei der Addition gegenseitig auf, soweit die beiden Dioden identisch sind.

Der Hauptvorteil eines Gegentaktmischers besteht in der Praxis darin, daß eines der beiden Eingangssignale vom Ausgangssignal entkoppelt werden kann. Das kann an Bild 2.10c erläutert werden: Das eigentlich umzusetzende Signal erreicht die beiden Dioden jeweils über $\lambda/4$-Leitungen, also mit gleicher Phasenlage. Reste dieses Signals hinter den Dioden überlagern sich konstruktiv. Das LO-Signal hingegen durchläuft eine $\lambda/4$-Leitung zur einen Diode, zur anderen aber eine $3\lambda/4$-Leitung, so daß sich für die Reste des LO-Signals hinter den Dioden eine 180°-Phasenverschiebung zueinander ergibt. Diese Reste löschen sich gegenseitig aus, und das LO-Signal ist vom Ausgang entkoppelt. Man nennt Gegentaktmischer wegen dieser Eigenschaft auch balancierte Mischer.

2.2.3.4 Doppelt balancierter Mischer

Doppelt balancierte Mischer gibt es in verschiedensten Ausführungen (z.B. Ringmodulator, Sternmischer), von denen hier nur die Prinzipschaltung des Ringmodulators besprochen werden soll (Bild 2.12).

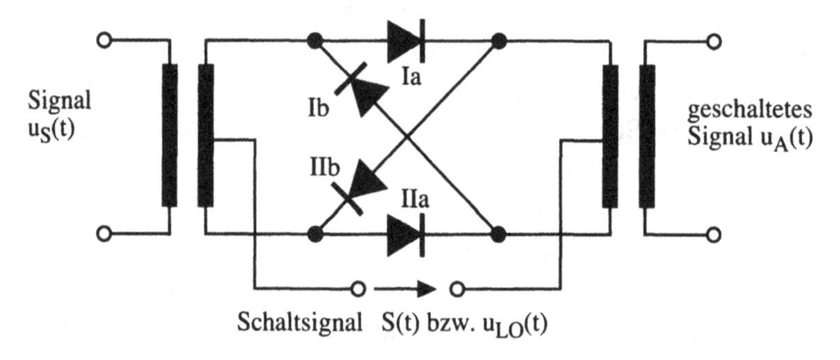

Bild 2.12 Prinzipschaltung eines Ringmodulators

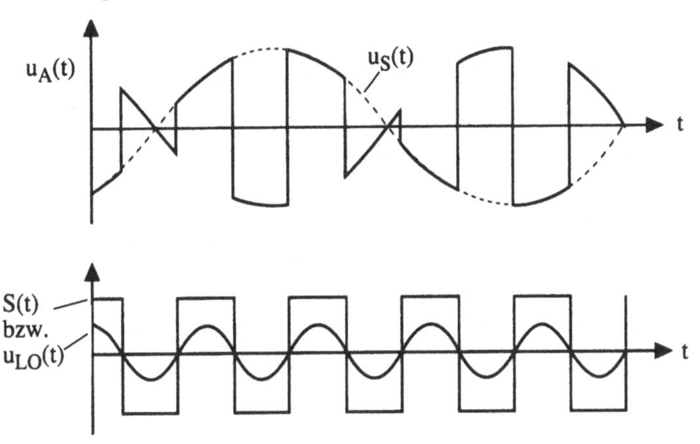

Bild 2.13 Signale im idealisierten Ringmodulator nach Bild 2.12

Um die Funktionsweise dieses Mischertyps zu verdeutlichen, ist es üblich, die Dioden einfach als Schalter zu betrachten. Bei positivem LO-Signal sind die Dioden Ia und IIa durchgeschaltet und die Dioden Ib und IIb gesperrt. In der negativen Halbwelle sind die Rollen der Dioden gerade vertauscht, d.h. die Polarität des Eingangssignals wurde umgeschaltet. Man spricht deshalb vom doppelt balancierten Mischer als Polaritätsmodulator, die Polarität des Eingangssignals wird fortwährend im Takt der LO-Frequenz umgeschaltet (Bild 2.13).

Das Ausgangssignal $u_A(t)$ ist in dieser einfachen Darstellung das mit einer Rechteckschwingung S(t) multiplizierte Eingangssignal $u_S(t)$. Da das Spektrum der Rechteckschwingung nur ungeradzahlige Harmonische enthält, sind die Ausgangsfrequenzen:

$$f_A = |m \cdot f_S \pm n \cdot f_{LO}| \qquad \text{mit} \quad m=1,\ n=1,\ 3,\ 5,\ \ldots \tag{2.10}$$

Dies ist eine Einschränkung gegenüber dem allgemeinen Fall (Gl. 2.5). Insbesondere der Fall $m = 0$ oder $n = 0$ ist nicht mehr zugelassen, d.h. beide Eingangssignale sind vom Ausgangssignal entkoppelt. Beim realen Ringmodulator ist das Ausgangssignal nicht das Produkt des Eingangssignals mit einer Rechteckschwingung, sondern mit einer eher sinusförmigen Kurve, weil die Umschaltung durch die Dioden nicht so abrupt vor sich geht. Das bedeutet aber, daß auch die Mischprodukte mit $n > 1$ schwächer auftreten. Der doppelt balancierte Mischer ist deshalb eine gute Annäherung an einen Multiplizierer (Produktmodulator).

2.2.3.5 Oberwellenmischer

Steht kein Mischoszillator (LO) mit genügend hoher Frequenz zur Verfügung, so geht man über zur Mischung mit einer höheren Harmonischen der LO-Grundwelle, die durch Verzerrung der Grundwelle erzeugt wird. Diese Oberwellenmischung wird mit gewöhnlichen Mischern durchgeführt. Manchmal benötigt man jedoch die Mischung des Eingangssignals mit einem Spektrum aus vielen Harmonischen, einem sogenannten Kammspektrum. Das ist im Prinzip mit einem Kammgenerator und einem sehr breitbandigen Mischer möglich. Es ist aber oft einfacher, das Kammspektrum im Mischer selbst zu erzeugen. Solche Oberwellenmischer nehmen eine Abtastung des Eingangssignals mit einer Impulsfolge vor (vgl. Abschnitt 2.2.2) und werden Sampler genannt.

Bild 2.14 zeigt die Prinzipschaltung eines realen Samplers (siehe Schiek, B.: "Meßsysteme der Hochfrequenztechnik", Abschnitt 3.2.4 und 7.2.1). Wie beim Kammgenerator muß wieder aus dem LO-Signal eine Impulsfolge erzeugt werden. Das wird zum Teil schon außerhalb der gezeigten Schaltung durchgeführt, der Sampler sorgt aber für die extrem kurze Impulsdauer.

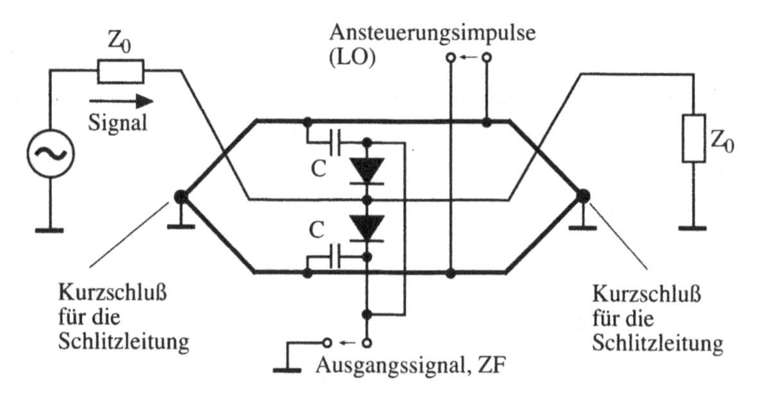

Bild 2.14 Prinzipschaltbild eines Samplers (Abtastglied)

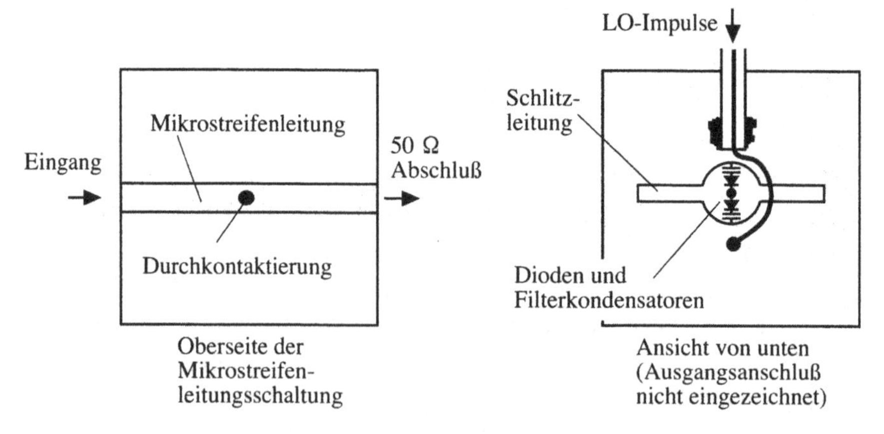

Bild 2.15 Praktische Ausführung des Samplers aus Bild 2.14

Es kommen Schottky-Dioden zum Einsatz, weil diese Dioden gleichzeitig als Mischdioden dienen und deshalb keine Ladungsspeicherung aufweisen dürfen. Das LO-Signal liegt über einer symmetrischen Schlitzleitung, in die auch die Mischdioden eingebaut sind, an. Die ansteigende Flanke der LO-Impulse öffnet die Dioden. Der Impuls wird an den Kurzschlüssen an den Enden der Schlitzleitung mit umgekehrtem Vorzeichen reflektiert. Dieser negative Impuls schließt die Dioden wieder. Die Schaltzeiten können im Bereich von 10 bis 50 ps liegen, je nach Anstiegszeit der Impulse und Länge der Schlitzleitung.

2.2.4 Amplitudenregelschleife

Durch die Frequenzgänge der einzelnen Baugruppen eines Meßgenerators (Oszillator, Modulator, Verstärker, Ausgangsabschwächer) kann der Ausgangspegel bei Frequenzänderungen zum Teil recht stark variieren. Dieser Effekt ist besonders bei Wobbelgeneratoren sehr nachteilig, da er sich dem Frequenzgang des eigentlichen Meßobjektes überlagert und rechnerisch schwierig von diesem zu trennen ist. Zur Vermeidung des frequenzabhängigen Ausgangspegels werden daher in den meisten Meßgeneratoren Regelschleifen zur Konstanthaltung der Ausgangsamplitude eingesetzt (**ALC**, automatic level control, oder **AGC**, automatic gain control). Weiterhin kann damit das AM-Rauschen (Kurzzeitstabilität der Signalamplitude) einer Quelle verbessert werden.

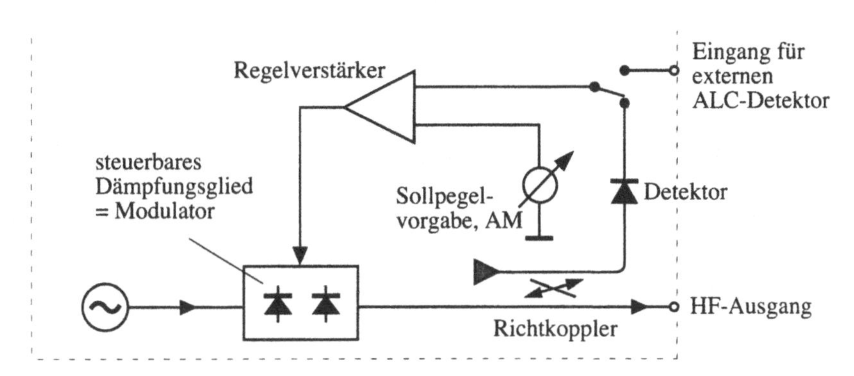

Bild 2.16 Amplitudenregelschleife (ALC oder AGC)

Bild 2.16 zeigt den prinzipiellen Aufbau einer ALC-Schleife. Sie besteht aus einem Leistungsteiler (z.B. Richtkoppler) nahe dem Ausgang des Meßgenerators, einem Breitbanddetektor und dem Regelverstärker, dessen Ausgangssignal auf ein elektronisch steuerbares Dämpfungsglied wirkt (z.B. PIN- oder Ferritmodulator). Mit Hilfe dieser Schleife wird sehr häufig auch die Amplitudenmodulation durchgeführt. Bei Wobbelanwendungen ist es üblich, einen externen Detektor zu verwenden, um den Pegel direkt am Eingangstor des Meßobjekts konstant zu halten.

Durch die Regelschleife ändert sich die Ausgangsimpedanz des Oszillators (nicht aber die Anpassung für eine außerhalb des Oszillators erzeugte Welle, die in den Oszillator rückwärts eingespeist wird). Für den Wert der Ausgangsimpedanz ist die Art des verwendeten Leistungsteilers entscheidend (siehe Abschnitt 8.3.2).

2.2.5 Phasenregelschleife

Bei hohen Anforderungen an die Lang- und Kurzzeitstabilität eines Meßgenerators muß die Frequenz mit Hilfe eines Frequenzsyntheseverfahrens generiert werden. Zur indirekten Frequenzsynthese (IFS) wird heute im allgemeinen eine Phasenregelschleife (**PLL**, phased locked loop) verwendet. Diese erlaubt es, das Ausgangssignal eines VCOs phasenstarr an ein gegebenes Referenzsignal anzukoppeln.

2.2.5.1 Grundform der Phasenregelschleife

Die Grundform der PLL nach Bild 2.17 enthält drei Komponenten:

- Der elektronisch abstimmbare Oszillator (VCO) erzeugt das Ausgangssignal. Eine wichtige Beschreibungsgröße des VCOs ist dabei seine Steilheit K_V, die angibt, wie sich die erzeugte Frequenz mit der Regelspannung $u_F(t)$ ändert. Typisch ist $K_V \approx 0{,}1$ - 100 MHz/V.
- Ein Phasendiskriminator (**PD**, Phasendetektor), der die Phasendifferenz φ_R-φ_V zweier Signale in eine Spannung $u_D(t)$ umsetzt. Auch für den PD wird eine Steilheit K_D definiert, die angibt, wie sich die Ausgangsspannung mit der Phasendifferenz ändert. Typische Werte bewegen sich um $K_D \approx 0{,}1$ - 1 V/rad.
- Ein Regelfilter, das für optimales Einschwingverhalten sorgt bzw. ein Einschwingen überhaupt ermöglicht. Es handelt sich allgemein um einen Tiefpaß.

Ein einfacher Phasendiskriminator in analoger Technik ist ein Multiplizierer, der im Hochfrequenzbereich näherungsweise durch einen doppelt balancierten Mischer (Abschnitt 2.2.3.4) realisiert wird. Mit den Eingangssignalen des Multiplizierers

$$\begin{aligned} u_R(t) &= \hat{U}_R \cos(2\pi f_R t + \varphi_R) \\ u_V(t) &= \hat{U}_V \cos(2\pi f_V t + \varphi_V) \end{aligned} \tag{2.11}$$

ergibt sich als Ausgangsspannung mit $f_R = f_V$:

$$u_D(t) \sim \frac{1}{2}\hat{U}_R \cdot \hat{U}_V \cos(\varphi_R - \varphi_V) + \frac{1}{2}\hat{U}_R \cdot \hat{U}_V \cos(4\pi f_R t + \varphi_R + \varphi_V) \tag{2.12}$$

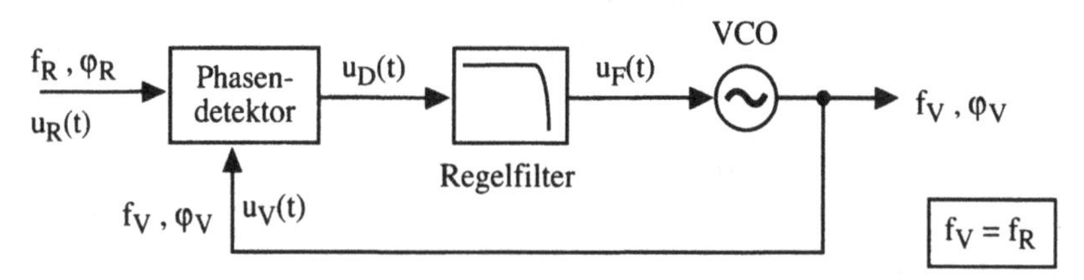

Bild 2.17 Prinzip einer Phasenregelschleife (PLL)

Der hochfrequente Anteil, der von der Summenfrequenz herrührt, kann leicht herausgefiltert werden. Es bleibt eine Gleichspannung als Regelspannung, die von der Phasendifferenz zwischen Referenzsignal und geregeltem Signal abhängt. Multiplizierer als PD haben einige Nachteile:

- Die Kennlinie ist nichtlinear (Kosinus-Funktion), die Schleifenverstärkung der Regelschleife ist also nicht konstant.
- Wenn die Eingangsfrequenzen noch unterschiedlich sind, ist das Ausgangssignal des Multiplizierers keine Gleichspannung, sondern eine Wechselspannung mit der Differenzfrequenz der Eingangssignale (Schwebung). Der Regelvorgang verläuft daher nicht monoton, sondern mit periodischen Abweichungen. Da die Regelspannung das Regelfilter noch passieren muß, ist die maximal zulässige Frequenzabweichung gleich der Tiefpaßgrenzfrequenz des Regelfilters.

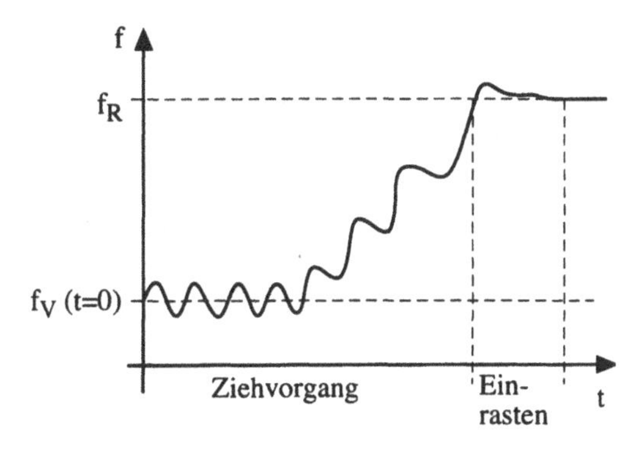

Bild 2.18 Einfangverhalten einer PLL mit einem Multiplizierer als PD

Heute setzt man nach Möglichkeit digitale Phasendiskriminatoren oder sogenannte Phasenfrequenzdiskriminatoren (**PFD**s), die auch direkt aus der Frequenzabweichung ein Regelsignal erzeugen, ein (siehe Schiek, B.: "Meßsysteme der Hochfrequenztechnik", Abschnitt 3.4).

Wichtige Kenngrößen einer Phasenregelschleife sind:

- **Haltebereich:** Derjenige maximale Frequenzsprung, bei dem die PLL eingerastet bleibt.
- **Einfangbereich**: Derjenige maximale Frequenzabstand zwischen Referenzfrequenz und Frequenz des VCOs, der anfänglich vorhanden sein darf, damit die PLL nach kurzer Zeit einrasten kann.
- **Einschwingzeit**: Die Zeit, nach der die PLL eingerastet ist.

Für kurze Einschwingzeiten ist eine hohe Referenzfrequenz erforderlich. In vielen Geräten wird die Einschwingzeit klein gehalten, indem die Frequenz des VCOs entweder zunächst grob auf die Referenzfrequenz eingestellt wird, oder indem der VCO gewobbelt wird, so daß die PLL einrasten kann, wenn die VCO-Frequenz in die Umgebung der Referenzfrequenz kommt. Man erreicht so auch einen weiten Einfangbereich, der den Einfangbereich der PLL selbst weit übertreffen kann.

Phasenregelschleifen beeinflussen innerhalb der Bandbreite der Regelschleife das Phasenrauschen der Quelle (Kurzzeitstabilität der Signalfrequenz) und können so zur wesentlichen Verbesserung der Kurzzeitstabilität benutzt werden (Abschnitt 2.4.2). Das AM-Rauschen des VCOs wird dagegen nicht beeinflußt.

2.2.5.2 PLL mit unterschiedlicher Referenz- und Ausgangsfrequenz

Im Hochfrequenzbereich sind die Referenzfrequenz und die erwünschte Ausgangsfrequenz oft unterschiedlich. Die benötigte Frequenzumsetzung kann im Rahmen der PLL vorgenommen werden, wobei zwei prinzipiell unterschiedliche Techniken zum Einsatz kommen, die Vervielfacher- und die Summierschleife.

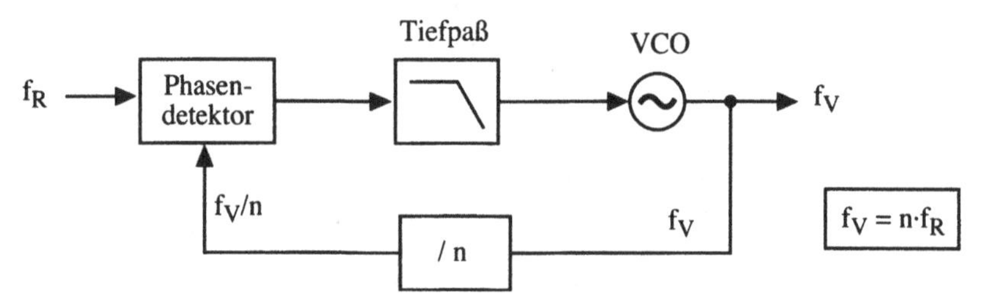

Bild 2.19 Vervielfacherschleife (n-loop)

Bild 2.19 zeigt eine Vervielfacherschleife (n-loop). Bei dieser wird im Phasendetektor nicht die im VCO erzeugte Frequenz mit der Referenzfrequenz verglichen, sondern der n-te Bruchteil davon. Die Frequenzteilung übernimmt meist ein digitaler Frequenzteilerbaustein mit einstellbarem Teilverhältnis. Die Ausgangsfrequenz ist das n-fache der Referenzfrequenz. Durch schnelles periodisches Umschalten des Teilerfaktors von n nach n+1 kann ein gebrochenrationaler Vervielfachungsfaktor $\bar{n}$ erzielt werden. Man spricht dann von einer "fractional n-loop". Ist der Teilerfaktor über die Zeitdauer T_n bzw. T_{n+1} auf n bzw. n+1 geschaltet, so gilt $\bar{n} = n + T_{n+1} / (T_n + T_{n+1})$.

Statt die Ausgangsfrequenz herunterzuteilen, ist es auch möglich, die Referenzfrequenz zu vervielfachen. Eine beliebte Variante ist, aus der Referenzfrequenz ein Kammspektrum zu erzeugen, so daß die Schleife auf eine der Oberwellen einrasten kann. Die Regelfunktion der PLL ist damit vieldeutig. Die Eindeutigkeit wird wieder hergestellt, indem der Frequenzbereich des VCOs auf einen kleinen Bereich um eine Oberwelle beschränkt wird, z.B. durch Einschränkung des Regelspannungsbereichs. Die so erhaltene Vervielfacherschleife mit einstellbarem Vervielfachungsfaktor kommt ohne digitale Teiler aus und eignet sich deshalb für höhere Frequenzen.

Die Ausgangsfrequenz f_V der Summierschleife nach Bild 2.20 ist um f_2 höher oder tiefer als die Referenzfrequenz f_R. Die Frequenz f_1 wird über einen Mischer aus der Ausgangsfrequenz gewonnen:

$$f_1 = |f_V + f_2| \qquad \text{(oberes Seitenband)}$$
$$f_1 = |f_V - f_2| \qquad \text{(unteres Seitenband)} \qquad (2.13)$$

Um die Unterdrückung der Eingangssignale des Mischers zu gewährleisten, kommt hier meist ein balancierter Mischer zum Einsatz. Das unerwünschte der beiden Mischprodukte wird durch Filterung unterdrückt. Ist dies nicht möglich, weil z.B. f_2 über einen weiten Bereich einstellbar sein soll, so verwendet man einen Phasendiskriminator mit unsymmetrischer Kennlinie, der nur auf das gewünschte Seitenband einrasten kann.

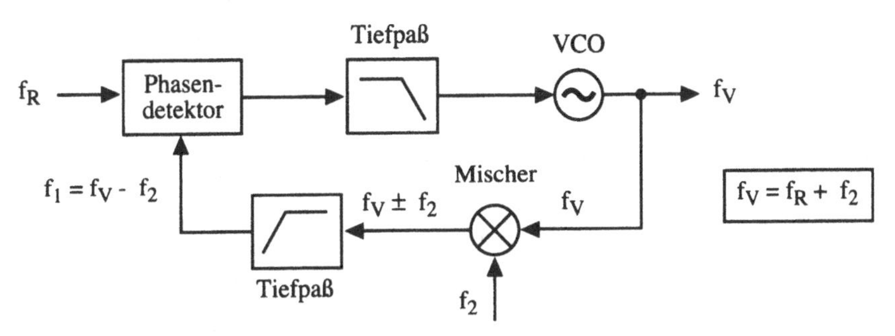

Bild 2.20 Summierschleife

2.3 Typische Blockschaltbilder

Die Gerätekonzepte verschiedener Hersteller bzw. für verschiedene Frequenzbereiche weisen große Unterschiede auf. Neben der allgemeinen Darstellung werden im folgenden zwei klassische Geräte der Firma Hewlett-Packard (HP) als Beispiele besprochen.

2.3.1 Wobbelgenerator

Das Herzstück eines Wobbelgenerators ist der VCO, dessen Steuerung den größten Teil der Elektronik ausmacht. Auf die Erzeugung der benötigten Steuersignale soll jedoch nicht weiter eingegangen werden. Auf der HF-Seite eines Wobblers sind drei Systemkonzepte zu unterscheiden (Bild 2.21).

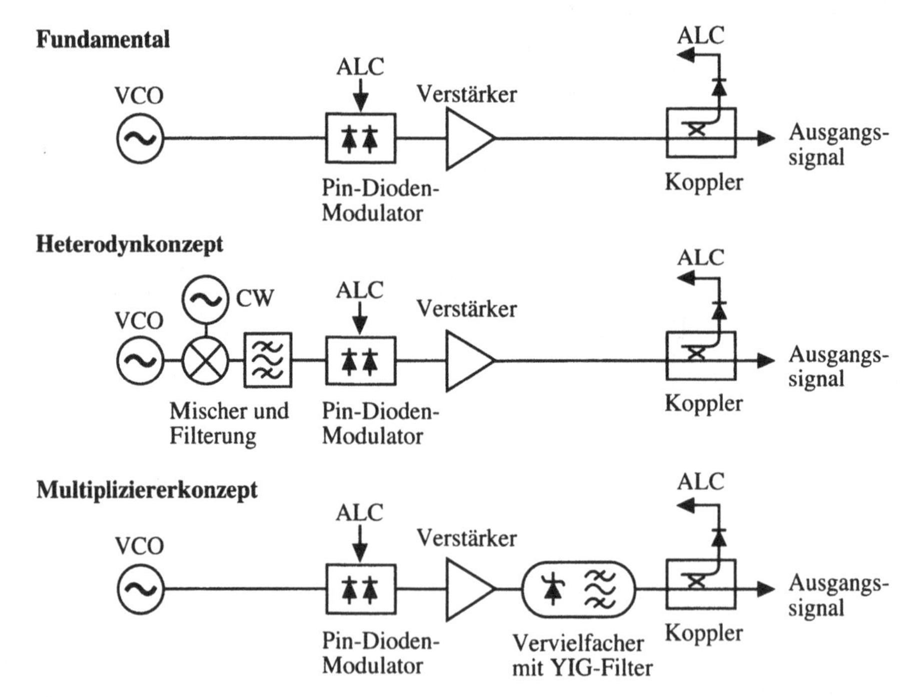

Bild 2.21 Wobblerkonzepte

Beim fundamentalen Wobblerkonzept wird die gewünschte Ausgangsfrequenz bzw. Frequenzrampe direkt vom VCO erzeugt. Mit Hilfe des Heterodynkonzepts kann die erzeugte Frequenzrampe in einen anderen Frequenzbereich umgesetzt werden. Der Wobbelhub S nach Bild 1.2 bleibt dabei konstant, so daß die relative (auf Mittenfrequenz bezogene) Bandbreite der Wobbelung bei Abwärtsmischung steigt und bei

Aufwärtsmischung sinkt. Das dritte Konzept verwendet einen Vervielfacher, dem ein einstellbarer YIG-Bandpaß nachgeschaltet ist, um die gewünschte Oberwelle herauszufiltern (YIG-tuned multiplier). Damit wird die vom VCO erzeugte Frequenzrampe mit konstanter relativer Bandbreite zu höheren Frequenzen hin umgesetzt. Der Wobbelhub steigt hier mit steigendem Vervielfachungsfaktor n.

Der breitbandige Einschub des Wobblers HP 8350 B (RF Plug-In 83599 A) nutzt jede der verfügbaren Techniken und erreicht so einen Frequenzbereich von 0,01 - 50 GHz bei einem Frequenzbereich des VCOs von nur 2,3 - 7 GHz. Durch Mikroprozessorsteuerung wird eine Umschaltung der verschiedenen Signalwege bzw. des Vervielfachungsfaktors während der Wobbelung möglich, so daß eine Wobbelung über beliebige Bandbreiten innerhalb des Frequenzbereichs des Wobblers vorgenommen werden kann. Der verwendete VCO ist ein YIG-abgestimmter Transistoroszillator (YTO).

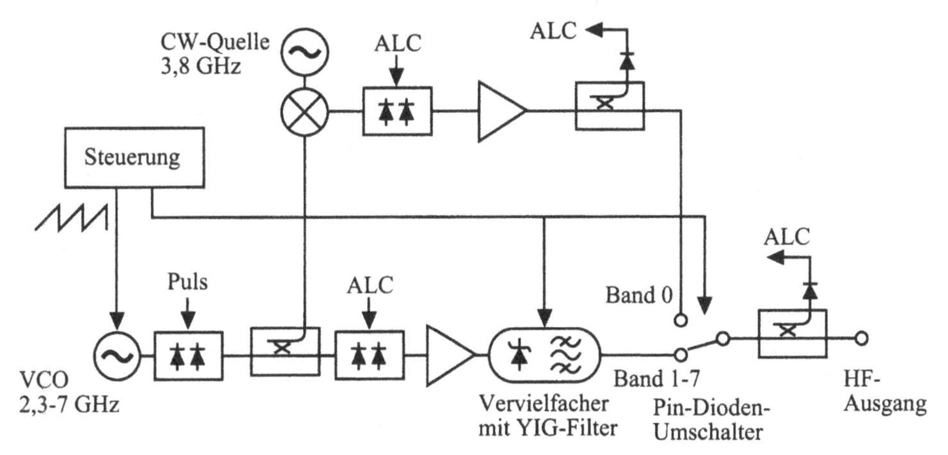

Band	Frequenzbereich	Art
Band 0	0,01 - 2,4 GHz	Heterodyn
Band 1	2,3 - 7 GHz	Fundamental (n=1)
Band 2	6,9 - 13,5 GHz	Multiplizierer, n=2
Band 3	13,5 - 20 GHz	Multiplizierer, n=3
Band 4	20 - 26,5 GHz	Multiplizierer, n=4
Band 5/6	26,5 - 38 GHz	Multiplizierer, n=6
Band 7	38 - 50 GHz	Multiplizierer, n=8

Bild 2.22 Blockschaltbild des RF Plug-In 83599 A für den Wobbler HP 8350 B

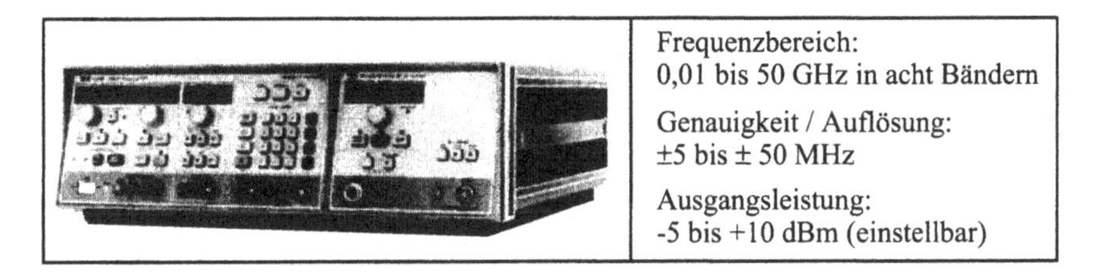

Bild 2.23 Wobbler HP 8350 B mit Einschub (RF Plug-In)

Für Frequenzen oberhalb etwa 40 GHz ist es günstiger, mehrere fundamentale Wobbler für aneinander angrenzende Frequenzbereiche zu verwenden. Zur automatischen Wobbelung über eine größere Bandbreite wird der jeweils benötigte VCO über einen Hohlleiterschalter an den Ausgang geschaltet.

2.3.2 Synthesegeneratoren

Die vorgestellten Wobblerkonzepte verwenden bereits einfache Frequenzsyntheseverfahren. Unter Synthesizern im engeren Sinn versteht man aber Geräte, bei denen das Ausgangssignal von einer hochstabilen Quelle, im allgemeinen ein temperaturstabilisierter Quarzoszillator, abgeleitet ist. Der Quarzoszillator ist festfrequent, durch Einsatz von Vervielfacher- und Summierschleifen können jedoch beliebige Frequenzen abgeleitet werden. Im MHz-Bereich können Frequenzen mit beliebiger Auflösung durch digitale Frequenzsynthese (DDS) erzeugt werden. Als Referenzoszillator ist dabei der Taktgenerator des D/A-Wandlers anzusehen. Im Hochfrequenzbereich sind Auflösungen von 1 Hz bis 1 kHz üblich, eine feinere Auflösung ist hier zur Einstellung einer absoluten Frequenz bei einer Genauigkeit um 10^{-9} sinnlos.

Synthesizer mit hohen Frequenzauflösungen lassen sich in fünf bis sechs Funktionsblöcke unterteilen:

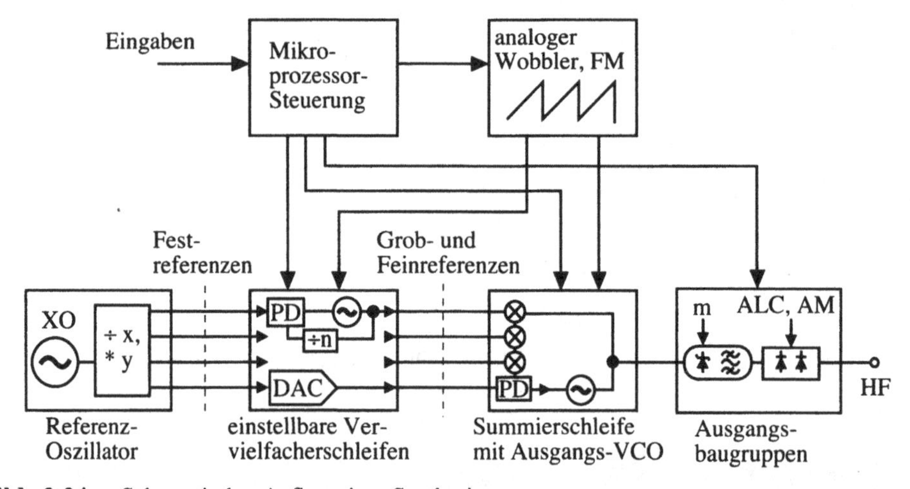

Bild 2.24 Schematischer Aufbau eines Synthesizers

Vom Referenzoszillator (Quarzoszillator, XO) werden durch Teiler und Vervielfacher feste Referenzfrequenzen von einigen kHz bis zu 500 MHz abgeleitet. Diese Frequenzen dienen als Referenz für einstellbare Vervielfacherschleifen. Von den Vervielfacherschleifen werden mit unterschiedlicher Auflösung einstellbare Frequenzen in verschiedenen Bereichen geliefert (Grob- und Feinreferenz). Bei ganzzahligem

Vervielfachungsfaktor n ist die Frequenzauflösung gleich der jeweiligen Referenzfrequenz. Um zu niedrige Referenzen und die damit verbundenen langen Einschwingzeiten zu vermeiden, setzt man für hohe Auflösungen "fractional n-loops" oder DDS ein. Bei letzterem Verfahren hängt die Frequenzauflösung allein von der Mikroprozessorsteuerung ab. Die so gewonnenen variablen Frequenzen werden in einer Summierschleife zur gewünschten Ausgangsfrequenz des Ausgangs-VCOs aufaddiert. Damit ist nun die Ausgangsfrequenz mit der Auflösung der Feinreferenz einstellbar.

Die Ausgangsbaugruppe enthält neben Verstärkern, ALC-Schleifen und Dämpfungsgliedern oft noch eine weitere Stufe zur Frequenzumsetzung, weil der Ausgangs-VCO nicht den gesamten benötigten Frequenzbereich von einigen MHz bis zu einigen 10 GHz überstreichen kann. Wahlweise können aber auch mehrere VCOs am Ausgang parallel verwendet werden.

Für die Steuerung der Einstellungen und des Ablaufs kommen bei Synthesizern zu Meßzwecken generell Mikroprozessoren zum Einsatz. Synthesizer, welche die Möglichkeit zur analogen Wobbelung bieten ("lock and roll"), besitzen als sechste Funktionsgruppe noch einen Sägezahngenerator. Je nach gewünschtem Wobbelhub kann eine der Vervielfacherschleifen oder die Summierschleife geöffnet und analog durchgewobbelt werden.

Bei realen Synthesizern sind die Funktionsblöcke nicht so streng getrennt. Beispielsweise ist es üblich, mehrere Vervielfacherschleifen hintereinander zu schalten. Oft wird die Vervielfachung der höchsten Festreferenz über ein Kammspektrum im Rahmen der Summierschleife durchgeführt, wie im Abschnitt 2.2.5.2 angesprochen. Bedingt durch die eingeschränkten technischen Möglichkeiten und den Versuch, optimale spektrale Reinheit des Ausgangssignals zu erzielen, ergeben sich aufwendige und unübersichtliche Konzepte. Als Beispiel werden vereinfachte Blockschaltbilder der Synthesizerfamilie HP 8360 (Hewlett-Packard) besprochen (Bild 2.25 und 2.26).

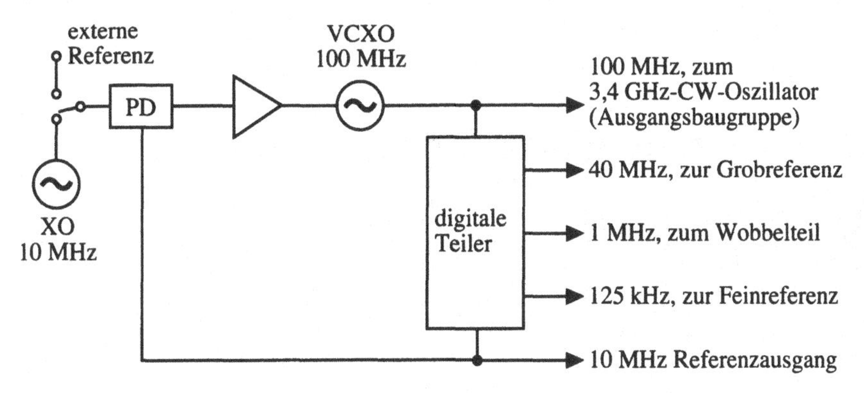

Bild 2.25 Festreferenzen im Synthesizer HP 83650 A

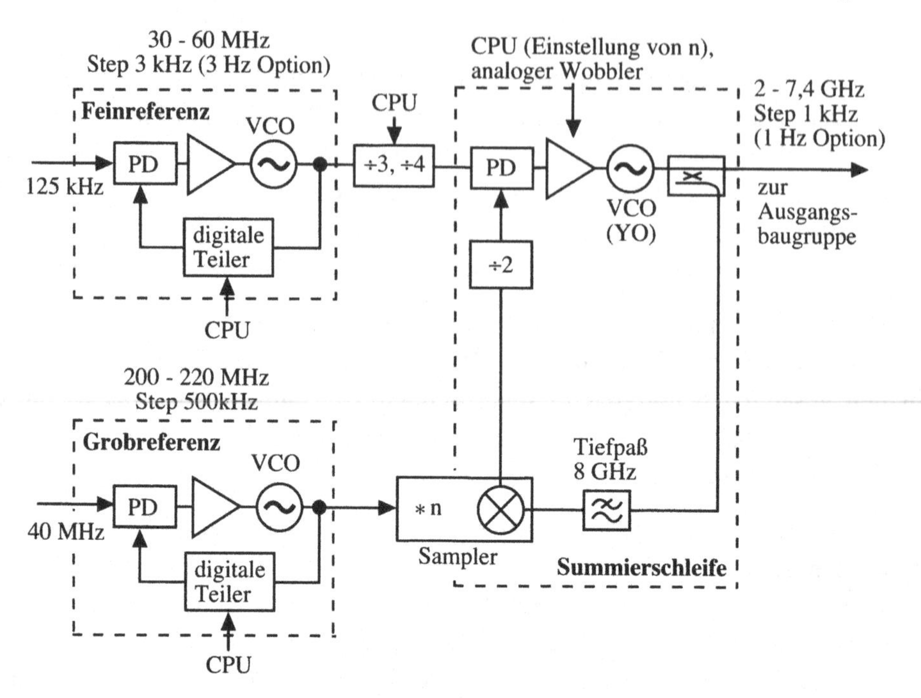

Bild 2.26 Vervielfacherschleifen und Summierschleife

Durch die Technik der "fractional n-loops" kommen moderne Synthesizer mit relativ wenigen PLL-Schleifen aus. Der Vorläufer der gezeigten Synthesizerfamilie benötigte noch drei PLLs für die Feinreferenz. Die Synthesizer der HP 8360-Familie setzen sowohl für die Grobreferenz als auch für die Feinreferenz je eine "fractional n-loop" ein (Bild 2.26).

Eine dritte Vervielfacherstufe ist in Form eines Samplers mit Vervielfachungsfaktoren bis zu n = 36 in der Summierschleife integriert. Bei n = 36 beträgt die Schrittweite aus der Grobreferenz 18 MHz bzw. 9 MHz nach dem Teiler ÷2 in der Summierschleife. Die Feinreferenz muß also mindestens einen Bereich von Δf = 9 MHz (bzw. 27 MHz vor dem Teiler ÷3 in der Summierschleife) überstreichen.

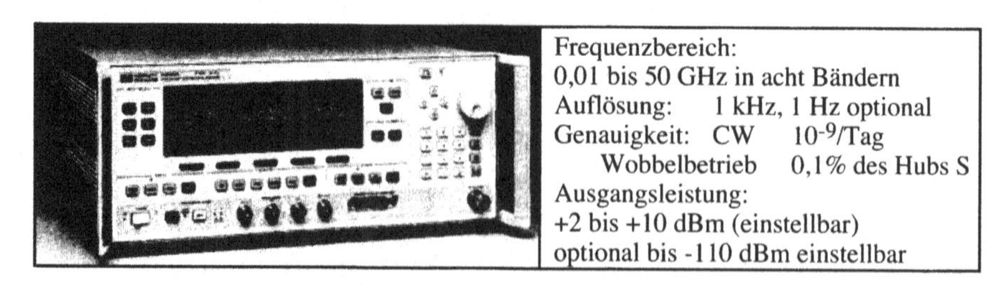

Frequenzbereich:
0,01 bis 50 GHz in acht Bändern
Auflösung: 1 kHz, 1 Hz optional
Genauigkeit: CW 10^{-9}/Tag
Wobbelbetrieb 0,1% des Hubs S
Ausgangsleistung:
+2 bis +10 dBm (einstellbar)
optional bis -110 dBm einstellbar

Bild 2.27 Synthetisierter Wobbler HP 83650 A

Die Ausgangsbaugruppe ist im Prinzip identisch mit der HF-Schaltung zum Wobbler HP 8350 B nach Bild 2.22, bis auf zwei wesentliche Unterschiede:

- Die Steuerung des VCOs ist der entscheidende Unterschied der beiden Geräte. Der VCO des einfachen Wobblers wird freilaufend betrieben, derjenige des Synthesizers ist über eine PLL stabilisiert.
- Der 3,4 GHz CW-Oszillator (3,8 GHz beim Wobbler) für die Frequenzumsetzung ins unterste Band ist beim Synthesizer ebenfalls über eine PLL an den Quarzoszillator angekoppelt.

Weiterhin ist die Ausstattung des Synthesizers aufwendiger, z.B. ist als Pegelsteller ein Ausgangsabschwächer mit 0 bis 90 dB Dämpfung bei 0,02 dB Auflösung verfügbar. Der Vervielfacher arbeitet beim Modell HP 83650 A bis zu n = 8, so daß wie beim Wobbler ein Frequenzbereich von 10 MHz bis 50 GHz überstrichen werden kann. Zur analogen Wobbelung wird bei diesen Synthesizern die Summierschleife geöffnet und der VCO direkt gewobbelt.

2.3.3 Vergleich Wobbler/Synthesizer

Der synthetisierte Wobbler mit Möglichkeit zu analoger Wobbelung vereinigt die günstigen Eigenschaften aller Generatortypen und stellt heute den Stand der Technik dar. In einigen Anwendungen ist jedoch die Frequenzauflösung bereits prinzipiell durch den Wobbelvorgang begrenzt, so daß der Einsatz eines teuren Synthesizers keine Vorteile gegenüber dem einfachen Wobbler bietet und daher nicht zu rechtfertigen ist.

Für ein rechnerisches Beispiel ist ein Vorgriff auf Kapitel 5 notwendig. Dort wird hergeleitet, daß für die Frequenzauflösung R (minimale Auflösungsbandbreite) bei der Wobbelung eine prinzipielle Grenze existiert:

$$R = \sqrt{\frac{S}{T}} \tag{2.14}$$

Für eine analoge Wobbelung mit S = 2 GHz Wobbelhub innerhalb T = 200 ms Wobbeldauer ist die minimale Auflösung R = 100 kHz. Der Wobbelgenerator nach Bild 2.23 besitzt z.B. bei 10 GHz Mittenfrequenz folgende Daten:

- Genauigkeit: $\Delta f =$ 10 MHz

  Auflösung: $\Delta f = R =$ 100 kHz

Beim Synthesizer nach Bild 2.27 sind diskrete und analoge Wobbelung zu unterscheiden:

- diskrete Wobbelung mit 20 Schritten (10 ms Einschwingzeit) in 200 ms:

  Genauigkeit: $\Delta f =$ $10^{-9} \cdot 10$ GHz = 10 Hz

  Auflösung: $\Delta f =$ 2 GHz/20 = 100 MHz

- analoge Wobbelung, "lock and roll":

  Genauigkeit: $\Delta f =$ 0,1% von 2 GHz = 2 MHz

  Auflösung: $\Delta f = R =$ 100 kHz

Für die schnelle, breitbandige Wobbelung stellt also der diskret wobbelnde Synthesizer eine schlechte Lösung dar, der analog wobbelnde Synthesizer bietet lediglich eine etwas höhere Genauigkeit.

2.4 Ausgangsspektren der Generatoren

Idealerweise ist das Ausgangsspektrum eines Generators mit konstanter Frequenz eine einzelne Spektrallinie in Form einer Dirac-Funktion. Abweichungen davon bestehen in der Linienverbreiterung durch Kurzzeit-Instabilitäten von Amplitude und Frequenz, die durch AM- und Phasenrauschen beschrieben werden. Weiterhin treten unerwünschte Spektrallinien durch Verzerrungen, Übersprechen und unerwünschte Modulation auf. Die Intensität aller Störanteile wird generell auf den Pegel des Ausgangssignals bezogen und in **dBc** (dBcarrier, Signalabstand vom Träger) bei diskreten Linienspektren bzw. in **dBc/Hz** bei kontinuierlichen Spektren angegeben.

2.4.1 Harmonische, Subharmonische und nichtharmonische Nebenlinien

Diskrete Nebenlinien werden allgemein als "spurious" bezeichnet (Bild 2.28). Alle Oszillatoren zeigen zumindest Harmonische der Ausgangsschwingung, die durch nichtlineare Verzerrung entstehen. Subharmonische treten meist dann auf, wenn am Ausgang des Generators ein Vervielfacher verwendet wird, um hohe Ausgangsfrequenzen zu erreichen. Beispielsweise kann die ursprüngliche Grundwelle des Oszillators wegen nur endlicher Sperrdämpfung der Filter nicht vollständig herausgefiltert werden und ist daher ebenfalls im Ausgangssignal enthalten. Nichtharmonische Störlinien mit fester

Frequenz ergeben sich durch Übersprechen von anderen Wechselspannungsquellen im Generator. Insbesondere in modernen Wobbelgeneratoren und Synthesizern findet man auch veränderliche Nebenlinien durch unerwünschte Mischprodukte oder Übersprechen. Diese können besonders störend sein, weil ihre Frequenz in keinem einfachen Zusammenhang mit der Ausgangsfrequenz steht, sondern vom Aufbau des Generators abhängt und in diesem Sinn undefiniert ist. Häufig ist auch eine Amplitudenmodulation des Ausgangssignals mit Netzfrequenz zu finden. In so geringem Abstand vom Träger (50 Hz und Harmonische davon) sind diese Nebenlinien oft durch die Linienverbreiterung infolge von Kurzzeit-Instabilitäten verdeckt.

Favorisiert vor allem von der Firma Wiltron-Anritsu geht der Trend seit einigen Jahren zu fundamentalen Synthesizern (ohne Vervielfacher am Ausgang, die Ausgangsfrequenz ist gleich der Frequenz des VCOs), um subharmonische Störlinien zu vermeiden (Bild 2.30; vgl. Abschnitt 2.3.2).

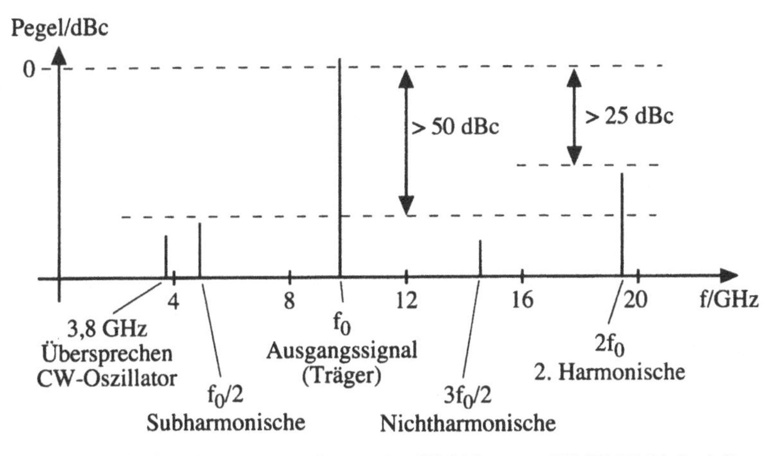

Bild 2.28 Schematisches Ausgangsspektrum des Wobblers aus Bild 2.22 (Beispiel)

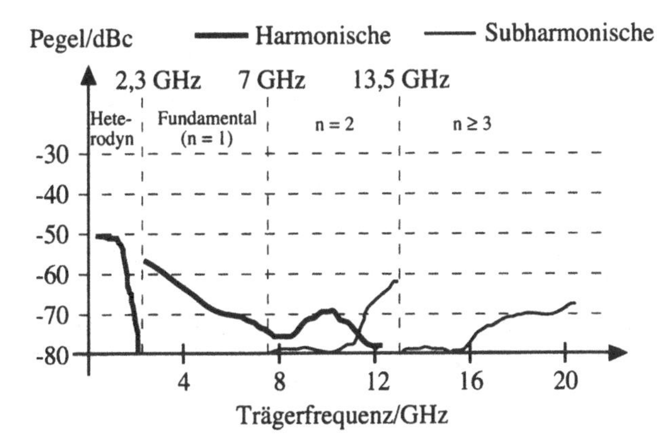

Bild 2.29
Typische Pegel von Harmonischen und Subharmonischen für den Synthesizer HP 83620 A

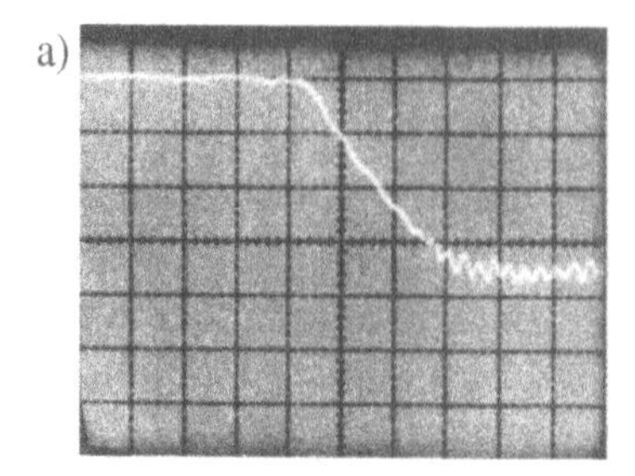

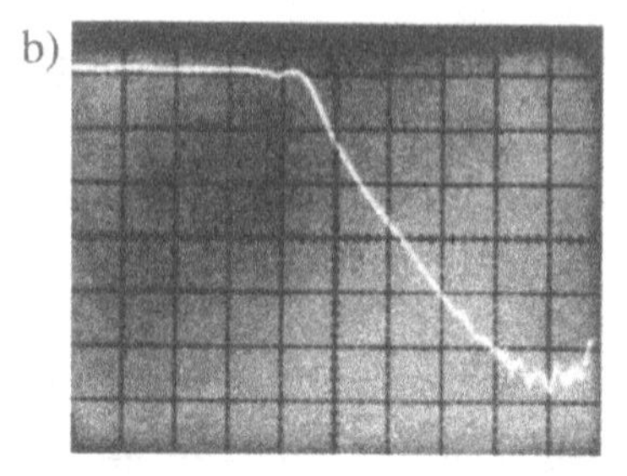

Bild 2.30
Transmission eines Tiefpasses: Messung mit einem Wobbler mit Vervielfacher (a) und Messung mit erhöhter Dynamik mit dem fundamentalen Synthesizer 6659 B (Wiltron) ohne Subharmonische (b) Skalierung: Amplitude 10 dB/Div, Grenzfrequenz des Tiefpasses oberhalb 8 GHz

2.4.2 Phasenrauschen

Die Kurzzeitstabilität der Amplitude ist für Meßgeneratoren von geringerer Bedeutung, weil eine Stabilisierung der Amplitude durch ALC-Schaltungen relativ einfach zu realisieren ist. Die Kurzzeitstabilität der Frequenz eines freilaufenden Generators hängt wesentlich von der Güte des verwendeten Resonators ab. IMPATT-Oszillatoren, die in Wobbelanwendungen ohne Resonatoren arbeiten, haben eine relativ schlechte Kurzzeitstabilität, d.h. hohes Phasenrauschen (Bild 2.31).

In einer PLL-Anordnung kann die Kurzzeitstabilität eines VCOs wesentlich verbessert werden. Innerhalb der Bandbreite der Regelschleife übernimmt der geregelte Oszillator das Phasenrauschen der jeweiligen Referenzschwingung. Dabei ist zu beachten, daß bei Vervielfachung der Frequenz auch eine Umrechnung des Phasenrauschspektrums vorgenommen werden muß, im Gegensatz zur Frequenzumsetzung durch Mischung. Zur Umrechnung wird der Rauschpegel um $20 \cdot \log(n)$ erhöht (diese Umrechnung wird in Abschnitt 7.2.4 erklärt). Zweckmäßig wählt man die Bandbreite der Regelschleifen so, daß sich ein optimales Spektrum ergibt. Als Beispiel wird das Ausgangsspektrum eines Synthesizers der Firma Hughes bei 94 GHz betrachtet (Bilder 2.32 und 2.33).

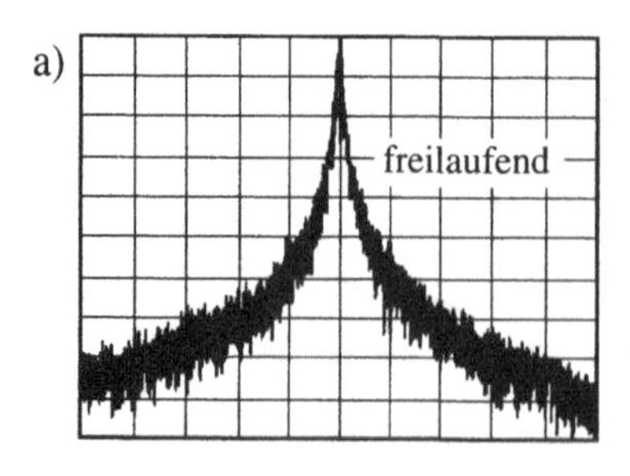

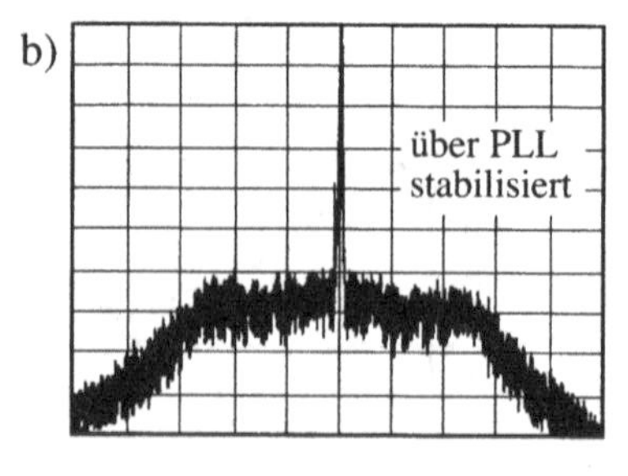

Bild 2.31
Phasenrauschen eines freilaufenden IMPATT-Oszillators (a) und eines durch eine PLL stabilisierten IMPATT-Oszillators (b) bei 94 GHz. Skalierung: Amplitude 5 dB/Div. und Frequenz 10 MHz/Div.

Das Phasenrauschen des Ausgangssignals nach Bild 2.33 zeigt unterschiedliches Verhalten in vier Bereichen (Zahlenangaben laut Hughes-Katalog '90). In Bereich 1 wird das umgerechnete Phasenrauschen des Referenzoszillators vom Transistoroszillator (TO) und damit auch vom Gunn-VCO übernommen. Bei etwa 50 kHz Frequenzablage vom Träger wird der freilaufende Transistoroszillator stabiler als die Referenz, die Bandbreite von PLL I wird also zu 50 kHz gewählt. In Bereich 2 übernimmt der Gunn-VCO das Phasenrauschen des freilaufenden TOs, in Bereich 3 (ab etwa 500 kHz Frequenzablage) kann aber das günstige Verhalten des TOs nicht mehr ausgenutzt werden, weil das Eigenrauschen von PLL II stärker ist als das Phasenrauschen des TOs. In Bereich 4 ist das Phasenrauschen des freilaufenden Gunn-Oszillators kleiner als das Eigenrauschen von PLL II. Durch zweckmäßige Wahl der Bandbreite von PLL II wird erreicht, daß sich der Gunn-Oszillator hier wie ein freilaufender Oszillator verhält. Die Grenze zu Bereich 4 ist für Gunn-Elemente bei etwa 1 - 5 MHz Frequenzablage vom Träger erreicht, für IMPATT-Dioden typisch bei 10 - 30 MHz.

Auf physikalische Ursachen des Phasenrauschens und andere Beschreibungsformen der Kurzzeitstabilität wird in Kapitel 7 eingegangen.

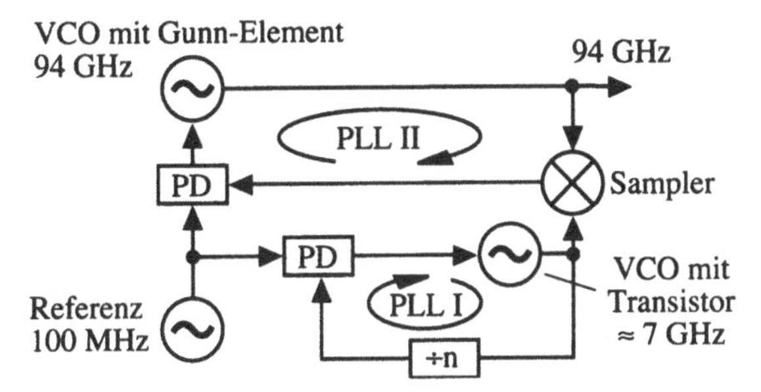

Bild 2.32 Blockschaltbild eines 94 GHz-Synthesizers (Hughes)

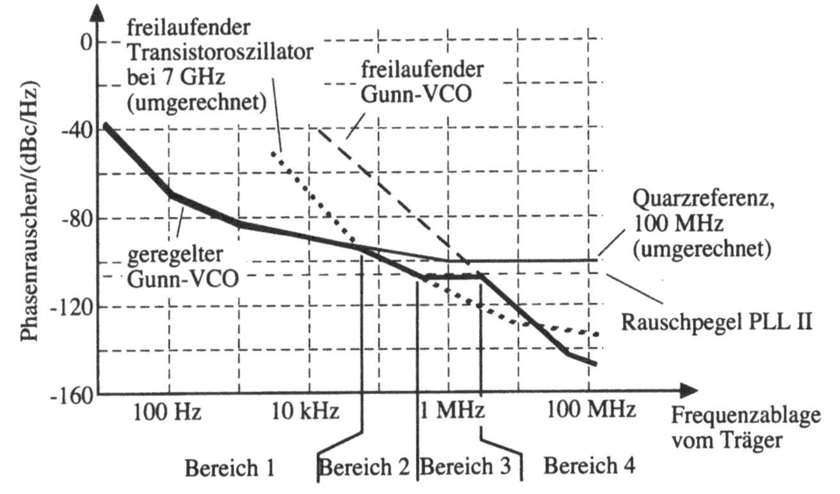

Bild 2.33 Zusammensetzung des Phasenrauschens des Synthesizers aus Bild 2.32

2.4.3 Spektrum im Wobbelbetrieb

Neben den besprochenen Störungen ergeben sich im Wobbelbetrieb prinzipielle Verzerrungen des erwünschten Spektrums. Wenn die Ausgangsfrequenz nicht konstant ist, sondern linear mit der Zeit steigt, erwartet man statt einer einzelnen Linie ein ideales Rechteckspektrum. Von technischen Ungenauigkeiten abgesehen, wird das Rechteckspektrum durch die Unstetigkeitsstellen an Beginn und Ende eines Durchlaufs (Zeitpunkte n·T) verformt.

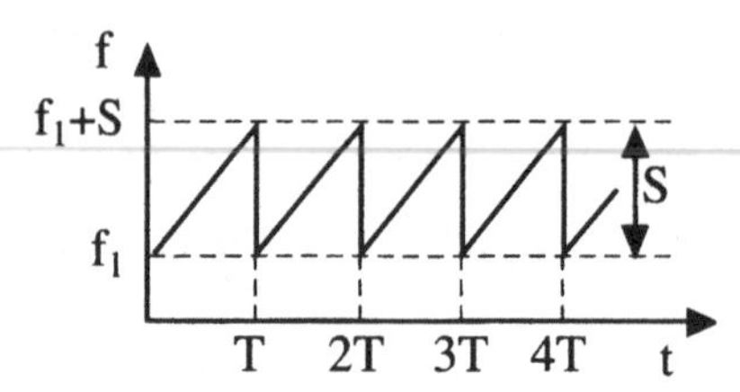

Bild 2.34 Zeitlicher Frequenzverlauf im Wobbelbetrieb

Der zeitliche Frequenzverlauf (Bild 2.34) läßt sich durch eine lineare Frequenzrampe von f_l nach $f_l + S$ mit der Periode T (Wobbel- oder Ablaufzeit) beschreiben.

$$f(t) = f_l + \frac{S}{T}t \qquad \text{im Bereich} \qquad 0 < t < T \tag{2.15}$$

$$\text{entsprechend für} \qquad n \cdot T < t < (n+1) \cdot T$$

Im folgenden wird ein Durchlauf von $t = 0$ bis $t = T$ betrachtet. Durch Einsetzen der Kreisfrequenz

$$\omega(t) = 2\pi f(t) = \frac{d\varphi(t)}{dt} \tag{2.16}$$

von (2.15) und Integration von (2.16) erhält man

$$\varphi(t) = 2\pi\left(f_l t + \frac{S}{2T}t^2\right) \tag{2.17}$$

und für die komplexe HF-Schwingung die Spannung

$$u(t) = U_0 \exp\left\{j \cdot 2\pi\left(f_l t + \frac{S}{2T}t^2\right)\right\} \tag{2.18}$$

Das Spektrum U(f) des gewobbelten Ausgangssignals läßt sich daraus durch eine Fouriertransformation gewinnen.

$$u(t) \overset{F}{\circ\!\!-\!\!\!-\!\!\bullet} U(f) \qquad\qquad U(f) = \int_{-\infty}^{+\infty} u(t)\exp\{-j2\pi ft\}dt \tag{2.19}$$

Die folgenden Umformungen bringen dieses Fourier-Integral auf die in mathematischen Nachschlagewerken (z.B. in Abramowitz, M und Stegun, I.A.: "Pocketbook of mathematical functions") tabellierte Standardform eines Fresnel-Integrals.

$$U(f) = \int_0^T U_0 \exp\left\{j \cdot 2\pi\left(f_1 t + \frac{S}{2T}t^2\right)\right\}\exp\{-j2\pi ft\} \quad dt \tag{2.20}$$

$$= \int_0^T U_0 \exp\left\{-j\pi\left(2(f-f_1)t - \frac{S}{T}t^2 - \frac{(f-f_1)^2}{S/T}\right)\right\}\exp\left\{-j\pi\frac{(f-f_1)^2}{S/T}\right\} dt$$

$$\Rightarrow \qquad U(f) = U_0 \int_0^T \exp\left\{+j\pi\left[\sqrt{\frac{S}{T}}t - \frac{f-f_1}{\sqrt{S/T}}\right]^2\right\}\exp\left\{-j\pi\frac{(f-f_1)^2}{S/T}\right\}dt \tag{2.21}$$

Substitution durch

$$v = \sqrt{2} \cdot \left(\sqrt{\frac{S}{T}}t - \frac{f-f_1}{\sqrt{S/T}}\right) \tag{2.22}$$

mit

$$v(t=0) = v_1 = \sqrt{\frac{2T}{S}}(f_1 - f) \qquad v(t=T) = v_2 = \sqrt{\frac{2T}{S}}\left[(f_1+S)-f\right] \tag{2.23}$$

und

$$dv = \sqrt{\frac{2S}{T}}dt \tag{2.24}$$

führt zu

$$U(f) = \sqrt{\frac{T}{2S}}U_0 \exp\left\{-j\pi\frac{(f-f_1)^2}{S/T}\right\} \cdot \int_{v_1}^{v_2} \exp\left\{j\frac{\pi}{2}v^2\right\}dv \tag{2.25}$$

Durch die Integralumformungen nach (2.26) kann das Spektrum mit den tabellierten Standardformen einer Fresnelgleichung angegeben werden:

$$\int_{v_1}^{v_2} \exp\left(j\frac{\pi}{2}v^2\right) dv = \int_0^{v_2} \exp\left(j\frac{\pi}{2}v^2\right) dv - \int_0^{v_1} \exp\left(j\frac{\pi}{2}v^2\right) dv$$

$$\int_0^{v} \exp\left(j\frac{\pi}{2}v^2\right) dv = \int_0^{v} \cos\left(\frac{\pi}{2}v^2\right) dv + j \cdot \int_0^{v} \sin\left(\frac{\pi}{2}v^2\right) dv \tag{2.26}$$

$$= C(v) + j \cdot S(v) \qquad \text{(Standardform)}$$

Durch Einsetzen in (2.25) erhält man:

$$U(f) = U_0\sqrt{\frac{T}{2S}}\left\{\left[C(v_2) - C(v_1)\right] + j\left[S(v_2) - S(v_1)\right]\right\}\exp\left\{-j\pi\frac{(f - f_1)^2}{S/T}\right\} \quad (2.27)$$

Dabei ist zu beachten, daß v_1 und v_2 nach (2.23) Funktionen von f sind.

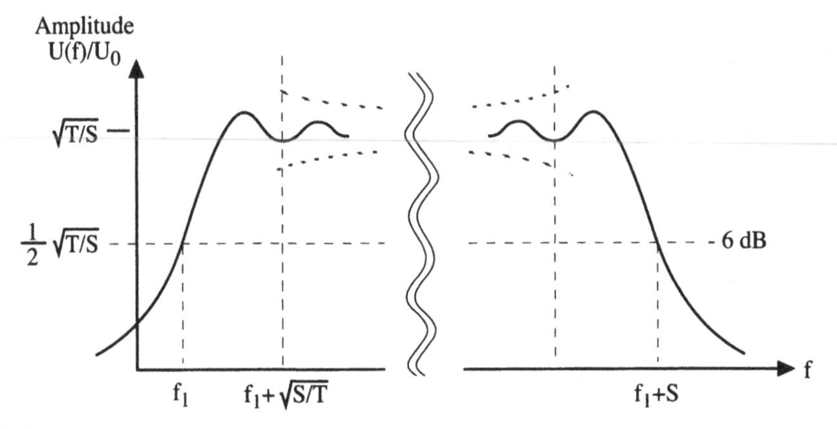

Bild 2.35
Fresnel-Spektrum einer linearen Frequenzrampe (Graphische Darstellung von (2.27))

Bild 2.35 zeigt die graphische Form von (2.27). Offensichtlich ist die Wobbelmessung mit prinzipiellen Verzerrungen verbunden. Dies beeinflußt sowohl die Genauigkeit der Pegelmessung als auch die auflösbare Bandbreite. In Abschnitt 5.1.1 wird auf diese Fehlerquellen quantitativ eingegangen.

Das gezeigte Spektrum U(f) entspricht einem einzigen Durchlauf des Wobblers. Bei periodischer Wiederholung dieses Durchlaufs würde sich ein Linienspektrum mit dem errechneten Spektrum als Einhüllende ergeben, wobei der Linienabstand der Wobbelfrequenz $f = 1/T$ entspricht (vgl. Abschnitt 5.1.3). Normalerweise stellt das aber keine weitere Einschränkung der Auflösung dar. In den Rechnungen in Abschnitt 5.1.1 wird daher nur eine kontinuierliche Einhüllende wie in (2.27) bzw. Bild 2.35 betrachtet.

3 Leistungsmessung

Die Bestimmung der Leistung ist neben der Messung der Frequenz die grundlegende Meßaufgabe der Hochfrequenztechnik. Im schnell veränderlichen elektromagnetischen Feld sind die gemessenen Spannungs- und Stromwerte von der gesamten Geometrie der Meßanordnung abhängig. Die durch eine Bezugsebene übertragene Leistung ist dagegen eindeutig meßbar. Sie ist damit eine geeignete Größe zur Beschreibung elektromagnetischer Felder und Vorgänge in einer wohldefinierten Geometrie, d.h. in einer Schaltungsanordnung. Zu den üblichen Anwendungen der Leistungsmessung - Bestimmung der von einer Quelle abgegebenen oder in einen Verbraucher eingespeisten Leistung - kommt daher im Hochfrequenzbereich noch die Analyse von Komponenten und Netzwerken hinzu (siehe Kapitel 8).

Bevor auf die Meßwandler im einzelnen eingegangen wird, sollen zunächst einige prinzipielle Methoden und Fehlerursachen untersucht werden. Es sei noch erwähnt, daß die im folgenden Abschnitt untersuchten Meßfehler auch bei der Messung der spektralen Leistungsverteilung mit dem Spektralanalysator, die in Kapitel 5 behandelt ist, auftreten. Da die Genauigkeit der Leistungsmessung beim Spektralanalysator aber wegen der vielfältigen Frequenzumsetzung und Filterung nur 1 - 2 dB beträgt (siehe Abschnitt 5.4), spielen Fehlerursachen wie Anpassungsprobleme oder Vielfachreflexion dort eher eine untergeordnete Rolle.

3.1 Prinzipielle Fehlerquellen

Wesentliche Fehler bei der Leistungsmessung entstehen in erster Linie durch Anpassungsprobleme. Die Beeinflussung der Signalquelle durch den Lastwiderstand spielt besonders bei der Beurteilung von Oszillatoren eine Rolle. Von diesem Effekt abgesehen, sind die Hauptfehlerquellen:

- Fehlanpassung des Leistungsmeßkopfes
- Fehler durch Vielfachreflexion zwischen Last und Quelle
- Unsicherheit des Kalibrierfaktors
- Fehler bei der Meßwertumsetzung

Der letzte Punkt beschreibt Fehler, die bei der Signalverarbeitung von der Ausgangsgröße des eigentlichen Meßwandlers zur Anzeige entstehen. Je nach verwendetem Meßwandler treten mehr oder weniger leicht zu messende Ausgangsgrößen auf (Spannung, Temperaturdifferenzen, Druck usw.). Die Fehler bei der Meßwertumsetzung sind deshalb gerätespezifisch und sollen hier nicht weiter untersucht werden.

Für empfindliche Leistungsmesser spielen darüber hinaus Meßunsicherheiten durch Eigenrauschen des Leistungsmessers eine wichtige Rolle. Auch das Rauschen ist gerätespezifisch. Abschnitt 3.1.4 geht deshalb lediglich auf die für Leistungsmesser verwendeten Rauschkenngrößen ein.

3.1.1 Beeinflussung der Quelle - das Rieke-Diagramm

Die Frequenz und die Ausgangsleistung eines Generators sind von der angeschlossenen Lastimpedanz abhängig. Das typische Verhalten kann an einem einfachen Ersatzschaltbild erläutert werden (Bild 3.1).

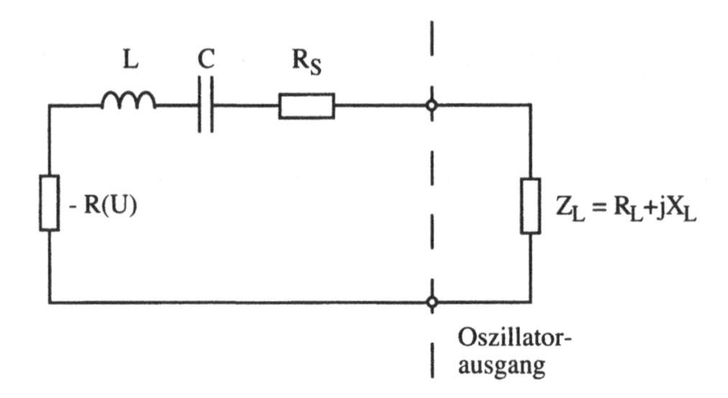

Bild 3.1 Ersatzschaltbild eines belasteten Oszillators

Drei Grundelemente werden berücksichtigt: Frequenzbestimmendes Element ist der Serienkreis aus L und C. Der negative Widerstand -R(U) ist das aktive Element, das den Schwingkreis entdämpft und so die Schwingbedingung erfüllt. In einem funktionsfähigen Oszillator muß dabei R(U) von der Schwingungsamplitude U abhängen. Die internen Verluste des Oszillators sind in R_S berücksichtigt. Die angeschlossene Last sei mit $Z_L = R_L + jX_L$ beschrieben.

Die Bedingung für stabile Oszillation, d.h. für konstante Schwingungsamplitude, lautet:

$$R_L + R_S - R(U) = 0 \tag{3.1}$$

Abhängig vom angeschlossenen Wirkwiderstand R_L stellt sich die Schwingungsamplitude U so ein, daß Gleichung (3.1) erfüllt ist. Ist dies nicht möglich (R_L zu groß), so reißt die Schwingung ab. Mit U ist die Ausgangsleistung durch R_L festgelegt.

Es verbleibt ein ungedämpfter Resonanzkreis, der die Signalfrequenz ω bestimmt (Bild 3.2).

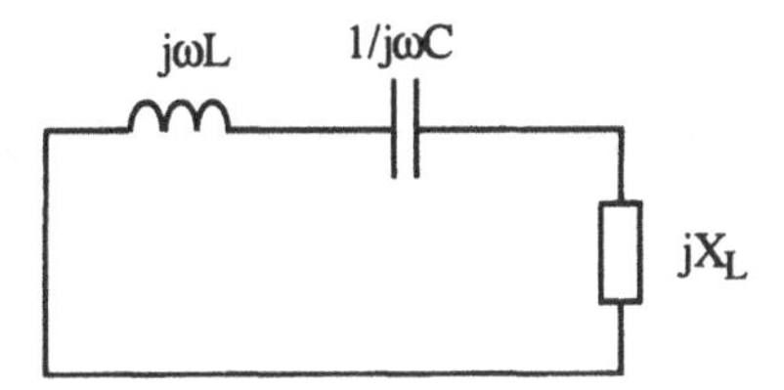

Bild 3.2 Frequenzbestimmender Resonanzkreis

$$\left(\omega L - \frac{1}{\omega C}\right) + X_L = 0 \tag{3.2}$$

Damit sind zwei implizite Gleichungen für die Ausgangsleistung bzw. -frequenz als Funktion der komplexen Lastimpedanz gefunden. Trägt man die Linien konstanter Leistung bzw. konstanter Frequenz über der Widerstandsform des Smith-Diagramms auf, so erhält man ein sogenanntes Rieke-Diagramm (Bild 3.3).

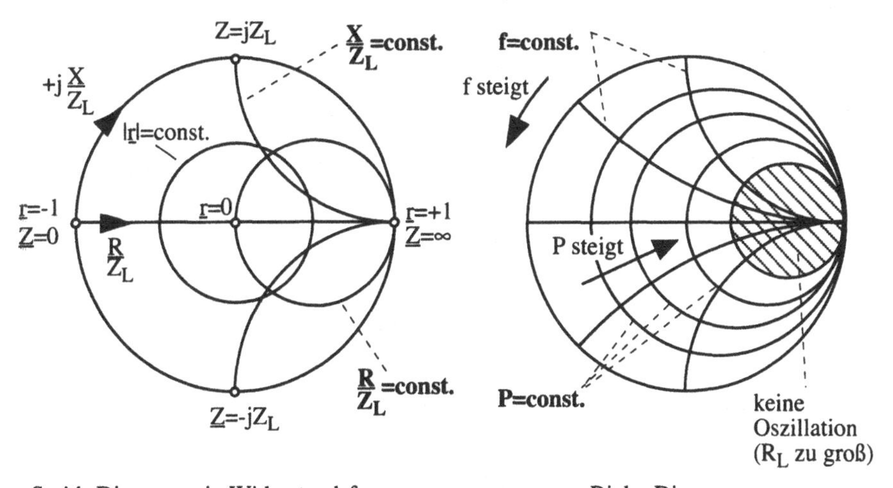

Bild 3.3 Smith-Diagramm in Widerstandsform und Rieke-Diagramm

Im Rahmen der verwendeten Näherungen gilt hier:

- Linien konstanter Leistung fallen mit den Linien konstanten Wirkwiderstands zusammen.
- Linien konstanter Frequenz fallen mit den Linien konstanten Blindwiderstands zusammen.

Die Meßkurven eines realen Oszillators zeigen oft in relativ guter Näherung ein derartiges Verhalten. Dabei ist zu beachten, daß durch Transformation auf den dazwischengeschalteten Leitungen die Linien konstanter Frequenz oder Leistung zumindest gedreht werden.

Zur Vermessung des Rieke-Diagramms muß die Lastimpedanz variiert werden, z.B. mit Hilfe des sogenannten Sliding-Screw-Tuners (Bild 3.4). Es handelt sich dabei um eine Hohlleiter-Meßanordnung, bei der zur Transformation eine kapazitive oder induktive Belastung in den Hohlleiter eingebracht wird. Durch Ändern von Größe und Position dieser Blindlast (Ändern der Eintauchtiefe und Verschieben der Schraube) kann jeder Punkt des Rieke-Diagramms angesteuert werden.

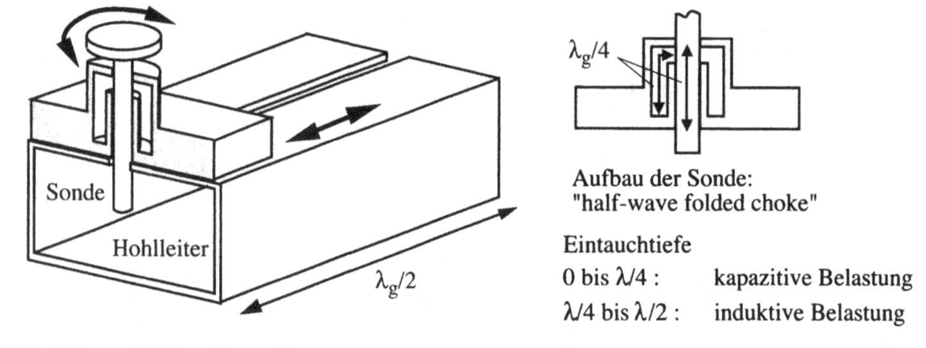

Bild 3.4 Sliding-Screw-Tuner

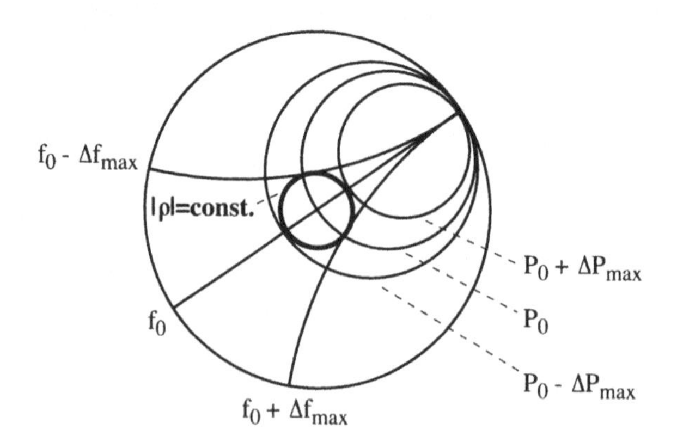

Bild 3.5 Frequenz- und Leistungsfehler durch Abweichungen der Lastimpedanz (Load-Pulling)

Es ist nun offensichtlich, daß eine Abweichung der Lastimpedanz vom erwünschten Sollwert Z_L sowohl die Frequenz als auch die Leistung beeinflussen kann. Dieser Effekt wird "Load-Pulling" genannt. Wird beispielsweise ein Leistungsmesser mit dem Reflexionsfaktor ρ verwendet um die Ausgangsleistung eines Oszillators zu bestimmen, so tritt am Oszillator ein Reflexionsfaktor vom Betrag ρ auf. Bei unbekannter Länge der Verbindungsleitung ist aber die Phase dieses Reflexionsfaktors ebenfalls unbekannt. Es ergeben sich daher unbestimmte Abweichungen Δf und ΔP (Bild 3.5).

Zu erwähnen ist noch, daß die normalerweise unerwünschte Beeinflussung von Ausgangsleistung und -frequenz zur Synchronisation eines Oszillators benutzt werden kann ("Injektions-Synchronisation"). Dabei wird ein Referenzsignal über einen Zirkulator in den Oszillator eingespeist. Der Zirkulator sorgt für die Trennung von eingespeistem und abgegebenem Signal. Innerhalb eines mehr oder weniger geringen Fangbereiches kann das eingespeiste Referenzsignal durch Beeinflussung des nichtlinearen R(U) eine Synchronisation der Oszillatorfrequenz bewirken.

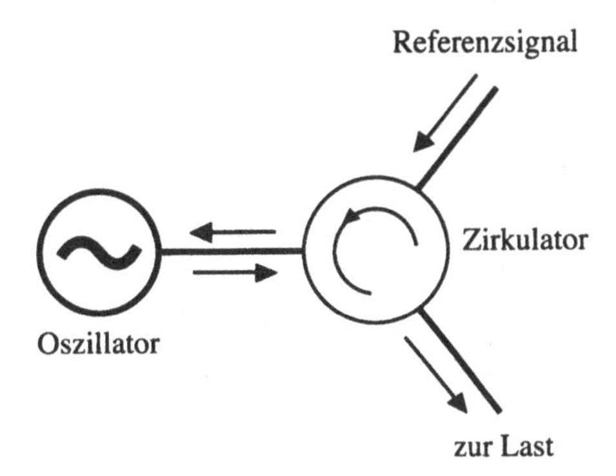

Bild 3.6 Injektions-Synchronisation

3.1.2 Fehlanpassung

Jede Fehlanpassung im Meßsystem stellt eine Stoßstelle dar, an der Leistung reflektiert wird. An einer Schnittstelle (Tor) mit dem Reflexionsfaktor $r_i = b_i/a_i$ wird nach Gleichung (1.1) die Leistung

$$\begin{aligned} P_i &= \frac{1}{2}|a_i|^2 - \frac{1}{2}|b_i|^2 = \frac{1}{2}|a_i|^2\left(1-|r_i|^2\right) \\ &= P_Z\left(1-|r_i|^2\right) \end{aligned} \tag{3.3}$$

übertragen. P_Z wurde dabei als die Leistung definiert, die an einen Bezugswiderstand Z mit $r_i = 0$ abgegeben wird. Der Faktor in der Klammer gibt den Leistungsverlust durch Fehlanpassung an und wird Anpassungsverlustfaktor (mismatch loss) genannt. In einem Meßsystem beeinflussen sich die unterschiedlichen Störstellen gegenseitig, so daß es nicht genügt, nur die jeweiligen Anpassungsverlustfaktoren zu berücksichtigen.

3.1.2.1 Direkte Kopplung

Das Meßsystem soll zunächst nur aus der zu vermessenden Quelle, beschrieben durch ihre verfügbare Leistung und den Quellenreflexionsfaktor r_S, und dem Leistungsmesser, beschrieben durch den Lastreflexionsfaktor r_L, bestehen. Gesucht ist der Zusammenhang zwischen der im Leistungsmesser absorbierten Leistung und der verfügbaren Quellenleistung. Letztere kann auf zwei Arten definiert werden:

- P_V: maximal verfügbare Leistung, wird von der Quelle bei konjugiert komplexer Anpassung abgegeben ($r_S = r_L^*$).
- P_{Z0}: an Z_0 verfügbare Leistung, wird von der Quelle an den Bezugswiderstand abgegeben. Diese Leistung ist kleiner oder höchstens gleich P_V.

Allgemein bevorzugt ist die Angabe von P_{Z0}, weil zur maximal verfügbaren Leistung P_V noch ein individueller Bezugswiderstand angegeben werden müßte. Man macht sich den Zusammenhang beider Größen leicht klar, wenn man die Reflexionsfaktoren ausnahmsweise auf die Ausgangsimpedanz der Quelle Z_S bezieht. Die Quelle ist dann ideal angepaßt, und die abgegebene Leistung ist $P_{ZS} = P_V$ laut Definition von P_V. Ein Verbraucher mit der Impedanz Z_0 besitzt in diesem Fall aber einen Reflexionsfaktor vom Betrag r_S (wie man durch einfaches Ausrechnen bestätigt), und die von ihm aufgenommene Leistung ist mit (3.3)

$$P_{Z0} = P_{ZS}\left(1-|r_S|^2\right) = P_V\left(1-|r_S|^2\right) \tag{3.4}$$

Die von einem fehlangepaßten Leistungsmesser absorbierte Leistung ergibt sich zu

$$P_L = P_{ZL}\left(1-|r_L|^2\right) \tag{3.5}$$

mit P_{ZL}: an eine ideal angepaßte Last abgegebene Leistung

Um die Auswirkung von Vielfachreflexionen zu berücksichtigen, muß das gesamte Meßsystem betrachtet werden (Bild 3.7 ; Man beachte, daß hier und in Bild 3.9 eine Darstellung gewählt wurde, die ein wenig von den üblichen Signalflußdiagrammen abweicht. Für eine normgerechte Darstellung siehe Anhang 10.1 oder Michel, H.-J. : "Zweitor-Analyse mit Leistungswellen").

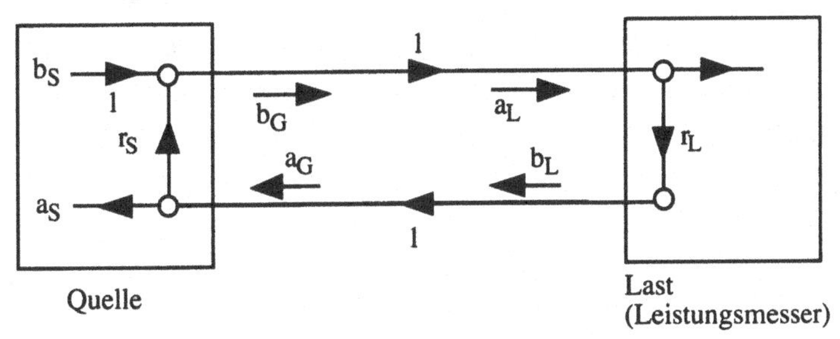

Bild 3.7 Meßsystem, direkte Kopplung

Für die Quelle kann angesetzt werden:

$$b_G = a_G \cdot r_S + b_S \qquad \text{mit} \quad \frac{1}{2}|b_S|^2 = P_{Z0} \tag{3.6}$$

Die in die Quelle zurückreflektierte Welle a_S wird nicht weiter betrachtet, die Beeinflussung der Quelle sei vernachlässigbar. Am Leistungsmesser gilt:

$$b_L = a_L \cdot r_L \qquad \text{mit} \quad \frac{1}{2}|a_L|^2 = P_{ZL} \tag{3.7}$$

Durch die direkte Kopplung von Quelle und Last ergibt sich:

$$\begin{aligned} a_L &= b_G \\ a_G &= b_L \end{aligned} \tag{3.8}$$

Einsetzen in (3.6) liefert:

$$a_L = b_L \cdot r_S + b_S = a_L \cdot r_L \cdot r_S + b_S$$

$$\Rightarrow \qquad a_L = \frac{b_S}{(1 - r_L \cdot r_S)} \qquad \Leftrightarrow \qquad P_{ZL} = \frac{P_{Z0}}{|1 - r_L \cdot r_S|^2} \tag{3.9}$$

Die vom Leistungsmesser absorbierte Leistung ergibt sich also mit (3.4) bzw. (3.5) zu:

$$P_L = P_{Z0} \frac{1 - |r_L|^2}{|1 - r_L r_S|^2} = P_V \cdot \left(1 - |r_S|^2\right)\left(1 - |r_L|^2\right) \cdot \frac{1}{|1 - r_L r_S|^2} \tag{3.10}$$

Anpassungsverlustfaktor der Quelle | der Last | Interferenzglied

Die Anpassungsverlustfaktoren geben Eigenschaften der Einzelkomponenten, aber nicht des Meßsystems wieder. Der Anpassungsverlustfaktor des Leistungsmessers wird deshalb im allgemeinen schon bei der Kalibration berücksichtigt (Abschnitt 3.1.3). Der angezeigte Pegel ist also

$$A = \frac{1}{1-|r_L|^2} P_L \qquad (3.11)$$

Weiterhin spielt der Anpassungsverlustfaktor der Quelle keine Rolle, wenn man sich nur für P_{Z0} interessiert. Es verbleibt aber eine durch Mehrfachreflexion verursachte Meßunsicherheit, das Interferenzglied. Da die Phasen der Reflexionsfaktoren meist nicht bekannt sind, kann dieser Fehler lediglich abgeschätzt werden:

$$\frac{1}{(1+|r_S||r_L|)^2} \leq \frac{1}{|1-r_S r_L|^2} \leq \frac{1}{(1-|r_S||r_L|)^2} \qquad (3.12)$$

Ein Zahlenbeispiel zur Verdeutlichung der Zusammenhänge:

Reflexionsfaktoren	VSWR	Anpassungsverlustfaktoren
$\lvert r_S\rvert = 0{,}3 \quad (-10{,}5\,\text{dB})$	1,86 : 1	der Quelle: 0,91
$\lvert r_L\rvert = 0{,}15 \quad (-16{,}5\,\text{dB})$	1,35 : 1	der Last: 0,98

$\Rightarrow$ Unsicherheitsbereich: -8,4 % bis +9,6 %

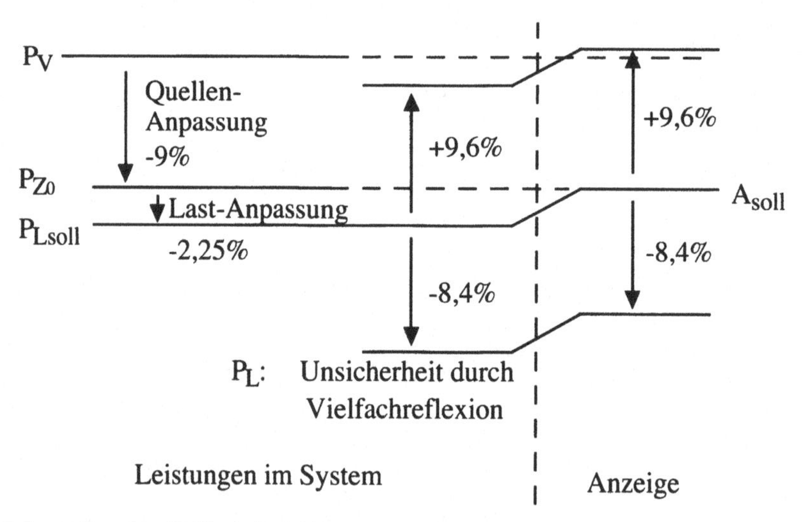

Bild 3.8 Pegel im Zahlenbeispiel (Anzeigewerte nach (3.11))

Man beachte, daß der Leistungsmesser infolge der Kalibration eine größere Leistung anzeigt, als er tatsächlich absorbiert. Wenn sich die Fehlanpassungen von Quelle und Last gegenseitig kompensieren, kann es vorkommen, daß sogar ein größerer Pegel als die maximal verfügbare Quellenleistung P_V angezeigt wird. Dies ist insbesondere bei konjugiert komplexer Anpassung der Fall:

$$r_S = r_L^* \qquad \Rightarrow \qquad P_V = P_L = \left(1-|r_L|^2\right)A$$

3.1.2.2 Allgemeine Kopplung

Die direkte Verbindung eines Leistungsmessers zum Meßobjekt ist real weder möglich noch erwünscht. Das Problem der Vielfachreflexion kann durch Dämpfung auf der Übertragungsstrecke gemildert, durch den Einsatz eines sogenannten Isolators völlig unterdrückt werden. Wenn ein Oszillator vermessen werden soll, ist außerdem eine Entkopplung zwischen Quelle und Meßsystem erwünscht, um die zuvor diskutierte Beeinflussung des Oszillators zu verhindern.

Für eine verallgemeinerte Betrachtung wird die direkte Verbindung im Meßsystem aus Bild 3.7 ersetzt durch ein Zweitor, beschrieben durch seine Streumatrix (Bild 3.9).

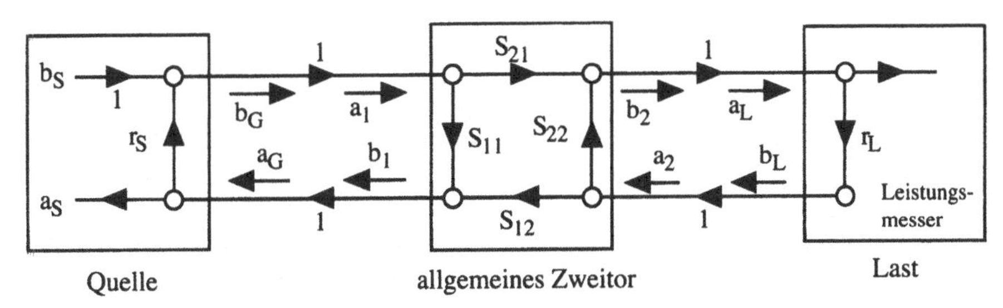

Bild 3.9 Meßsystem mit allgemeinem Koppelzweitor

Anstatt der Gleichungen der direkten Kopplung (3.8) gilt nun:

$$\begin{aligned} a_G = b_1 &= S_{11}a_1 + S_{12}a_2 = S_{11}b_G + S_{12}b_L \\ a_L = b_2 &= S_{21}a_1 + S_{22}a_2 = S_{21}b_G + S_{22}b_L \end{aligned} \tag{3.13}$$

Elimination von b_G, b_L und a_G unter Verwendung von (3.4) bis (3.7) ergibt wieder die absorbierte Leistung bzw. mit (3.11) den Anzeigewert:

$$P_L = P_{Z0}\frac{|S_{21}|^2\left(1-|r_L|^2\right)}{\left|(1-S_{11}r_S)(1-S_{22}r_L)-S_{12}S_{21}r_Sr_L\right|^2} \tag{3.14a}$$

$$A = P_{Z0}\frac{|S_{21}|^2}{\left|(1-S_{11}r_S)(1-S_{22}r_L)-S_{12}S_{21}r_Sr_L\right|^2} \tag{3.14b}$$

Dies ist die allgemeine Form von (3.10).

Ankopplung über ein ideales Dämpfungsglied (eigenreflexionsfrei) mit

$$[S] = \begin{bmatrix} 0 & S_{21} \\ S_{21} & 0 \end{bmatrix} \quad \text{, Dämpfung} \quad D/dB = -20 \log |S_{21}| \tag{3.15}$$

liefert

$$A = P_{Z0} \frac{|S_{21}|^2}{|1 - S_{21}{}^2 r_S r_L|^2} \tag{3.16}$$

Eine anschauliche Deutung wird möglich, wenn man (3.16) mit (3.10) bzw. (3.11) vergleicht. Die angezeigte Leistung sinkt um die Dämpfung D. Zum Reflexionsfaktor r_L kommt ein Faktor $S_{21}{}^2$ hinzu. Man kann die Kombination von Dämpfungsglied und Leistungsmesser als einen Leistungsmesser mit einer um D geringeren Empfindlichkeit, aber auch mit einem verbesserten Eingangsreflexionsfaktor

$$r_L^\bullet = r_L S_{21}^2 \qquad r_L^\bullet / dB = 20 \log |r_L S_{21}^2| = r_L / dB + 2 \cdot D / dB \tag{3.17}$$

betrachten. Die Unsicherheit durch Vielfachreflexion sinkt mit der verminderten Fehlanpassung des Leistungsmessers. Im obigen Zahlenbeispiel würde ein ideales 10 dB-Dämpfungsglied (S_{21}=0,32) die Meßunsicherheit auf -1 % bis +0,9 % verbessern.

Nachteilig ist die verminderte Empfindlichkeit und die Notwendigkeit, die Dämpfung zu vermessen. Meßfehler bei der Bestimmung der Dämpfung gehen voll in die Leistungsmessung mit ein. Der Verbesserung eines Eingangsreflexionsfaktors durch Dämpfungsglieder sind durch die nichtidealen Reflexionsfaktoren realer Dämpfungsglieder Grenzen gesetzt.

Ankopplung über einen idealen Isolator (rückwirkungs- und eigenreflexionsfrei) mit

$$[S] = \begin{bmatrix} 0 & 0 \\ S_{21} & 0 \end{bmatrix} \quad \text{, Dämpfung} \quad D/dB = -20 \log |S_{21}| \tag{3.18}$$

liefert mit (3.14)

$$A = P_{Z0} \cdot |S_{21}|^2 \tag{3.19}$$

Die Unterdrückung der rücklaufenden Welle, die nur mit einem solchen nicht-umkehrbaren Bauteil erreicht werden kann, läßt das Interferenzglied völlig verschwinden. Bei bekannter Dämpfung D wäre damit eine fehlerfreie Leistungsmessung möglich. Im realen Einsatz sind allerdings nichtideale Eigenschaften des Isolators zu berücksichtigen. Unsicherheiten in der Bestimmung von D gehen wieder voll ins Meßergebnis ein. Oft wird eine solche Messung auch an der Verfügbarkeit geeigneter Isolatoren scheitern.

3.1.3 Kalibration

3.1.3.1 Kalibrierfaktor und Nachweisempfindlichkeit

Die meisten gebräuchlichen Leistungsmesser zeigen eine Abhängigkeit des Anzeigewerts von der Umgebungstemperatur oder von anderen Umwelteinflüssen. Eine Kalibration wird deshalb nicht nur vom Hersteller durchgeführt, sondern steht oft sogar am Beginn jeder Messung. Wenn die Linearität eines Leistungsmessers hinreichend sichergestellt ist und außerdem keine Nullpunktsfehler auftreten, so genügt zur Kalibration ein einziger Proportionalitätsfaktor, der Kalibrierfaktor k_e.

$$k_e = \left(1 - |r_L|^2\right) \cdot \eta_e \tag{3.20}$$

Der Kalibrierfaktor setzt sich aus dem bereits bekannten Anpassungsverlustfaktor und der sogenannten Nachweisempfindlichkeit η_e zusammen. Die Nachweisempfindlichkeit ist allgemein definiert zu:

$$\eta_e = \frac{A_o}{P_L} \tag{3.21}$$

mit P_L: gesamte absorbierte Leistung
A_o: angezeigte Leistung ohne Kalibration

Bei thermischen Meßwandlern, welche die Wärmeentwicklung bei der Absorption auswerten, kann η_e als Wirkungsgrad des Leistungsmessers gedeutet werden. Der Unterschied zwischen angezeigter und absorbierter Leistung (typisch 20-30 %) entsteht hier durch Wärmeverluste. Bei thermischen Meßwandlern ist im Prinzip eine Kalibration durch Vergleich mit einer leicht zu messenden NF- oder Gleichleistung möglich. Der thermische Vergleich der unbekannten HF-Leistung mit einer bekannten Gleichleistung ist bisher die genaueste Methode der Hochfrequenz-Leistungsmessung. Bei dieser Art der Kalibration treten aber zwei Probleme auf:

- Es wird nur η_e bestimmt, nicht aber der (frequenzabhängige) Anpassungsverlustfaktor. Dieser muß zusätzlich ermittelt werden.
- Die Vergleichsleistung muß im Meßwandler die gleiche räumliche Verteilung wie die HF-Leistung haben. Abweichungen davon ergeben sogenannte Substitutionsfehler.

Eine Kalibration mit bekannter HF-Leistung oder durch Vergleich mit geeichten Leistungsmessern ist immer möglich (soweit vorhanden) und liefert direkt den Kalibrierfaktor, wie im folgenden gezeigt wird.

3.1.3.2 Zweitor-Vergleichsmessung

Der Leistungsmesser sei zunächst unkalibriert. Sein Anzeigewert A_o weicht dann vom korrekten Sollwert A_S um den gesuchten Kalibrierfaktor ab.

$$A_o = A_S \cdot k_e \tag{3.22}$$

Wird der Leistungsmesser über ein bekanntes Koppelnetzwerk an eine Quelle mit bekannter Ausgangsleistung und bekanntem Quellenreflexionsfaktor r_S angeschlossen, so kann der Soll-Anzeigewert mit (3.14) angegeben werden. Der Kalibrierfaktor ergibt sich durch Vergleich mit dem Ist-Anzeigewert.

Es erscheint naheliegender, den Sollwert mit Hilfe eines geeichten Leistungsmessers zu ermitteln. Aus (3.14) ergibt sich aber, daß im allgemeinen Fall die Anzeigewerte zweier Leistungsmesser unterschiedlich sind aufgrund unterschiedlicher Eingangsreflexionsfaktoren.

$$\frac{A_S}{A_{Se}} = \frac{\left|(1 - S_{11}r_S)(1 - S_{22}r_e) - S_{12}S_{21}r_S r_e\right|^2}{\left|(1 - S_{11}r_S)(1 - S_{22}r_L) - S_{12}S_{21}r_S r_L\right|^2} \tag{3.23}$$

mit A_{Se}: Anzeigewert des geeichten Leistungsmessers
r_e: Eingangsreflexion des geeichten Leistungsmessers

Wie bei der einfachen Messung verbleibt durch die Vielfachreflexion eine Meßunsicherheit. Abhilfe schafft wieder der Einsatz eines Isolators (mit (3.19)):

$$\frac{A_S}{A_{Se}} = 1 \tag{3.24}$$

In diesem Fall kann der Soll-Anzeigewert direkt von der Anzeige des geeichten Leistungsmessers übernommen werden, durch Vergleich mit dem Ist-Anzeigewert ergibt sich der Kalibrierfaktor aus (3.22).

Zu den einschränkenden Bemerkungen, die zu dieser Meßmethode bereits gemacht wurden, kommt bei der Kalibration noch folgende Fehlerquelle hinzu: Zeitliche Schwankungen der Quellenleistung, die bei der Rechnung als konstant angenommen wurde, gehen voll bei der Bestimmung des Kalibrierfaktors ein und sind bei dieser Methode häufig ein limitierender Faktor für die erreichbare Genauigkeit. Ein weiterer Nachteil ist, daß ein geeichter Leistungsmesser im selben Leistungsbereich wie das zu kalibrierende Meßgerät vorhanden sein muß.

3.1.3.3 Dreitor-Vergleichsmessung

Die Dreitor-Vergleichsmessung benötigt einen weiteren Leistungsmesser, um Schwankungen der Quellenleistung erfassen zu können.

Die eingespeiste Leistung wird mit Hilfe eines Richtkopplers oder anderer Leistungsteiler auf das eigentliche Meßtor und einen sogenannten Monitorausgang aufgeteilt. Der Monitor-Leistungsmesser bleibt ständig angeschlossen, während am Meßtor abwechselnd der unkalibrierte und ein geeichter Leistungsmesser angeschlossen werden.

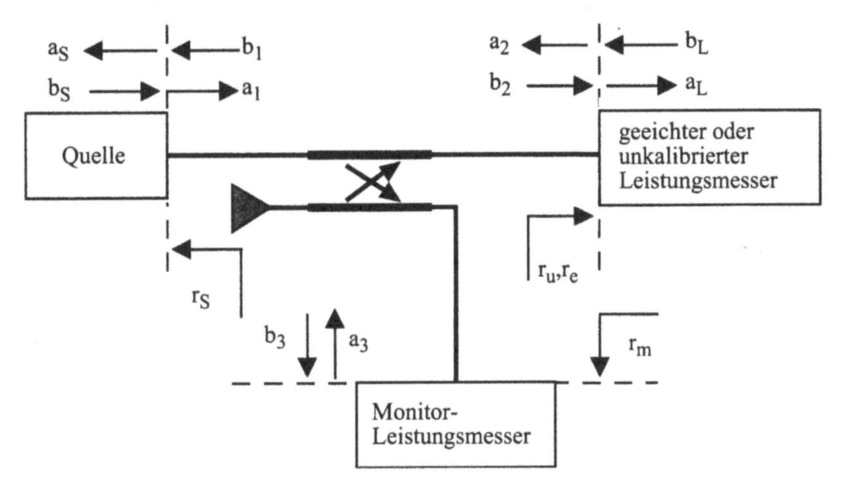

Bild 3.10 Dreitor-Vergleichsmessung mit Richtkoppler

Mit dem Streuparameter-Ansatz des Leistungsteilers

$$\begin{pmatrix} b_1 \\ b_2 \\ b_3 \end{pmatrix} = \begin{bmatrix} S_{11} & S_{12} & S_{13} \\ S_{21} & S_{22} & S_{23} \\ S_{31} & S_{32} & S_{33} \end{bmatrix} \cdot \begin{pmatrix} a_1 \\ a_2 \\ a_3 \end{pmatrix} \tag{3.25}$$

und den Reflexionen an beiden Ausgangstoren

$$a_2 = b_2 r_{u,e} \qquad A_{Su,e} = \frac{1}{2}|b_2|^2 \tag{3.26a}$$

$$a_3 = b_3 r_m \qquad A_m = \frac{1}{2}|b_3|^2 \tag{3.26b}$$

mit A_m: Anzeige des Monitor-Leistungsmessers
$A_{Su,e}$: Soll-Anzeigen des unkalibrierten bzw. des geeichten Leistungsmessers

ergibt sich nach einiger Rechnung das Verhältnis der Anzeigen von Monitor und geeichtem Leistungsmesser zu:

$$\frac{A_m}{A_{Se}} = \left|\frac{S_{31}}{S_{21}}\right|^2 \cdot \left|\frac{1 - r_e G_2}{1 - r_m G_3}\right|^2 \tag{3.27}$$

mit $G_2 = S_{22} - \frac{S_{21}S_{32}}{S_{31}}$ und $G_3 = S_{33} - \frac{S_{31}S_{23}}{S_{21}}$

G_2 und G_3 treten in der Rechnung als effektive Reflexionsfaktoren der Quelle am jeweiligen Meßtor in Erscheinung. Beide sind von den tatsächlich meßbaren Reflexionsfaktoren zu unterscheiden. Bei letzteren geht der Quellenreflexionsfaktor r_S mit ein, während G_2 und G_3 nur vom Leistungsteiler-Dreitor abhängen. Diese rechnerische Vereinfachung ergibt sich, weil nur ein Leistungsverhältnis betrachtet wird.

Im nächsten Schritt wird der unkalibrierte Leistungsmesser angeschlossen. Sein Soll-Anzeigewert kann ebenfalls mit (3.27) berechnet werden. Die noch unbekannten Parameter fallen größtenteils weg, wenn das Verhältnis der Soll-Anzeigen von geeichtem und unkalibriertem Leistungsmesser gebildet wird:

$$\frac{A_{Su}}{A_{Se}} = \left(\frac{A_{mu}}{A_{me}}\right) \cdot \left|\frac{1 - r_e G_2}{1 - r_u G_2}\right|^2 \tag{3.28}$$

mit A_{me}, A_{mu}: Monitor-Anzeigen bei Anschluß des geeichten bzw. des unkalibrierten Leistungsmessers

Die Soll-Anzeige des unkalibrierten Leistungsmessers kann nun bestimmt werden, wenn G_2 vernachlässigbar klein ist. Andernfalls ergibt sich wieder die bekannte Unsicherheit durch Vielfachreflexion. In Bailey, A. E. : "Microwave Measurements" werden rechnerische oder schaltungstechnische Methoden angegeben, die den Unsicherheitsbereich verkleinern. Da moderne Meßgeräte oft eine erhebliche Rechenkapazität zur Verfügung stellen, wird man heute im allgemeinen die rechnerische Methode dem Eingriff in die Schaltung vorziehen.

Die Vorteile der Dreitor-Messung sind zusammengefaßt:

- Die Eigenschaften der Quelle gehen nicht ins Meßergebnis ein.
- Auch die Eigenschaften des Monitor-Leistungsmessers gehen nicht ein, Linearität und verschwindende Nullpunktsfehler vorausgesetzt.
- Durch Veränderung der Leistungsaufteilung können Leistungsmeßköpfe unterschiedlicher Empfindlichkeit kalibriert werden.
- Der effektive Quellenreflexionsfaktor G_2 hängt nur vom Leistungsteiler ab und ist meist klein.

3.1.4 Rauschkenngrößen für Leistungsmesser

Auch bei Leistungsmessern treten die üblichen Rauschquellen auf:

- thermisches weißes Rauschen
- Schrotrauschen (insbesondere in Halbleitern)
- Funkelrauschen (1/f-Rauschen)

Bei Leistungsmessern interessiert man sich für die dadurch verursachte Meßunsicherheit, bzw. für die kleinste noch meßbare Leistung. In grober Näherung sind beide Größen identisch. Eine einfache Methode, die kleinste meßbare Leistung oder die untere Grenze des Dynamikbereichs zu ermitteln, ist, eine kleine Eingangsleistung anzulegen und zu steigern, bis auf einem Oszilloskop ein deutliches Ausgangssignal über dem Rauschen sichtbar wird. Die Eingangsleistung liegt dann etwa 4 dB über dem Eigenrauschen. Die so ermittelte Größe wird tangentiale Empfindlichkeit (tangential sensitivity, ***TS***) genannt. Da Rauschen grundsätzlich ein breitbandiges Signal ist, ist dieser Wert von der Meßbandbreite auf der Ausgangsseite des Leistungsmessers (Videobandbreite B) abhängig. Typische Werte sind -50 dBm bis -55 dBm in 10 kHz Bandbreite.

Ein neueres Rauschmaß ist die "noise equivalent power" **NEP**. Damit wird die HF-Leistung bezeichnet, die man braucht, um ein Signal- zu Rauschverhältnis (S/N) von 1 in einer Meßbandbreite von 1 Hz zu erhalten. Vorteilhaft ist hier, daß keine Bandbreite zusätzlich angegeben werden muß. Der Zusammenhang beider Größen ist:

$$TS/_{\mathrm{dBm}} \approx \mathrm{NEP}/_{\mathrm{dBm}} + 5 \cdot \log\left(B/_{\mathrm{Hz}} \right) + 4\mathrm{dB} \tag{3.29}$$

Die beschriebenen Rauschkenngrößen sind für beliebige Leistungsmesser anwendbar, werden aber wegen der hohen Empfindlichkeit von Diodendetektoren (siehe Abschnitt 3.2.6) in erster Linie für diese verwendet.

3.2 Meßwandler

3.2.1 Überblick: Meßsensoren

Sensoren zur Hochfrequenz-Leistungsmessung können in drei Kategorien unterteilt werden:

A) Grundstandards (Fundamental Standards)

Diese Sensorsysteme ermöglichen es, Leistungen mit Hilfe von Messungen in den Grundeinheiten des SI-Systems Sekunde, Meter, Ampere und Kilogramm zu bestimmen. Gemessen wird die Arbeit pro Zeit, die an geladenen Teilchen im elektromagnetischen Feld geleistet wird. Diese hochgenauen, aber entsprechend aufwendigen Messungen dienen bei den nationalen Standardbüros (PTB: Physikalisch-Technische Bundesanstalt; NPL: National Physical Laboratory, UK; BIPM: Bureau International des Poids et Mesures, F; NIST (ehemals NBS): National Institute of Standards and Technology, USA) zur Eichung von Leistungsmessern gemäß der Definition der Leistung. Technische Ausführungen sind:

- Drehflügel-Strahlungsdruck-Wattmeter
- Hall-Effekt-Wattmeter
- Elektronenstrahl-Wattmeter

B) Direkt eichbare Leistungsmesser (Substitution Standards)

Sensoren dieser Klasse sind im Prinzip in der Lage, sowohl HF-Leistung als auch NF- oder Gleichleistung zu messen. Das verwendete Meßprinzip ist meist, die aufgenommene Leistung in Wärme umzusetzen und aus der Erwärmung ein Maß für die Leistung zu ermitteln (Ausnahme: SQUID). Die Eichung oder Kalibration kann durch Vergleich mit einer NF- oder Gleichleistung erfolgen. Dabei auftretende Probleme wurden in Abschnitt 3.1.3.1 angesprochen. Geräte dieses Typs sind:

- Kalorimeter
- Bolometer (Barretter, Thermistor)
- Thermoelement-Leistungsmesser
- Supraleitender Quanteninterferenz Detektor
  (**SQUID**, superconducting quantum interference device)

C) Leistungsmesser mit indirekter Eichung (Secondary Standards)

Es handelt sich hier um Elemente, die keine DC- oder NF-Leistung messen können und die deshalb mit HF-Leistung im Vergleich zu einem bereits geeichten Leistungsmesser geeicht werden müssen (Abschnitte 3.1.3.1 und 3.1.3.3). In diese Klasse fallen:

- Diodendetektor
- Pyroelektrischer Detektor
- Golay-Zelle

Im folgenden soll nur auf die letzten beiden Klassen eingegangen werden.

3.2.2 Kalorimeter

Kalorimeter im ursprünglichen Sinn sind Geräte zur Bestimmung einer Wärmemenge. Aus der Temperaturerhöhung ΔT eines Stoffes mit bekannter Wärmekapazität $c_p \cdot m$ kann auf die zugeführte Energie W_{HF} bzw. aus der Geschwindigkeit der Temperaturerhöhung auf die zugeführte Leistung P_{HF} geschlossen werden:

$$W_{HF} = P_{HF} \cdot t = c_p \cdot m \cdot \Delta T \qquad \text{bzw.} \qquad P_{HF} = c_p \cdot m \cdot \frac{\Delta T}{t} \tag{3.30a}$$

Im Prinzip sind damit hochgenaue Leistungsmessungen möglich, die auch zur Eichung ausgenutzt werden können. Problematisch ist die Wärmeisolation zur Umgebung. Man greift deshalb nach Möglichkeit zur sogenannten Substitutionsmessung, bei der dem wärmespeichernden Medium sowohl die HF-Leistung als auch DC-Leistung zugeführt wird. Entweder wird die DC-Leistung gemessen, die dieselbe Erwärmung wie die unbekannte HF-Leistung zur Folge hat, oder beide Leistungen werden gleichzeitig angelegt und die zugeführte Wärmemenge wird durch Regelung der DC-Leistung konstant gehalten. Da die zugeführte Gesamtleistung konstant ist, kann die gesuchte HF-Leistung aus der Differenz der Gleichleistungen mit und ohne HF-Signal ermittelt werden. Prinzipieller Vorteil der Substitutionsmessung ist, daß keine Parameter des Meßsystems wie z.B. die Wärmekapazität oder der Wärmewiderstand zur Umgebung bekannt sein müssen.

3.2.2.1 Statische Kalorimeter

Die direkte Umsetzung des Meßprinzips erfordert ein wärmespeicherndes Volumen, das thermisch vollständig von der Umgebung isoliert ist (adiabatisches Kalorimeter). Wird eine konstante Leistung, entsprechend einer konstanten Wärmemenge pro Zeit, zugeführt, so steigt die Temperatur linear an. Die Geschwindigkeit des Temperaturanstiegs ist nach (3.30a) der Leistung proportional. Der absolute Temperaturanstieg ist der eingespeisten Energie proportional, d.h. das statische Kalorimeter ist ein Energiemeßgerät.

Wegen der nichtidealen Wärmeisolation ist das adiabatische Kalorimeter nur für hohe Leistungen (> 100 W) gut realisierbar. Weiterhin ist der unbegrenzte Temperaturanstieg in der Praxis nicht erwünscht. Industrielle Ausführungen des statischen Kalorimeters sind deshalb als sogenannte Doppellast-Kalorimeter (twin load calorimeters, Bild 3.11) aufgebaut. Als Maß für die in den Wärmespeicher eingespeiste Energie bzw. Leistung wird dabei die Temperaturdifferenz zu einem zweiten, identisch aufgebauten Wärmespeicher verwendet. Für den Einsatz als Energiemeßgerät, z.B. zur Bestimmung der Gesamtenergie eines kurzen Pulses, ergibt sich so lediglich der Vorteil, daß der zweite Wärmespeicher als Temperaturreferenz zur Verfügung steht. Zum Einsatz als Leistungsmesser wird das wärmespeichernde Medium nicht vollständig von der Umgebung isoliert. Bei Einspeisung einer konstanten Leistung stellt sich nach einer Aufwärmzeit (Sekunden bis Minuten) das thermische Gleichgewicht ein, die Temperaturdifferenz zwischen den Wärmespeichern bleibt konstant und ist ein Maß für die eingespeiste Leistung. Solche Doppellast-Kalorimeter eignen sich für den mittleren Leistungsbereich (1 mW bis 100 mW).

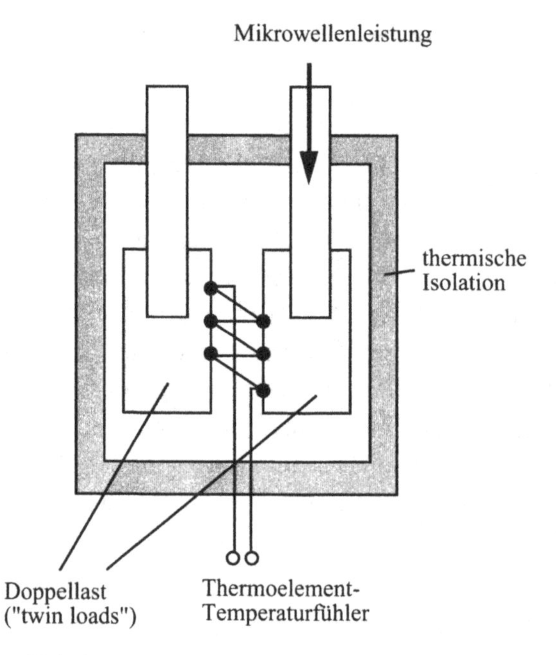

Bild 3.11 Doppellast-Kalorimeter

3.2.2.2 Durchflußkalorimeter

Statt eines festen Wärmespeichers wird beim Durchflußkalorimeter ein flüssiges Medium, z.B. Wasser, Alkohol oder Silikonöl, verwendet. Das Medium durchfließt die Meßzelle mit konstanter Durchflußrate. Nach (3.30b) ergibt sich dann eine leistungsproportionale Temperaturerhöhung:

$$P_{HF} = c_p \frac{m}{t} \Delta T \qquad (3.30b)$$

mit ΔT: erzeugte Temperaturdifferenz
c_p: spezifische Wärmekapazität der Flüssigkeit
m/t: Durchflußrate (Masse pro Zeit)

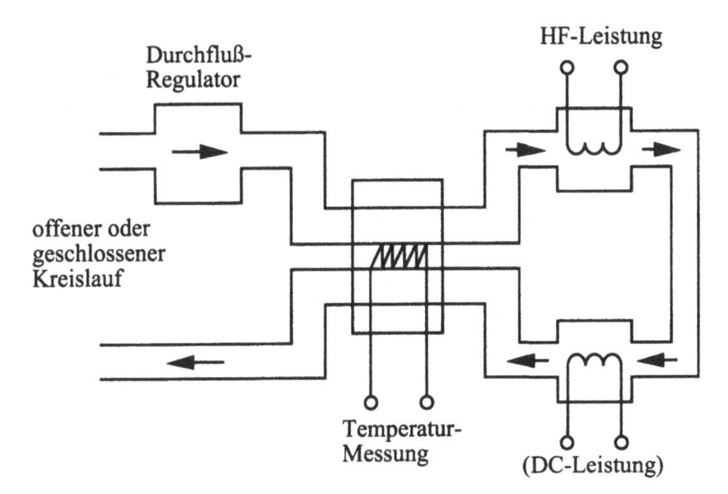

Bild 3.12 Substitutions-Durchflußkalorimeter

Das Substitutions-Durchflußkalorimeter ist identisch wie das einfache Durchflußkalorimeter aufgebaut, besitzt aber eine zusätzliche DC-Heizung.

Durchflußkalorimeter werden zur Messung hoher (> 1 W) bis höchster Leistungen verwendet. Als Nachteil ist die geringe Empfindlichkeit zu nennen.

3.2.3 Bolometer

Beim Bolometer (Barretter, Thermistor) wird die Temperaturabhängigkeit der elektrischen Leitfähigkeit geeigneter Materialien ausgenutzt. Ein aus solchem Material geformter Absorber erwärmt sich bei Absorption von HF-Leistung. Aus der resultierenden Widerstandsänderung kann über eine meist nichtlineare Umrechnung die absorbierte Leistung bestimmt werden. Üblicherweise wird aber wieder ein Substitutionsverfahren eingesetzt. Darauf wird beim Thermistor näher eingegangen.

Wie alle auf der thermischen Umwandlung der Leistung beruhende Gerätetypen können auch die Bolometer als Spezialfall der Kalorimeter angesehen werden. Meist wird aber der Begriff Kalorimeter für Meßgeräte im Bereich hoher Leistungen verwendet.

3.2.3.1 Barretter

Barretter nutzen den positiven Temperaturkoeffizienten der Leitfähigkeit von Metallen (Wolfram, Platin). Technische Ausführungen eignen sich für mittlere Leistungen bis 100 mW. Sie enthalten als Absorber bzw. Temperaturfühler einen Metalldraht oder einen dünnen Metallfilm auf nichtleitendem Substrat. Um den erforderlichen Widerstand von meist 200 Ω (50 Ω bis 400 Ω) zu erreichen, müssen die Leiter dünn sein. Dies ist auch wegen des Skin-Effekts erforderlich, da bis zur höchsten Einsatzfrequenz der Widerstandswert noch nicht vom Gleichstrom-Widerstand abweichen darf. Es ergeben sich so Absorber mit kleiner Wärmekapazität, die sehr kleine Zeitkonstanten erlauben. Aus diesem Grund werden heute noch Barretter in Standardbüros zur Messung von schnell veränderlichen Leistungen verwendet. Die feinen Strukturen machen den Barretter aber auch empfindlich gegen Erschütterungen und elektrische Überlastung. Deshalb und wegen der relativ geringen Empfindlichkeit sind Barretter für den Laboreinsatz heute technisch überholt. Bild 3.13 zeigt einen Barretter in Hohlleiter-Ausführung und einen entsprechenden Thermistor.

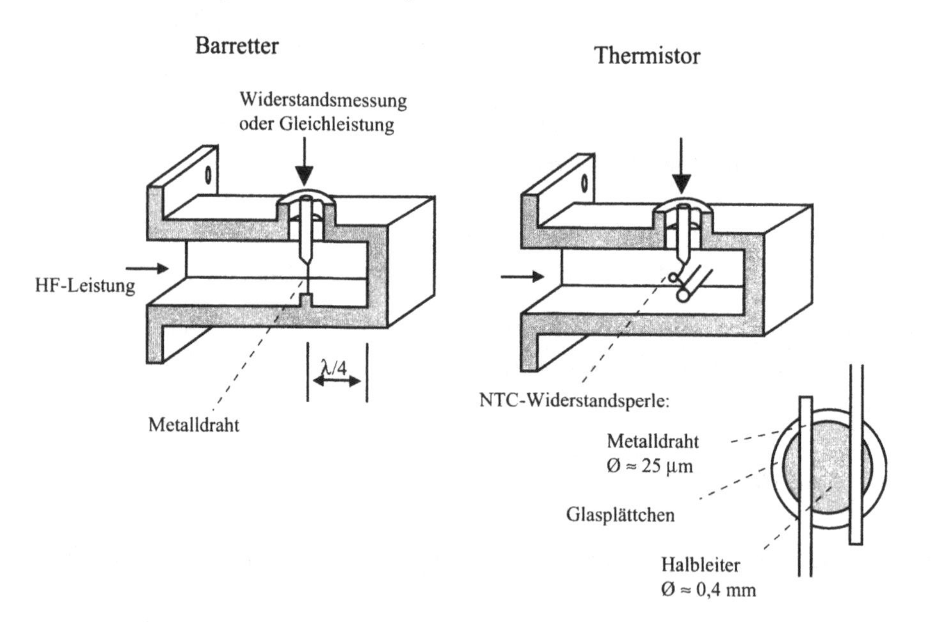

Bild 3.13 Hohlleiter-Barretter und -Thermistor

3.2.3.2 Thermistor

Der Thermistor besitzt statt des Metall-Absorbers einen Halbleiter-Absorber (Metalloxid) mit negativem Temperaturkoeffizient (NTC, negative temperature coefficient). Die praktische Ausführung ähnelt dem Barretter, z.B. der Hohlleiter-Thermistor ist identisch mit dem in Bild 3.13 gezeigten Barretter, nur der Widerstandsdraht wird durch eine Perle aus gesintertem Metalloxid ersetzt. Vorteile des Thermistors gegenüber dem Barretter:

- Die Empfindlichkeit $|\Delta R/\Delta P|$ ist größer.
- Die mechanische Empfindlichkeit ist geringer.
- Der Thermistor ist in größeren Leistungsbereichen verwendbar (1 µW bis 10 mW).

Aufgrund der größeren Masse bzw. Wärmekapazität des Absorbers ist die Zeitkonstante größer als beim Barretter. Außerdem ist wegen der nichtlinearen Kennlinie des Thermistors der Einfluß der absoluten Umgebungstemperatur größer.

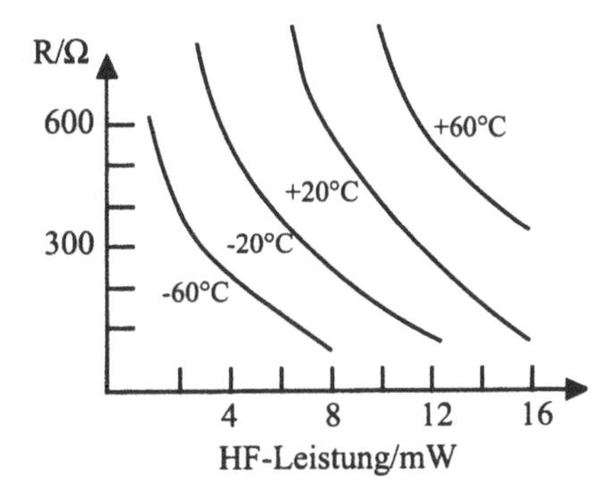

Bild 3.14 Typische Widerstandskennlinien eines Thermistors

Substitutionsmessung mit Hilfe der Wheatstone-Brücke

In einer selbstabgleichenden Brücke (Wheatstone-Brücke) nach Bild 3.15 a wird ein Thermistorpaar so vorgeheizt, daß das Brückengleichgewicht eingestellt ist. Man verwendet zwei Thermistoren, um die notwendige Entkopplung zwischen HF- und DC-Seite ohne Einsatz einer Drosselspule zu erreichen (Bild 3.15 b). Die Hochfrequenz wird über den DC-Blockkondensator C_1 eingekoppelt, C_2 sorgt für die Entkopplung zur DC-Seite. Die Thermistoren sind über C_2 für Hochfrequenz parallelgeschaltet (Anpassung an 50 Ω), für Gleichstrom dagegen in Serie. An den Thermistoren wird nun die HF-Leistung eingespeist. Die Widerstandsänderung durch die Erwärmung bringt die Brücke aus dem Gleichgewicht. Die Ausgangsspannung U_{HF} der Brücke sinkt, und damit auch die DC-Leistung an den Thermistoren. Das Gleichgewicht ist wieder erreicht, wenn die Thermistoren wieder die Ausgangstemperatur und den zugehörigen Widerstand von je 100 Ω besitzen. Bei gleicher Temperatur ist aber auch die Gesamtleistung an den Thermistoren gleich, d. h. die HF-Leistung hat einen Teil der DC-Leistung substituiert. Zum Vergleich der Gleichleistungen ohne und mit HF-Leistung wird eine zweite, identische Meßbrücke als Referenz benötigt. Auf die Thermistoren der zweiten Brücke darf kein HF-Signal einfallen. Die gesuchte Leistung ergibt sich dann aus der Differenz der Gleichleistungen an den beiden Thermistorpaaren:

$$P_{HF} = \frac{U_R^2}{4R_T} - \frac{U_{HF}^2}{4R_T} = \frac{1}{4R_T}(U_R - U_{HF})(U_R + U_{HF}) \qquad (3.31)$$

mit R_T: DC-Widerstand des Thermistormeßkopfs (zwei Thermistoren in Reihe und im thermischen Gleichgewicht, gewöhnlich 2·100 Ω)

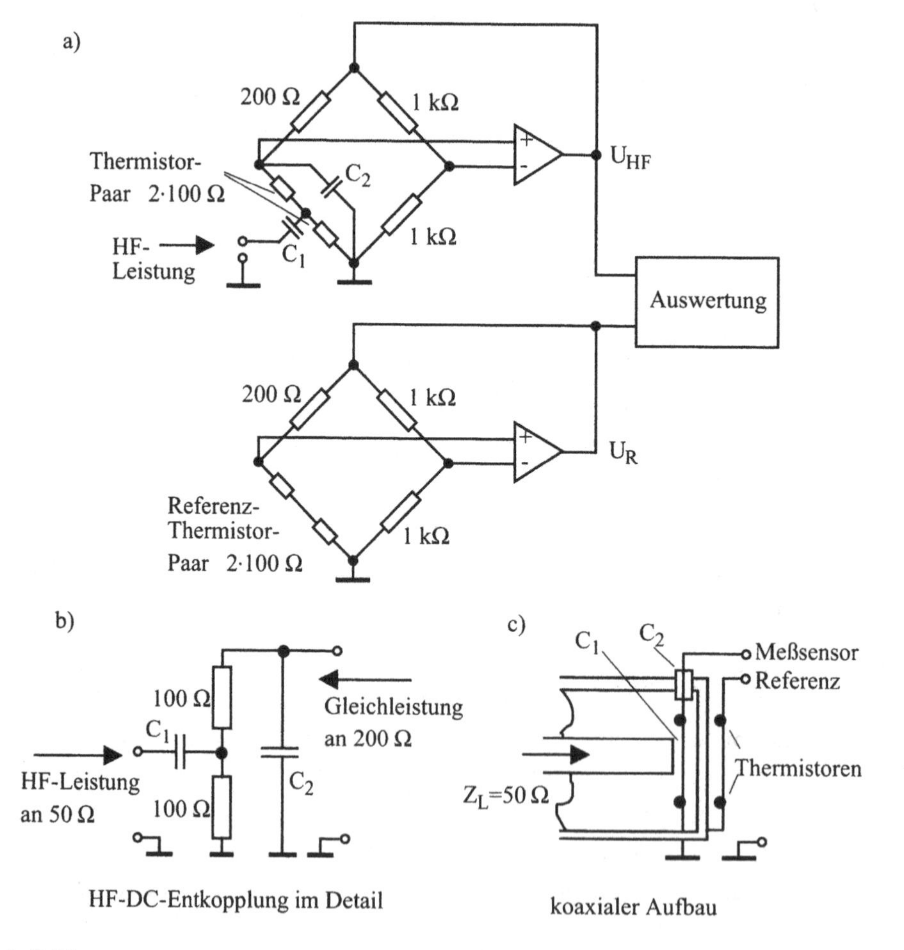

Bild 3.15
Substitutions-Thermistor-Leistungsmesser: a) selbstabgleichende Brücke, b) Detail zur HF-DC-Entkopplung, c) praktischer Aufbau (koaxial)

Die Substitutionsmessung bietet folgende Vorteile:

- Der Widerstandswert der Thermistoren und damit auch die Anpassung werden vom Leistungspegel unabhängig.
- Einflüsse der nichtlinearen Kennlinie sind bedeutungslos, im eingeschwungenen Zustand befinden sich die Thermistoren immer am selben Arbeitspunkt.
- Materialeigenschaften gehen nicht in die Messung ein, die Ausgangsgröße ist eine DC-Leistung bzw. die entsprechende Spannung.

Ein Nachteil ist, daß der Meßbereich nach oben begrenzt wird, da die maximale HF-Leistung nicht größer sein darf als die DC-Leistung ohne HF-Signal.

Thermistormeßköpfe gibt es in koaxialer Technik, in Hohlleitertechnik und sogar für den Bereich der optischen Nachrichtenübertragung. Bild 3.16 zeigt den klassischen Leistungsmesser mit Thermistormeßköpfen HP 432 A (Markteinführung Ende der sechziger Jahre).

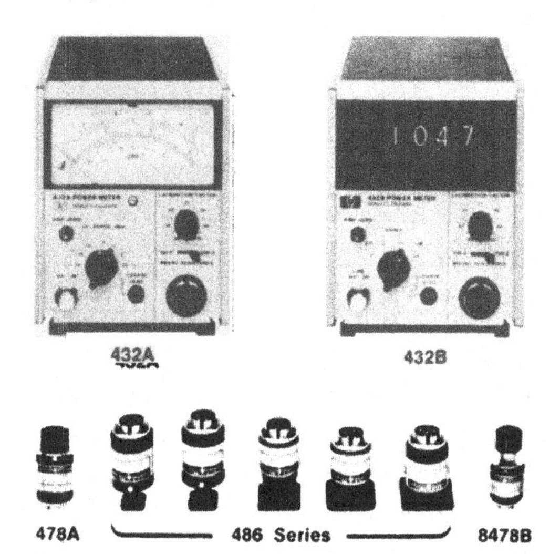

Spezifikationen der 478A, 8478B, 486 Serien

HP-Modell	Frequenz-bereich, GHz	maximales Stehwellen-verhältnis SWR	Anschluß-impedanz (Ω)
478A	0,01 - 10	1,75 , 10 bis 25 MHz 1,3 , 25 MHz bis 7 GHz 1,5 , 7 bis 10 GHz	200
8478B[1]	0,01 - 18	1,75 , 10 bis 30 MHz 1,35 , 30 bis 100 MHz 1,1 , 0,1 bis 1 GHz 1,35 , 1 bis 12,4 GHz 1,6 , 12,4 bis 18 GHz	200
X486A	8,20 - 12,4	1,5	100
P486A	12,4 - 18,0	1,5	100
K486A	18,0 - 26,5	2,0	200
R486A	26,5 - 40,0	2,0	200

[1]Option 011: versehen mit APC-7 HF-Anschlüssen

Bild 3.16 Leistungsmesser HP 432 A und HP 432 B (Hewlett-Packard)

3.2.4 Thermoelement-Leistungsmessung

Thermoelement-Leistungsmesser bestimmen die Erwärmung eines Absorbers durch HF-Leistung mit Hilfe des thermoelektrischen Effekts (Seebeck-Effekt). Der Absorber ist dabei meist der Thermokontakt selbst, damit nur eine kleine Wärmekapazität erwärmt werden muß. Auch hier ist eine strenge Unterscheidung von den Kalorimetern nicht möglich, wenn man von den unterschiedlichen Leistungsbereichen absieht. Die besondere Bedeutung dieses Gerätetyps liegt aber darin, daß bei nicht zu hohen Leistungen direkt eine leistungsproportionale Spannung erzeugt wird, wie auch bei Diodendetektoren. Moderne Leistungsmesser können daher wahlweise mit Thermoelement-Meßköpfen oder mit Diodenmeßköpfen betrieben werden.

An der Kontaktstelle zweier unterschiedlicher Leiter entsteht eine temperaturabhängige Kontaktspannung. Diese Spannung ist im thermischen Gleichgewicht nicht meßbar, weil die Summe aller Kontaktspannungen im Stromkreis Null ergibt. Erwärmt man aber einen Kontakt um ΔT, so entsteht eine meßbare Thermospannung. Die benötigte Energie wird der Wärmequelle, in unserem Fall dem Hochfrequenzsignal, entzogen.

Die Thermospannung hängt von der Temperaturdifferenz ΔT und von den verwendeten Materialkombinationen ab. Nur für kleine ΔT bzw. kleine Leistungen (< 10 mW) besteht ein linearer Zusammenhang:

$$U_{TH} = \alpha \cdot \Delta T \tag{3.32}$$

mit α: thermoelektrischer Koeffizient (μV/K)

Sb	Fe	Zn	Cu	Ag	Pb	Al	Pt	Ni	Bi	
+35	+16	+3	+2,8	+2,7	0	-0,5	-3,1	-19	-70	$\cdot 10^{-6}$ V / K

Thermoelektrische Spannungsreihe bei 0°C, bezogen auf Blei (Pb)

3.2.4.1 Thermoelement aus Metallbändern

Wegen des für Metalle hohen thermoelektrischen Koeffizienten von $\alpha = 105\ \mu$V/K wird der Wismut-Antimon-Kontakt (Bi-Sb) als Thermoelement verwendet. In der technischen Realisierung (Bild 3.17) wird der Kontakt aus dünnen Metallbändern aufgebaut. Die Bänder sollen möglichst frequenzunabhängig einen Widerstand von meist 100 Ω aufweisen, damit wieder die bereits beim Thermistor behandelte drosselfreie Entkopplung von HF und DC möglich ist. Dieses Thermoelement wird an beiden Anschlüssen mit Gold kontaktiert und die Kontaktstellen auf einem Saphirsubstrat mit

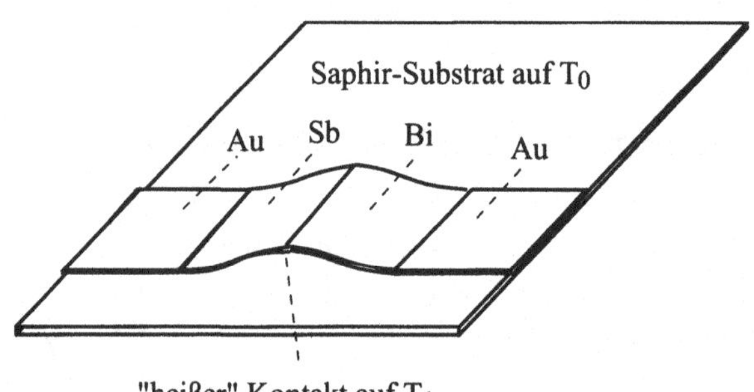

Bild 3.17 Thermoelement aus Metallbändern

hoher Wärmeleitfähigkeit befestigt. Man hält dadurch die Anschlußkontakte auf gleicher Temperatur T_0. Der Thermokontakt dagegen berührt das Substrat nicht und kann von einfallender HF-Leistung aufgeheizt werden ($\Delta T = T_1 - T_0$).

Das Thermoelement aus Metallbändern hat eine Reihe von Nachteilen wie schlechte Reproduzierbarkeit, schlechte Anpassung und geringe Überlastbarkeit (letzteres aus denselben Gründen wie beim Barretter).

3.2.4.2 Dünnfilmthermoelement

In neuerer Zeit wurden Metall-Halbleiter-Thermoelemente in Dünnfilmtechnik mit besseren Eigenschaften entwickelt. Das im folgenden beschriebene Element ist eine Entwicklung der Firma Hewlett-Packard.

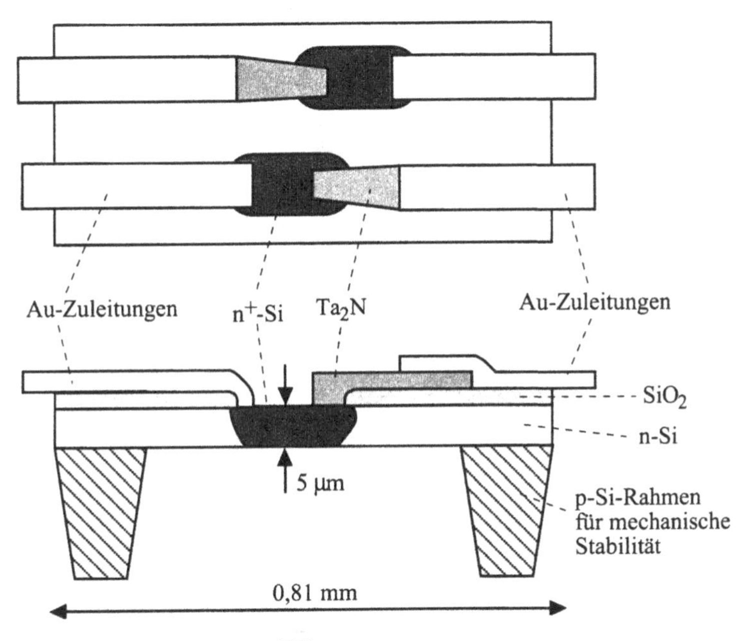

Bild 3.18 Dünnfilmthermoelement (HP)

Hier wird als Thermoelement der Kontakt zwischen hochdotiertem Silizium und Tantalnitrid (n^+ - Si / Ta_2N) eingesetzt. Der Tantalnitrid-Film dient zugleich als 100 Ω–Widerstand. Wieder werden zwei 100 Ω–Thermoelemente zur Entkopplung verwendet. Der thermoelektrische Koeffizient beträgt etwa 250 µV/K und ist leicht temperaturabhängig. Aufgrund der geringen zu erwärmenden Masse bzw. Wärmekapazität werden thermische Zeitkonstanten um 0,1 ms bei einer Empfindlichkeit von 150 µV/mW erreicht.

Ein typischer Meßbereich für diese Meßwandler ist z.B. 3 µW bis 100 mW. Das bedeutet, daß die Ausgangsspannung zwischen 450 nV und 15 mV liegt. Um solche niedrigen Gleichspannungen zu messen, verwendet man einen Zerhacker- oder Chopper-Verstärker. Diese Verstärker wandeln eine Gleichspannung in eine Wechselspannung um. Bei der Verstärkung dieser Wechselspannung entfällt das Problem der Offsetdrift z.B. durch Auftreten von Thermospannungen im Meßverstärker. Zur Anzeige wird die Wechselspannung wieder mit einem Synchrongleichrichter in eine Gleichspannung umgewandelt. Als Zerhackerfrequenz wird häufig 220 Hz gewählt, um eine Beeinflussung durch Oberwellen der Netzfrequenzen 50 Hz oder 60 Hz zu verhindern.

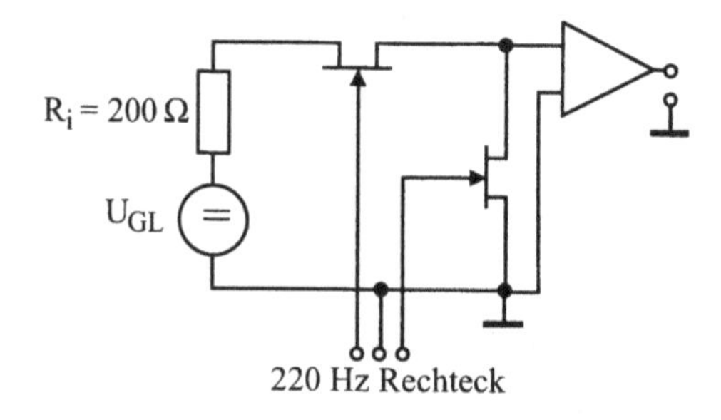

Bild 3.19 Prinzipschaltbild des Zerhackers

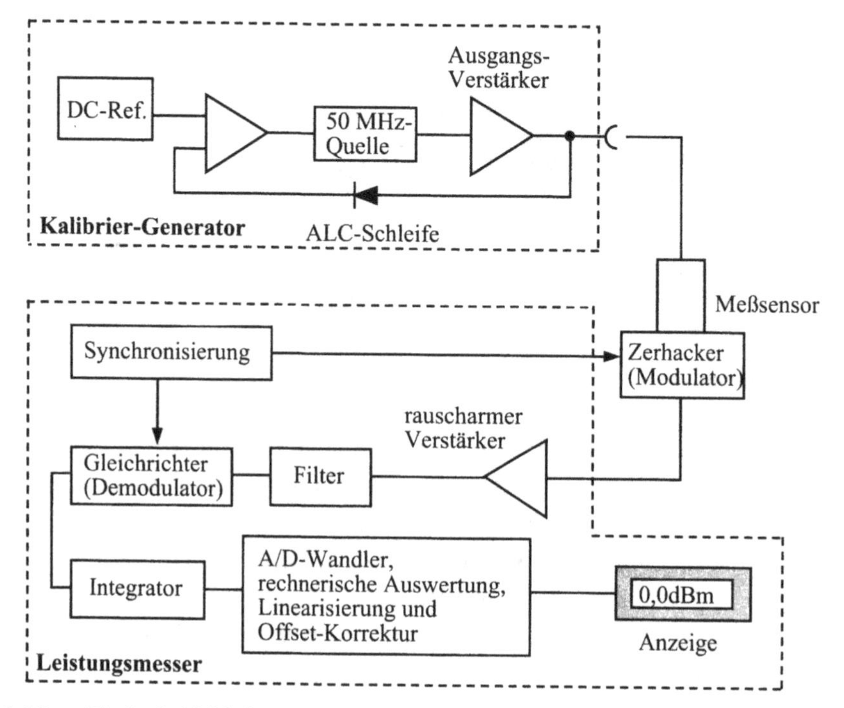

Bild 3.20 Blockschaltbild eines Leistungsmessers für Thermoelemente oder Dioden

Das Thermoelement kann im Prinzip mit Gleichleistung kalibriert werden. Für die Messung wird aber gewöhnlich keine Substitutionsmethode verwendet, da die leistungsproportionale Ausgangsspannung leicht auszuwerten ist und außerdem die Substitutionsmessung den Dynamikbereich einschränkt. Leistungsmesser mit Thermoelementen müssen deshalb regelmäßig kalibriert werden. Zu diesem Zweck ist gewöhnlich ein Kalibriergenerator im Leistungsmesser enthalten.

Die Vorteile des Thermoelements gegenüber dem Thermistor sind:

- hohe thermische Stabilität
- größerer Dynamikbereich
- um den Faktor 10 überlastbar
- leistungsproportionale Ausgangsspannung
- kleine thermische Zeitkonstante

3.2.5 Supraleitender Quanteninterferenz Detektor (SQUID)

Der SQUID besteht aus einer supraleitenden Schleife, die durch einen sogenannten "schwach gekoppelten Josephson-Spitzenkontakt" unterbrochen ist. Der Kontakt besteht aus einer 1 nm dicken Oxydschicht, die auch bei tiefsten Temperaturen normalleitend bleibt. Die Impedanz eines solchen Rings ist nicht konstant, sondern verläuft periodisch mit steigendem magnetischem Fluß durch den Ring. Es handelt sich hier um einen Interferenzeffekt: die Elektronen werden im Supraleiter nicht gestreut und bilden deshalb eine kohärente Welle innerhalb der gesamten Schleife. Der induzierte Strom geht je nach Wellenlänge dieser Elektronenwelle durch Maxima und Minima. In quantenmechanischer Betrachtungsweise kann dieser Effekt als Quantelung des magnetischen Flusses durch die Schleife beschrieben werden.

In der in Bild 3.21 gezeigten Anordnung ist die am Hohlleitereingang meßbare Impedanz periodisch bezüglich der Änderung des magnetischen Flusses bzw. der HF-Leistung. Beim Erhöhen der Leistung werden Impedanzminima im Abstand einer konstanten Leistungsdifferenz durchlaufen. Der Wert dieser Leistungsdifferenz muß durch Kalibrierung mit Gleichleistung ermittelt werden. Man kann dann die HF-Leistung in exakten Leistungsportionen entsprechend der Anzahl der durchlaufenen Minima angeben.

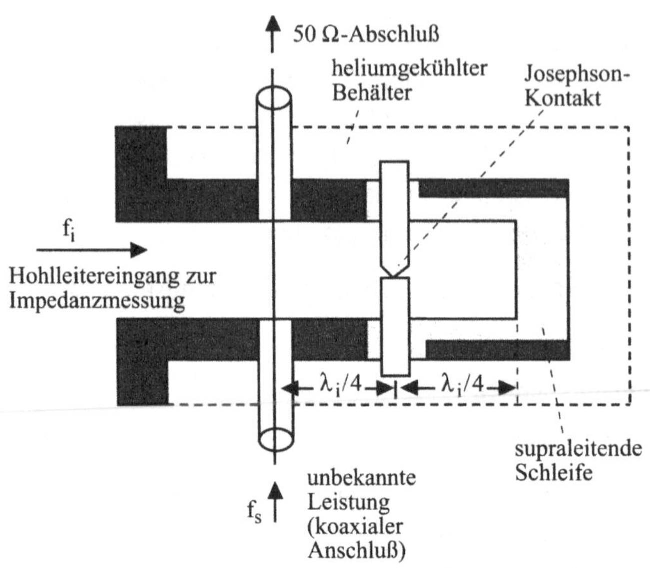

Bild 3.21 Supraleitender Quanteninterferenz Detektor (SQUID)

Zur Impedanzmessung muß eine Frequenz f_i verwendet werden, die weit höher liegt als die Signalfrequenz f_S (etwa bis zum Faktor 1:10). Dadurch wird der Einsatz des SQUID bei höheren Frequenzen schwieriger. Der SQUID ist außerdem mechanisch sehr empfindlich, besitzt aber dafür die höchste Meßempfindlichkeit für Leistung überhaupt: bis 0,01 pW !

3.2.6 Leistungsmessung mit Schottky-Dioden

Halbleiterdioden wurden schon frühzeitig zur Detektion in der Hochfrequenztechnik eingesetzt. Die hohe Geschwindigkeit der Messung, verglichen mit Zeitkonstanten von Sekunden bis Stunden bei den thermischen Wandlern, und die hohe Empfindlichkeit machten Dioden zu idealen Indikatoren für HF-Leistung. Wegen der schlechten Reproduzierbarkeit und wegen hoher Parameterschwankungen bei Erschütterungen oder durch Alterung konnten aber die klassischen Bauformen der Halbleiterdiode wie z.B. die Spitzenkontaktdiode nicht zur quantitativen Messung benutzt werden.

Durch den Einsatz neuer Technologien wurde in den letzten zwanzig Jahren dieser Mangel beseitigt. Heute zählen Schottky-Dioden-Meßköpfe neben Thermoelement-Meßköpfen zu den wichtigsten Leistungmessern für Laborzwecke. Für Regelschleifen und andere Anwendungen, bei denen es weniger auf eine genaue Wiedergabe des Absolutpegels ankommt, werden fast ausschließlich Schottky-Dioden eingesetzt. Die Leistungsmessung mit Halbleiterdioden wird deshalb ausführlicher behandelt.

3.2.6.1 Leistungsmessung mit nichtlinearen Elementen

In den bisher dargestellten Meßwandlern wurde eine Leistung über die ihr entsprechende Wärmemenge bestimmt. Um eine Leistung aus Spannungen, Strömen oder Feldgrößen zu errechnen, benötigt man ein Element mit quadratischer Kennlinie:

$$U_{aus} \sim P_{ein} \sim U_{ein}^2 \qquad \text{bzw.} \qquad \sim I_{ein}^2$$

Ein allgemeiner nichtlinearer Widerstand kann durch die Taylor-Entwicklung seiner I(U)-Kennlinie beschrieben werden:

$$i(t) = \underbrace{a_0}_{= 0 \text{ bei passiven Elementen}} + a_1 u(t) + a_2 u^2(t) + a_3 u^3(t) + a_4 u^4(t) + \ldots \qquad (3.33)$$

Bei passiven Elementen muß a_0 identisch verschwinden. Wird an dieses nichtlineare Element eine sinusförmige Wechselspannung der Frequenz f_0 angelegt, so ergibt sich ein Stromspektrum mit den Frequenzen $f = 0$, f_0 , $2f_0$, $3f_0$, $4f_0$, usw. . Entscheidend ist, daß sich die Gleichstromkomponenten ($f = 0$) nur an Gliedern geradzahliger Ordnung ergeben. Dies kann leicht verdeutlicht werden, wenn man die Umsetzung an ungeraden und geraden Kennlinien graphisch darstellt.

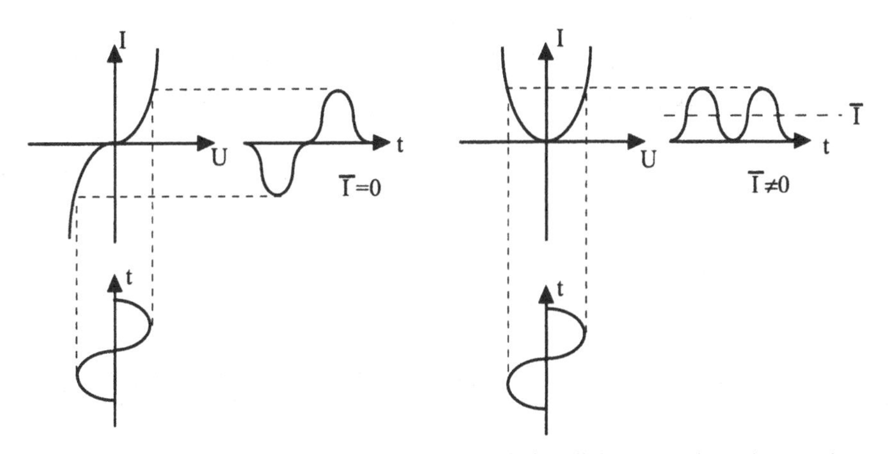

Bild 3.22 Gleichstromanteile aus nichtlinearen Kennlinien (links ungerade, rechts gerade)

Nach Bild 3.22 wird der Ausgangsgleichstrom durch die geradzahligen Glieder der Taylorreihe erzeugt. Für kleine Pegel können Glieder höherer Ordnung vernachlässigt werden, so daß letztendlich ein quadratischer Zusammenhang verbleibt:

$$\bar{I} = a_2 \cdot u^2(t) \sim P_{HF} \qquad (3.34)$$

Der Ausgangsgleichstrom ist also für kleine Pegel leistungsproportional. Diese Aussage gilt für beliebige nichtlineare Kennlinien mit quadratischem Anteil. Im Vergleich zu thermischen Methoden hat dieses Prinzip der Leistungsmessung allerdings einige Nachteile:

- An der nichtlinearen Kennlinie erzeugte Oberwellen können in die Schaltung zurückreflektiert werden und dort zu unerwünschten Effekten führen oder durch nochmalige Reflexion die Messung verfälschen.
- Es kann keine Gleichleistung oder NF-Leistung gemessen werden. Eine untere Grenzfrequenz der Leistungsmessung muß durch Filterung (Hochpaß am Eingang und Ausgangstiefpaß) so festgelegt werden, daß der linear umgesetzte, hochfrequente Anteil des Ausgangssignals vom leistungsproportionalen Gleich- oder NF-Spannungsanteil getrennt wird. Reale Detektoren arbeiten gewöhnlich ab 10 MHz, damit die Videobandbreite (die Bandbreite des Ausgangssignals) nicht zu sehr durch den Ausgangstiefpaß eingeschränkt wird.
- Die vorhergehende Betrachtung wurde für reine Sinussignale durchgeführt. Bei Signalgemischen ergeben sich Abweichungen vom idealen Verhalten, sogenannte Bewertungsfehler.

Der letzte Punkt soll noch etwas genauer untersucht werden. Dazu ist eine andere Betrachtungsweise als die vorher verwendete zweckmäßig: Das n-te Glied der Taylorreihe entspricht einem idealen Multiplizierer bzw. einem idealen Mischer mit n Eingangssignalen der Frequenz f_0. Die Ausgangssignale enthalten beliebige Summen- und Differenzfrequenzen der n Eingangssignale. Eine Differenzfrequenz von $f = 0$ kann sich nur ergeben, wenn n geradzahlig ist, d.h. nur geradzahlige Glieder der Reihenentwicklung liefern einen Gleichspannungsanteil.

Liegt nun aber ein Signalgemisch an, so ändert sich die Situation. Das lineare Glied erster Ordnung erzeugt keine Mischfrequenzen, das Glied zweiter Ordnung stellt weiterhin einen Gleichanteil proportional zur Leistung zur Verfügung. Das Glied dritter Ordnung erzeugt aber z.B. aus der zweiten Harmonischen des Signals ebenfalls einen Gleichanteil:

$$2f_0 - f_0 - f_0 = 0 \tag{3.35}$$

Bei der Messung von breitbandigen Rauschsignalen treten ähnliche Mechanismen auf. Solche Bewertungsfehler nehmen mit steigender Aussteuerung zu und müssen je nach spektraler Zusammensetzung der Meßgröße in der Auswertung berücksichtigt werden.

3.2.6.2 Detektoren mit Schottky-Dioden

Zur Leistungsmessung über nichtlineare Kennlinien werden im Hochfrequenzbereich meist Schottky-Dioden eingesetzt. Durch ihre geringen Blindelemente im Ersatzschaltbild (keine Speichereffekte) sind sie bis zu höchsten Frequenzen (2500 GHz) verwendbar. Außerdem zeigen Schottky-Dioden eine im Vergleich zu Siliziumdioden niedrigere Schwellenspannung, was eine höhere Empfindlichkeit zur Folge hat (Bild 3.23).

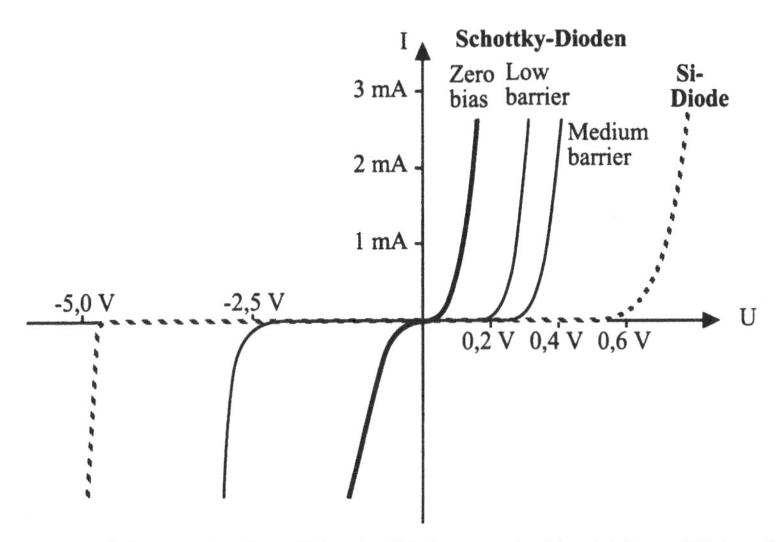

Bild 3.23 Kennlinien verschiedener Schottky-Diodentypen im Vergleich zur Siliziumdiode

Die allgemeine idealisierte Diodenkennlinie wurde bereits in Gleichung (2.3) genannt:

$$i(t) = I_S\left(e^{u(t)/U_T} - 1\right)$$

Im realen Einsatz hängt es von der speziellen Schaltungsanordnung, von der Dimensionierung und von der Aussteuerung ab, ob die Diode eher spannungsgesteuert mit $I \sim e^U$ oder eher stromgesteuert mit $U \sim \ln(I)$ betrieben wird.

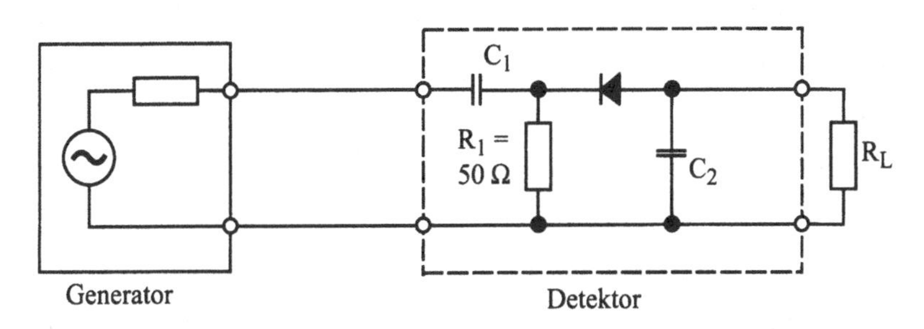

Bild 3.24 Beschaltung der Diode als Leistungsmesser

Bild 3.24 zeigt die typische Beschaltung einer Diode zur Verwendung als Leistungsmesser oder Leistungsdetektor. Der sogenannte Zwangsanpassungswiderstand R_1 sorgt für die Anpassung und schließt zugleich den Strompfad für den Gleichstrom. C_1 blockt die Gleichspannung zur HF-Seite hin ab und C_2 bildet zusammen mit dem Innenwiderstand der Diode den benötigten Ausgangstiefpaß. Beide Kondensatoren zusammen bestimmen die untere Einsatzfrequenz des Detektors. Die obere Grenzfrequenz ergibt sich aus den Blindelementen im Ersatzschaltbild der Diode und parasitären Elementen. Um den Frequenzgang möglichst glatt zu halten, sieht man in der praktischen Schaltung noch einige Kompensationselemente vor.

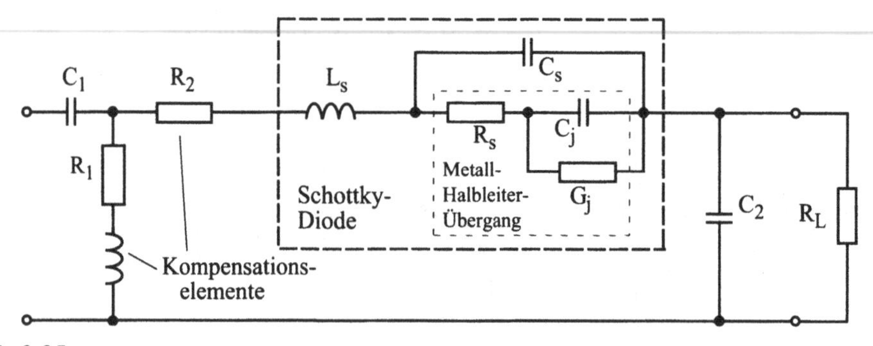

Bild 3.25
HF-Ersatzschaltbild des Diodendetektors. Die Diode wird modelliert durch ihren differentiellen Leitwert G_j, die Kapazität des Metall-Halbleiter-Übergangs C_j, den Bahnwiderstand R_s sowie die Schaltkapazität C_s und die Induktivität der Zuleitung L_s.

Der differentielle Widerstand der Diode $R_j = 1/G_j$ hängt von der Aussteuerung ab. Bei niedrigen Pegeln ist er groß gegen 50 Ω, die Anpassung ist dann unabhängig von der Aussteuerung. Mit steigender Aussteuerung sinkt R_j, die Anpassung verändert sich. Gleichzeitig geht die Diode zunehmend in den Bereich üblicher Spitzengleichrichtung über, d.h. die Ausgangsspannung wird proportional zur Eingangsspannung. In der Diodenkennlinie lassen sich demzufolge zwei Bereiche unterscheiden (Bild 3.26):

- leistungsproportionale Ausgangsspannung bei niedrigen Pegeln bis ca. 0,1 mW (quadratischer Bereich der Kennlinie)
- spannungsproportionale Ausgangsspannung bei hohen Pegeln (linearer Bereich der Kennlinie)

Die Kennlinie wird in modernen Leistungsmessern mit Hilfe einer vorher aufgenommenen Eichkurve rechnerisch linearisiert.

Ein spezieller Nachteil von Dioden-Leistungsmessern besteht im Auftreten des sogenannten Varaktor-Effekts: Durch die Verringerung der Sperrschichtkapazität mit steigender Eingangsleistung wird der Frequenzgang zu höheren Frequenz hin je nach anliegendem Pegel mehr oder weniger angehoben (vgl. Bild 3.27).

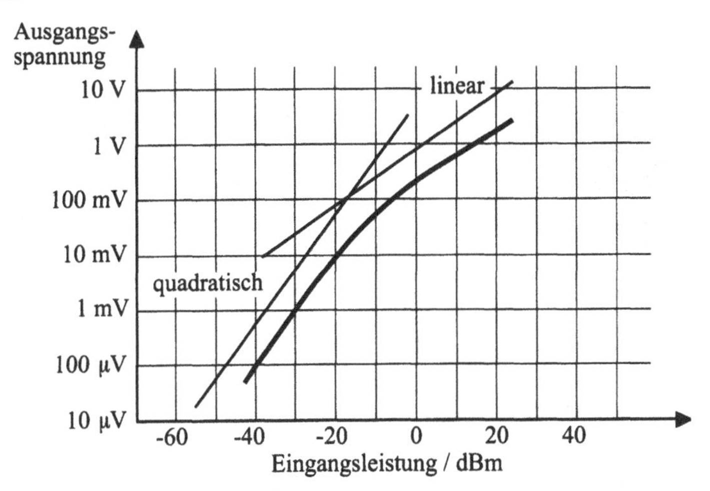

Bild 3.26 Typische Detektorkennlinie

Zusammengefaßt sind die Nachteile der Leistungsmessung mit Nichtlinearitäten bzw. speziell mit Schottky-Dioden:

- Erzeugung von Oberwellen, die in die HF-Schaltung zurückreflektiert werden
- Bei hohen Leistungen keine Leistungsproportionalität, verbunden mit Meßfehlern bei der Bestimmung von Leistungsmittelwerten, insbesondere bei AM-Signalen
- Die Parameter der Diode sind relativ stark temperaturabhängig
- Anpassung und frequenzabhängige Linearitätsfehler sind von der Aussteuerung abhängig

Dem stehen jedoch einige entscheidende Vorteile entgegen:

- direkte Erzeugung einer leistungsproportionalen Spannung (sonst nur bei Thermoelementen)
- schnelle Leistungsmessung, Messung von Hüllkurvenleistungen (Abschnitt 3.3.1)
- um 30 dB höhere Empfindlichkeit als vergleichbare thermische Leistungsmesser

3.2.6.3 Technische Ausführungen der Detektordiode

Dem Anwender in der Hochfrequenztechnik begegnen Diodendetektoren zur Leistungsmessung oft im Gehäuse und mit koaxialen Anschlüssen oder Hohlleitereingängen versehen. Eine typische koaxiale Ausführung ist mit den zugehörigen Kennlinien in Bild 3.27 gezeigt. Bild 3.28 gibt einen Überblick über den Aufbau einiger Diodentypen. Schottky-Diodendetektoren für allgemeine Anwendungen sind bis 60 GHz erhältlich, die gezeigten Bauformen erlauben aber auch den Einsatz bis über 1000 GHz. Wegen ihrer geringen parasitären Elemente werden für höchste Frequenzen der Spitzenkontaktdiode ähnliche Bauformen verwendet (z.B. Dot-Matrix-Diode).

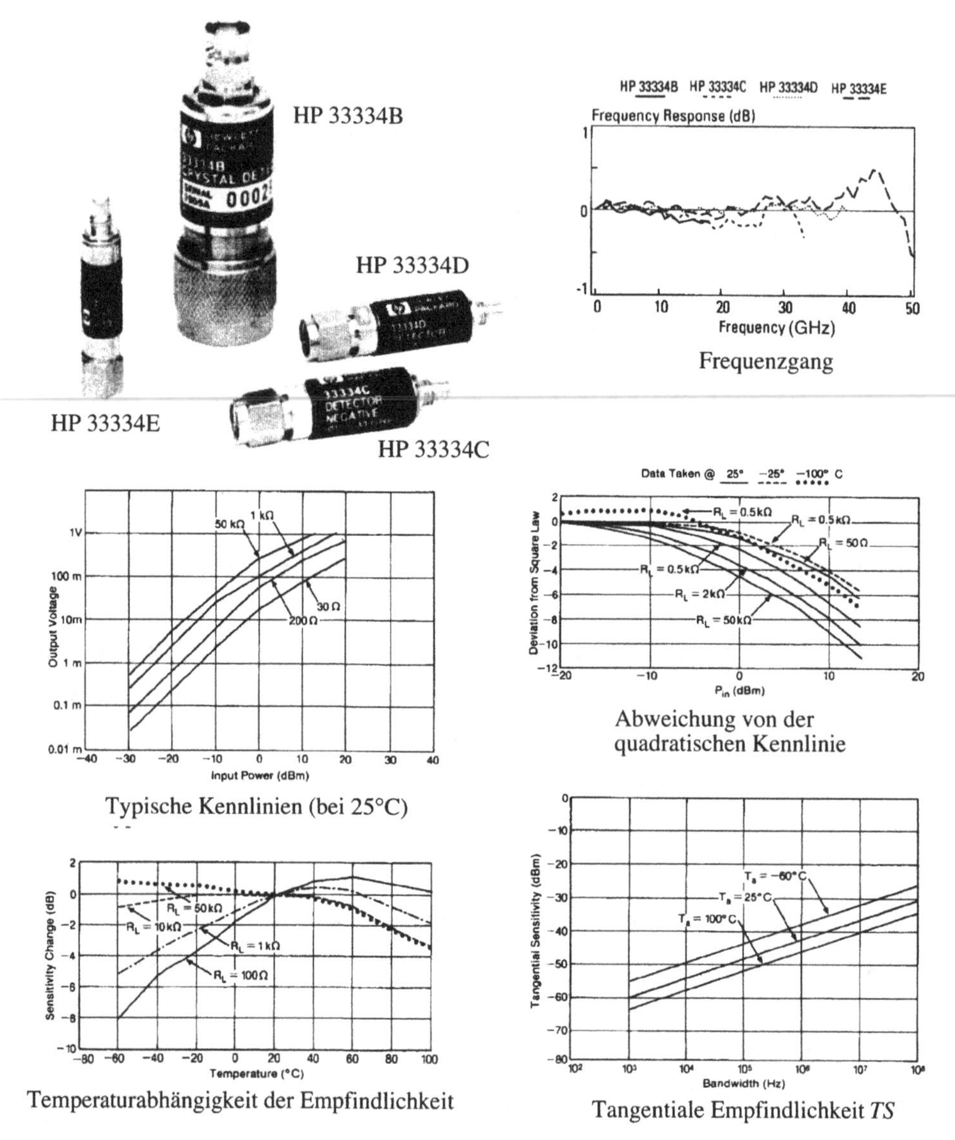

Frequenzgang

Typische Kennlinien (bei 25°C)

Abweichung von der quadratischen Kennlinie

Temperaturabhängigkeit der Empfindlichkeit

Tangentiale Empfindlichkeit *TS*

Bild 3.27
HP 33334: koaxiale GaAs-Diodendetektoren für die Frequenzbereiche 0,01 bis 18, 33, 40 oder 50 GHz (Typen B, C, D oder E; Hewlett-Packard)

Typische Kennwerte für Detektoren bis 18 GHz sind z.B.:

Empfindlichkeit	200 - 500 mV/mW
Dynamikbereich	0,1 µW bis 10 mW (unter 0,1 nW mit Zerhackern)
Frequenzgang	± 0,2 - ± 0,6 dB/Oktave
Anpassung (VSWR)	< 1,3 (< 3 bei 50 GHz)
Linearitätsfehler	< 1 % für Leistungen unter -20 dBm

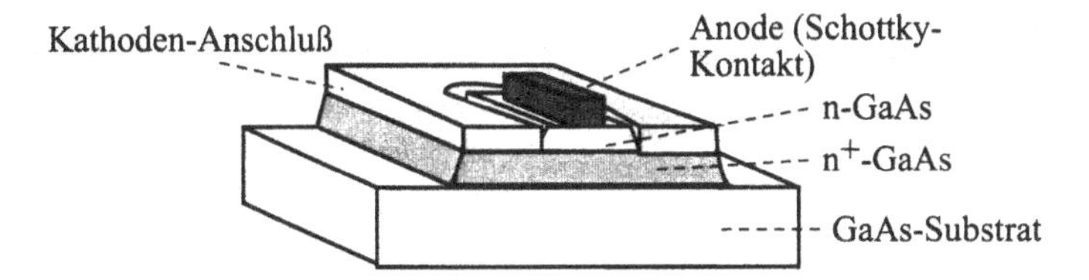

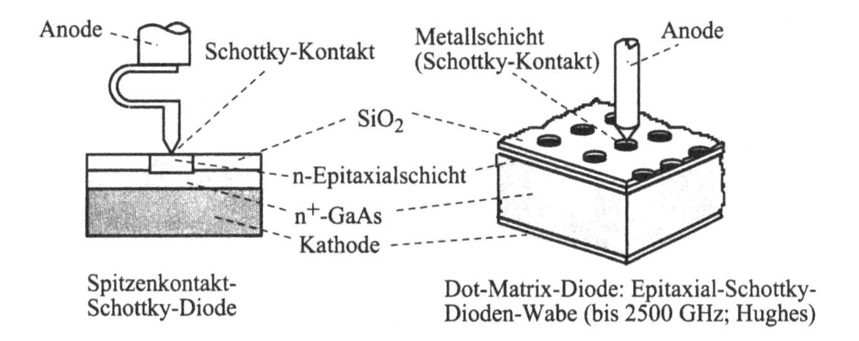

Bild 3.28 Bauformen für HF-Dioden

3.2.7 Pyroelektrischer Detektor

An einem piezoelektrischen Kristall wird durch elastische Deformation eine Änderung der elektrischen Polarisation und damit eine meßbare Spannung erzeugt. Derselbe Effekt kann durch eine Temperaturänderung auftreten. Man spricht dann vom pyroelektrischen Effekt. Dabei ist die Spannung zwischen zwei auf einen geeigneten Kristall aufgedampften Elektroden proportional zur Temperaturänderung. Zur Messung von HF-Leistung ist es notwendig, die unbekannte Leistung zu modulieren, um eine ständige Temperaturänderung zu erhalten. Da Mikrowellenmodulatoren keine Gleichspannung verarbeiten können, ist eine direkte Eichung nicht möglich. Detektoren in dieser Technologie werden meist oberhalb 300 GHz eingesetzt.

3.2.8 Golay-Zelle

Durch die Erwärmung eines Absorbers (dünner Metallfilm) wird ein Gas in einer kleinen Zelle beheizt. Die resultierende Druckänderung in der Zelle ist ein Maß für die absorbierte Leistung. Um diese Druckänderung genau messen zu können, muß sie wieder periodisch verlaufen, die HF-Leistung muß also wieder moduliert werden. Wie beim pyroelektrischen Detektor ist keine Eichung mit DC-Leistung möglich. Die Golay-Zelle wird gewöhnlich bei Frequenzen über 100 GHz verwendet.

3.3 Leistungsmessung an modulierten und gepulsten Hochfrequenz-Signalen

Bisher wurde stillschweigend vorausgesetzt, daß eine über genügende Zeit konstante CW-Leistung gemessen wird (CW: continuous wave). In der Praxis hat man es aber oft mit zeitlich veränderlichen Leistungen zu tun. Beispiele dafür sind Radar- und Rundfunksysteme, aber auch die Leistungsmessung an Hochleistungsquellen, die nur kurzzeitig oder gepulst betrieben werden dürfen. Für die entsprechenden Meßverfahren werden zunächst einige allgemeine Leistungsdefinitionen benötigt.

3.3.1 Leistungsdefinitionen

Man unterscheidet folgende Kenngrößen der Leistung (Bild 3.29 und 3.30):

- **Momentanleistung P(t)**
- **Hüllkurvenleistung $P_e(t)$** (envelope power)
  Die über eine halbe Periode der Trägerfrequenz $f_T=1/T_T$ gemittelte momentane Leistung

$$P_e(t) = \overline{P(t)}_{T_T/2} \tag{3.36}$$

- **maximale Hüllkurvenleistung P_{ep}** (peak envelope power)
  Spitzenwert der Hüllkurvenleistung
- **mittlere Leistung P_{avg}** (average power)
  über eine Periode T_m des Modulationssignals gemittelte Momentan- oder Hüllkurvenleistung

$$P_{avg} = \overline{P(t)}_{T_m} = \overline{P_e(t)}_{T_m} \tag{3.37}$$

- **Impulsleistung P_p** (pulse power; siehe Bild 3.30)
  mittlere Leistung einer gepulsten Quelle während des Pulses

$$P_p \cdot D = P_{avg} \tag{3.38}$$

mit $D=T_p/T_m$ Tastverhältnis (duty cycle)
T_p: Impulsdauer
T_m heißt in diesem Fall Pulswiederholzeit mit der Pulswiederholfrequenz (**PRF**, pulse repetition frequency) $1/T_m$.

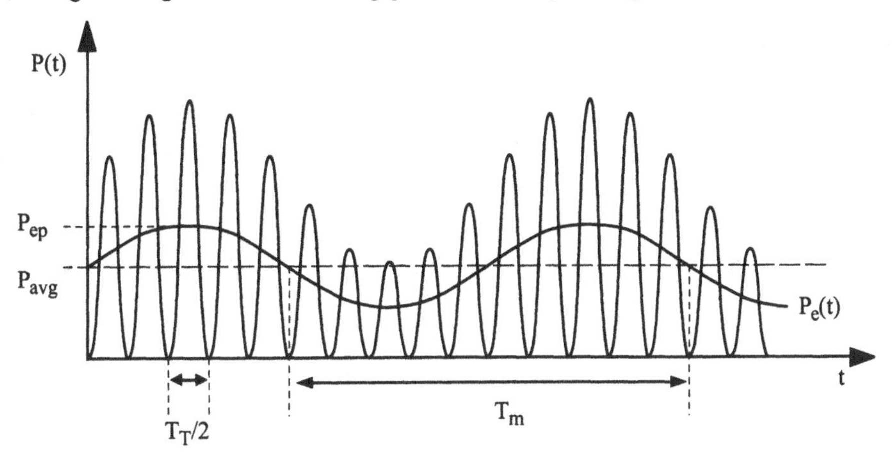

Bild 3.29 Leistungen bei AM-moduliertem Signal

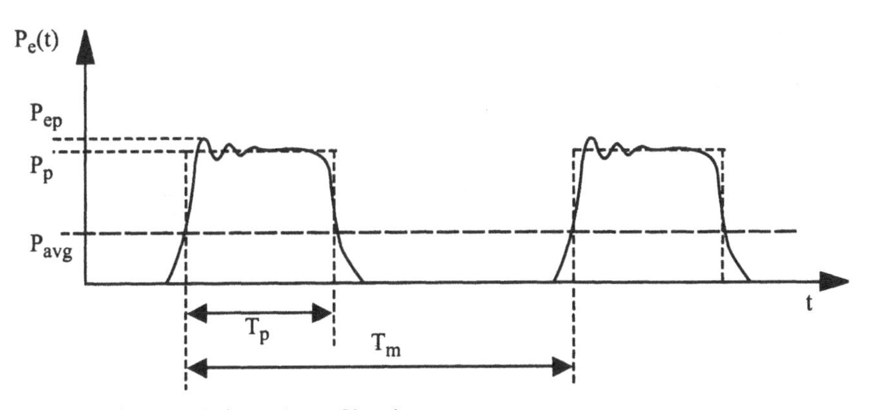

Bild 3.30 Leistungen bei gepulstem Signal

Nur für Rechteckimpulse gilt:

$$P_p = P_{ep} \tag{3.39}$$

Thermische Leistungsmesser zeigen aufgrund ihrer Trägheit im allgemeinen die mittlere Leistung P_{avg} an. Zur Messung von $P_e(t)$, P_{ep} und P_p werden schnelle Schottky-Dioden verwendet.

3.3.2 Hüllkurvenleistung

Die Ausgangsspannung eines schnellen Schottky-Diodendetektors gibt die Hüllkurvenleistung als Funktion der Zeit wieder. Auch die maximale Hüllkurvenleistung P_{ep} kann bestimmt werden. Ob die Hüllkurve korrekt dargestellt wird, hängt von der Videobandbreite des Meßsystems ab. Die obere Grenzfrequenz der Detektor-Ausgangsspannung wird durch den Ausgangstiefpaß, aber auch durch den Lastwiderstand festgelegt.

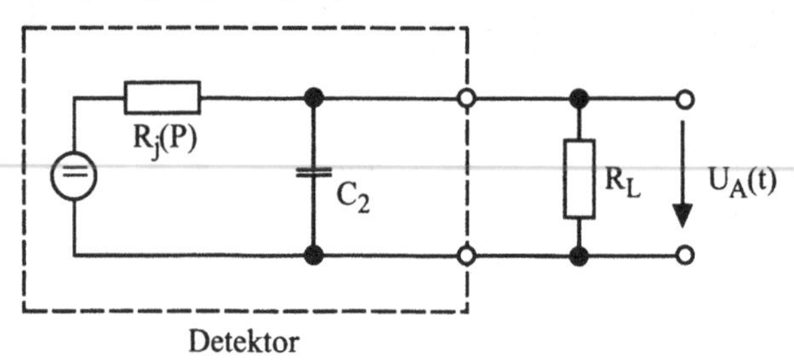

Bild 3.31 Video-Ersatzschaltbild des Detektors

Da R_j vom Leistungspegel abhängt, ergibt sich ein nichtlinearer Effekt wie bei der Spitzengleichrichtung. Die Aufladung von C_2 erfolgt schnell, weil R_j klein wird für große Leistungen. Bei der Entladung zu kleinen Leistungen hin ist dagegen die Zeitkonstante $R_L C_2$ entscheidend, weil R_j groß wird. Man kann auch durch Vorspannung der Diode R_j klein halten.

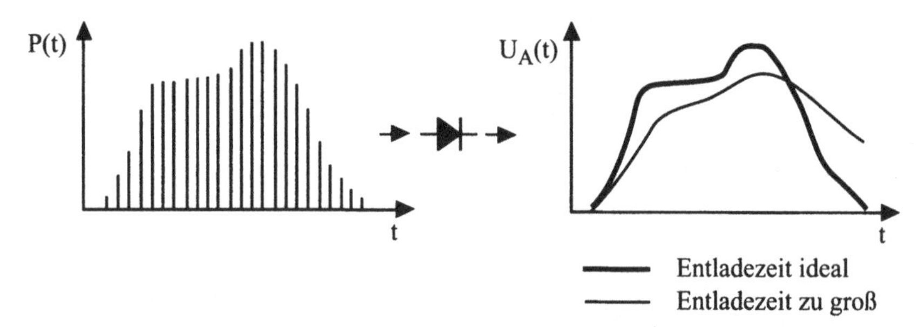

Bild 3.32 Videosignal bei verschiedenen Entlade-Zeitkonstanten

Die Empfindlichkeit des Detektors sinkt mit kleinerem Lastwiderstand R_L, so daß der Lastwiderstand, d.h. der Entladewiderstand, nicht beliebig klein gewählt werden darf (Bild 3.32). Für sehr schnelle Meßköpfe müssen daher kleine C_2 verwendet werden, was aber die untere Einsatzfrequenz für die HF-Leistungsmessung erhöht (vgl. Abschnitt 3.2.6.1). Ein 10 ns-Meßkopf (10 ns Anstiegszeit) kann z.B. erst ab 750 MHz betrieben werden.

Impulsanstiegszeiten im ns-Bereich erfordern bei diesen Messungen eine HF-mäßige Auslegung des gesamten Video-Signalwegs vom Meßkopf bis zum Oszilloskop.

3.3.3 Impulsleistung

Eine direkte Impulsleistungsmessung erfolgt durch Vergleich mit einer bekannten Dauerstrichquelle. Bei der Vermessung von Hochleistungsquellen wird dazu ein Teil der Ausgangsleistung ausgekoppelt, was bisweilen ein erhebliches Problem darstellt und zu Meßunsicherheiten wegen des oft nur ungenau bekannten Koppelfaktors führt (Bild 3.33).

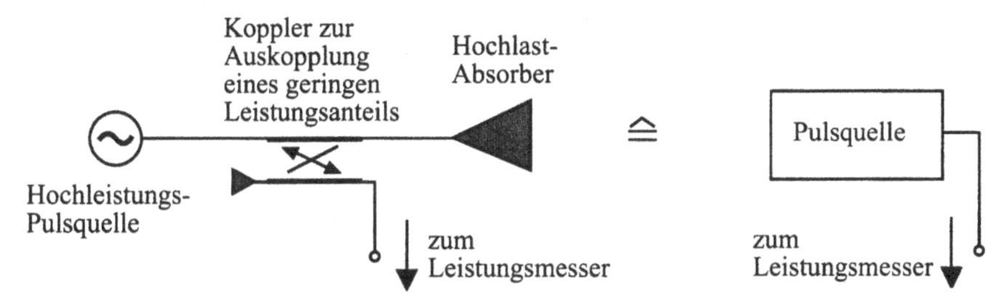

Bild 3.33 Messung von hohen Leistungen

Zur direkten Impulsleistungsmessung (Bild 3.34) werden die Impulse und das einstellbare CW-Signal abwechselnd mit einem Diodendetektor vermessen. Der CW-Pegel wird der Impulsleistung angeglichen und daraufhin mit einem kalibrierten Leistungsmesser bestimmt. Man beachte, daß dabei Meßfehler durch nichtideale Puls-Hüllkurven entstehen.

Bei Pulsquellen mit genügend hoher Taktfrequenz besteht eine andere Möglichkeit, P_p zu bestimmen. Mit einem trägen Leistungsmesser wird die mittlere Leistung P_{avg} bestimmt. Auf dem Oszilloskop kann mittels eines schnellen Detektors wie zuvor die Hüllkurve dargestellt werden. Daraus kann das Tastverhältnis ermittelt werden, und P_p ergibt sich aus (3.38). Auch hier tritt das Problem auf, daß das Tastverhältnis aus einer verzerrten Hüllkurve nicht eindeutig bestimmt werden kann. Häufig ist aber ein Soll-Tastverhältnis aus der Steuerung der Pulsquelle bekannt und kann zur Auswertung verwendet werden.

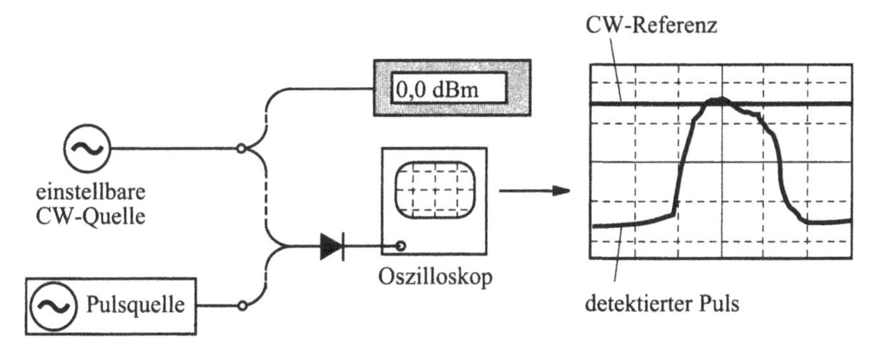

Bild 3.34 Direkte Impulsleistungsmessung

3.3.4 Notch-Wattmeter

Das Notch-Wattmeter ergänzt mit Hilfe einer zuschaltbaren Dauerstrichquelle ein Impulssignal wieder zu einem CW-Signal. Die Pulse der Pulsquelle müssen detektiert und mit den Austastzeiten der CW-Quelle synchronisiert werden. Bei korrekt eingestelltem CW-Pegel zeigt ein über einen schnellen Detektor angeschlossenes Oszilloskop einen konstanten Pegel an. Das so entstandene CW-Signal kann wie gewöhnlich gemessen werden, die angezeigte mittlere Leistung ist dabei die Impulsleistung der Pulsquelle.

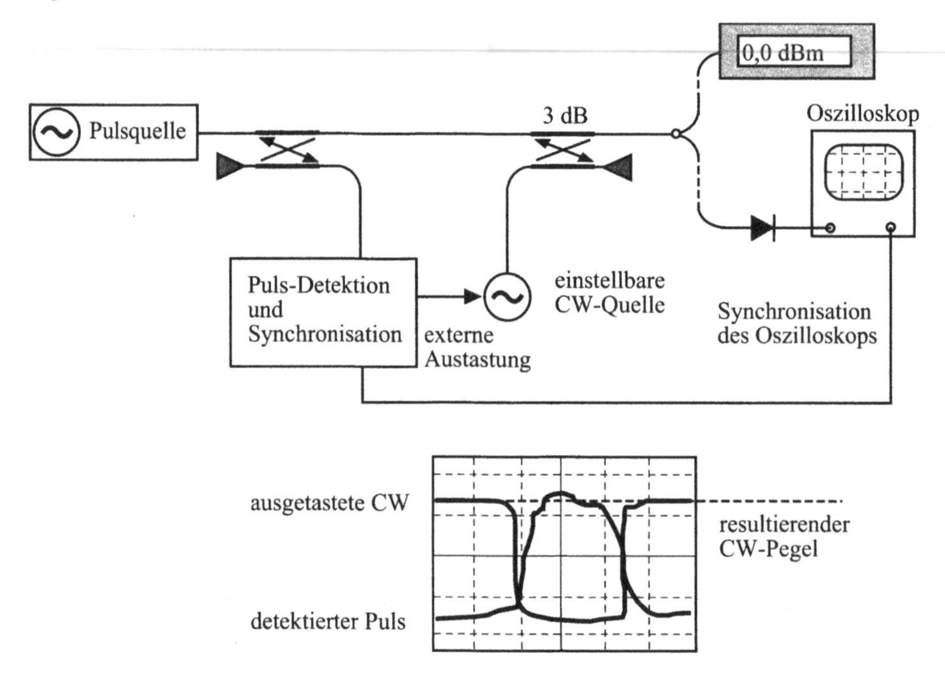

Bild 3.35 Notch-Wattmeter

Das Notch-Wattmeter wird für Pulssignale mit niedriger Taktfrequenz und/oder kleinem Tastverhältnis benötigt. Wie auch die vorher besprochene direkte Impulsleistungsmessung kommt das Notch-Wattmeter vor allem zur Messung an Hochleistungsquellen zum Einsatz.

4 Frequenzmessung

Frequenzmessungen gehören zu den fundamentalsten Messungen überhaupt. Die Zeit ist bekanntlich über die Periodendauer T durch die Gleichung

$$f = \frac{1}{T} \tag{4.1}$$

mit der Frequenz verbunden. Eine Atomuhr liefert beim aktuellen Stand der Technik 1 Hz bzw. 1 s mit einer Standardabweichung von $5 \cdot 10^{-13}$. Damit ist aber die Sekunde die physikalische Größe, die heute am genauesten dargestellt werden kann. Entsprechend sind Frequenzmessungen an (möglichst reinen) Sinussignalen die genauesten zur Zeit möglichen Messungen überhaupt.

Über die Beziehung

$$c = \lambda \cdot f \qquad \text{oder speziell im Vakuum} \qquad c_0 = \lambda_0 \cdot f \tag{4.2}$$

mit $c_0 \approx 2{,}9979 \cdot 10^8$ m/s Lichtgeschwindigkeit (Vakuum)

ist eine Umrechnung der Frequenz auf Wellenlängen und umgekehrt möglich. Mechanische Frequenzmesser bestimmen die Frequenz über eine Längenmessung von Bruchteilen oder Vielfachen der Wellenlänge. Für den üblichen Laboreinsatz bei nicht zu hohen Frequenzen sind diese Meßmethoden überholt. Dennoch sollen die Funktionsprinzipien kurz erläutert werden.

4.1 Mechanische Frequenz- und Wellenlängenmesser

4.1.1 Stehwellenmeßleitung

Eine Leitung mit verschiebbarer Meßsonde wird an einem Ende kurzgeschlossen, damit sich stehende Wellen mit scharf begrenzten Amplitudennullstellen bilden. Wird ein reines Sinussignal eingespeist, so können mit der Meßsonde die Abstände der Nullstellen vermessen werden. Der Abstand zweier Minima ist

$$\Delta l = \frac{\lambda_L}{2} \tag{4.3}$$

Dabei ist λ_L die Wellenlänge auf der Leitung:

$$\lambda_L = \frac{\lambda_0}{\sqrt{\varepsilon_r \mu_r}} \qquad \text{(TEM-Welle)} \qquad (4.4a)$$

$$\lambda_L = \frac{\lambda_0}{\sqrt{\varepsilon_r \mu_r - \left(\frac{\lambda_0}{\lambda_C}\right)^2}} \qquad \text{(TE- oder TM-Welle)} \qquad (4.4b)$$

mit λ_0: Freiraumwellenlänge (im Vakuum)
λ_C: Freiraumwellenlänge der Grenzfrequenz des verwendeten Wellentyps im Hohlleiter im Vakuum

Neben Ungenauigkeiten bei Messungen des Abstands gehen als zusätzliche Fehlerquellen ungenaue Bestimmung von ε_r und μ_r, und bei TE- oder TM-Wellen (insbesondere im Hohlleiter) ungenaue Kenntnis der Grenzwellenlänge λ_C ein. Durch die Größe der Meßsonde ist eine prinzipielle Auflösungsgrenze für die Längenmessung bei etwa 0,01 mm gegeben. Geeignete Meßleitungen stehen bis 60 GHz zur Verfügung.

4.1.2 Resonanzfrequenzmesser

Ein an eine Durchgangsleitung lose gekoppelter Resonator senkt die Transmission der Leitung, wenn er in Resonanz gerät. Mißt man die durch die Leitung transmittierte Leistung, so findet man eine um 1 bis 6 dB erhöhte Durchgangsdämpfung, wenn der Resonator auf die Signalfrequenz abgestimmt wird, weil dann die Verluste im Resonator stark zunehmen. Außerhalb der Resonanzfrequenz(en) ist die Leitung praktisch ungestört. Alternativ dazu werden Resonatoren auch als Durchgangsresonatoren, deren Transmission im Resonanzfall maximal ist, betrieben. Resonatoren zur Frequenzmessung sind abstimmbar und besitzen eine geeichte oder errechnete Frequenzskala.

Die maximale Frequenzauflösung eines solchen Frequenzmessers kann direkt aus der Güte des Resonators errechnet werden. Da die Güte Q mit der 3 dB-Bandbreite des Resonators f_{3dB} definiert ist zu:

$$Q = \frac{f_0}{f_{3dB}} \qquad \text{mit } f_0\text{: Resonanzfrequenz,} \qquad (4.5)$$

ergibt sich die maximale Frequenzauflösung bzw. die relative Bandbreite des Resonators einfach als Kehrwert der Güte. Aufgrund anderer Ungenauigkeiten (mechanische Hysterese, Ablesegenauigkeit der Skala, Temperaturabhängigkeit) werden real schlechtere Werte erzielt, z.B. bei koaxialen Resonatoren um 0,1%.

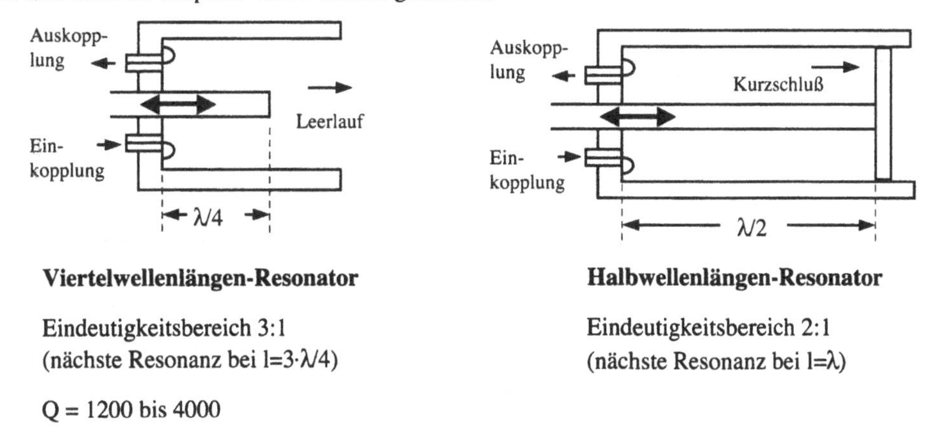

Bild 4.1
Koaxiale Resonatoren (die Auskoppelschleife wird zur Verwendung als Durchgangsresonator benötigt)

Technische Realisierungen sind koaxiale Ausführungen mit λ/4- oder λ/2-Leitungen oder Hohlleiter-Resonatoren (Bild 4.1). Im Rundhohlleiter nutzt man die H_{01}-Welle, um einen Resonator sehr hoher Güte zu erhalten (Bild 4.2). Seine Arbeitsbandbreite ist allerdings aufgrund des geringen Eindeutigkeitsbereichs der Welle eingeschränkt. Weil keine longitudinalen Wandströme auftreten, kann der Kurzschlußschieber kontaktlos sein. Resonanzen im toten Raum des Resonators werden durch eine Dämpfungsmasse auf der Rückseite des Kurzschlußschiebers verhindert. Solche H_{01}^{O}-Wellenmesser erreichen belastete Güten um 15000 bis 60000. Die Genauigkeit der Absolutfrequenzmessung liegt bei $\Delta f/f_0 = 10^{-4}$. Messungen von Frequenzänderungen können durch Approximation der Abstimmkurven um ein bis zwei Größenordnungen genauer durchgeführt werden.

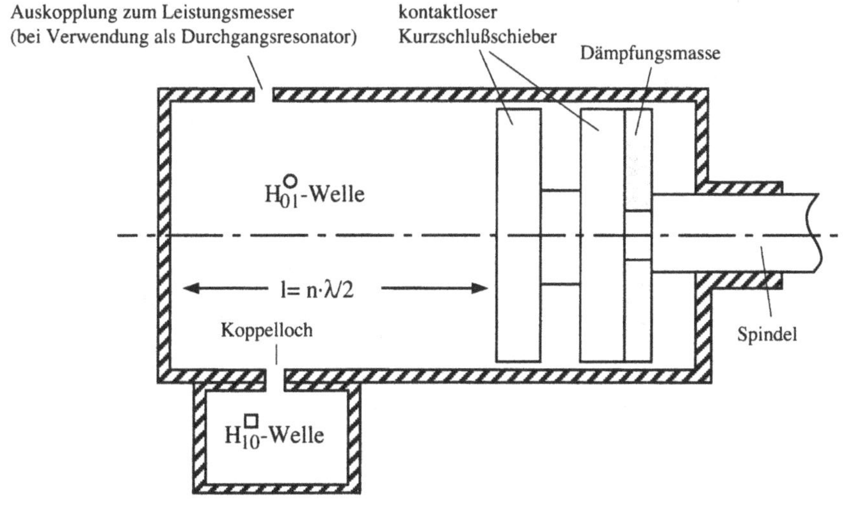

Bild 4.2 H_{01}^{O}-Wellenmesser

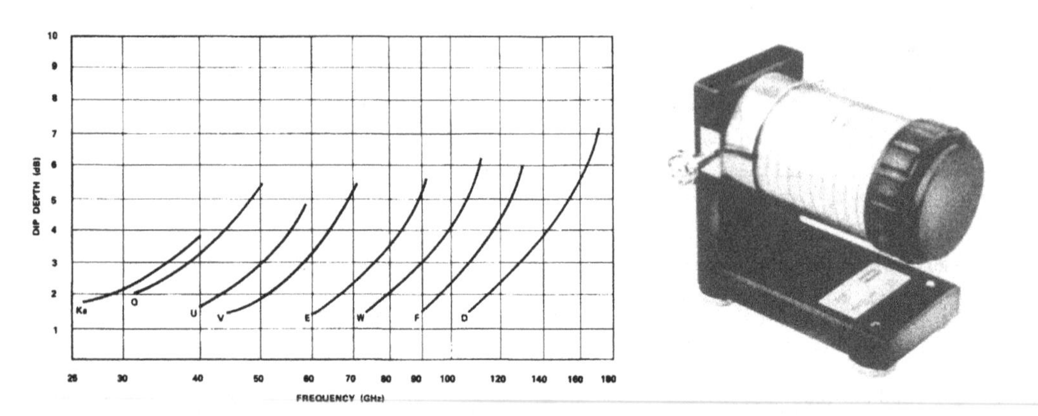

Bild 4.3 Resonanzkennlinien eines E_{01}-Hohlleiter-Resonators

4.1.3 Michelson-Interferometer

Für Wellenlängen kleiner als 10 mm (30 GHz im Freiraum) ist die Anwendung von optischen Meßverfahren sinnvoll. Auf optischen Bänken aufgebaute Interferometer entsprechen der Stehwellenmeßleitung bei niedrigen Frequenzen. Auch hier wird durch die zwischen den Spiegeln reflektierten Wellen ein stehendes Feld gebildet. Mit dem beweglichen Spiegel sind am Detektor Minima und Maxima einstellbar. Über die Messung der Strecke, die der bewegliche Spiegel zwischen n Minima durchläuft, ist wieder eine Bestimmung der Wellenlänge möglich.

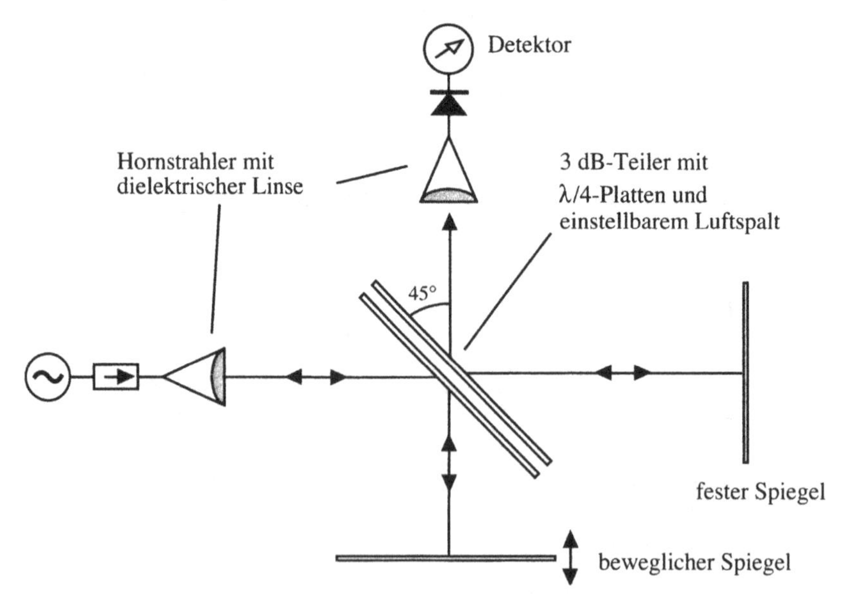

Bild 4.4 Michelson-Interferometer

4.2 Elektronische Frequenzzähler

Elektronische Zähler, welche die Frequenz direkt durch Abzählen der Signalperioden bestimmen, sind zur Zeit bis etwa 500 MHz realisierbar. Vorteiler, z.B. um den Faktor 4, sind bis über 3 GHz erhältlich, bis 26 GHz im Versuchsstadium realisiert. Die Vorteiler sind meist mit GaAs-FETs aufgebaut. Im Bereich bis 1 GHz werden sie gewöhnlich mit einem ebenfalls benötigten breitbandigen Vorverstärker zusammen auf einem Chip integriert.

Für höhere Frequenzen muß aus der Signalfrequenz durch Mischung eine direkt meßbare Frequenz abgeleitet werden. Bevor die dazu verwendeten Systemkonzepte besprochen werden, folgt zunächst die Beschreibung des digitalen Frequenzzählers für niedrige Frequenzen.

4.2.1 Digitale Frequenzzähler

4.2.1.1 Direkte Messung der Frequenz

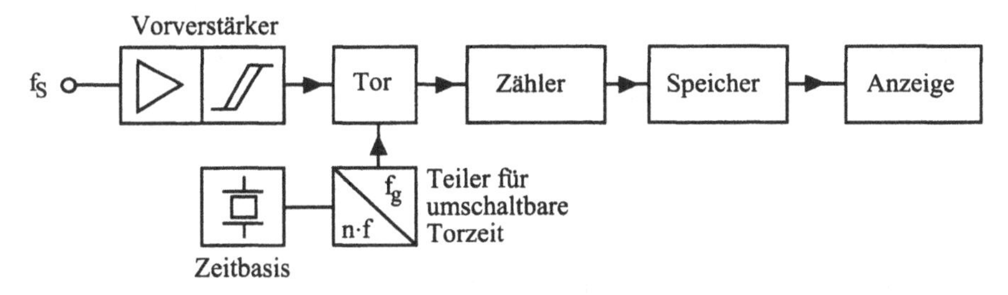

Bild 4.5 Blockschaltbild eines Frequenzzählers

Der digitale Frequenzmesser nach Bild 4.5 zählt direkt oder über Vorteiler die Anzahl der Schwingungen während einer (einstellbaren) Toröffnungszeit. Es ist dabei die Aufgabe des Vorverstärkers, das Eingangssignal in eine digital auswertbare Rechteckschwingung umzuwandeln (siehe Abschnitt 4.2.1.3). Die Signalfrequenz f_S ergibt sich aus

$$f_S = \frac{N}{T_g} \qquad (4.6)$$

mit N: Zählergebnis
T_g: Toröffnungszeit

	TCXO	Option 001	Option 010
Alterung	$5 \cdot 10^{-8}$ pro Tag	$5 \cdot 10^{-10}$ pro Tag	$5 \cdot 10^{-11}$ pro Tag
Kurzzeit-Stabilität	$1 \cdot 10^{-9}$ pro Sekunde	$1 \cdot 10^{-10}$ pro Sekunde	$1 \cdot 10^{-10}$ pro Sekunde
Temperatur-sprung 50K	$1 \cdot 10^{-6}$	$1 \cdot 10^{-9}$	$1 \cdot 10^{-9}$
Versorgungs-spannungs-schwankung 10%	$1 \cdot 10^{-7}$	$1 \cdot 10^{-10}$	$1 \cdot 10^{-10}$

Temperatur-stabilisierter Quarzthermostat

Bei Synchronisation mit dem Zeitstandard der PTB (Physikalisch-Technische Bundesanstalt):

Genauigkeit 10^{-12}

Bild 4.6
Typisches Beispiel für die Genauigkeit einer Quarzzeitbasis (TCXO = temperature controlled crystal oscillator, Option 001 : erhöhte Temperaturstabilität, Option 010 : geringe Alterung; Hewlett-Packard)

Das Tor wird von einer hochgenauen Quarzzeitbasis gesteuert. Die prinzipielle Meßunsicherheit ergibt sich aus der Genauigkeit der Zeitbasis und aus der sogenannten Zählunsicherheit. Meist werden dabei von einem Hersteller Zeitbasen unterschiedlicher Stabilität angeboten (Bild 4.6).

Die Zählunsicherheit um ± eine Schwingung besteht generell, da die Toröffnungszeit nicht mit der Signalfrequenz synchronisiert ist. Je nach Lage der Signalschwingungen kann ein Zählimpuls mehr oder einer weniger pro Toröffnungszeit auftreten. Die absolute Zählunsicherheit ergibt sich bei direkter Frequenzzählung zu

$$\Delta f = \pm \frac{1}{T_g} \tag{4.7}$$

Die relative, auf den Meßwert bezogene Zählunsicherheit wird also groß bei kleinen Frequenzen und überwiegt dort meist die Meßunsicherheit durch Ungenauigkeiten der Zeitbasis, wenn man nicht zu unannehmbar langen Torzeiten greifen will. Abhilfe schafft die Messung der Periodendauer, die alternativ zur Frequenzzählung angewandt wird.

4.2.1.2 Direkte Messung der Periodendauer

Im Vergleich zur direkten Frequenzmessung nach Bild 4.5 sind das Meßsignal und die Zeitbasis gerade vertauscht, das Tor wird nun durch das Meßsignal gesteuert (Bild 4.7). Man zählt die Anzahl der Perioden des Quarzoszillators T_Q pro Toröffnungszeit, d.h. pro Periode des Meßsignals T_S. Die absolute Zählunsicherheit ist also $\pm T_Q$, die relative Zählunsicherheit wird damit groß für hohe Frequenzen. Dazu kommt noch wie zuvor die Ungenauigkeit der Zeitbasis, es tritt aber auch eine neue Fehlerquelle auf: Damit die Torzeit genau einer Periode des Meßsignals entspricht, muß immer an derselben Stelle der Schwingung ein Zählimpuls ausgelöst werden, mit anderen Worten, es muß immer bei derselben Phase der Signalschwingung getriggert werden. Das ist in der Realität oft nicht der Fall, weil einerseits die Eingangssignale von Störungen überlagert sind, andererseits die Triggerschwelle des Vorverstärkers nicht beliebig stabil ist. Um die daraus folgende Meßunsicherheit klein zu halten, mittelt man über möglichst viele Perioden des Meßsignals durch Vorschalten eines Teilers (was aber die Torzeit wieder erhöht).

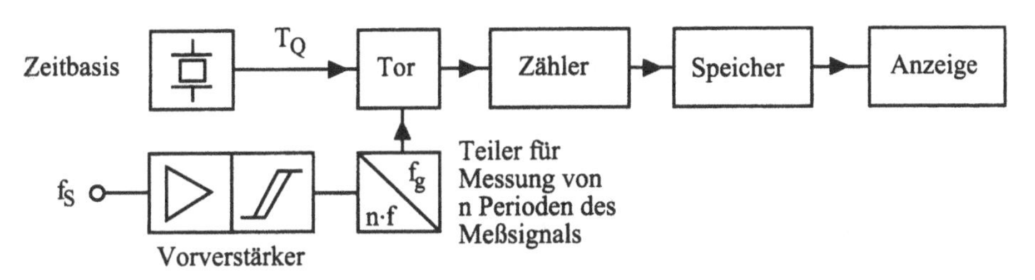

Bild 4.7 Blockschaltbild des Periodendauermessers

4.2.1.3 Fehlerquellen bei der Signalaufbereitung

Wie schon im vorhergehenden Abschnitt deutlich wurde, kommt der Signalaufbereitung durch den Vorverstärker eine besondere Bedeutung zu. Die Aufgabe des Vorverstärkers, das Meßsignal in eine digital auswertbare Rechteckschwingung umzusetzen, kann offensichtlich nur eindeutig erfüllt werden, wenn das Meßsignal eine dominante Frequenz aufweist. Für einfache Kurvenformen (Sinus, Rechteck usw.) könnte die Umwandlung durch einen Schmitt-Trigger-Verstärker, der auf die Nulldurchgänge triggert, erfolgen. Diese Methode versagt bei gestörten Signalen, wenn mehr als zwei Nulldurchgänge pro Periode auftreten. Der Vorverstärker eines Frequenzzählers besteht deshalb aus einem Schmitt-Trigger mit Hysterese und einem Eingangsverstärker mit einstellbarer oder automatisch geregelter Verstärkung. Zur fehlerfreien Frequenzmessung muß erreicht werden, daß

- das Eingangssignal hoch genug verstärkt wird, um einen Zählimpuls pro Periode auszulösen.
- die Verstärkung nicht so groß ist, daß Störsignale Zählimpulse auslösen können.

Bild 4.8 zeigt zwei Beispiele zur Verdeutlichung der Fehlerquellen. Typische Werte für Eingangsempfindlichkeiten eines digitalen Zählers sind:

- Meßsignal bis -26 dBm
- Meßsignal mindestens 6 dB über den Störungen
- Amplitudenmodulation unter 70%

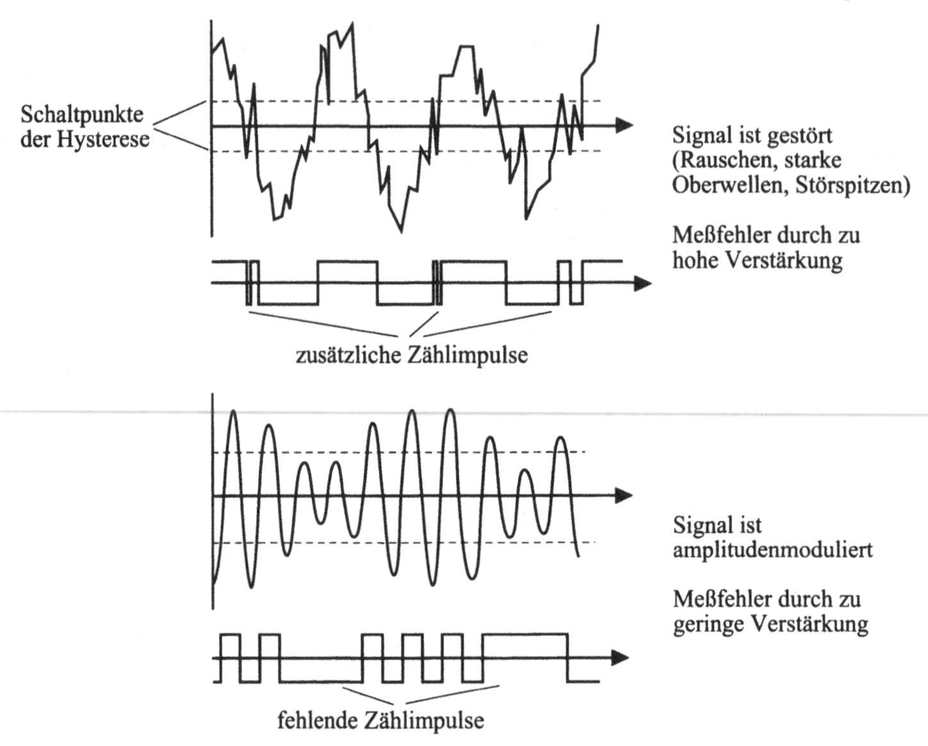

Bild 4.8 Meßfehler durch falsche Signalaufbereitung

Bei höheren AM-Modulationsgraden bzw. im Extremfall der amplitudenmodulierten Schwingung, beim Pulssignal, ist eine Synchronisation der Toröffnungszeit mit der Modulationsfrequenz (gating) notwendig. Die Meßgenauigkeit ist dabei aufgrund der kurzen Toröffnungszeit nicht beliebig hoch, kann aber gesteigert werden, indem über mehrere Pulse gemittelt wird (Bild 4.9).

Ein spezielles Problem ist die Messung der Trägerfrequenz einer frequenzmodulierten Schwingung. Bei ausreichend langen Meßzeiten mittelt sich die Modulation heraus, die Trägerfrequenz kann direkt bestimmt werden. Bei sehr niedrigen Modulationsfrequenzen muß die Toröffnungszeit mit der modulierenden Schwingung synchronisiert werden, so daß jeweils über ganze Perioden der Modulationsfrequenz gemessen wird.

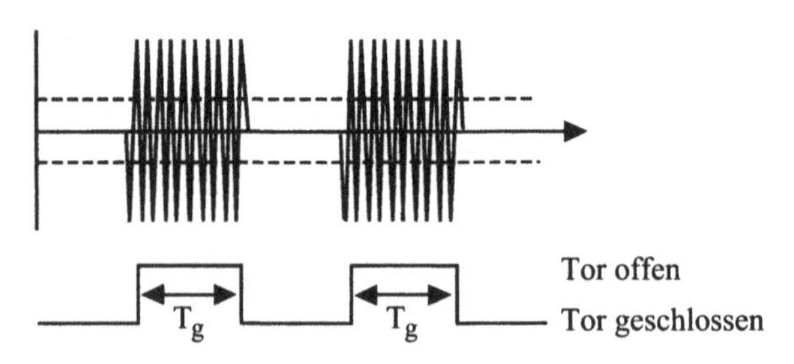

Bild 4.9 Korrekte Messung von Pulssignalen

4.2.2 Mikrowellenfrequenzzähler

Frequenzen im Mikrowellenbereich, die nicht mehr direkt oder über Teiler gezählt werden können, werden zur Messung in niedrigere Frequenzbereiche übertragen und dort direkt gezählt. Zwei Konzepte sind zu unterscheiden:

- Beim Heterodynkonverter wird das Meßsignal selbst in einen Frequenzbereich z.B. unterhalb 200 MHz heruntergemischt
- Der Transferoszillator erzeugt eine Schwingung, deren Frequenz über eine geeignete Phasenregelschleife an die gesuchte Signalfrequenz angekoppelt ist.

Eine Frequenzbestimmung im Mikrowellenbereich ist auch mit Spektralanalysatoren und - ebenfalls durch Heruntermischen - mit dem sogenannten "totzeitfreien Zähler" der Firma Hewlett-Packard möglich. Letzterer ist eine direkte Weiterentwicklung des digitalen Frequenzzählers und wird wegen seiner vielfältigen Einsatzmöglichkeiten in Kapitel 6 gesondert behandelt. Moderne Spektralanalysatoren erreichen mit Hilfe hochstabiler Oszillatoren, niedriger Auflösungsbandbreiten und nicht zuletzt aufgrund der Mikroprozessorauswertung ebenso gute Auflösungen und Genauigkeiten bei der Frequenzmessung wie spezielle Frequenzzähler, während die Empfindlichkeit weit höher liegt und Messungen im Pegelbereich um -120 dBm erlaubt (siehe Kapitel 5).

4.2.2.1 Heterodynkonverter

Heterodynkonverter setzen die Signalfrequenz über einen breitbandigen Mischer in einen niedrigen Frequenzbereich, den ZF-Bereich, um. Die Frequenzumsetzung wird an der n-ten Harmonischen eines Kammgenerators vorgenommen. Der Kammgenerator liefert die Frequenzen f_0, $2f_0$, $3f_0$, ... bis zu einer Grenzfrequenz f_g (siehe Abschnitt 2.2.2). Mit der Grundfrequenz f_0 des Kammgenerators ergibt sich die gesuchte Signalfrequenz f_S zu:

$$f_S = f_{ZF} + n \cdot f_0 \tag{4.8}$$

mit f_{ZF}: im ZF-Bereich direkt gezähltes Signal

Eines der Seitenbänder, in (4.8) das untere ($f_S = -f_{ZF} + n \cdot f_0$), wird hierbei unterdrückt. Es muß nun noch sichergestellt werden, daß tatsächlich nur das Mischprodukt des Meßsignals mit der n-ten Harmonischen gezählt wird. Außerdem muß n ermittelt werden. Dazu sind zwei unterschiedliche Verfahren im Gebrauch.

A) Frequenzumsetzung mit YIG-abstimmbarem Kammgenerator

Dem Kammgenerator wird ein abstimmbarer YIG-Bandpaß nachgeschaltet. Wurde das Filter auf die n-te Harmonische abgestimmt, so verbleibt dahinter nur die Spektrallinie mit der Frequenz $n \cdot f_0$. Der Meßzyklus verläuft folgendermaßen: Beginnend bei n=1 wird der Faktor n durch Abstimmung des Filters schrittweise erhöht. Sobald ein genügend starkes Mischprodukt (ZF-Signal) auftritt, wird die Frequenz dieses Mischproduktes f_{ZF} gemessen und die gesuchte Signalfrequenz mit Gleichung (4.8) bestimmt. Ein Nachteil dieses Konzepts ist, daß am digitalen Zähler Störungen auf der gesamten ZF-Bandbreite erfaßt werden, die Rauschbandbreite beträgt also ungefähr 200 MHz.

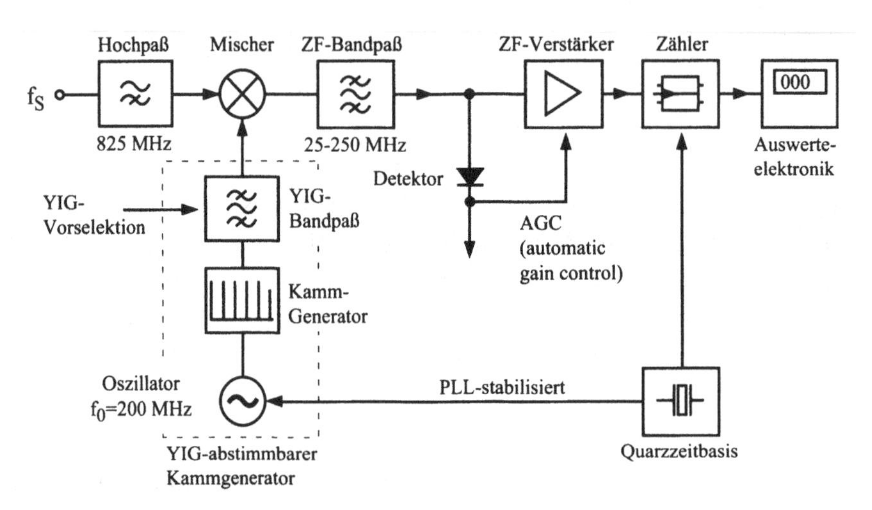

Bild 4.10
Heterodynkonverter mit YIG-abstimmbarem Kammgenerator (EIP). Der Meßbereich beginnt hier bei 825 MHz, niedrigere Frequenzen werden direkt oder über Vorteiler gezählt.

B) Vorselektion des Meßsignals durch YIG-Filter

Der YIG-Bandpaß wird hier benutzt, um aus dem Spektrum des Meßsignals nur einen schmalen Bereich herauszufiltern. Dieser Ausschnitt des Signalspektrums wird mit dem gesamten Kammspektrum gemischt. Die Messung verläuft dann ähnlich wie zuvor: Die Mittenfrequenz des YIG-Filters wird erhöht (diesmal kontinuierlich), bis ein ausreichendes Signal hinter dem Filter auftritt. Über die Ansteuerung des YIG-Filters kennt man nun die Signalfrequenz mit einer Genauigkeit von z.B. ± 20 MHz, so daß auch bekannt ist, welche Harmonische des Kammgenerators ein Mischprodukt im ZF-Bereich liefern kann, d.h. n ist bekannt. Dann liegt das ZF-Signal innerhalb einer Bandbreite, die etwa der Grundfrequenz des Kammgenerators entspricht. Die Bandbreite des ZF-Verstärkers wird weiter eingeschränkt, indem die Grundfrequenz des Kammgenerators abstimmbar gemacht wird, so daß das ZF-Signal immer in einen schmalen Frequenzbereich verlegt werden kann. Es ist dann allerdings notwendig, auch die Grundfrequenz f_0 noch zu messen. Dieses Konzept ermöglicht eine empfindlichere Messung, weil die Rauschbandbreite durch die Vorselektion und durch eine schmale ZF-Bandbreite stark verkleinert ist.

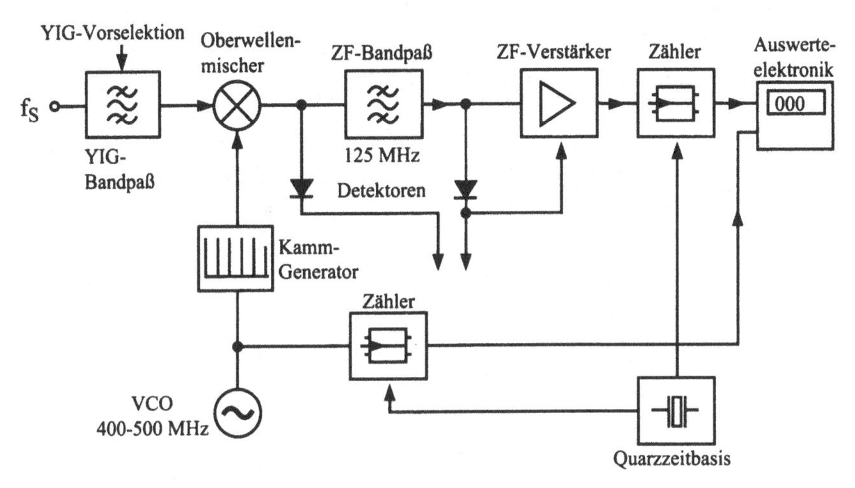

Bild 4.11 Heterodynkonverter mit YIG-Vorselektion (EIP)

Nachteile der Heterodynkonverter werden wesentlich durch Mängel der YIG-Filter wie z.B. kleiner Abstimm- oder Eindeutigkeitsbereich verursacht. Bei Steuerung durch einen Mikroprozessor sind beide Heterodynkonzepte in der Lage, Signale aus verschiedenen Frequenzbereichen getrennt zu messen. Signalfrequenzen, deren Abstand jedoch kleiner als die ZF-Bandbreite ist, können Meßfehler erzeugen. Wenn der eingebaute Detektor, der zur Erkennung eines Signalpegels notwendig ist, zur Leistungsmessung benutzt wird, kann mit diesen Frequenzmessern eine grobe Spektralanalyse durchgeführt werden. Die Frequenzauflösung ist dabei bestenfalls gleich der ZF-Bandbreite, ist also insbesondere beim ersten Konzept schlecht.

4.2.2.2 Transferoszillator

Beim Transferoszillator wird die Grundfrequenz des Kammgenerators durch einen VCO erzeugt. Das erlaubt den Aufbau einer PLL, die durch Regelung des VCOs die n-te Harmonische der VCO-Frequenz an die Signalfrequenz ankoppelt. Bei eingerasteter PLL ist das Mischprodukt aus dem Eingangssignal und der n-ten Harmonischen gleich einer quarzstabilisierten Referenz-ZF-Frequenz f_R. Die Frequenz des VCOs wird gemessen, und die gesuchte Signalfrequenz ergibt sich zu:

$$f_S = f_R + n \cdot f_0 \qquad \text{(oberes Seitenband)} \qquad (4.9a)$$

$$f_S = -f_R + n \cdot f_0 \qquad \text{(unteres Seitenband)} \qquad (4.9b)$$

In der PLL wird ein unsymmetrischer Phasendetektor verwendet, so daß die Regelung nur auf ein Seitenband einrasten kann und so die Eindeutigkeit hergestellt ist. Um einen lückenlosen Meßbereich zu erhalten, muß der VCO so weit abstimmbar sein, daß die Oberwellen den gesamten gewünschten Meßbereich überdecken. Im gezeigten Beispiel beginnt der Meßbereich mit der zweiten Oberwelle bei 260 MHz (oberes Seitenband). Niedrigere Frequenzen werden direkt gezählt.

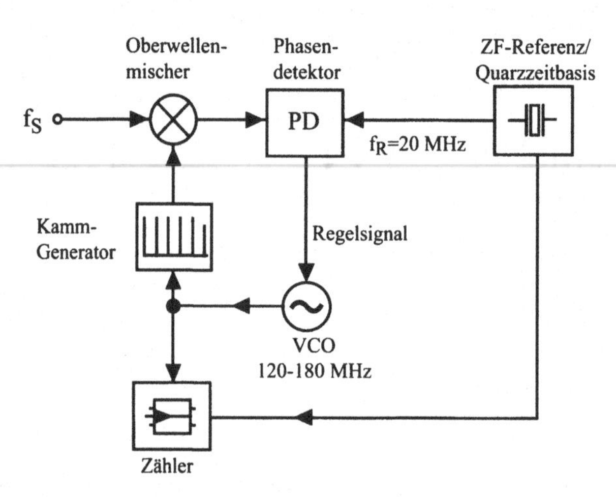

Bild 4.12 Prinzipschaltbild des Transferoszillators

Zur Ermittlung von n wird bei modernen Transferoszillatoren die Signalfrequenz mit einem Kammspektrum gemischt, dessen Grundfrequenz um z.B. 20 kHz höher liegt als die aktuelle VCO-Frequenz. Es ergibt sich eine ZF-Frequenz f_{ZR}, die sich um $n \cdot 20$ kHz von f_R unterscheidet, so daß n einfach durch eine weitere Frequenzmessung bestimmt werden kann. Die Grundfrequenz des zweiten Kammgenerators wird durch eine weitere PLL aus der Grundfrequenz des ersten abgeleitet (Bild 4.13).

Die wirksame Rauschbandbreite des Transferoszillators ist im Vergleich zum Heterodynkonverter stark reduziert, weil die eingerastete Phasenregelschleife nur Rauschen innerhalb ihres Haltebereichs (ca. 100 kHz) erfaßt. Rauschanteile außerhalb dieser Bandbreite werden unterdrückt. Die Empfindlichkeit ist also wesentlich höher als beim Heterodynkonverter. Durch einen kleinen Haltebereich der PLL wird aber auch die Möglichkeit, frequenzmodulierte Signale zu messen, stark eingeschränkt. Außerdem ist der Transferoszillator für zu stark gestörte Signale ungeeignet, weil dann die PLL nicht unbedingt auf das stärkste Signal einrastet. Messung von stark amplitudenmodulierten Signalen bzw. Pulssignalen ist nur möglich, wenn die PLL-Schleife bei zu schwachem Signal bzw. bei fehlendem Signal geöffnet wird, was aber eine erhöhte Meßunsicherheit zur Folge hat. Moderne Zähler kombinieren deshalb den Transferoszillator mit dem Heterodynkonverter, um die jeweiligen Nachteile zu umgehen.

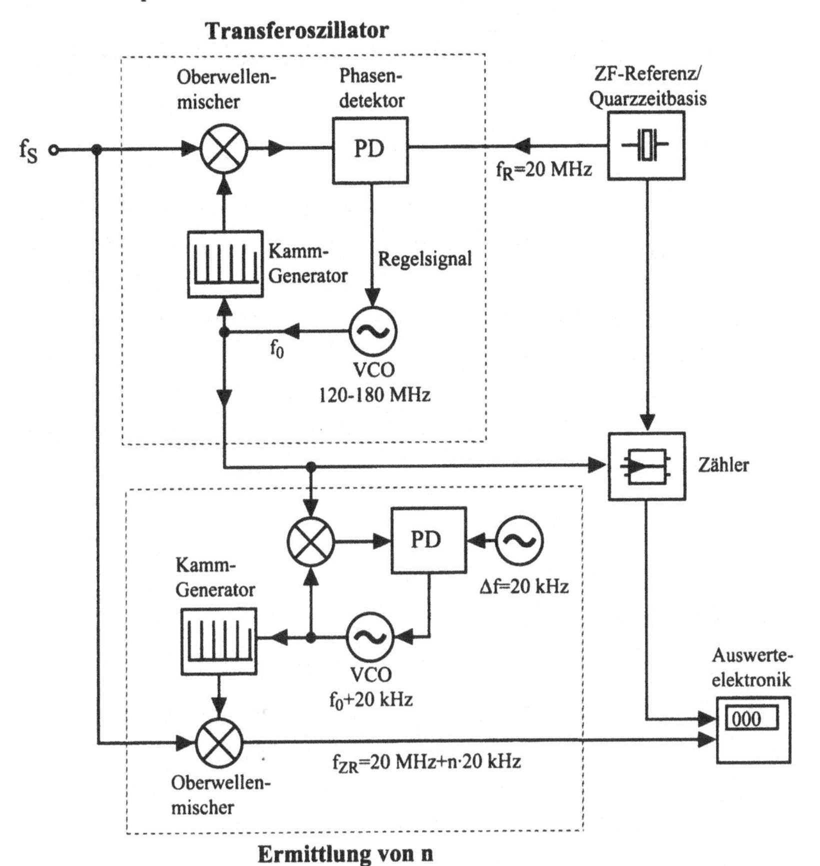

Bild 4.13 Vollständiger Frequenzmesser mit Transferoszillator (Hewlett-Packard)

5 Hochfrequenz-Spektralanalysatoren

Oft soll nicht nur eine einzelne Frequenz gemessen werden, sondern die Amplitudenverteilung in Abhängigkeit von der Frequenz. Diese Art der Messung wird als **Spektrometrie** bezeichnet, das zugehörige Meßgerät als Spektralanalysator (oder auch Spektrumanalysator, **SA**). Der Spektralanalysator für Messungen im Frequenzbereich entspricht dem Oszilloskop für Messungen im Zeitbereich (Bild 5.1). Die Signalamplitude wird beim SA als Leistung angezeigt, wobei der Anzeigewert durch Integration der spektralen Leistungsdichte des Meßsignals über eine sogenannte Auflösungsbandbreite entsteht (siehe unten).

Man unterscheidet:

- **Echtzeitanalysatoren** (parallele Signalverarbeitung):
  - Fouriertransformatoren für Frequenzen $f \leq 100$ kHz
  - Filterbänke, nebeneinander angeordnete, fest eingestellte Bandfilter (Bild 5.2)
- **Abtastanalysatoren** (serielle Signalverarbeitung): Ein Spektralanalysator diesen Typs ist im wesentlichen ein abstimmbares Bandfilter mit veränderbarer Bandbreite und Abstimmgeschwindigkeit. Realisiert wird dies im allgemeinen als Überlagerungsempfänger (Heterodynempfänger, gewobbelter Superhet-Detektor), das heißt mit einem festfrequenten ZF-Filter, dessen Durchlaßbereich über eine Mischstufe in den gewünschten Frequenzbereich umgesetzt wird (Bild 5.3).

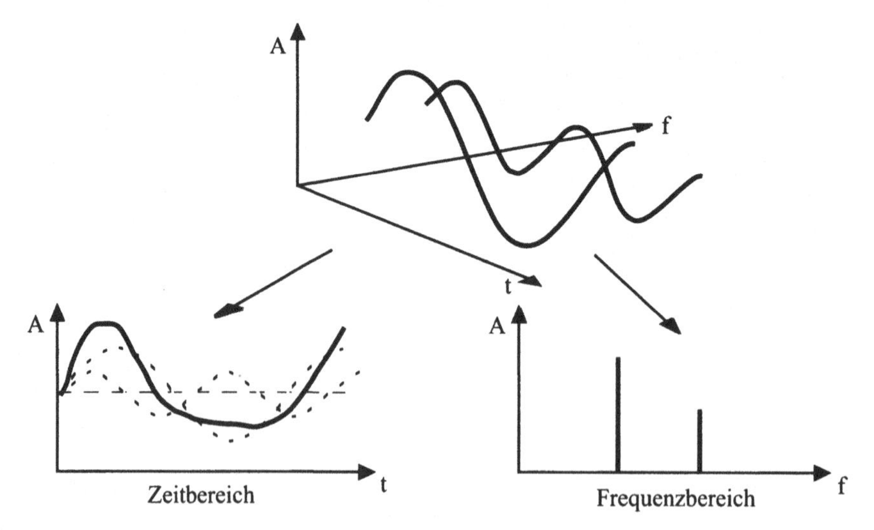

Bild 5.1 Zusammenhang der Meßebenen Zeitbereich und Frequenzbereich

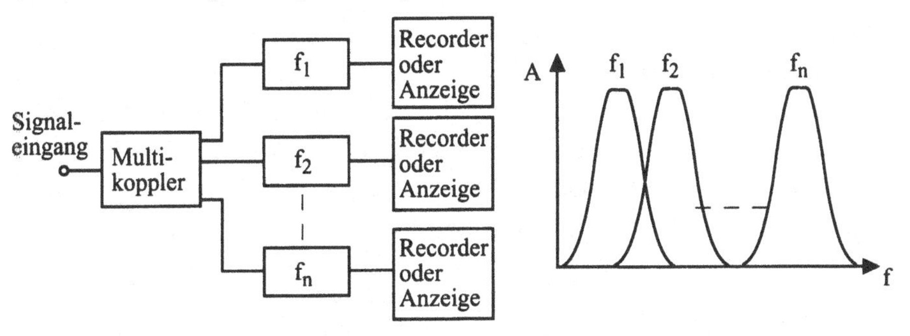

Bild 5.2 Prinzipieller Aufbau einer Filterbank (Parallelfilter-Analysator)

Die Aufnahme eines Spektrums mit einem Abtastanalysator stellt eine Art Wobbelmessung dar und unterliegt damit prinzipiellen Beschränkungen, die im nächsten Abschnitt besprochen werden. Probleme ergeben sich außerdem, wenn das gesuchte Eingangssignal nur kurzfristig anliegt, wie z.B. bei gepulsten Signalen mit kleinem Tastverhältnis D oder bei nur sporadisch auftretenden Signalen. Wenn nicht mehr sichergestellt werden kann, daß das Eingangssignal auftritt, während der Frequenzbereich des Signals vermessen wird, ist die parallele Signalverarbeitung durch Filterbänke (Parallelfilter-Analysatoren) vorzuziehen. Hier wird das gesamte Spektrum gleichzeitig erfaßt. Andererseits verfügen Filterbänke nicht über die Flexibilität eines modernen Abtastanalysators. Sie werden im Hochfrequenzbereich meist für nur eine spezielle Meßaufgabe angefertigt. Im folgenden werden deshalb Spektralanalysatoren nur in der Ausführung als Abtastanalysator behandelt.

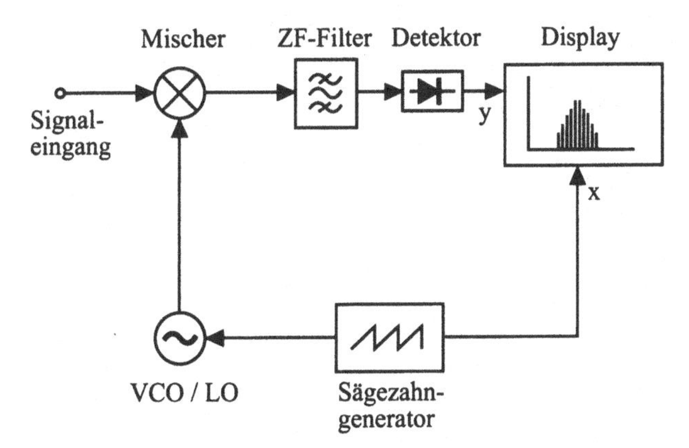

Bild 5.3 Prinzipieller Aufbau eines Abtastanalysators (Heterodynempfänger)

Zur Darstellung der zeitlichen Abläufe bei einer Messung mit dem Abtastanalysator wird ein sogenannter Frequenzplan verwendet. Dabei handelt es sich um eine Darstellung der auftretenden Frequenzen über der Zeitachse, also in der Modulationsebene, unter Vernachlässigung der Amplituden. In Bild 5.4 ist als Beispiel ein Frequenzplan bei zwei Eingangsfrequenzen f_1 und f_2 gezeigt. Ausnahmsweise ist hier auch die angezeigte Amplitude mit angegeben.

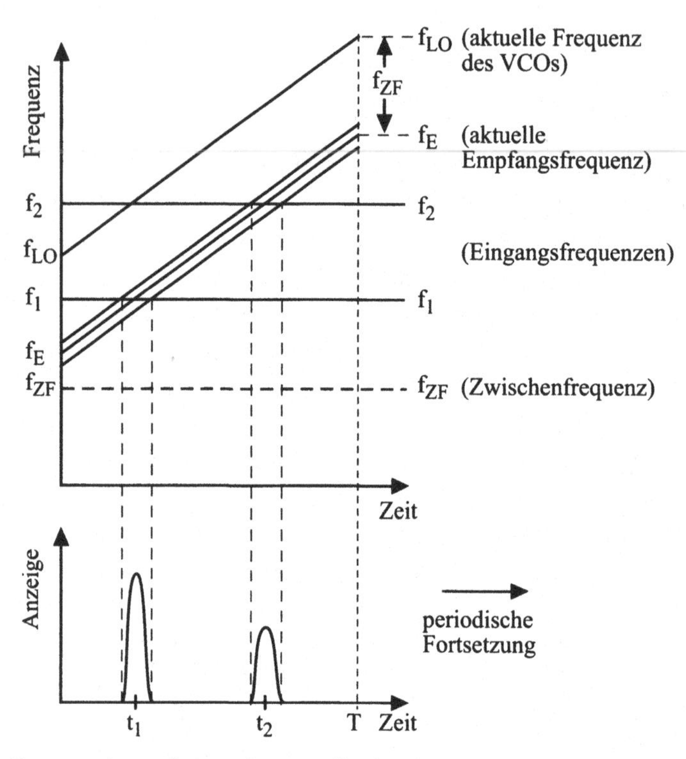

Bild 5.4 Frequenzplan und angezeigte Amplitude bei zwei Eingangssignalen

5.1 Theoretische Grundlagen der Spektralanalyse

Wie bereits in Abschnitt 2.3.3 erwähnt ist bei der Wobbelung eine minimale Frequenzauflösung R in Abhängigkeit von der Wobbelgeschwindigkeit S/T gegeben (dynamische Auflösungsbandbreite). Dabei spielt es keine Rolle, ob die Signalfrequenz gewobbelt wird und das Ausgangsspektrum hinter einem zu vermessenden Netzwerk betrachtet wird (Netzwerkanalyse, Kapitel 8), oder ob ein gegebenes Frequenzspektrum mit Hilfe eines Filters, dessen Mittenfrequenz gewobbelt wird, untersucht wird (Spektralanalyse mit Abtastanalysator). Die folgenden Ausführungen gelten also sowohl für die Spektralanalyse als auch für die Netzwerkanalyse. Die errechnete minimale Frequenzauflösung (dynamische Auflösungsbandbreite) ist bei der Spektralanalyse als minimale spektrale Auflösung zu verstehen, bei der Netzwerkanalyse als minimale auflösbare Filterbandbreite. Die absolute Grenze der Frequenzauflösung ist dabei noch nicht berücksichtigt: die statische Auflösungsbandbreite R_0 ist durch die Bandbreite des Filters bei der Spektralanalyse bzw. durch die spektrale Breite des verwendeten Generators bei der Netzwerkanalyse gegeben.

5.1.1 Minimale dynamische Auflösungsbandbreite

Bei der Wobbelmessung treten prinzipielle Fehlerquellen bei der Bestimmung von Bandbreiten und Amplituden auf (vgl. Abschnitt 2.4.3). Diese Fehler sollen nun am Beispiel der Vermessung von Filtern mit Gaußförmiger Filterfunktion quantitativ untersucht werden. Solche Gaußfilter sind von großer praktischer Bedeutung, da eine Reihenschaltung beliebiger gleichartiger Filter immer ein Gaußfilter annähert. Auch die Durchlaßkurven realer Filter für Spektralanalysatoren gleichen meist einer Gaußkurve.

Ein Gaußfilter mit der 3 dB-Bandbreite B und - der Einfachheit halber - der Mittenfrequenz 0 Hz wird beschrieben durch die Übertragungsfunktion

$$H(f) = \exp\left(-(2 \cdot \ln 2) \cdot \left(\frac{f}{B}\right)^2\right) \tag{5.1}$$

Um das Ausgangsspektrum zu berechnen, wird ein Eingangsspektrum U(f) nach (2.18) mit einer Startfrequenz von $f_1 = 0$ Hz angenommen:

$$u(t) = U_0 \exp\left(j\pi \frac{S}{T} t^2\right) \tag{5.2}$$

Das Spektrum U(f) ergibt sich durch Fouriertransformation zu:

$$U(f) = U_0 \sqrt{j\frac{T}{S}} \exp\left(-j\pi \frac{f^2}{S/T}\right) \tag{5.3}$$

Durch Multiplikation des Eingangsspektrums und der Übertragungsfunktion ergibt sich das Ausgangsspektrum Y(f) des Filters zu:

$$Y(f) = H(f) \cdot U(f) = U_0 \sqrt{j\frac{T}{S}} \exp\left(-j\pi \frac{f^2}{S/T} - (2\ln 2)\frac{f^2}{B^2}\right) \tag{5.4}$$

Bei der Wobbelmessung wird der zeitliche Verlauf der Amplitude dieses Spektrums wiedergegeben. Um die angezeigte 3 dB-Bandbreite B_A zu berechnen, muß also die zu Y(f) gehörige Zeitfunktion y(t) durch inverse Fouriertransformation bestimmt werden. Die Amplitude ergibt sich als Betrag der (komplexen) Zeitfunktion:

$$|y(t)| = \frac{U_0}{\left\{1 + \left(\frac{2\ln 2}{\pi} \cdot \frac{S/T}{B^2}\right)^2\right\}^{1/4}} \cdot \exp\left(\frac{-\frac{(\pi B)^2}{2\ln 2} t^2}{1 + \left(\frac{\pi}{2\ln 2} \cdot \frac{B^2}{S/T}\right)^2}\right) \tag{5.5}$$

B_A ergibt sich aus der Zeitspanne $2 \cdot \Delta t$, die zwischen den beiden 3 dB-Punkten der angezeigten Amplitude liegt, und der Wobbelgeschwindigkeit S/T. Da in dieser Herleitung die Wobbelung bei der Mittenfrequenz des untersuchten Filters (0 Hz) beginnt und deshalb die maximale Ausgangsamplitude bei $t = 0$ s auftritt, kann die Zeit Δt, die der halben 3 dB-Bandbreite entspricht, als der Zeitpunkt berechnet werden, an dem die Ausgangsamplitude um 3 dB abgesunken ist.

$$\Delta t = \frac{\ln 2}{\pi B} \sqrt{1 + \left(\frac{\pi}{2\ln 2} \cdot \frac{B^2}{S/T}\right)^2} = \frac{\ln 2}{\pi B} \sqrt{1 + \frac{1}{K}\left(\frac{B^2}{S/T}\right)^2}$$

$$B_A = 2 \cdot \Delta t \frac{S}{T} = B \cdot \sqrt{1 + K\left(\frac{S/T}{B^2}\right)^2} \quad \text{mit} \quad K = \left(\frac{2\ln 2}{\pi}\right)^2 \approx 0.195 \tag{5.6}$$

Aus (5.5) bzw. (5.6) kann zweierlei abgelesen werden. Erstens ist die maximale Ausgangsamplitude bei $t = 0$ s für $B > \sqrt{S/T}$ (mit $K \cdot (S/T)^2 / B^4 << 1$) etwa gleich der Soll-Amplitude U_0. Für $B < \sqrt{S/T}$ tritt zunehmend ein Amplitudenfehler auf, der mit dem Amplitudenfaktor α angegeben werden kann:

$$\alpha = \frac{1}{\left[1 + K\left(\frac{S/T}{B^2}\right)^2\right]^{1/4}} \tag{5.7}$$

Zweitens ist die angezeigte Bandbreite B_A für $B > \sqrt{S/T}$ etwa gleich der realen Bandbreite B. Für $B < \sqrt{S/T}$ steigt die angezeigte Bandbreite jedoch an. Das Verhalten beider Anzeigefehler ist in Bild 5.5 graphisch dargestellt.

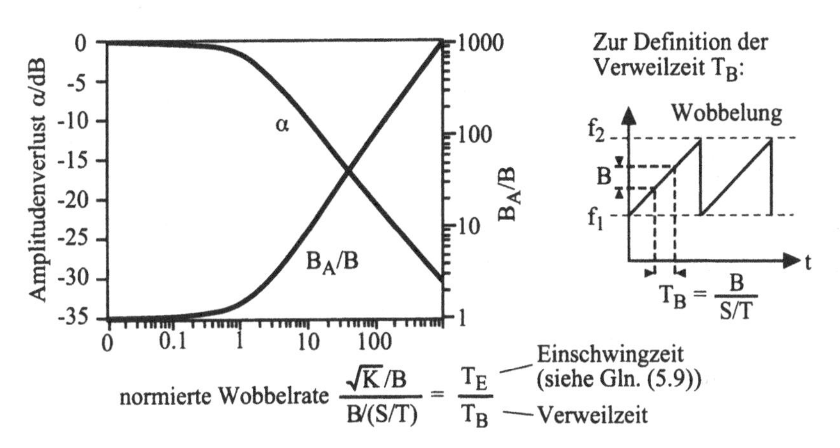

Bild 5.5 Amplitudenfehler und Bandbreitenfehler bei der Wobbelung

Dieses Ergebnis bedeutet für die Netzwerkanalyse

- Es gibt eine minimale dynamische Auflösungsbandbreite R. Werden Filter mit kleinerer Bandbreite $B < R$ vermessen, so ist sowohl die angezeigte Bandbreite als auch die angezeigte Transmissionskurve mit systematischen Fehlern behaftet.

und für die Spektralanalyse

- Es gibt eine minimale dynamische Auflösungsbandbreite R. Werden Signale mit kleinerer spektraler Breite $B < R$ vermessen, so ist sowohl die angezeigte spektrale Breite als auch die angezeigte Signalamplitude mit systematischen Fehlern behaftet.

In beiden Fällen ist die minimale dynamische Auflösungsbandbreite

$$R = \sqrt{\frac{S}{T}} \tag{5.8}$$

Die Meßgenauigkeit läßt sich nicht durch beliebig kleine Wobbelgeschwindigkeiten beliebig erhöhen. Durch die minimale Bandbreite des verwendeten Filters beim Spektralanalysator bzw. durch die spektrale Breite des Signalgenerators bei der

Netzwerkanalyse ist eine absolute Grenze der Auflösungsbandbreite, die statische Auflösungsbandbreite R_0 gegeben. Bei modernen Geräten liegt dieser Wert typisch bei einigen Hz. Unter Berücksichtigung dieses geräteabhängigen Kennwertes können die Fehlerkurven in Bild 5.5 auch anders interpretiert werden, wenn die Filterbandbreite B durch R_0 ersetzt wird:

- Die geräteabhängige statische Auflösungsbandbreite R_0, die bei der Netzwerkanalyse und bei der Spektralanalyse auftritt, wird bei zu schneller Wobbelung ($R_0 < \sqrt{S/T}$) verschlechtert. Gleichzeitig tritt ein entsprechender Amplitudenverlust auf.

Im folgenden wird generell die Auflösungsbandbreite mit R bezeichnet. Sie ist bei richtiger Wahl der Wobbelgeschwindigkeit gleich R_0, also gleich der Bandbreite des Analysefilters bei der Spektralanalyse.

Diese Herleitung ist im Prinzip auch bei anderen Filterdurchlaßkurven gültig. Es muß nur die Filterkonstante K, die in Gleichung (5.6) für Gaußfilter definiert wurde, entsprechend dem verwendeten Filter eingesetzt werden. Die Filterkonstante kann durch Messung der Einschwingzeit T_E eines Filters mit der 3 dB-Bandbreite B bestimmt werden. Sie ergibt sich zu

$$K = (T_E \cdot B)^2 \tag{5.9}$$

Heutige Spektralanalysatoren stellen automatisch eine optimale Wobbelgeschwindigkeit und/oder die minimal zulässige statische Auflösungsbandbreite ein, wenn der zu überstreichende Frequenzbereich S vorgewählt wird. Wenn die Wobbelgeschwindigkeit manuell zu groß gewählt wurde, wird üblicherweise eine Warnung an den Benutzer ausgegeben.

Bei zu großer Wahl der Wobbelgeschwindigkeit tritt noch ein weiterer Fehler auf, der mit der vereinfachten Berechnung dieses Abschnitts nicht erfaßt wird: Die angezeigte Mittenfrequenz liegt höher bzw. tiefer als die reale Mittenfrequenz (je nachdem, ob von tieferen zu höheren Frequenzen hin gewobbelt wird oder umgekehrt). Da bei der Netzwerkanalyse mit $B < \sqrt{S/T}$ das Einschwingen des Filters nicht beendet ist, wenn die Eingangsfrequenz den Durchlaßbereich des Filters überstrichen hat, tritt die maximale Ausgangsamplitude zeitlich später auf, d. h. es wird eine zu hohe bzw. zu tiefe Frequenz angezeigt (Bild 5.6). Dasselbe gilt entsprechend bei der Spektralanalyse. Hier ist der Einschwingvorgang des Analysefilters nicht rechtzeitig beendet, wenn zu schnell über eine Spektrallinie hinweggewobbelt wurde, so daß die maximale Amplitude wieder zu spät auftritt.

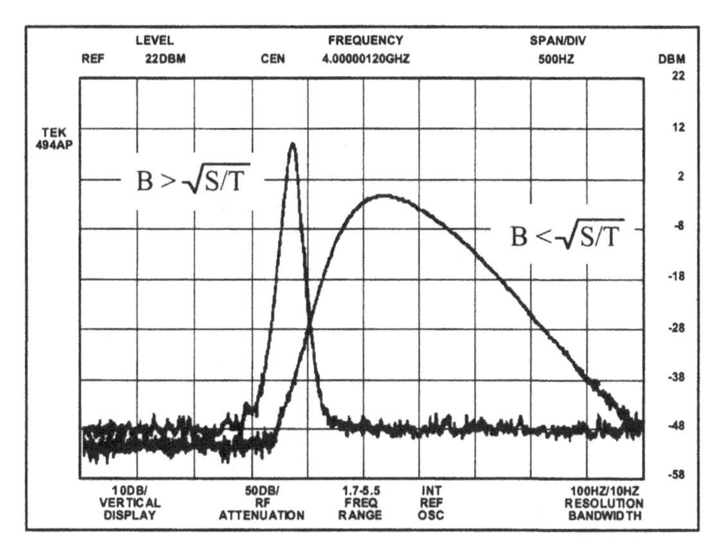

Bild 5.6
Einfluß der Einschwingzeit auf die Frequenzauflösung und auf die angezeigte Mittenfrequenz (Wobbelung zu höheren Frequenzen hin)

5.1.2 Signalauflösung des Spektralanalysators

Als Grenze des Auflösungsvermögens wird bei Signalen gleicher Amplitude üblicherweise der Frequenzabstand Δf definiert, bei dem noch eine 3 dB-Einsattelung der Amplitude auftritt. Der Abstand Δf liegt in der Größenordnung der Auflösungsbandbreite R, die im vorhergehenden Abschnitt besprochen wurde (vgl. Bild 5.7).

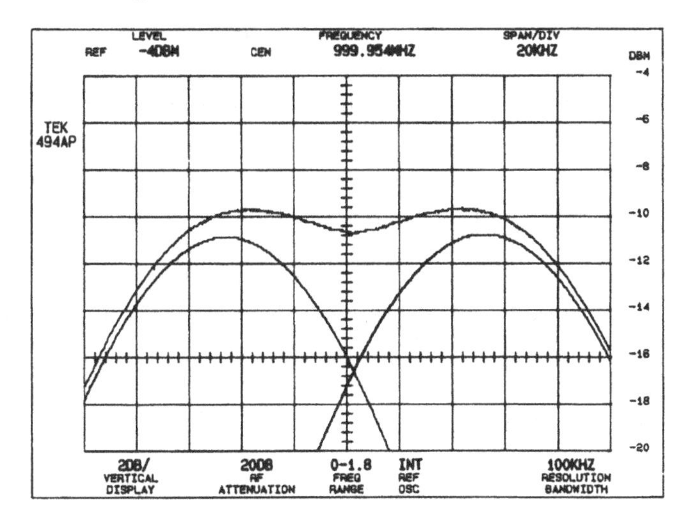

Bild 5.7
Signalauflösung bei Signalen gleicher Amplitude. Die Einsattelung beträgt hier bei einem Frequenzabstand Δf = R nur etwa 1 dB. Die 3 dB-Einsattelung wird bei etwas größerem Δf erreicht.

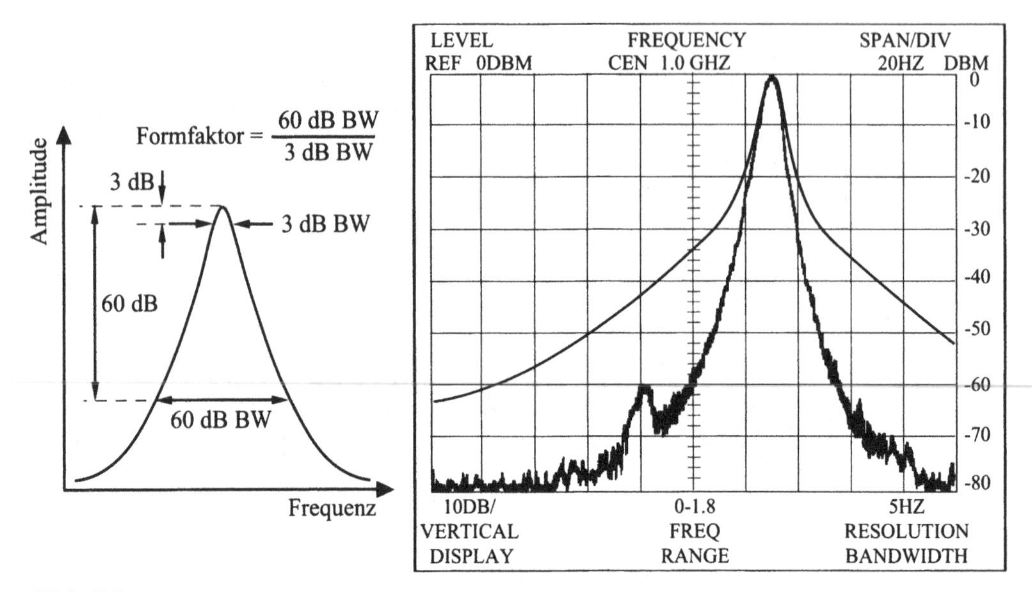

Bild 5.8
Definition des Formfaktors und Vermessung niedriger Nebenlinien (im Beispiel 50 Hz Netzstörungen) als Beispiel für den Einfluß das Formfaktors

Bei Signalen mit stark unterschiedlicher Amplitude ist dagegen die Steilheit der Filterflanke des Analysefilters entscheidend für das Auflösevermögen. Ein Maß für die Steilheit ist der Formfaktor (shape factor) des Filters, der als das Verhältnis von 60 dB-Bandbreite zur 3 dB-(oder 6 dB-)Bandbreite eines Filters definiert ist. Übliche fünfstufige Gaußfilter für Spektralanalysatoren haben Formfaktoren von 5 bis 15.

In Bild 5.8 ist die Vermessung eines 50 Hz Nebenwellenanteils von -60 dBc gezeigt. Bei einem Formfaktor von 11 und einer Auflösungsbandbreite R_0 = 5 Hz beträgt die 60 dB-Bandbreite des Analysefilters 55 Hz, die Brummstörung wird hier gut sichtbar. Zum Vergleich ist dieselbe Messung mit einem Filter gleicher Auflösungsbandbreite, aber mit einem Formfaktor von 20, schematisch eingezeichnet (dünne Linie). Mit diesem Filter könnte die Störung offensichtlich nicht aufgelöst werden.

Im realen Spektralanalysator hat neben dem Analysefilter auch die Qualität des Mischoszillators (LO) entscheidenden Einfluß auf die Signalauflösung. Darauf wird in Abschnitt 5.2.1 näher eingegangen.

5.1.3 Gepulste Signale

Gepulste Signale treten unter anderem im Bereich der Ortungstechnik, bei der Datenübertragung oder bei der Vermessung von Hochleistungsquellen auf. Die Vermessung gepulster Signale mit dem Spektralanalysator in der Ausführung als Abtastanalysator ist möglich, wenn sichergestellt werden kann, daß jede auftretende Spektrallinie im untersuchten Frequenzbereich erfaßt wird. Das bedeutet, daß die Anzahl von Pulsen während eines Wobbeldurchgangs nicht zu klein sein darf, da sonst das zu messende Signal nicht mehr als stationär anliegendes Pulsspektrum aufgefaßt werden kann. Bei ausreichender Anzahl von Pulsen erhält man das im folgenden beschriebene Spektrum.

5.1.3.1 Spektren gepulster Signale

Das Spektrum eines kohärent gepulsten Zeitsignals nach Bild 5.9a (periodisch wiederholter Rechteckimpuls) besitzt eine sin(x)/x-förmige Hüllkurve, die dem Spektrum eines einzelnen Rechteckimpulses entspricht. Das Spektrum eines periodischen Signals ist aber ein diskretes Linienspektrum, dessen Linienabstand gleich der **Pulswiederholfrequenz** (pulse repetition frequency, ***PRF*** = $1/T_m$) ist (Bild 5.9b). Dies ergibt sich direkt als Umkehrung des Abtasttheorems, nach dem ein diskretisiertes Zeitsignal ein Spektrum besitzt, das die periodische Wiederholung des entsprechenden kontinuierlichen Zeitsignals darstellt.

In Abhängigkeit von der Auflösungsbandbreite R des Spektralanalysators wird das Spektrum eines kohärent gepulsten Signals als Linienspektrum (schmalbandige Anzeige) oder nur als Hüllkurve des Linienspektrums (breitbandige Anzeige) dargestellt.

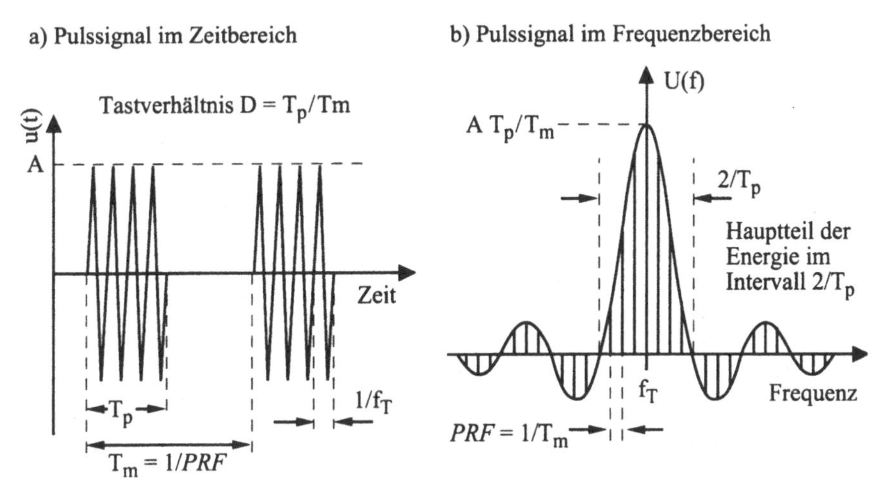

Bild 5.9 Pulssignal (kohärent gepulst) im Zeitbereich (a) und im Frequenzbereich (b)

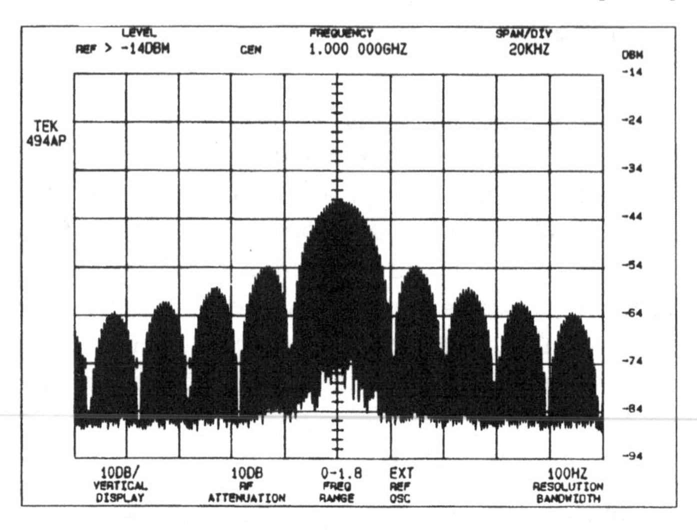

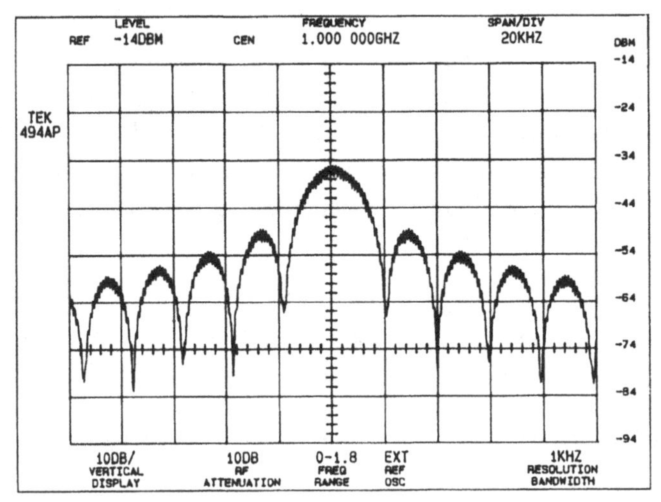

Bild 5.10
Messung eines Pulsspektrums mit dem Spektralanalysator. Man beachte, daß hier der Betrag des Spektrums in logarithmischem Maßstab angezeigt wird. Im unteren Bild erhält man wegen der größeren Auflösungsbandbreite (1 kHz statt 100 Hz) eine Hüllkurvendarstellung mit höherem Pegel.

5.1.3.2 Schmalbandige Anzeige (R < *PRF*)

Ist die Auflösungsbandbreite R klein gegenüber dem Abstand der Spektrallinien *PRF*, so werden die Spektrallinien einzeln aufgelöst. Bei Verringerung der Auflösungsbandbreite bleibt die Amplitude der Linien konstant (solange nicht die spektrale Breite der Linien selbst größer wird als R), während sich der durch Rauschen verursachte Störpegel verringert (siehe Abschnitt 5.3.1), der Störabstand wird also verbessert. Bild 5.11 zeigt einen Frequenzplan zur schmalbandigen Messung.

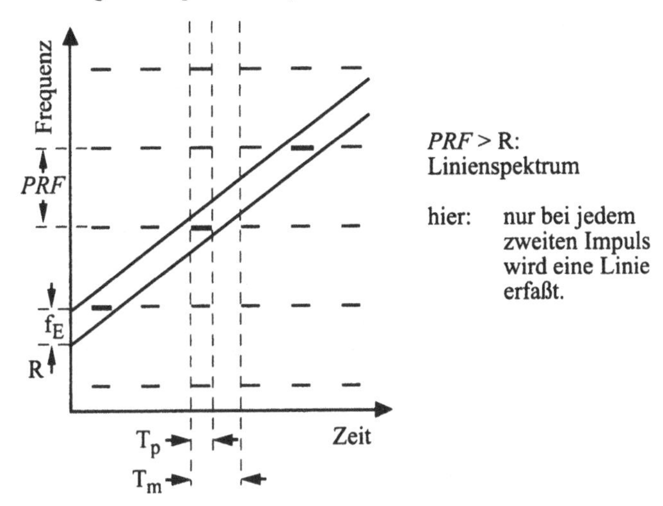

Bild 5.11 Frequenzplan zur schmalbandigen Messung eines Pulsspektrums

Charakteristisch für die schmalbandige Messung ist:

- $R < PRF$
- Liniendarstellung mit konstantem Linienabstand (= *PRF*)
- Amplitude bei Mittenfrequenz f_T: $U(f_T) = A \cdot T_p \cdot PRF = A \cdot T_p / T_m$
- Amplitude unabhängig von R

5.1.3.3 Breitbandige Anzeige (R > *PRF*)

Ist die Auflösungsbandbreite R größer als der Abstand der Spektrallinien *PRF*, so ergibt sich die angezeigte Amplitude aus der Integration über mehrere Spektrallinien (Bild 5.12). Man erhält so die Anzeige der Hüllkurve, wobei die Amplitude der Hüllkurve davon abhängt, über wie viele einzelne Spektrallinien integriert wird. Die Amplitude steigt also mit steigender Bandbreite R und ist im allgemeinen größer als bei schmalbandiger Anzeige. Wird allerdings R größer als $1/T_p$ gewählt, so wird auch über die Nullstellen der Hüllkurve integriert, die Hüllkurve wird zunehmend schlechter wiedergegeben. Da sich die Leistung der Spektrallinien bei der Integration vektoriell addiert, sind dann immer noch Nullstellen im Spektrum vorhanden, die allerdings gegenüber den Nullstellen der Hüllkurve vom Träger weg verschoben sind (man beachte, daß die einzelnen Spektrallinien in einer festen Phasenbeziehung stehen).

Charakteristisch für die breitbandige Messung ist:

- $1/T_p > R > PRF$
- Hüllkurvendarstellung
- Amplitude bei Mittenfrequenz f_T: $U(f_T) = A \cdot T_p \cdot R$
- Amplitude steigt mit Vergrößerung von R

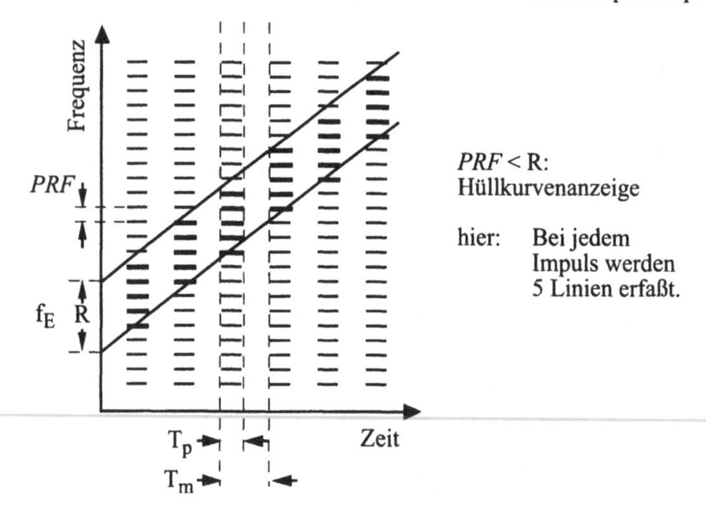

Bild 5.12 Frequenzplan zur breitbandigen Messung eines Pulsspektrums

5.1.3.4 Pulsabsenkung (pulse desensitization)

Die Empfindlichkeit bei periodischen Impulsmessungen ist im Vergleich zu Messungen an CW-Signalen (Dauerstrichsignalen) kleiner. Die maximale Amplitude bei breitbandiger Messung $U(f_T) = A \cdot T_p \cdot R$ erreicht erst im (nicht mehr zulässigen) Grenzfall $1/T_p = R$ die Amplitude der Messung am entsprechenden CW-Signal, die Amplitude bei schmalbandiger Messung ist, wie bereits gesagt, noch kleiner. Die entsprechende Aussage gilt für einmalig auftretende Impulssignale. Hier übernimmt die Beobachtungszeit ΔT die Rolle der Periodendauer T_m. Die Empfindlichkeit sinkt proportional zu $T_p/\Delta T$. Die Beobachtungszeit ΔT darf aber nicht kleiner als T_p gewählt werden, weil sonst natürlich nicht mehr das gesuchte Impulsspektrum abgebildet wird, da das zu messende Signal während der Beobachtungszeit kontinuierlich anliegt! Ein guter Kompromiß zwischen nicht zu kleiner Empfindlichkeit und brauchbarer Darstellung des Spektrums ist $T_p/\Delta T = 0{,}1$.

	angezeigte Amplitude:
CW-Signal	$U(f_T) = A$
Puls, Hüllkurvendarstellung (R > *PRF*)	$U(f_T) = A \cdot T_p \cdot R$
Puls, Liniendarstellung (R < *PRF*)	$U(f_T) = A \cdot T_p \cdot PRF = A \cdot T_p/T_m$

5.2 Aufbau von Spektralanalysatoren

5.2.1 Grundwellenmischer

Bild 5.13 zeigt den Aufbau eines Spektralanalysators in der Ausführung als Grundwellenmischer. Es besteht eine prinzipielle Ähnlichkeit mit einem Radioempfänger, die Durchstimmung des Lokaloszillators (LO) erfolgt jedoch durch einen Sägezahngenerator, der auch die horizontale Ablenkung des Displays proportional zur Frequenzsteuerung übernimmt.

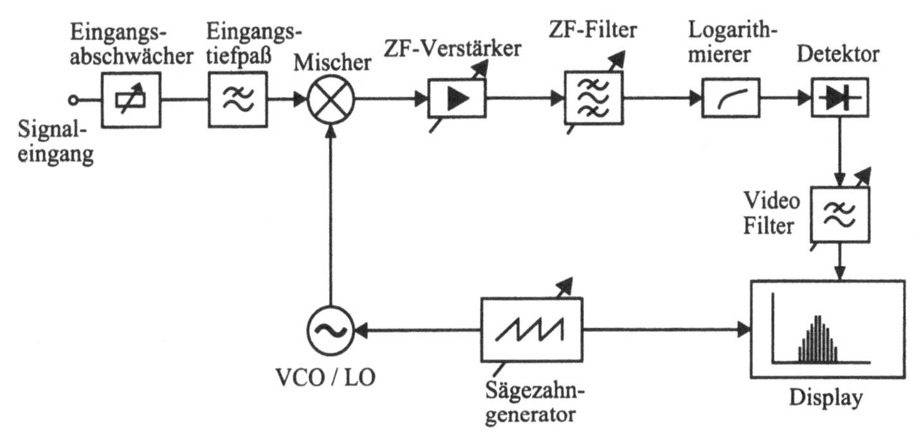

Bild 5.13 Prinzipschaltbild eines Spektralanalysators (Grundwellenmischer)

Spektralanalysatoren bis etwa 2 GHz verwenden aus Gründen der Eindeutigkeit des Empfangs meist eine Zwischenfrequenz größer als die höchste einstellbare Meßfrequenz. Die Mischung erfolgt mit der Grundschwingung des VCOs, dessen Frequenz höher liegt als die ZF-Frequenz (Aufwärtsmischung in Kehrlage). Der Empfang von Spiegelfrequenzen und auch der Empfang der ZF-Frequenz wird dann durch einen Tiefpaß am Eingang verhindert (Spiegelselektion, Bild 5.14), wie auch die Abstrahlung des LO-Signals durch den Eingang. Die Eingangsbaugruppe in Bild 5.13 enthält außer dem Eingangstiefpaß üblicherweise einen in 10 dB-Schritten, seltener in 5 dB- oder 1 dB-Schritten schaltbaren Eingangsteiler. Dahinter folgt der Eingangsmischer, der das Meßsignal durch Mischung mit der LO-Frequenz in den ZF-Bereich umsetzt.

Die Qualität des LO-Signals hat großen Einfluß auf die Qualität des Spektralanalysators. Die spektrale Breite des LO-Signals macht sich als effektive Vergrößerung der statischen Auflösungsbandbreite R_0 bemerkbar, Rauschseitenbänder begrenzen die Meßempfindlichkeit in der Nähe starker Signale und wirken wie ein verschlechterter Formfaktor des Analysefilters. Relativ langsame Frequenzschwankungen des LOs

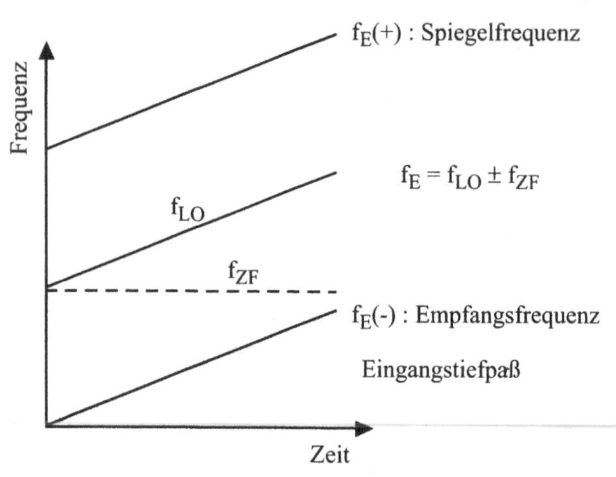

Bild 5.14 Frequenzplan eines Grundwellenmischers mit Eingangstiefpaß

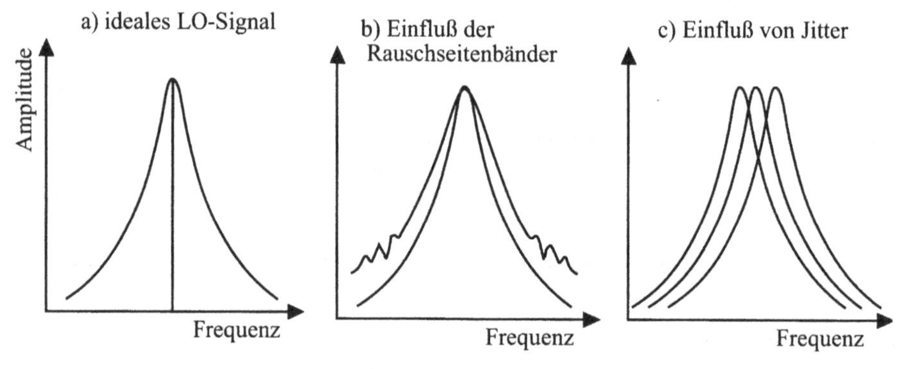

Bild 5.15
Einfluß von Frequenzrauschen und langsameren Frequenzschwankungen (Jitter) auf die Anzeige bei monofrequentem Eingangssignal

machen sich als unscharfe oder "verwackelte" Anzeige bemerkbar und vergrößern die Meßunsicherheit bei der Frequenzmessung (Bild 5.15).

Abgesehen von diesen Einflüssen des LOs bestimmt das ZF-Filter die Eigenschaften des Analysators, wie in den vorhergehenden Abschnitten besprochen. Eine nähere Betrachtung des ZF-Filters erfolgt weiter unten. Der ZF-Verstärker ist normalerweise schaltbar, so daß zusammen mit dem Eingangsabschwächer ein bezüglich Aussteuerung und Verzerrung der einzelnen Komponenten optimaler Pegelbereich eingestellt werden kann. Der Logarithmierer erlaubt die Anzeige der Amplitude in dB, da die Ausgangsspannung des nachfolgenden Detektors zum an ihm anliegenden Signal proportional ist. Der Detektor wird gewöhnlich als schneller Leistungsmesser mit einer Diode als Leistungsmesser (bzw. als Demodulator, siehe Abschnitte 3.2.6 und 3.3.2) ausgeführt.

Nach dem Detektor, dessen Ausgangsspannung dem zeitlichen Verlauf der HF-Amplitude entspricht, folgt das Videofilter, das die angezeigte Kurve mehr oder weniger glättet und damit besser ablesbar macht. Je nach zu vermessendem Eingangssignal ist die Bandbreite des Videofilters (Tiefpaß) um den Faktor 1 bis 10 kleiner als die ZF-Bandbreite, wenn relativ reine Eingangssignale anliegen, oder um den Faktor 3 bis 10 größer, wenn dichte Linienspektren vermessen werden. Beim letzteren Fall, wie z.B. bei der Messung gepulster Signale, wird dadurch eine Mittelung über das angezeigte Spektrum vermieden. In aktuellen Geräten folgt auf das Videofilter ein A/D-Wandler, so daß die weitere Verarbeitung der Meßwerte digital erfolgen kann. Es sei noch erwähnt, daß bei relativ niedriger ZF-Frequenz der A/D-Wandler auch früher im Signalweg eingesetzt werden kann, so daß z.B. Logarithmierer, Detektor und Videofilter in Digitaltechnik implementiert werden können.

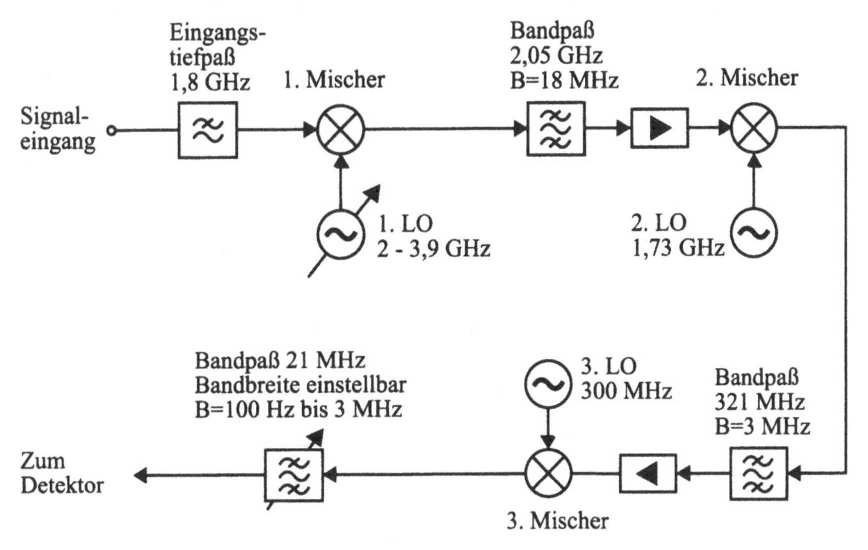

Bild 5.16
Eingangsmischer und ZF-Teil des Spektralanalysators HP 8569 B (vereinfachte Schaltung für das unterste Band von 0 bis 1,8 GHz)

Bei einer Zwischenfrequenz um 2 GHz kann kein ausreichend schmalbandiges Bandpaßfilter (z.B. mit B = 3 Hz) realisiert werden, solange keine einfach zu handhabenden supraleitenden Filter zur Verfügung stehen. Deshalb wird in weiteren Mischprozessen auf eine genügend niedrige Zwischenfrequenz herabgemischt, wo man mit Hilfe von Quarzresonatoren ausreichend schmalbandige Filter herstellen kann. Ein weiterer Grund für die Verwendung mehrerer Zwischenfrequenzen liegt in der Möglichkeit, unerwünschte Mischprodukte zu unterdrücken. Beispielsweise bilden sich nicht nur Mischprodukte des Eingangsspektrums mit der jeweiligen LO-Frequenz, sondern auch aus Signalanteilen untereinander. Die maximale Frequenz solcher Mischprodukte entspricht der Bandbreite des anliegenden Spektrums. Folglich muß die

ZF-Frequenz f_{ZFn} der nächsten Stufe (genauer f_{ZFn} - $B_{ZFn}/2$) größer sein als die Bandbreite des vorhergehenden ZF-Filters B_{ZFn-1}, um derartige Störsignale zu vermeiden. Der ZF-Teil aus Bild 5.13 sieht dann im Detail beispielsweise so wie in Bild 5.16 gezeigt aus. Die ZF-Filterbandbreite ist in weitem Bereich schaltbar, so daß die Auflösungsbandbreite entsprechend der jeweiligen Meßaufgabe gewählt werden kann.

5.2.2 Frequenzerweiterung durch Oberwellenmischung

Zu sehr viel höheren Frequenzen läßt sich ein Grundwellenmischer mit Aufwärtsmischung (in Gleich- oder Kehrlage) nicht realisieren, weil es den dann erforderlichen höherfrequenten VCO mit der gewünschten Qualität (noch) nicht gibt. Man verwendet daher Abwärtsmischung mit der Grundwelle und mit Oberwellen und erhält dann als Frequenzbeziehung zwischen der Empfangsfrequenz f_E, der VCO-Frequenz f_{LO} und der Zwischenfrequenz f_{ZF}:

$$f_E = n \cdot f_{LO} \pm f_{ZF} \tag{5.10}$$

Die dabei auftretenden möglichen Empfangsfrequenzen sind in Bild 5.17 als Beispiel für f_{ZF} = 2 GHz und f_{LO} = 2 - 4 GHz in einem Frequenzplan dargestellt.

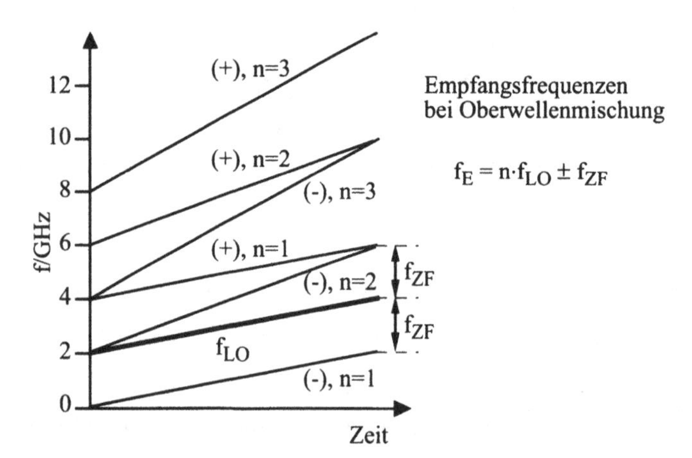

Bild 5.17 Frequenzplan eines Oberwellenmischers

Nun kann ein Eingangssignal mit der Frequenz f_S mehrmals auf dem Bildschirm auftreten. Andererseits können Eingangssignale mit unterschiedlicher Frequenz auf der gleichen Stelle der Anzeige erscheinen. Um eine eindeutige Anzeige zu erzielen, benötigt man ein mitlaufendes Vorselektionsfilter (Preselektor). Dafür setzt man heute normalerweise ein YIG-Filter ein. Damit wird der Empfang auf die jeweils ausgewählte Harmonische beschränkt sowie der Spiegelempfang unterdrückt. Die Nachteile des YIG-Filters sind hohe Reflexion außerhalb des Durchlaßbereichs und die etwas frequenzabhängige Durchgangsdämpfung.

Ein sicheres Verfahren zur Signalidentifizierung ist, die LO-Frequenz um einen kleinen Bruchteil Δf des angezeigten Bereichs zu verändern. Aus der Richtung, in die sich die angezeigten Signale bewegen, läßt sich dann das Vorzeichen in (5.10) bestimmen, aus der Frequenzänderung $n \cdot \Delta f$ der angezeigten Signale die Harmonische n. Manche Spektralanalysatoren besitzen eine Taste, mit der eine solche LO-Frequenzänderung vorgenommen werden kann.

Die Eindeutigkeit der Anzeige kann natürlich auch erhalten werden, wenn immer nur mit einer Oberwelle des LO-Signals gemischt wird, beispielsweise indem ein YIG-abgestimmter Kammgenerator verwendet wird (vgl. Abschnitt 4.2.2.1). Diese Methode erfordert allerdings einen entsprechend breitbandigen Mischer.

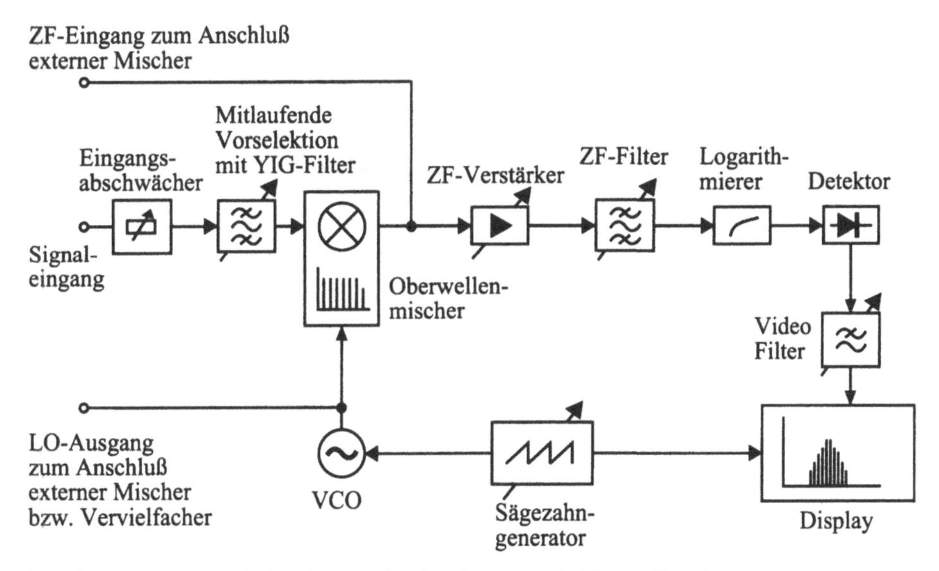

Bild 5.18 Prinzipschaltbild eines Spektralanalysators mit Oberwellenmischer

Millimeterwellen-Spektralanalysatoren

Für Frequenzen ab etwa 60 GHz ist es üblich, externe Hohlleitermischer zu verwenden, um den Frequenzbereich des Spektralanalysators zu erweitern. Durch die Verwendung externer Mischer bleibt die Flexibilität des SA erhalten, während sonst der Meßbereich auf das Hohlleiterband des eingebauten Mischers beschränkt wäre. Allerdings geht dadurch die Vorselektion durch ein eingebautes YIG-Filter verloren, bei der Frequenzmessung muß also eine Identifikation der mischenden Harmonischen erfolgen. Durch zusätzliche Vervielfachung der LO-Frequenz kann ein vom Spektralanalysator selbst fast unabhängiger Frequenzbereich erfaßt werden. Mischer für diese Anwendung sind bis in den THz-Bereich verfügbar und werden auch für den optischen Bereich entwickelt.

5.2.3 Eigenschaften beider Konzepte

In modernen Spektralanalysatoren wird sowohl Grundwellenmischung als auch Oberwellenmischung eingesetzt. Typisch für die Oberwellenmischung ist ein sich stufenweise verschlechternder Rauschabstand, der von dem schlechteren Wirkungsgrad des Mischers mit steigender Nummer der Harmonischen n und vom niedrigeren Pegel höherer Harmonischer herrührt (Bild 5.19).

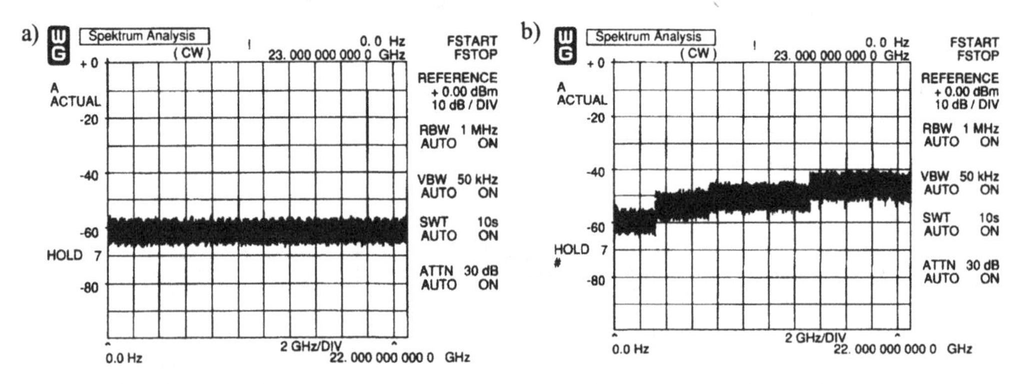

Bild 5.19 Rauschcharakteristik a) bei Grundwellen- und b) bei Oberwellenmischung

5.3 Praktische Grenzen der Meßdynamik

Die Meßdynamik wird nach unten durch Eigenrauschen und andere vom Analysator selbst erzeugte Spektralanteile bzw. Spektrallinien begrenzt, nach oben durch das Auftreten von Verzerrungen. Man unterscheidet folgende Dynamikbereiche:

- rauschfreier Bereich
- kompressionsfreier Bereich
- intermodulationsfreier (bzw. oberwellenfreier) Bereich

Welcher dieser Bereiche jeweils nutzbar ist, hängt von der Anwendung ab. So ist beispielsweise bei der schmalbandigen Vermessung einer einzelnen Spektrallinie kein Auftreten von Intermodulationen zu erwarten. Die folgenden Abschnitte gehen auf die Bereiche im einzelnen ein.

5.3.1 Eigenrauschen

Die untere Grenze des nutzbaren Meßbereichs ist durch das thermische Eigenrauschen des Analysators gegeben. Bei einer absoluten Temperatur T gibt ein Widerstand bei Leistungsanpassung eine Rauschleistung von

$$P_{noise} = kTB \qquad (5.11)$$

mit $k = 1{,}38 \cdot 10^{-23}$ Ws/K Boltzmann-Konstante

auf der Bandbreite B ab. Bei Zimmertemperatur (300 K) und B = 1 Hz errechnet sich der Rauschpegel zu

$$P_{noise} = 4 \cdot 10^{-18} \text{ mW/Hz} \qquad (-174 \text{ dBm/Hz})$$

Die Rauscheigenschaften von Zweitoren werden mit der Rauschzahl **F** charakterisiert. Sie gibt an, um welchen Faktor ein Zweitor das Signal/Rauschverhältnis verschlechtert. Das Rauschmaß ***NF*** (noise figure) ist das logarithmische Maß der Rauschzahl.

$$F = 1 + T_e/T \qquad NF/\text{dB} = 10 \log F \qquad (5.12)$$

Dabei ist T_e die äquivalente Rauschtemperatur des Zweitors, d.h. die Temperatur, bei der ein angepaßter Widerstand am Eingang des Zweitors dieselbe Rauschleistung am Ausgang wie das Zweitor selbst erzeugt. Man kann auch sagen, die Rauschleistung des Zweitors wird in eine äquivalente Rauschleistung eines angepaßten Widerstands mit der Temperatur T_e an seinen Eingang umgerechnet. Will man mit diesem Rauschmaß die Grenzempfindlichkeit eines Meßgeräts bestimmen, die per Definition gleich dem (auf den Eingang umgerechneten) Eigenrauschen P_{ni} des Geräts gesetzt ist, gilt wegen $P_{ni} = kTB_{noise}F$

$$P_{ni}/\text{dBm} = -174\ \text{dBm/Hz} + 10\log\ (B_{noise}/\text{Hz}) + NF \qquad (5.13)$$

Für Gaußfilter gilt: $B_{noise} = 1{,}2 \cdot B_{3dB}$. Entsprechend kann bei bekannter Grenzempfindlichkeit auf das Rauschmaß geschlossen werden.

Die Rauschzahl eines Spektralanalysators setzt sich zusammen aus:

$$F = F_M + L_C \cdot (F_{ZF} - 1) \qquad (5.14)$$

mit: F_M : Mischerrauschzahl
L_C : Konversionsverlust ("Gewinn" $G_C = 1/L_C$)
F_{ZF} : Rauschzahl des ZF-Verstärkers

Oft wird die Mischerrauschzahl durch das Rauschtemperaturverhältnis t_r ausgedrückt, wobei t_r das Verhältnis der am Mischerausgang vorhandenen Rauschleistung zur Rauschleistung eines Widerstandes bei Leistungsanpassung ist. Mit $t_r = F_M/L_C$ ergibt sich F zu:

$$F = L_C \cdot (t_r + F_{ZF} - 1) \qquad (5.15)$$

Ein typischer Wert ist F = 1000, *NF* = 30 dB. Damit ergibt sich eine Empfindlichkeit von -144 dBm/Hz. Bei der Messung ist zu beachten, daß sich mit sinkendem Rauschabstand der angezeigte Pegel gegenüber dem Signalpegel erhöht (Bild 5.20).

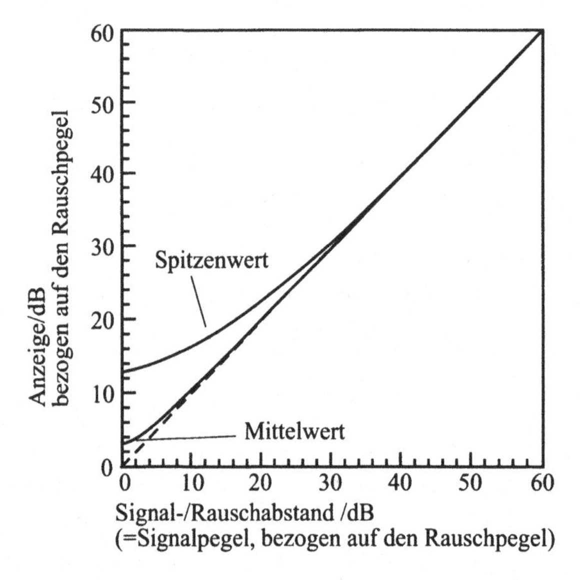

Bild 5.20
Angezeigter Pegel bei Messung eines Sinussignals. Die Mittelwertkurve entsteht durch Addition von Signal- und Rauschleistung, die Spitzenwertkurve durch Addition der beiden Spitzenspannungen. Der Spitzenwert einer Rauschleistung liegt etwa 11 dB über dem Mittelwert.

5.3.2 1 dB-Kompressionspunkt

Die obere Grenze des Dynamikbereichs eines Spektralanalysators ist durch die nichtlinearen Verzerrungen der Verstärker und Mischer festgelegt. Die Nichtlinearität solcher Baugruppen wird gewöhnlich durch den 1 dB-Kompressionspunkt und den Intercept-Punkt 3. Ordnung (siehe nächsten Abschnitt) beschrieben. Der 1 dB-Kompressionspunkt gibt den Eingangspegel P_{1dB} an, bei dem das Ausgangssignal um 1 dB zurückbleibt gegenüber dem Soll- Ausgangssignal, das sich bei linearer Verstärkung ergeben würde (Bild 5.21). Die Pegeldifferenz der Ausgangssignale ergibt sich aus der überproportionalen Zunahme der Oberwellenanteile bei starker Aussteuerung.

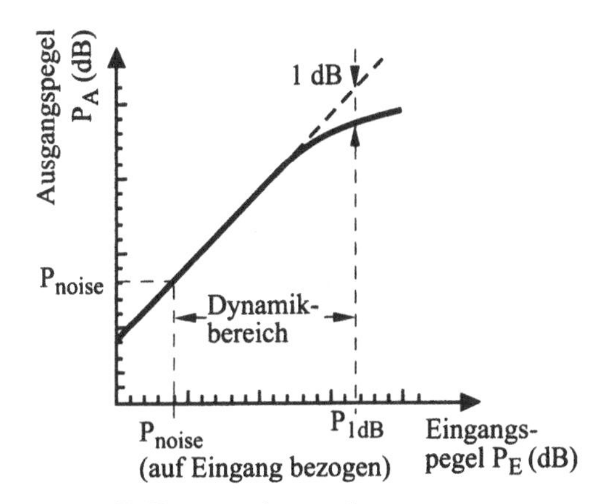

Bild 5.21 Definition des 1 dB-Kompressionspunkts

Bei schmalbandigen Signalen gibt P_{1dB} die obere Grenze des Dynamikbereichs an, bei breitbandigen Signalen hängt der maximal zulässige Eingangspegel jedoch auch von der äquivalenten Rauschbandbreite B_{noise} ab, weil diese Bandbreite die tatsächlich erfaßte Leistung bestimmt. So ergibt sich zum Beispiel bei weißem Rauschen für den maximal zulässigen Eingangspegel:

$$P_{Emax}/(\mathrm{dBm/Hz}) = P_{1dB} - 10 \log(B_{noise}/\mathrm{Hz}) \qquad (5.16)$$

5.3.3 Intermodulationsverzerrungen

Intermodulationsverzerrungen sind besonders bei der Messung von Linienspektren mit einigen wenigen Spektrallinien von Bedeutung. Wie beim Mischer treten hier aufgrund der Nichtlinearität des HF-Eingangsteils unterschiedlichste Mischprodukte auf. Beschreibt man die Kennlinie des Eingangsteils durch eine Potenzreihe als

$$u_A = a_1 u_E + a_2 u_E^2 + a_3 u_E^3 + \ldots \qquad (5.17)$$

so ergeben sich bei Aussteuerung mit zwei Sinussignalen (Amplituden u_1 und u_2, Kreisfrequenzen ω_1 und ω_2) folgende Ausgangssignale:

Ausgangssignale bei Zweitonaussteuerung

Gleichstromanteil	$1/2\ a_2\ (u_1^2 + u_2^2)$
Harmonische 1. Ordnung (Grundwellen)	$a_1 u_1 \sin \omega_1 t$ $a_2 u_2 \sin \omega_2 t$
Kreuzmodulation	$(3/4\ a_3 u_1^3 + 3/2\ a_3 u_1 u_2^2) \sin \omega_1 t$ $(3/4\ a_3 u_2^3 + 3/2\ a_3 u_2 u_1^2) \sin \omega_2 t$
Harmonische 2. Ordnung	$-1/2\ a_2 u_1^2 \cos 2\omega_1 t$ $-1/2\ a_2 u_2^2 \cos 2\omega_2 t$
Differenztöne 2. Ordnung	$a_2 u_1 u_2 \cos (\omega_1 - \omega_2)t$ $- a_2 u_1 u_2 \cos (\omega_1 + \omega_2)t$
Harmonische 3. Ordnung	$-1/4\ a_3 u_1^3 \sin 3\omega_1 t$ $-1/4\ a_3 u_2^3 \sin 3\omega_2 t$
Differenztöne 3. Ordnung	$-3/4\ a_3 u_1^2 u_2 (\sin (2\omega_1 + \omega_2)t - \sin (2\omega_1 - \omega_2)t)$ $-3/4\ a_3 u_2^2 u_1 (\sin (2\omega_2 + \omega_1)t - \sin (2\omega_2 - \omega_1)t)$

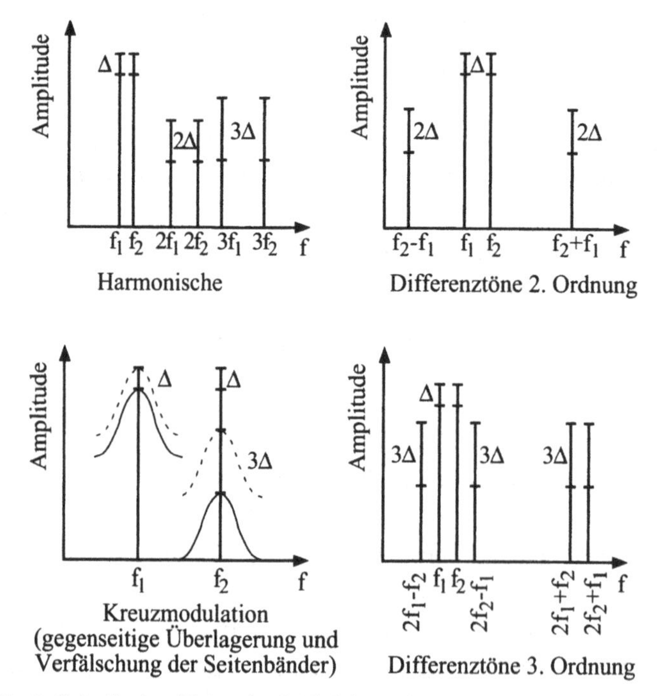

Bild 5.22 Zusätzliche Spektrallinien durch Nichtlinearitäten

In Bild 5.22 sind die Spektrallinien im Ausgangsspektrum einer nichtlinearen Baugruppe gezeigt. Zusätzlich ist das Verhalten der Störpegel bei Änderung der Signalpegel angedeutet. Allgemein gilt, daß sich der Pegel eines Intermodulationsprodukts der Ordnung N um N·Δ dB ändert, wenn der Pegel der Grundwelle um Δ dB verändert wird. Der Abstand der beiden Pegel ändert sich entsprechend um (N - 1)·Δ dB (Bild 5.23). Man kann daher aus einer Messung des Pegelabstands bei einem realistischen Eingangspegel rechnerisch einen fiktiven Eingangspegel bestimmen, bei dem die Grundwelle und das Störprodukt N-ter Ordnung mit gleicher Leistung auftreten. Dieser fiktive Eingangspegel wird als **Intercept-Punkt N-ter Ordnung (N.O.I.)** bezeichnet und meist in dBm angegeben. Entsprechend ausgelegte Diodenmischstufen können beispielsweise einen Intercept-Punkt 2. Ordnung (S.O.I.) von 70 dBm (10 kW!) erreichen. Schon daraus ist ersichtlich, daß die Intercept-Punkte selbst im allgemeinen nicht direkt gemessen werden können.

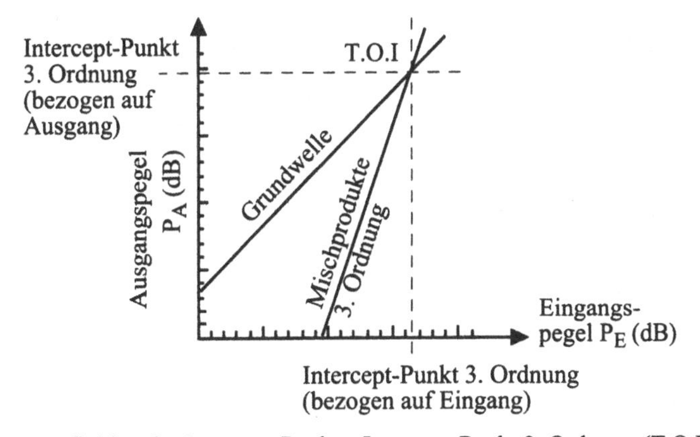

Bild 5.23 Zur Definition der Intercept-Punkte: Intercept-Punkt 3. Ordnung (T.O.I.)

Wurde bei einer Messung mit der Eingangsleistung P_E der Pegelabstand der Grundwelle zum Intermodulationsprodukt N-ter Ordnung im Ausgangssignal zu ΔP (in dB) bestimmt, so errechnet sich der Intercept-Punkt N-ter Ordnung (N.O.I.) zu:

$$\mathrm{N.O.I.}/\mathrm{dBm} = P_E/\mathrm{dBm} + \frac{\Delta P/\mathrm{dB}}{N-1} \tag{5.18}$$

Verwendet man statt der Eingangsleistung P_E die Ausgangsleistung P_A, so ist der errechnete Wert um den Verstärkungsfaktor größer. Man unterscheidet deshalb auch zwischen Eingangs- und Ausgangsintercept-Punkt. Bei Analysatoren wird üblicherweise der Eingangsintercept-Punkt angegeben, da ja auch die angezeigten Pegel auf den Eingangspegel bezogen sind.

Die obere Grenze des Dynamikbereichs bei Mehrtonaussteuerung kann nun bestimmt werden, wenn der zulässige Störpegel P_N gegeben ist. Der maximal zulässige Eingangspegel P_E ergibt sich zu:

$$P_E\,/\,\mathrm{dBm} = \frac{P_N\,/\,\mathrm{dBm}}{N} + \frac{N-1}{N}\,\mathrm{N.O.I.}\,/\,\mathrm{dBm} \tag{5.19}$$

Durch Verwendung eines zur Filterfrequenz des Spektralanalysators synchron laufenden YIG-Vorfilters kann die Linienvielfalt weitgehend vermieden werden, wenn der Abstand der beiden Eingangssignale größer ist als die Filterbandbreite. Interessiert man sich allerdings für das Signalauflösungsvermögen des Spektralanalysators, so liegen die beiden Eingangsfrequenzen sehr nahe zusammen. Die meisten der Störlinien werden auch in diesem Fall durch das ZF-Filter unterdrückt, jedoch nicht die Intermodulationsprodukte dritter Ordnung mit der Frequenz $2f_1 - f_2$ bzw. $2f_2 - f_1 \approx f_1 \approx f_2$. Deshalb wird meist der Intercept-Punkt 3. Ordnung (**T.O.I.**) zur Charakterisierung des Intermodulationsverhaltens angegeben. Ein weiterer Grund für die Verwendung des T.O.I. ist, daß der Intercept-Punkt zweiter Ordnung z.B. durch Symmetrierung einer Schaltung zu sehr hohen Leistungen hin verschoben werden kann, so daß der wesentliche Anteil der Störleistung in den Intermodulationsprodukten dritter Ordnung liegt. Der Intercept-Punkt 3. Ordnung wird üblicherweise in Zweitonaussteuerung gemessen, damit die zu messenden Intermodulationsprodukte nahe den Eingangssignalfrequenzen auftreten und somit derselben Verstärkung und Filterung unterliegen. Das ist besonders bei schmalbandigen Systemen von Bedeutung. Der T.O.I liegt bei breitbandigen Systemen im allgemeinen um 10 bis 15 dB über dem 1 dB-Kompressionspunkt.

5.4 Messungen mit dem Spektralanalysator

In den bisherigen Abschnitten wurden Aufbau und Verhalten von Spektralanalysatoren besprochen. Die gewünschten Eigenschaften sind zusammengefaßt:

- Frequenzverhalten:
  - weiter Empfangsbereich und Abstimmbereich
  - hohe Frequenzstabilität der Mischoszillatoren (Kurzzeit- und Langzeitstabilität)
  - kleine Auflösungsbandbreite
  - eindeutige Signalerkennung und -zuordnung, möglichst keine intern erzeugten Linien (z.B. Intermodulationslinien)
- Amplitudenverhalten:
  - eichfähige, frequenzunabhängige Amplitudenwiedergabe
  - großer Dynamikbereich und hohe Empfindlichkeit
  - geringe interne Verzerrungen

Mit dem Spektralanalysator können die folgenden Meßgrößen erfaßt bzw. folgende Messungen durchgeführt werden:

- Absolute und relative Frequenz (5 Hz bis über 325 GHz, mit Auflösungen bis unter 1 Hz)
- Absolute und relative Amplitude (-140 dBm bis +30 dBm, mit Genauigkeiten um 1 - 2 dB)
- Linienspektren, zur Messung von
  - Verzerrungen
  - Amplituden-, Frequenz- und Pulsmodulation
- Rauschspektren
- Schmal- und breitbandige Störsignale, für die
  - Bestimmung der spektralen Reinheit von Signalen
  - Elektromagnetische Verträglichkeit (EMV)
- Skalare Netzwerkanalyse ("stimulus response")

Die Spektren verzerrter Signale und gepulster Signale wurden bereits besprochen (Abschnitte 5.3.3 und 5.1.3), für Phasenrauschmessungen werden noch spezielle Meßmethoden benötigt, die in Kapitel 7 vorgestellt werden. In den nächsten Abschnitten sollen noch die Spektren AM- und FM-modulierter Signale sowie der Einsatz des Spektralanalysators als skalarer Netzwerkanalysator diskutiert werden.

5.4.1 Amplitudenmodulation (AM)

Die Zeitfunktion einer hochfrequenten Schwingung mit sinusförmig modulierter Amplitude

$$\begin{aligned} u(t) &= U_T(1 + m \cdot \cos 2\pi f_S t)\sin 2\pi f_T t \\ &= U_T\left(\sin 2\pi f_T t + \frac{m}{2}\sin 2\pi(f_T - f_S)t + \frac{m}{2}\sin 2\pi(f_T + f_S)t\right) \end{aligned} \tag{5.20}$$

stellt in der Frequenzebene ein Signal aus drei Komponenten dar (Bild 5.24):

- Träger mit der Frequenz f_T und der Amplitude U_T
- unteres Seitenband (**LSB**), Frequenz: f_T - f_S und Amplitude: $m/2 \cdot U_T$
- oberes Seitenband (**USB**), Frequenz: $f_T + f_S$ und Amplitude: $m/2 \cdot U_T$

Dabei sind f_T bzw. U_T die Frequenz bzw. Amplitude der unmodulierten hochfrequenten Trägerschwingung und f_S bzw. U_S die Frequenz bzw. Amplitude des Modulationssignals. Der **Modulationsgrad m** ist definiert als:

$$m = U_S / U_T \leq 1 \tag{5.21}$$

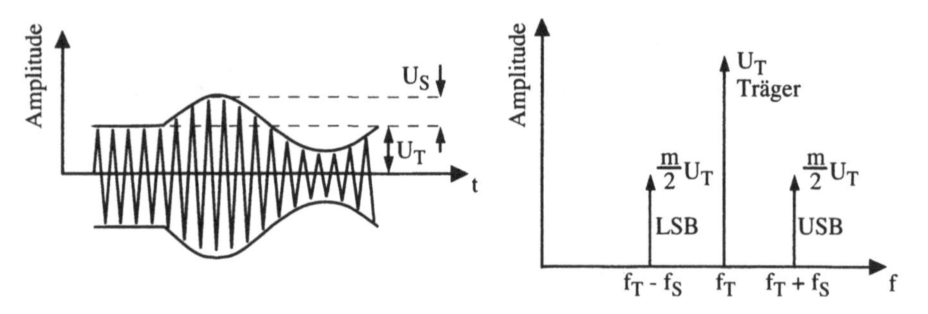

Bild 5.24 Zeitfunktion und Spektrum einer amplitudenmodulierten Schwingung

Bei einem Modulationsgrad von 100 % (m = 1) sind die Seitenbandamplituden 6 dB kleiner als die Trägeramplitude, d.h. jedes Seitenband enthält 1/4 der Leistung des Trägers. Allgemein ist die Leistung in einem der Seitenbänder um den Faktor $m^2/4$ kleiner als im Träger. Die Leistung des Trägers P_T ist immer gleich der Leistung der unmodulierten Welle, so daß bei der Amplitudenmodulation die Sendeleistung mit dem Modulationsgrad zunimmt. Die Gesamtleistung ergibt sich zu

$$P = P_T\left(1 + \frac{m^2}{2}\right) \tag{5.22}$$

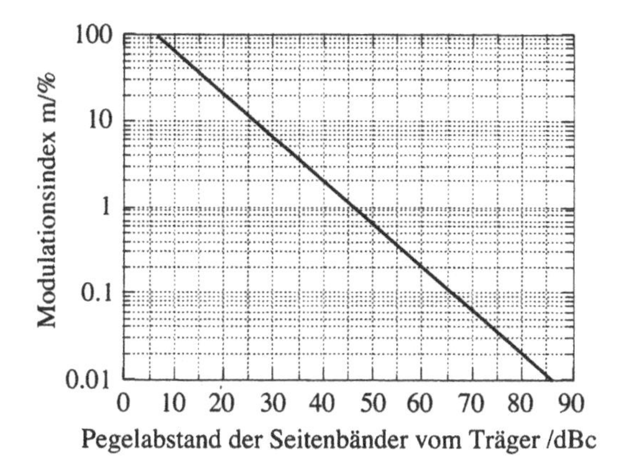

Bild 5.25 Pegelabstand der Seitenbänder vom Träger in Abhängigkeit vom Modulationsindex m

Sehr große Modulationsgrade werden in linearer Darstellung gemessen (Bild 5.26), um eine höhere Auflösung zu erhalten. Zur Bestimmung kleiner Modulationsgrade wird die logarithmische Darstellung verwendet. Man kann dann noch leicht Modulationsgrade von 0,1 % (Amplitude der Seitenbänder -66 dBc) messen. Um das Modulationssignal selbst darzustellen, wird der Spektralanalysator im Null-Hub-Modus ("Zero-Span") betrieben. In dieser Betriebsart wird zwar das Display gewobbelt, der LO aber fest auf die Trägerfrequenz abgestimmt. Die Empfangsbandbreite muß dabei größer als die doppelte Modulationsfrequenz gewählt werden. Der Spektralanalysator arbeitet dann als demodulierendes Oszilloskop (Bild 5.27).

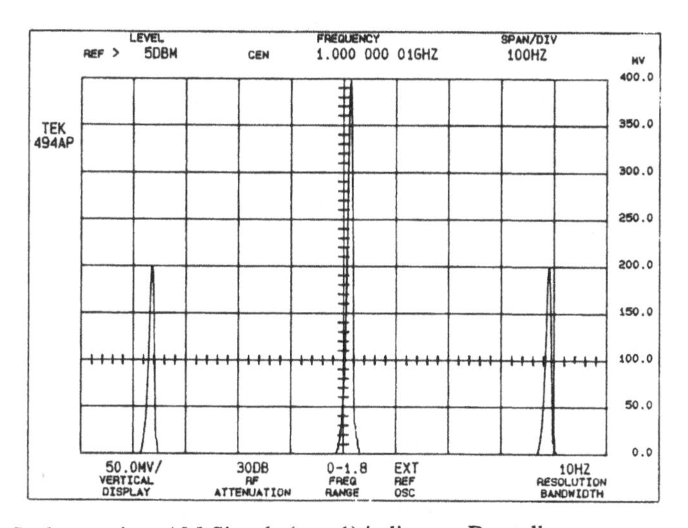

Bild 5.26 Spektrum eines AM-Signals (m = 1) in linearer Darstellung

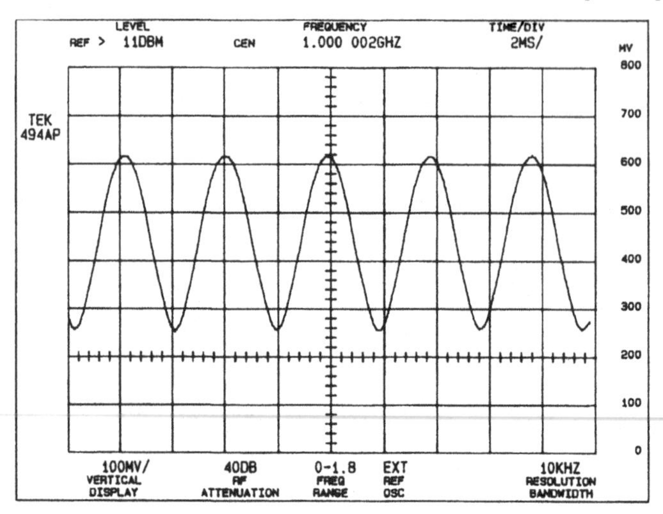

Bild 5.27 Demodulation eines AM-Signals im "Zero-Span"-Betriebsmodus

5.4.2 Frequenz- und Phasenmodulation (FM, PM)

Frequenz- bzw. Phasenmodulation sind Winkelmodulationen, bei denen eine Veränderung des Phasenwinkels und der Frequenz der Trägerschwingung f_T stattfindet. Die allgemeine Zeitfunktion eines winkelmodulierten Trägers mit der Modulationsfrequenz f_S ist

$$u(t) = U_T \sin(2\pi f_T t + m \sin(2\pi f_S t)). \tag{5.23}$$

Da die Amplitude der Schwingung konstant ist, ist auch die Sendeleistung konstant im Gegensatz zur AM. Der **Modulationsindex m** wird hier als **Phasenhub $\Delta\Phi_T$** bezeichnet. Die Momentanfrequenz ergibt sich aus der allgemeinen Beziehung

$$f(t) = \frac{1}{2\pi} \frac{d\phi(t)}{dt} \tag{5.24}$$

zu

$$f(t) = f_T + \Delta\Phi_T\, f_S \cos(2\pi f_S t). \tag{5.25}$$

Bei Phasenmodulation ist der Phasenhub konstant, der Zeitverlauf der Ausgangsfrequenz ist gegenüber dem Modulationssignal um 90° phasenverschoben (Bild 5.29). Bei Frequenzmodulation wird der Phasenhub zu

$$\Delta\Phi_T = m = \frac{\Delta f_T}{f_S} \tag{5.26}$$

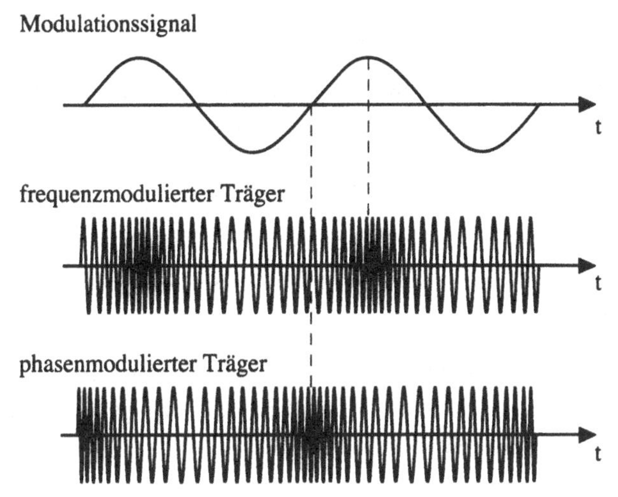

Bild 5.28 Zeitfunktionen des Trägers bei Frequenz- und Phasenmodulation

gewählt, so daß sich ein von f_S unabhängiger **Frequenzhub Δf_T** ergibt. Entsprechend ist die Bandbreite des modulierten Trägersignals bei Frequenzmodulation näherungsweise unabhängig von f_S, bei Phasenmodulation hingegen wächst die für verzerrungsarme Übertragung benötigte Bandbreite linear mit f_S, weil hier der Frequenzhub nach (5.25) $\Delta f_T = \Delta\Phi_T\, f_S$ beträgt.

Um das Spektrum der winkelmodulierten Schwingung angeben zu können, wird Gleichung (5.23) unter Verwendung von

$$\begin{aligned} \cos(x \sin y) &= J_0(x) + 2\{J_2(x)\cos 2y + J_4(x)\cos 4y + \cdots\} \\ \sin(x \sin y) &= \phantom{J_0(x) + {}} 2\{J_1(x)\sin y + J_3(x)\sin 3y + \cdots\} \end{aligned} \tag{5.27}$$

umgeformt. Die Amplituden der Spektrallinien werden dann durch die Besselfunktionen J_n (Bild 5.29) beschrieben:

$$\begin{aligned} u(t) = U_T\{ &+J_0(\Delta\Phi_T)\sin 2\pi f_T t \\ &+J_1(\Delta\Phi_T)(-\sin 2\pi(f_T - f_S)t + \sin 2\pi(f_T + f_S)t) \\ &+J_2(\Delta\Phi_T)(\sin 2\pi(f_T - 2f_S)t + \sin 2\pi(f_T + 2f_S)t) \\ &+J_3(\Delta\Phi_T)(-\sin 2\pi(f_T - 3f_S)t + \sin 2\pi(f_T + 3f_S)t) \\ &+ \cdots \} \end{aligned} \tag{5.28}$$

Es ergeben sich folgende Eigenschaften des Spektrums:

- Die Spektrallinien liegen symmetrisch zum Träger, im unteren Seitenband sind ungerade Harmonische um 180° phasengedreht.
- Der Linienabstand entspricht der Modulationsfrequenz.
- Ist der Phasenhub gleich der Nullstelle einer Besselfunktion, so verschwindet die entsprechende Spektrallinie. Dies ermöglicht die genaueste Kalibrierung bzw. Messung des Phasenhubs.
- Theoretisch existieren unendlich viele Spektrallinien. Da jedoch die Besselfunktionen $J_n(\Delta\Phi_T)$ für $n > \Delta\Phi_T$ schnell gegen Null gehen, geht das Spektrum nur wenig über den Bereich $f_T \pm \Delta f_T$ hinaus.

Der letzte Punkt kann noch genauer betrachtet werden. Es gilt allgemein, daß die Amplitude von Spektrallinien außerhalb der Bandbreite

$$B = 2(\Delta f_T + 2f_S) \tag{5.29a}$$

bzw.

$$B/\Delta f_T = 2 + 4/\Delta\Phi_T \tag{5.29b}$$

weniger als 1% der Amplitude des unmodulierten Trägers beträgt.

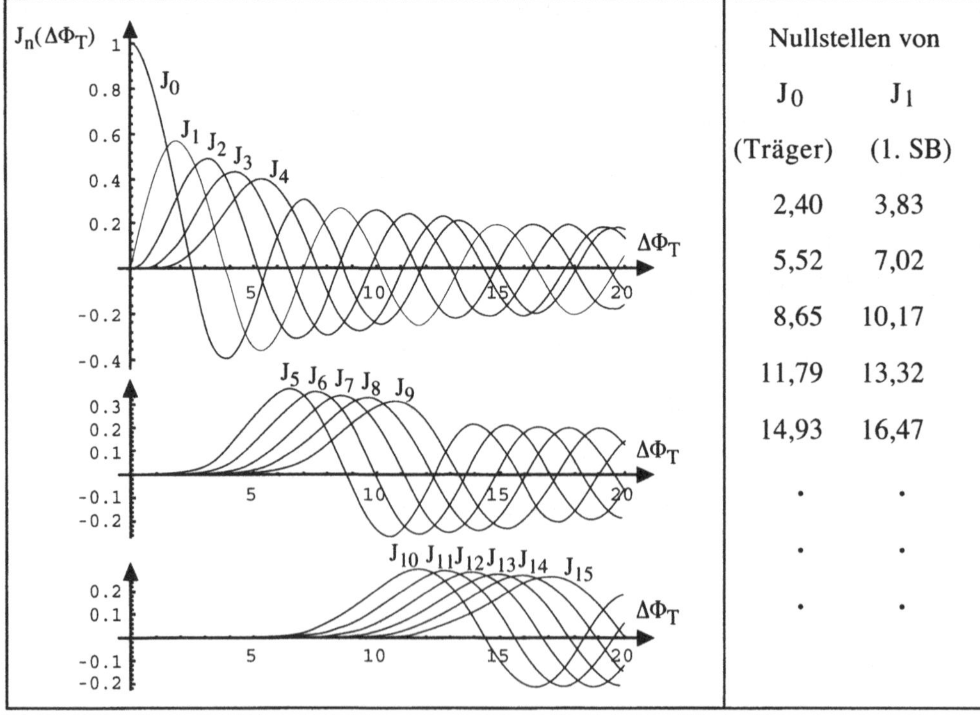

Nullstellen von	
J_0 (Träger)	J_1 (1. SB)
2,40	3,83
5,52	7,02
8,65	10,17
11,79	13,32
14,93	16,47
.	.
.	.
.	.

Bild 5.29 Besselfunktionen niedriger Ordnung (n ≤ 15) und einige Nullstellen

Im praktischen Betrieb werden drei Fälle in Abhängigkeit vom Phasenhub unterschieden. Man beachte, daß der Phasenhub bei Frequenzmodulation von der Modulationsfrequenz abhängt.

Schmalband-Winkelmodulation ($\Delta\Phi_T < 1$)

Für $\Delta\Phi_T < 1$ gilt näherungsweise $J_0(\Delta\Phi_T) \approx 1$ und $J_1(\Delta\Phi_T) \approx \Delta\Phi_T/2$. Insbesondere für $\Delta\Phi_T < 0{,}5$ können die höheren Harmonischen vernachlässigt werden. Die für verzerrungsarme Signalübertragung benötigte Bandbreite entspricht dann der doppelten Modulationsfrequenz. Mit Gleichung (5.28) ergibt sich dasselbe Spektrum wie bei einem AM-Signal mit gleichem Modulationsindex, abgesehen von der anderen Phasenlage im unteren Seitenband. Der Phasenhub kann gemessen werden wie der Modulationsindex der Amplitudenmodulation. Da ein Spektralanalysator die Phase nicht anzeigt, ist die Schmalband-Winkelmodulation nicht von einer AM zu unterscheiden. Im Zweifelsfall kann man sich jedoch durch Demodulation vergewissern, welche Modulationsart vorliegt.

Breitband-Winkelmodulation ($1 \le \Delta\Phi_T \le 10$)

In diesem Bereich ($1 \le \Delta\Phi_T \le 10$) treten mehrere Spektrallinien auf, die aber vom Spektralanalysator noch einzeln aufgelöst werden können. Der Phasenhub kann aus den Amplituden der Spektrallinien bestimmt werden, insbesondere dann, wenn Nullstellen der Besselfunktionen auftreten. Im Fall der FM kann durch Variieren der Modulationsfrequenz gezielt ein Phasenhub eingestellt werden, bei dem der Träger oder eine andere Spektrallinie verschwindet (Bild 5.30). Aber auch ohne eine Nullstelle kann der Phasenhub aus den Pegeln dreier benachbarter Spektrallinien bestimmt werden (3-Linien-Methode). Mit den Rekursionsformeln der Besselfunktionen findet man

$$\Delta\Phi_T = m = \frac{2n}{\left(\dfrac{J_{n+1}}{J_n} + \dfrac{J_{n-1}}{J_n}\right)} \qquad (5.30)$$

wobei n die Nummer der mittleren Spektrallinie ist und für die Besselfunktionen die zugehörigen gemessenen Amplituden eingesetzt werden.

Ultrabreitband-Winkelmodulation ($\Delta\Phi_T > 10$)

$\Delta\Phi_T > 10$ tritt insbesondere bei Frequenzmodulation mit niedrigen Frequenzen ein. Meist können dann die einzelnen Spektrallinien nicht mehr aufgelöst werden. Aus Gleichung (5.29a) folgt, daß die Breite des Spektrums ("Höckerabstand") etwa dem doppelten Frequenzhub Δf_T entspricht. Mit der Modulationsfrequenz kann daraus der Phasenhub bestimmt werden. Eine genauere Hubbestimmung kann wieder aus den Pegeln dreier benachbarter Linien (wenn diese aufgelöst werden können) erfolgen oder durch Demodulation. Allerdings besitzen nur wenige Spektralanalysatoren einen FM-Demodulator. Man behilft sich, indem man die FM am linearen Teil der Filterflanke des Spektralanalysators in eine AM umwandelt, die dann im "Zero-Span"-Modus demoduliert werden kann. Ein eingebauter FM-Demodulator bietet jedoch den Vorteil einer höheren Linearität, geringerer Meßfehler und Unabhängigkeit von der Amplitude des Eingangssignals.

a)

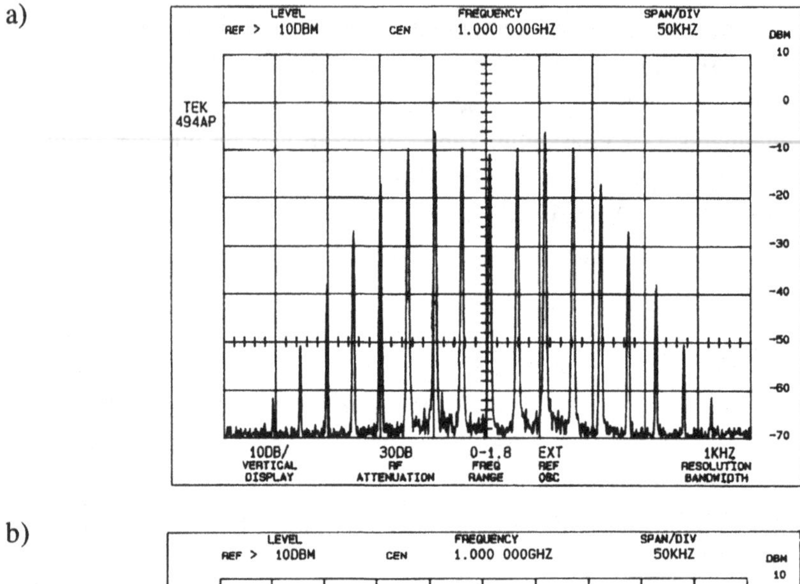

b)

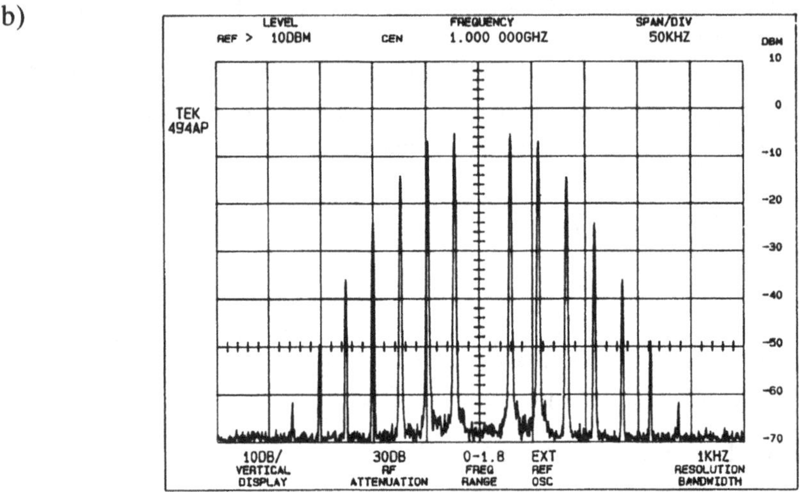

Bild 5.30

Spektrum eines frequenzmodulierten Signals, a) $\Delta\Phi_T = 3$, b) $\Delta\Phi_T = 2{,}40$. Man beachte, daß in b) der Träger wegen $J_0(2{,}40) = 0$ fehlt.

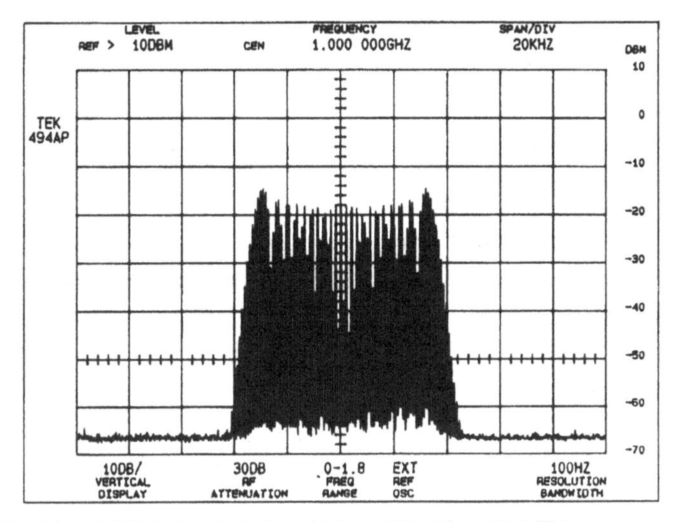

Bild 5.31 Breitband-Winkelmodulation ($\Delta\Phi_T = 34$, $\Delta f_T = 34$ kHz)

Es sei noch erwähnt, daß bei der Winkelmodulation mit einem nicht-sinusförmigen Modulationssignal auch unsymmetrische Spektren auftreten können, im Gegensatz zur Amplitudenmodulation. Findet man jedoch bei rein sinusförmigem Modulationssignal ein unsymmetrisches Spektrum, so handelt es sich um eine Überlagerung von AM und FM bzw. PM.

5.4.3 Skalare Netzwerkanalyse (stimulus response)

Viele Spektralanalysatoren können durch einen Mitlaufgenerator zu einem skalaren Netzwerkanalysator (vgl. Abschnitt 8.3) erweitert werden. Aus der im Analysator verwendeten LO-Frequenz erzeugt der Mitlaufgenerator durch Mischung mit Vielfachen der ZF-Frequenz eine Sendefrequenz, die immer gleich der Empfangsfrequenz ist (Bild 5.32). Die kleine Empfangsbandbreite des Spektralanalysators ist hier besonders von Vorteil, denn:

- Eine kleine Empfangsbandbreite ergibt eine hohe Empfindlichkeit, der Dynamikbereich des Meßsystems kann über 130 dB betragen.

- Ober- und Nebenwellen beeinflussen das Meßergebnis nicht.

Ein skalarer Netzwerkanalysator mit breitbandiger Signaldetektion erreicht dagegen nur einen Dynamikbereich von 60 dB, und der gemessene Signalpegel kann durch Störeinstreuungen oder Verzerrungen in der untersuchten Baugruppe verfälscht sein.

Wie in Bild 5.32 gezeigt, können mit einem solchen Meßsystem Transmissions- und Reflexionsmessungen durchgeführt werden. Für Letztere wird noch eine Reflexionsmeßbrücke, z.B. in Form eines Richtkopplers, benötigt. Die Meßdynamik wird dabei im wesentlichen von der Richtschärfe der Meßbrücke (vgl. Bild 8.6) bestimmt, sie wird 50 dB kaum überschreiten.

Zur Kalibration besitzen Spektralanalysatoren eine Normalisierfunktion, die eine Referenzmessung abspeichert und die aktuellen Meßwerte darauf bezieht. Als Referenz dient bei der Transmissionsmessung eine angepaßte Durchgangsleitung, bei der Reflexionsmessung ein Kurzschluß oder Leerlauf. Ein Beispiel einer Transmissionsmessung ist in Bild 5.33 dargestellt.

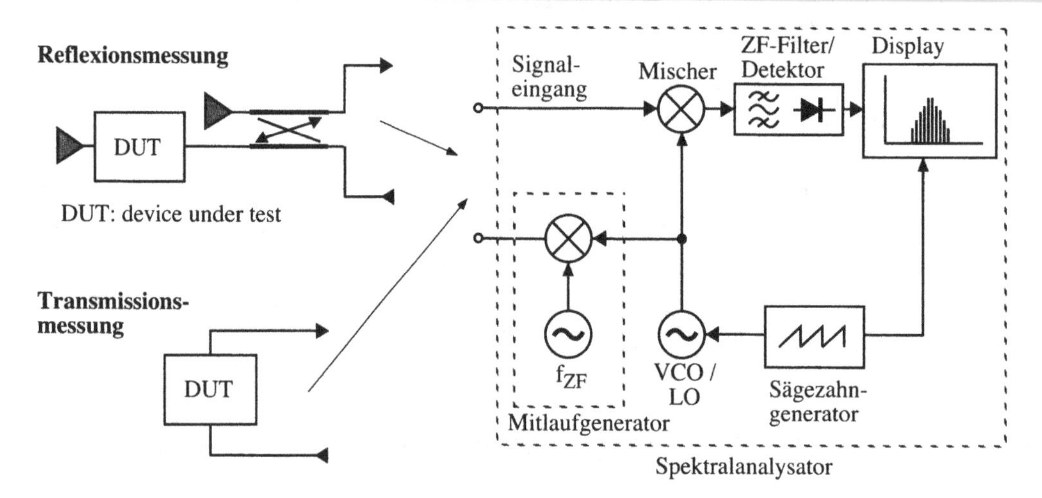

Bild 5.32 Messungen mit einem Spektralanalysator mit Mitlaufgenerator

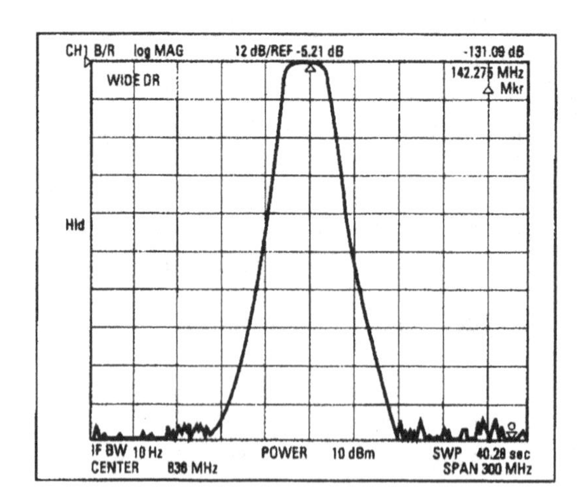

Bild 5.33
Übertragungsmessung eines Filters mit SA und Mitlaufgenerator (Hewlett-Packard). Man beachte die hohe Meßdynamik von fast 120 dB (bei einer Skalenteilung von 12 dB/div.).

6 Hochfrequenzmessungen in der Modulationsebene

Die traditionelle Signalanalyse in der Hochfrequenztechnik beschränkte sich bisher auf Messungen im Zeitbereich (Amplitude über der Zeit) und im Frequenzbereich (Amplitude über der Frequenz, Spektrum). Durch ein neuartiges, von Hewlett-Packard patentiertes Meßverfahren sind nun auch Messungen im Modulationsbereich (Frequenz-Zeit-Bereich, vgl. Bild 1.3) möglich. Dabei wird die Frequenzmessung in der gleichen Weise erweitert, wie das (Digital-) Oszilloskop die Amplitudenmessung erweiterte: Der zeitliche Frequenz- bzw. Phasenverlauf wird sichtbar. Dies ermöglicht die Analyse von komplexen analogen oder digitalen Signalen, die eine beabsichtigte oder unbeabsichtigte Winkelmodulation aufweisen. Insbesondere in modernen Informationsübertragungssystemen kommt solchen Signalen steigende Bedeutung zu. Das zugehörige Meßgerät ist der **Frequenz- und Zeitintervall-Analysator** (frequency and time interval analyzer, **FTA** oder **TFA**).

6.1 Der Frequenz- und Zeitintervall-Analysator (HP)

6.1.1 Idee und Funktionsweise des totzeitfreien Frequenzzählers

Wie in Kapitel 4 besprochen werden bei herkömmlichen Frequenzzählern Ereignisse, d.h. die Erfüllung der Triggerbedingung, während einer definierten Zeit, der Torzeit, gezählt. Aus der Anzahl der Ereignisse pro Torzeit wird die mittlere Frequenz in diesem Zeitintervall berechnet und angezeigt. Nach Ablauf der Torzeit folgt eine sogenannte Totzeit, in der der Zähler zurückgesetzt wird und das Eingangssignal nicht erfaßt wird. Eventuelle Frequenzänderungen während dieser Zeit werden folglich übersehen. Bei dem neuartigen Verfahren der Firma Hewlett-Packard werden dagegen die Ereignisse kontinuierlich erfaßt, d.h. das Erreichen der Triggerbedingung wird in einem **Ereignisregister** gezählt, wobei jedem Ereignis im **Zeitregister** ein Eingangszeitpunkt zugeordnet wird (Bild 6.1). Aus den bekannten Eingangszeitpunkten der Ereignisse folgt die momentane Phase bzw. die momentane Frequenz. Es handelt sich also um ein kontinuierliches Zeit-Sampling-Verfahren, bei dem zwischen den einzelnen Messungen keine Totzeit auftritt. Die Zählerbaugruppen des Frequenz- und Zeitintervall-Analysators werden deshalb **totzeitfreie Zähler (zero dead time counter, ZDT)** genannt.

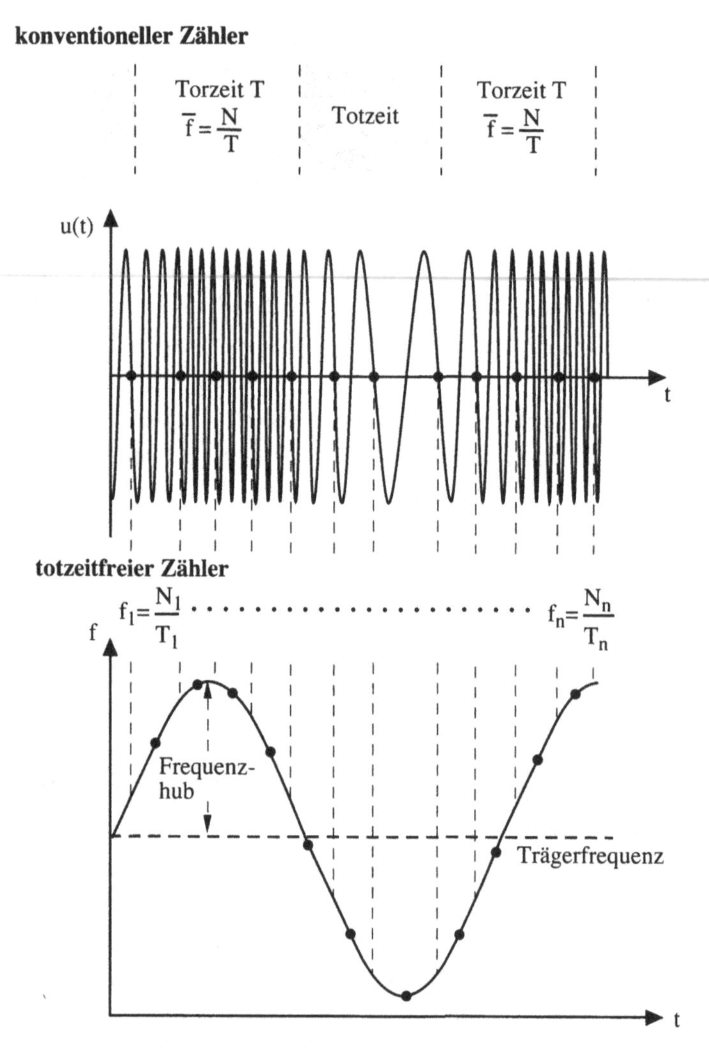

Bild 6.1 Ereigniserfassung bei konventionellen Frequenzzählern und beim totzeitfreien Zähler

In Bild 6.1 ist als Beispiel die Messung einer frequenzmodulierten Schwingung gezeigt. Der konventionelle Zähler kann nur Mittelwerte über relativ große Zeitintervalle erfassen. Außerdem wird die Frequenzänderung während der Totzeit übersehen, der angezeigte Mittelwert ist also etwas zu hoch. Der totzeitfreie Zähler hingegen mißt die Zeitintervalle T_n zwischen einzelnen Ereignissen oder allgemein zwischen N_n Ereignissen. Daraus ergeben sich die aktuelle Phase zum Zeitpunkt t_n und die Frequenz im vorhergehenden Zeitintervall zu

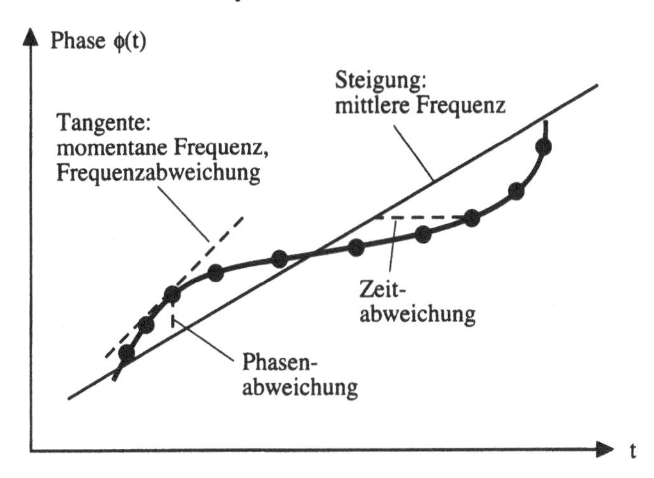

Bild 6.2 Phasenprogressionsplot mit den grundlegenden Meßgrößen

$$\phi(t_n) = 2\pi N_n + \phi(t_{n-1}) \tag{6.1a}$$

$$f(t) = \frac{1}{2\pi}\frac{d\phi}{dt} \quad \Rightarrow \quad f(t_n - T_n/2) = \frac{N_n}{T_n} \tag{6.1b}$$

Die Messung der Intervallängen läuft folgendermaßen ab: Der Frequenz- und Zeitintervall-Analysator numeriert während einer Messung bis zu $4 \cdot 10^9$ Ereignisse und speichert einen Datenblock von bis zu ca. 8000 Ereignisnummern mit den zugehörigen Zeitstempeln. Gespeichert werden nur Ereignisse, deren Zeitabstand das eingestellte Sampling-Intervall überschreitet. Die Differenzen der gespeicherten Ereignisnummern bzw. Zeitstempel ergeben die Anzahl der Ereignisse in einem Intervall bzw. die Intervallänge. Während der Messung wird der Zähler nicht zurückgesetzt, die Totzeit entfällt. Das Meßergebnis kann in unterschiedlichen Darstellungen ausgewertet werden, die prinzipiellen Zusammenhänge werden jedoch am besten mit einem **Phasenprogressionsplot** verdeutlicht (Bild 6.2).

Zusammenfassend ergeben sich im Vergleich zum konventionellen Zähler folgende Vorteile des totzeitfreien Zählers:

- Während der Messung eines Blocks von Daten werden alle Ereignisse (bis zu einer Eingangsfrequenz von 500 MHz) **lückenlos** erfaßt.
- Aus den gemessenen Zeitintervallen kann die **momentane Phase** und die **momentane Frequenz** als Funktion der Zeit errechnet werden.
- Die einzelnen Meß-Zeitintervalle sind nicht fest vorgegeben, sondern vom Signal bestimmt. Dadurch entfällt die bei üblichen Verfahren unumgängliche Unsicherheit um ± ein Ereignis. Stattdessen ergibt sich nun eine Unsicherheit durch die Auflösung der Zeitbasis.

6.1.2 Eigenschaften und Spezifikationen

Der Aufbau des Frequenz- und Zeitintervallanalysators HP 5372A ist in Bild 6.3 gezeigt. Das Gerät enthält insgesamt 3 totzeitfreie Zähler (jeweils zwei 16-Bit Zählerbausteine in Reihe geschaltet) mit einer maximalen Eingangsfrequenz von 500 MHz. Zwei der Zähler dienen als Ereigniszähler oder als Zeitzähler für eine einstellbare Delayzeit. Der dritte zählt die Impulse der Zeitbasis und stellt damit den Zeitstempel mit 2 ns Auflösung zur Verfügung. Die Auflösung des Zeitstempels wird erhöht durch den Interpolator. Dieser besteht aus kaskadierten Flipflops mit jeweils 150 ps Ansprechverzögerung. Damit wird die Zeitdifferenz zwischen dem letzten Ereignis und dem Impuls der Zeitbasis wie mit einer Stoppuhr gemessen. Die Zeitbasis selbst ist ein 500 MHz-Oszillator, der über eine PLL an einen hochstabilen 10 MHz-Quarzoszillator gekoppelt ist. Es steht ein Speicher von 8K·112 Bit zur Verfügung. Darüberhinaus ist eine beliebige externe Speichererweiterung über den "fast port", der einfach die unbearbeiteten Meßdaten ausgibt, möglich. Das minimale Samplingintervall ist durch die Zugriffszeit des Speichers auf 75 ns (14 MHz Samplingfrequenz) begrenzt. Das Gerät verfügt außerdem über eine Rechnerbaugruppe zur Steuerung und Auswertung und über ein hochauflösendes Display.

Der Eingangsfrequenzbereich kann, wie bei konventionellen Zählern, durch externe Mischer oder schnelle Teiler erweitert werden. Für Messungen hoher Frequenzen wird man die Frequenzumsetzung mit Mischern bevorzugen, weil dabei die relative Frequenzauflösung verbessert wird. Allgemein ist die relative, auf die Eingangsfrequenz bezogene Frequenzauflösung $\Delta f/f_E$ nur vom eingestellten minimalen Samplingintervall T_{min} und von der Auflösung der Zeitbasis ΔT_n abhängig (Gleichung 6.2).

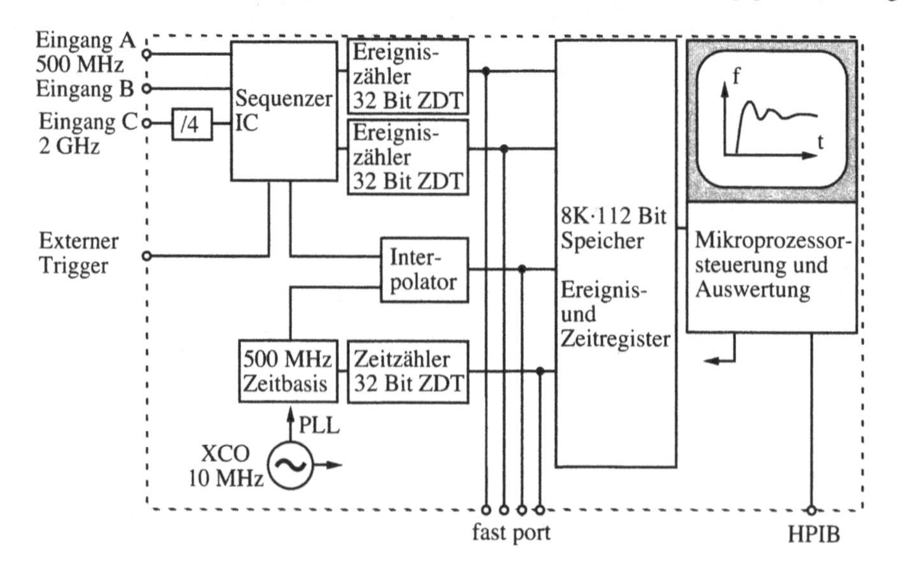

Bild 6.3 Aufbau des Frequenz- und Zeitintervall-Analysators HP 5372A

$$\left|\frac{\Delta f}{f_E}\right| = \left|\frac{\Delta T_n}{T_{min}}\right| \tag{6.2}$$

Die absolute Frequenzauflösung verbessert sich also wesentlich für niedrige Frequenzen. Die Genauigkeit der absoluten Phasenmessung ist unabhängig vom eingestellten minimalen Samplingintervall T_{min}:

$$\Delta\phi = 2\pi f_E \, \Delta T_n \tag{6.3}$$

In Bild 6.4 ist die Frequenzauflösung des HP 5372A dargestellt. Die Frequenzauflösung weicht bei niedrigen Frequenzen von (6.2) ab und nimmt einen konstanten Wert an. Der Grund dafür ist das Eigenrauschen des Analysators und der Rauschabstand des Eingangssignals. Das überlagerte Rauschen hat eine Unsicherheit im Triggerzeitpunkt zur Folge (vgl. Abschnitt 4.2.1.3). Durch Mittelung über mehrere Messungen kann die Zeitintervallauflösung erhöht werden. Um systematische Meßfehler, wie zum Beispiel fehlerhafte Bestimmung des Signal-Nulldurchgangs durch überlagerte Rauschsignale oder Gleichspannungsoffset, bestimmen zu können, ist ein Zeitintervall-Kalibrator erhältlich. Für den Frequenz- und Zeitintervall-Analysator HP 5372A gibt es außerdem als Option einen Teiler-Eingang bis 2 GHz und externe Mischer (2 bis 18 GHz).

Die Daten des HP 5372A sind zusammengefaßt:

Frequenzbereich	125 mHz bis 500 MHz (optional bis 2 GHz mit Teiler, bis 18 GHz mit Mischer)
minimales Samplingintervall	75 ns (14 MHz Meßrate)
Zeitintervallauflösung	150 ps (1 ps durch Mittelung)
relative Frequenzauflösung	$2 \cdot 10^{-10}$ für 1 s Meßintervall
Speicherkapazität	8000 Ereignisse

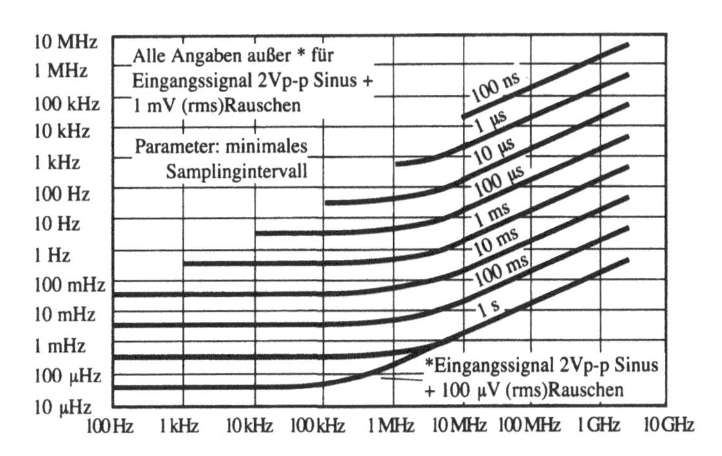

Bild 6.4
Frequenzauflösung des HP 5372A als Funktion der Eingangsfrequenz (Parameter: Zeitintervallänge)

6.2 Messungen mittels Frequenz- und Zeitintervall-Analysator

Der Frequenz- und Zeitintervall-Analysator erfaßt folgende Meßgrößen:

- Länge von Zeitintervallen als Funktion der Zeit
- Frequenz und Phase bzw. Nulldurchgänge als Funktion der Zeit

  - zur Bestimmung der Frequenz- bzw. Phasendynamik von Oszillatoren, Einschwing- und Regelverhalten bei VCO oder YIG-Oszillator
  - zur Messung von Einschwing- und Regelverhalten, Bandbreite und Jitter von Phasenregelschleifen (PLL)
- Modulationssignale bei Frequenz- oder Phasenmodulation

  - für die Beurteilung von Funksignalen, insbesondere bei frequenzagilen Signalen
  - zur Messung von Radarsignalen
  - zur Bestimmung der Zeitintervalle bei gepulsten Signalen
- statistische Daten des Meßsignals

  - zur Bestimmung der Frequenzstabilität (siehe Abschnitt 7.2.6)
  - zur quantitativen Jitter-Analyse (für digitale Kommunikationssysteme)

Im ersten Abschnitt dieses Kapitels wurde bereits das Beispiel einfacher Winkelmodulation angeführt (Bild 6.1). Man beachte, daß bei dieser Messung direkt der gesuchte Frequenzhub und das Modulationssignal abgelesen werden können. Die Charakterisierung von frequenzmodulierten Signalen wird also stark vereinfacht im Vergleich zu den Meßverfahren mit dem Spektralanalysator (vgl. Abschnitt 5.4.2). Im folgenden werden einige weitere Beispiele für Hochfrequenzmessungen in der Modulationsebene gegeben. Der Frequenz- und Zeitintervall-Analysator eignet sich jedoch nicht nur für den Hochfrequenzbereich, sondern auch beispielsweise für Messungen der Frequenz- und Phasendynamik von elektromagnetischen oder elektromechanischen Geräten, als Impuls-Encoder zur Positions- und Geschwindigkeitsanalyse und zur mechanischen Schwingungsanalyse. Ein konkretes Anwendungsbeispiel ist die Beurteilung von Magnetband-, Disketten- oder Plattenlaufwerken.

6.2.1 Frequenz-und Phasendynamik von Oszillatoren

Sprunghafte Änderung der Steuerspannung eines VCOs

Die Beurteilung von Einschwingvorgängen von spannungsgesteuerten Oszillatoren (VCOs) war bisher nur begrenzt und mit erheblichem Aufwand möglich. Bild 6.5 zeigt hingegen, daß der Meßaufbau für Messungen in der Modulationsebene vergleichsweise einfach ist. In Bild 6.6 ist eine Messung der Sprungantwort eines VCOs dargestellt. Wie auch bei Digitaloszilloskopen üblich, besitzt der Frequenz- und Zeitintervall-Analysator die Möglichkeit, durch ein einstellbares Delay Vorgänge verzögert oder, bei periodischen Vorgängen, bereits vor dem Trigger-Impuls (Pre-Trigger) darzustellen. Dadurch wird die Sprungstelle selbst sichtbar. Mit der Messung können die Einschwingzeit, Höhe der Überschwinger und eventuell verbleibende Regelfehler nach dem Einschwingen bestimmt werden, wobei die eingebaute Zoom-Funktion das Ablesen erleichtert. Durch Mittelung über die in unserem Beispiel periodischen Messungen kann die Frequenzauflösung, die in Bild 6.6 etwa 100 kHz beträgt, weiter verbessert werden.

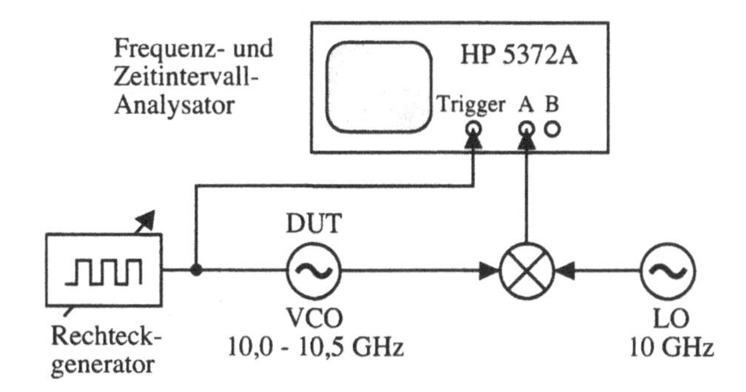

Bild 6.5 Meßaufbau für die Aufnahme der Sprungantwort des VCOs

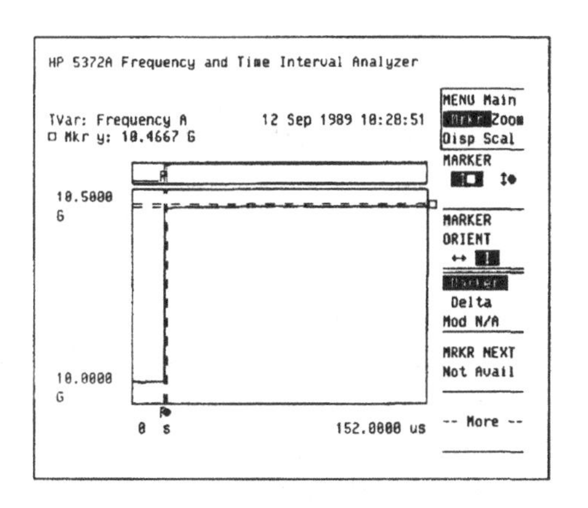

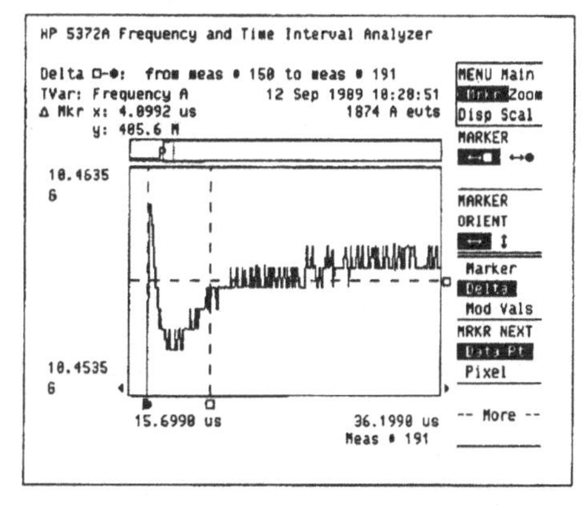

Bild 6.6 Sprungantwort eines VCOs, vollständige Messung und Zoom

Frequenzsprünge eines 140 GHz Gyrotron-Oszillators

Gyrotrons sind Hochleistungs-Millimeterwellenröhren, die Ausgangsleistungen bis in den Megawattbereich erzeugen. Bei 140 - 170 GHz versucht man zur Zeit, Röhren mit Ausgangsleistungen von 1 - 2 MW für die Heizung von Kernfusionsplasmen zu entwickeln, beispielsweise am Forschungszentrum Karlsruhe. Entscheidend für die Machbarkeit einer solchen Röhre ist die Stabilität der gewählten Arbeitsmode. Während des Einschaltvorgangs treten innerhalb einiger 100 µs mehrere Moden mit wechselnder Frequenz auf, und auch später können durch Erwärmung oder andere Effekte Frequenzänderungen und -sprünge auftreten. Zur Messung wird ein Teil des Ausgangsstrahls ausgekoppelt, auf 0 bis 500 MHz heruntergemischt und mit dem Frequenz- und Zeitintervall-Analysator aufgenommen (Bild 6.7).

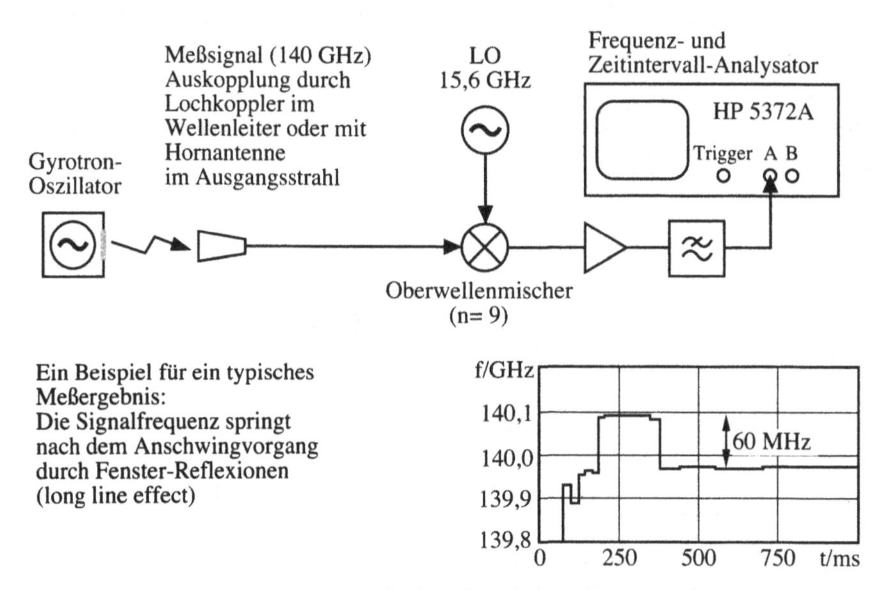

Bild 6.7 Bestimmung des Frequenzverlaufs während eines Gyrotronpulses

6.2.2 Charakterisierung von Phasenregelschleifen

Wie auch bei der Sprungantwort eines VCOs interessiert man sich bei einer Phasenregelschleife (PLL) für Anstiegszeit, Überschwinger und Einschwingzeit bei einer sprunghaften Änderung der Referenz. Man wird aber hier bevorzugt die eigentliche Regelgröße, also die Phase, darstellen (Bild 6.8). Unter Verwendung des zweiten Signaleingangs kann auch die relative Phase zwischen dem Ausgangssignal und der Referenz der PLL gemessen werden. Aus der Darstellung der Frequenz über der Zeit kann außerdem der Einfang- und Haltebereich und der Ziehbereich der PLL bestimmt werden.

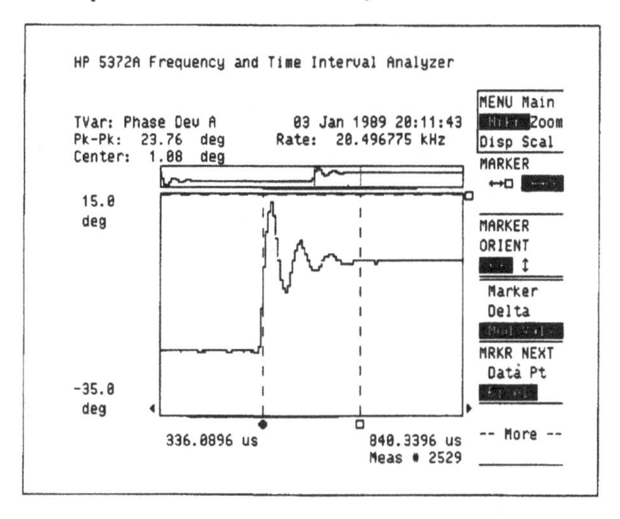

Bild 6.8 Phasen-Zeitverlaufsdiagramm des Regelvorgangs einer PLL

6.2.3 Jitter-Messung in digitalen Kommunikationssystemen

Als Jitter wird die unerwünschte Abweichung von Datenbits aus dem durch den Systemtakt vorgegebenen Zeitraster, also die Phasenabweichung, bezeichnet. Mit dem Oszilloskop kann zwar festgestellt werden, ob Jitter vorhanden ist, es kann aber keine quantitative Aussage getroffen werden. In der Modulationsebene kann hingegen die Abweichung vom Zeitraster gemessen und statistisch ausgewertet werden (Bild 6.9).

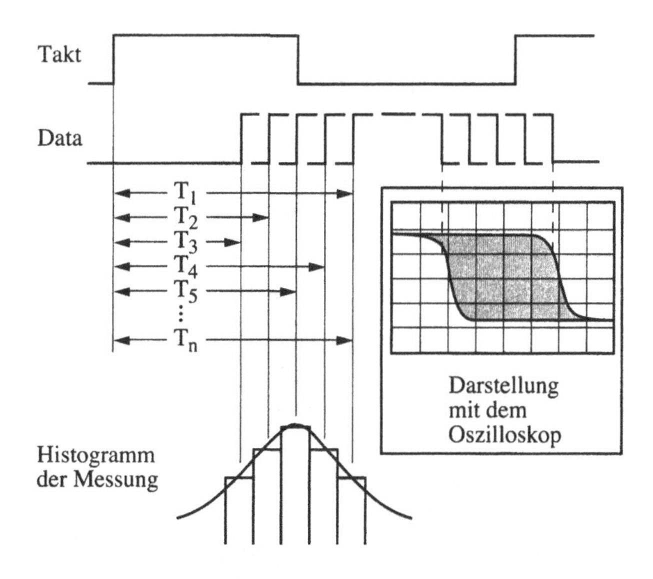

Bild 6.9 Zur Histogramm-Darstellung bei der Jittermessung

Der Frequenz- und Zeitintervall-Analysator HP 5372A besitzt dazu eine in Hardware implementierte schnelle Histogrammfunktion (Bild 6.10). Zusätzliche Information kann man erhalten, wenn die Zeitabweichung selbst über der Zeit dargestellt wird. Ein periodischer Verlauf weist auf eine determinierte Störung hin, die Frequenz der Störung ermöglicht oft die Identifikation der Störquelle (Bild 6.11). Aus Gleichung (6.3) ergibt sich für den HP 5372A eine Phasenauflösung von 0,054° bei 1 MHz und von 5,4° bei 100 MHz.

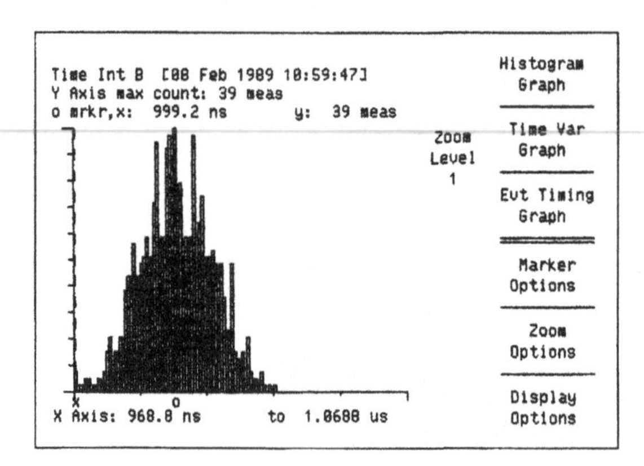

Bild 6.10 Statistische Verteilung der gemessenen Zeitabweichungen als Histogramm

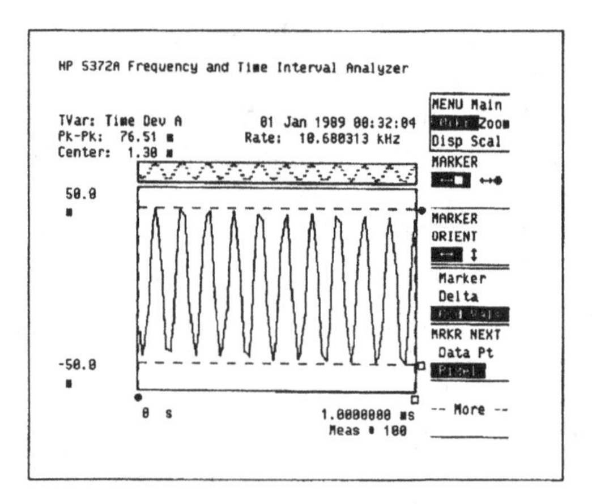

Bild 6.11 Darstellung von periodischem Jitter als Zeitfunktion (Jitter-Oszilloskop)

6.2.4 Messung von Radarsignalen

Besonders in modernen Radarsystemen wird von der Möglichkeit Gebrauch gemacht, durch Modulation einerseits die Sendeleistung besser auszunützen, andererseits weniger detektierbar oder störbar zu sein. Eine Einführung in die hier verwendeten Techniken wird z. B. in M. Skolnik: Radar Handbook, Kapitel 10, 14 und 17 gegeben. Bilder 6.12

und 6.13 geben drei Messungen von mehr oder weniger komplexen Radarsignalen wieder (Pulskompression durch Chirp oder Barker-Code, frequenzagiles Radar). All diesen Signalen ist gemeinsam, daß sie nur in der Modulationsebene geeignet dargestellt werden können.

a)

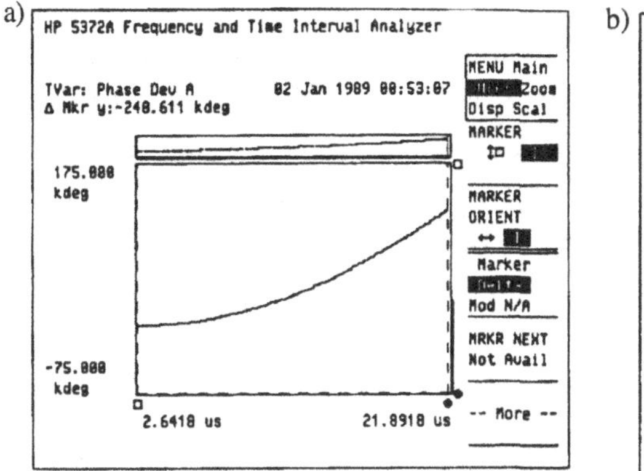

b)

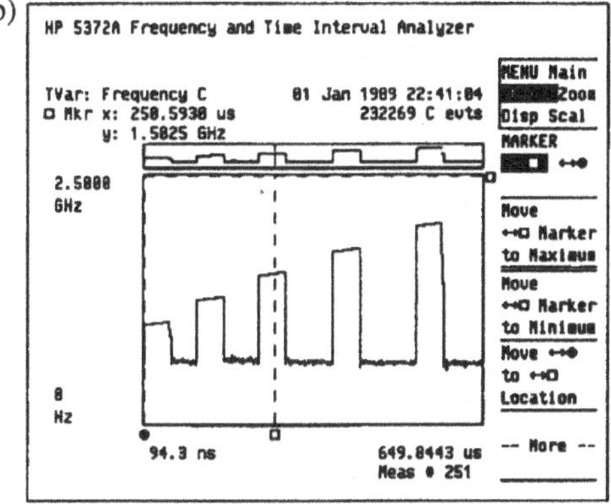

Bild 6.12
a) Phasen-Zeitverlauf bei Chirp-kodierter Modulation: Die Frequenz steigt linear über der Zeit, die Phase ist wegen Gleichung 6.1b parabelförmig b) f(t) eines frequenzagilen, gepulsten Radarsignal mit Chirp-Modulation (1 - 2 GHz in 0,25 GHz-Schritten, 40 MHz Frequenzanstieg pro Pulsbreite) und veränderlichem Pulswiederholintervall (PRI = 100 - 160 μs in 20 μs-Schritten, Pulsbreite konstant 50 μs)

a)

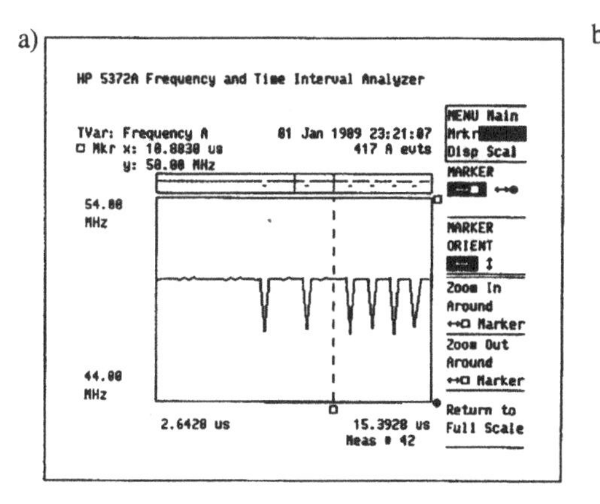

b)

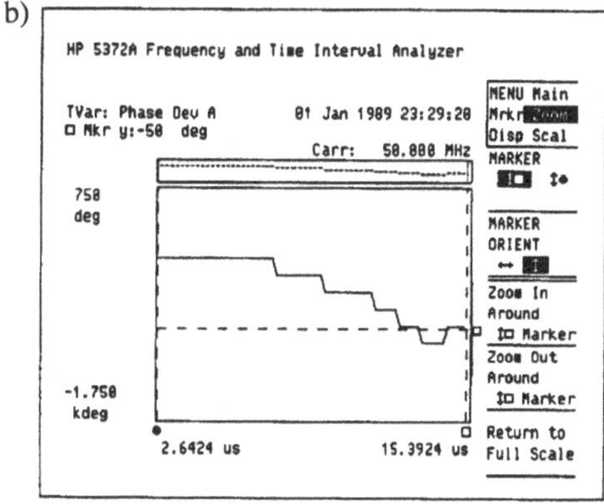

Bild 6.13
a) Frequenz- und b) Phasen-Zeitverlauf bei Barker-kodierter Modulation (13-Bit: 5,2,2,1,1,1,1). In der Phase ist die binäre Phasenmodulation (BPSK) klar zu erkennen. Die "Spikes" in der Frequenz f(t) sind von 180°-Phasensprüngen verursacht.

7 Phasenrauschmeßtechnik

Mit dem Phasenrauschen werden die kurzzeitigen statistischen Schwankungen der Frequenz eines Signals um die mittlere Frequenz erfaßt. Ein Beispiel für das Phasenrauschen unterschiedlicher Quellen wurde bereits in Bild 2.31 gegeben. In der modernen Hochfrequenztechnik hat das Phasenrauschen zunehmende Bedeutung erlangt. Es begrenzt in vielen Fällen die Verwendbarkeit einer Komponente oder eines gesamten Systems. Das betrifft besonders Signalquellen (Quarz-, YIG- und DR-Oszillatoren, Synthesizer), aber auch andere Systemteile (Verstärker, Mischer, Frequenzvervielfacher und -teiler).

Der Einfluß von Phasenrauschen auf ein Hochfrequenzsystem kann beispielsweise an einem Überlagerungsempfänger verdeutlicht werden (Bild 7.1). Die Frequenzschwankungen des Lokaloszillators (LO) machen sich als Verbreiterung der Spektrallinie bemerkbar, die sich bei der Mischung auf die Eingangssignale überträgt. Ist nun eine starke Störlinie in der Nähe des Nutzsignales vorhanden, so kann das verbreiterte Spektrum des Störsignals ein kleineres Nutzsignal vollständig überdecken, das damit für die Auswertung verloren ist. Das Phasenrauschen des LOs wirkt sich also als verminderte Trennschärfe aus. Größere Nutzsignale sind zwar noch detektierbar, haben aber einen verschlechterten Rauschabstand, das heißt, der Empfänger besitzt eine kleinere Dynamik. Zwei wesentliche Eigenschaften eines Empfängers, Dynamik und Trennschärfe, werden also durch Phasenrauschen beeinträchtigt.

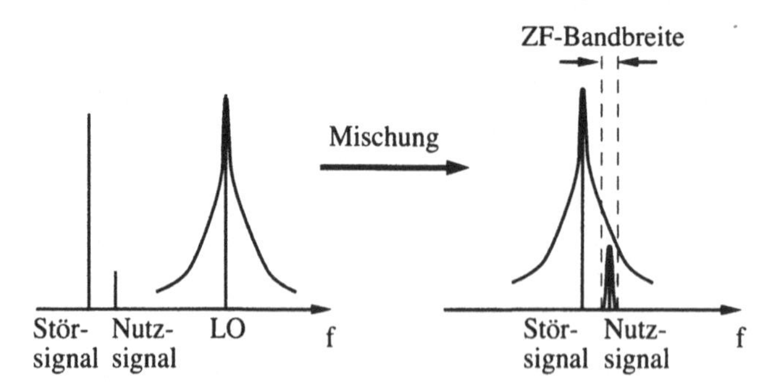

Bild 7.1
Einschränkung der Trennschärfe und der Dynamik durch Phasenrauschen des Lokaloszillators

Wie störend der Einfluß des Phasenrauschens ist, hängt wesentlich von der Anwendung ab. Entscheidend ist der Abstand der Seitenbänder von der Trägerfrequenz (Offsetbereich oder Frequenzablage): Bei Anwendungen mit großem Offsetbereich kann ein entsprechend großer Phasenrauschpegel toleriert werden (Bild 7.2).

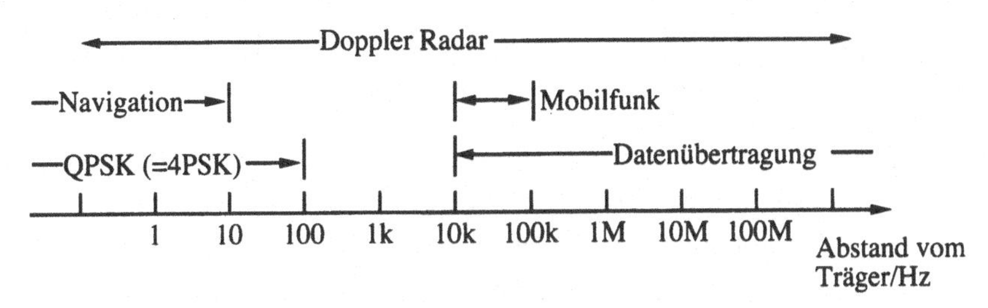

Bild 7.2 Typische Offsetbereiche verschiedener Sendesignale

In den folgenden Abschnitten soll zunächst das Phasenrauschen definiert und von anderen Rauscherscheinungen abgegrenzt werden.

7.1 Definition und Ursachen des Phasenrauschens

7.1.1 Instabilitäten und Rauscherscheinungen

Man unterscheidet zwischen Kurzzeitstabilität und Langzeitstabilität der Frequenz. **Langzeitstabilität** bezieht sich auf **Änderungen der mittleren Frequenz**, verursacht durch langsame Veränderungen der frequenzbestimmenden Komponenten. Sie wird häufig als relative Frequenzänderung $\Delta f/f_0$ innerhalb einer Zeitspanne Δt angegeben (Bild 7.3).

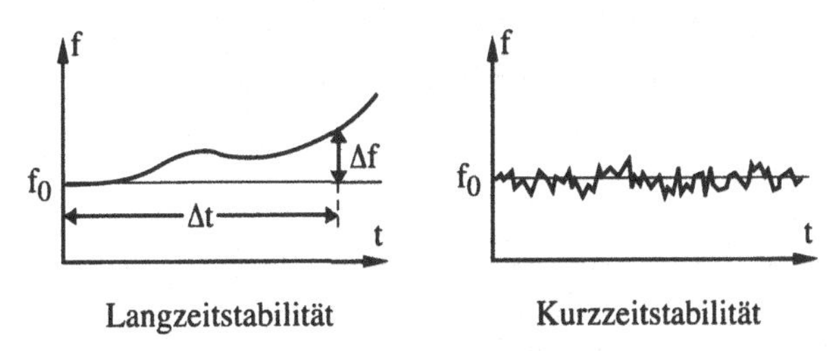

Bild 7.3 Langzeit- und Kurzzeitstabilität in der Modulationsebene

Die relative Frequenzänderung zeigt oft linearen oder exponentiellen Charakter über der Zeit. Mit der **Kurzzeitstabilität** erfaßt man statistische oder determinierte **Schwankungen der Frequenz um einen Mittelwert**. Sie wird als Größe der

Schwankungen um den Mittelwert innerhalb einer (kleinen) Zeiteinheit ausgedrückt. Es gibt keine allgemeine Definition, wo die Grenze zwischen Langzeit- und Kurzzeitstabilität zu ziehen ist. Vielmehr hängt diese Unterscheidung ausschließlich von der Anwendung ab. Beispielsweise werden in einem Kommunikationssystem alle Frequenzänderungen, denen die jeweilige Nachführregelung der Empfangsfrequenz (**AFC**, automatic frequency control) folgen kann, als Langzeiteinflüsse eingeordnet. Die Grenze kann hier bei Bruchteilen einer Sekunde liegen.

Unter dem Einfluß der Kurzzeitstabilität verbreitert sich die Spektrallinie eines monofrequenten Signals. Dabei sind zwei Arten von Frequenzschwankungen zu unterscheiden, solche zufälliger und solche deterministischer Art. Die deterministischen (oder systematischen, periodischen) Schwankungen sind auf diskrete Modulationsfrequenzen zurückzuführen, treten also als diskrete Nebenlinien nahe der mittleren Frequenz in Erscheinung (Bild 7.4). Diese Nebenlinien werden allgemein als "spurious" bezeichnet und können auf bekannte Ursachen, beispielsweise Netzbrumm, mechanische Vibrationen oder Mischprodukte, zurückgeführt werden.

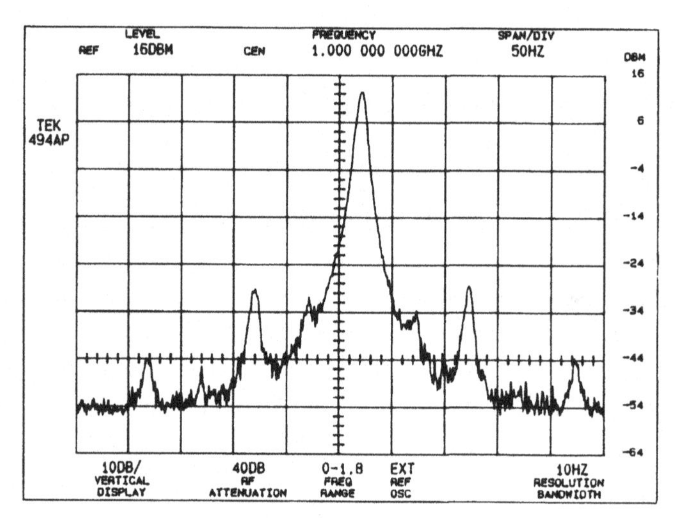

Bild 7.4 Spektrum eines Signals mit deterministischen und statistischen Schwankungen

Definition des Phasenrauschens

Mit "**Phasenrauschen**" bezeichnet man üblicherweise **zufällige oder statistische Frequenz- bzw. Phasenschwankungen**. Das Phasenrauschen ist zu unterscheiden vom Amplitudenrauschen (AM-Rauschen), also von den statistischen Schwankungen der Amplitude. Der Unterschied beider Erscheinungen kann an der allgemeinen Zeitfunktion eines monofrequenten, aber rauschbehafteten Signals mit einer mittleren Amplitude U_0 und der mittleren Frequenz f_0 verdeutlicht werden:

$$u(t) = [U_0 + \varepsilon(t)] \sin[2\pi f_0 t + \Delta\phi(t)] \tag{7.1}$$

Dabei beschreibt $\varepsilon(t)$ die Amplitudenfluktuationen und $\Delta\phi(t)$ die Phasenfluktuationen. Es handelt sich also einerseits beim AM-Rauschen um eine Amplitudenmodulation, andererseits beim Phasenrauschen um eine Winkelmodulation mit Rauschspektren. In diesem Sinn wird auch im folgenden das Signal als Träger bezeichnet, und die Rauschspektren werden im Spektralbereich in Abhängigkeit von der **Offsetfrequenz**

$$\delta f = f - f_0 \tag{7.2}$$

angegeben. Die Offsetfrequenz entspricht im Basisband der wirklichen Frequenz und wird deshalb in der Literatur oft einfach mit f bezeichnet. Wie in Abschnitt 5.4.2 besprochen, können Amplitudenmodulation und Winkelmodulation betragsmäßig dieselben Seitenbänder erzeugen, die sich aber in der Phase unterscheiden. Deshalb ist der AM-Rauschpegel bei der Messung des Phasenrauschens mit dem Spektralanalysator von großer Bedeutung, weil dabei die Spektren der beiden Rauscherscheinungen nicht unterschieden werden können. In praktischen Anwendungen hat das AM-Rauschen jedoch geringere Bedeutung, weil

- die meisten Nachrichtensysteme Winkelmodulation verwenden und deshalb unempfindlich gegen Amplitudenschwankungen sind.
- der AM-Rauschpegel vieler Generatoren durch eine Amplitudenregelung (AGC oder ALC) klein gehalten werden kann.
- das AM-Rauschen auch im Empfänger durch eine Amplitudenregelung oder balancierte Mischer im Quadraturbetrieb unterdrückt werden kann (siehe Abschnitt 7.3.2.2).

7.1.2 Ursachen des Phasenrauschens

Es gibt primär zwei verschiedene Quellen für Rauschen, einerseits das bereits in Abschnitt 5.3.1 besprochene weiße Rauschen und das Funkelrauschen (1/f-Rauschen, flicker noise). Weißes Rauschen ist unabhängig von der Frequenz und wird thermisch oder als Schrotrauschen erzeugt. Die Mechanismen, die zum Funkelrauschen führen, sind noch nicht vollständig geklärt. Eine mögliche Quelle für Funkelrauschen ist Ladungsträgereinfang und Rekombination an Oberflächenstörstellen in Halbleiterübergängen. Man beschreibt Funkelrauschen quantitativ durch Angabe der Übergangsfrequenz f_c (corner frequency), bei welcher der Pegel des weißen Rauschens gleich dem des Funkelrauschens ist. In Bild 7.5 sind die wesentlichen Kenngrößen beider Rauscherscheinungen zusammengefaßt.

Wie wird aus diesen Rauschpegeln nun Phasenrauschen eines Signals? Zunächst sei das **Zweitorrauschen** untersucht: Beim Durchgang eines idealen Signals durch ein

Zweitor, das Rauschquellen enthält, können zwei Überlagerungsmechanismen unterschieden werden:

- Additive Überlagerung von Rauschen im Frequenzbereich des Trägers kann direkt als kombinierte Phasen- und Amplitudenmodulation aufgefaßt werden (siehe Abschnitt 7.2.7).
- Multiplikative Überlagerung, verursacht durch Nichtlinearitäten des Zweitors, führt zur Modulation des Trägers mit Rauschsignalen aus dem Basisband. Dadurch ergeben sich aus dem Funkelrauschen Rauschseitenbänder mit einer Pegelabhängigkeit von $1/\delta f$.

Absolutes Phasenrauschen eines Signals setzt sich zusammen aus dem bei der Signalgenerierung entstandenen Rauschen und dem während der Signalverarbeitung hinzugekommenen Zweitorrauschen. Die Überlagerungsmechanismen bei der Signalerzeugung sind noch Gegenstand der Forschung. Der wichtigste Effekt scheint dabei die Umsetzung von PM in FM zu sein. Als Modell sei ein einfacher Oszillator, bestehend aus einer frequenzbestimmenden Baugruppe (Resonator) und einem verstärkenden, nichtlinearen Zweitor, angenommen (Bild 7.5). Das Ausgangssignal des Verstärkers weist Rauschseitenbänder mit weißer (δf^0) und $1/\delta f$ - Charakteristik auf. Ein Resonator mit der Güte Q und der Mittenfrequenz f_0 reagiert aber auf eine Phasenschwankung mit einer Frequenzverstimmung gemäß

$$\Delta f = \Delta\phi \frac{f_0}{2Q}, \tag{7.3}$$

die Phasenmodulation wird also direkt in eine Frequenzmodulation umgewandelt. Da zwischen Frequenz- und Phasenhub nach Gleichung (5.26) der Zusammenhang

$$\Delta\phi = \frac{\Delta f}{\delta f} \tag{7.4}$$

besteht, kann man die Frequenzmodulation wieder in eine Phasenmodulation umrechnen, deren Phasenhub aber zusätzlich mit $1/\delta f$ abfällt. Die **Leistungs**dichten der Rauschseitenbänder fallen folglich zusätzlich mit $1/\delta f^2$. Durch Umwandlung der ursprünglichen Phasenmodulation in eine Frequenzmodulation entstehen also Rauschseitenbänder mit $1/\delta f^2$ - und $1/\delta f^3$ - Charakteristik. Weiterhin entsteht im Resonator selbst durch Temperaturschwankungen und mechanische Vibrationen ("microphonic noise") das stochastische ("random walk")-Rauschen mit Rauschseitenbändern mit $1/\delta f^2$ - Charakteristik, die teilweise wieder in $1/\delta f^4$ umgewandelt wird. Rauschseitenbänder mit weißer und $1/\delta f$ - Charakteristik kommen durch das Zweitorrauschen nachgeschalteter Verstärkungsbaugruppen wieder hinzu.

Primäre Rauschquellen

weißes Rauschen ($\sim f^0$):

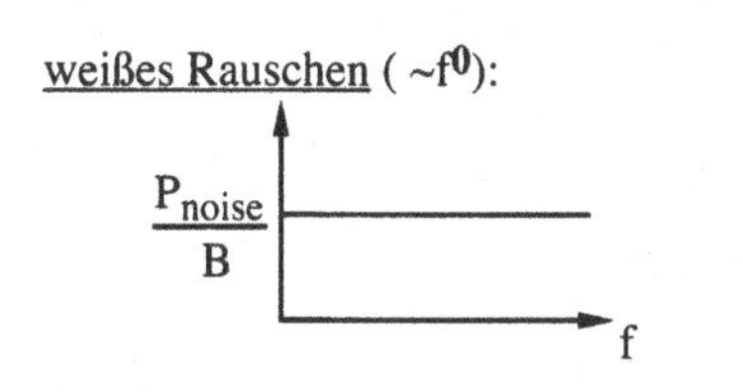

- thermisch: $P_{noise} = kTB$
- Schrotrauschen

Funkelrauschen (flicker noise, $\sim f^{-1}$):

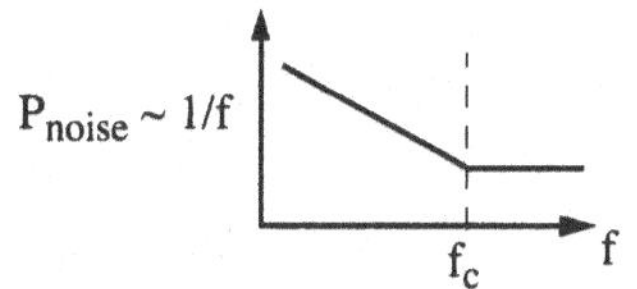

f_c: "corner frequency"

$P_{noise} = kTB(1 + f_c/f)$

Überlagerungsmechanismen im Zweitor

additiv (linear):

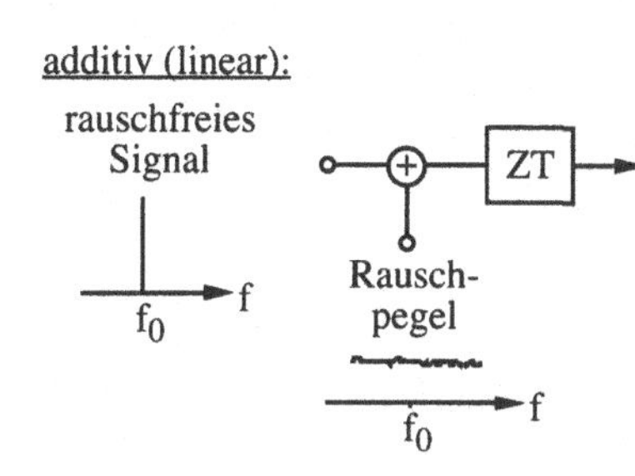

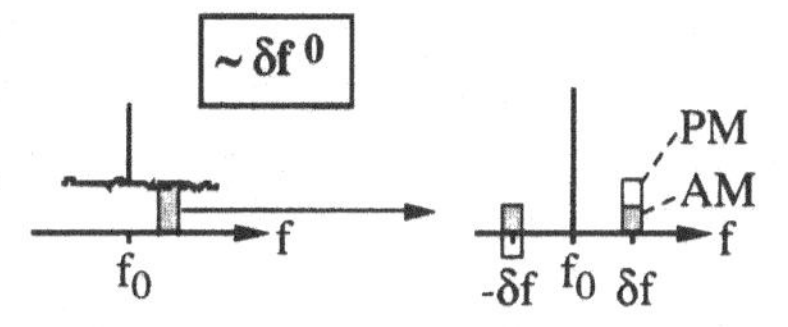

Jedes der (unkorrelierten) Seitenbänder bei δf kann als überlagerte AM und PM des Trägers aufgefaßt werden

multiplikativ (nichtlinear):

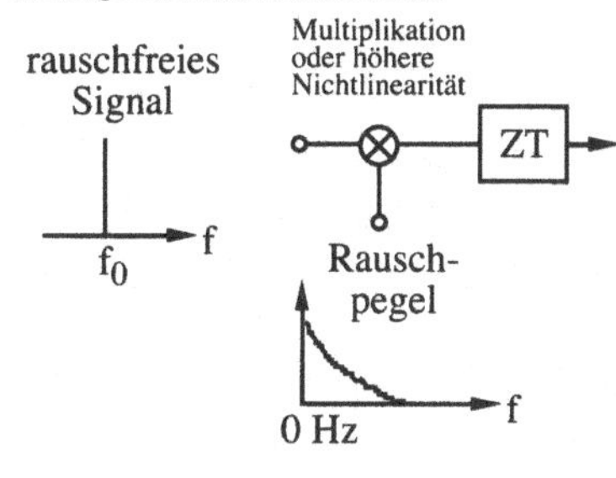

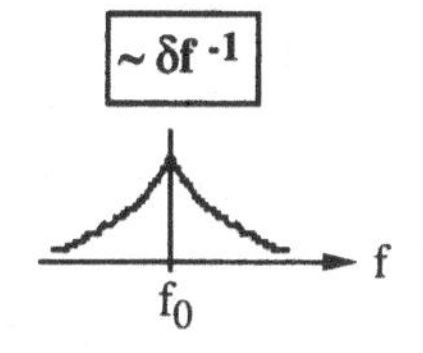

Rauschen aus dem Basisband moduliert den Träger

Umsetzung bei der Signalerzeugung

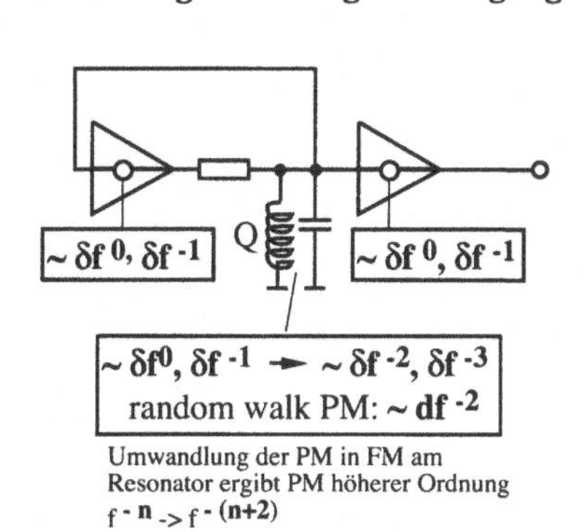

Umwandlung der PM in FM am Resonator ergibt PM höherer Ordnung $f^{-n} \rightarrow f^{-(n+2)}$

Klassen von Rauscherscheinungen

- $\sim \delta f^{0}$: weißes Rauschen
- $\sim \delta f^{-1}$: Funkelrauschen
- $\sim \delta f^{-2}$: "random walk" Rauschen und weiße FM
- $\sim \delta f^{-3}$: FM-Funkelrauschen
- $\sim \delta f^{-4}$: "random walk" FM

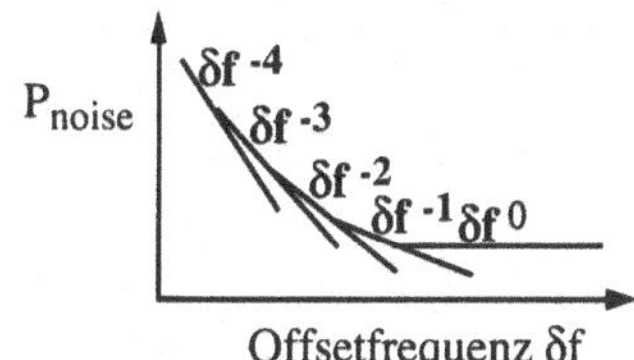

Bild 7.5 Quellen von Rauschleistung und die Umsetzung in Phasenrauschen

Zusammengefaßt können folgende Rauschseitenbänder unterschieden werden (siehe auch Bild 7.5):

- $\sim \delta f^0$: Weißes Rauschen (thermisch oder Schrotrauschen)
- $\sim \delta f^{-1}$: Funkelrauschen (1/f-Rauschen, flicker noise)
- $\sim \delta f^{-2}$: weiße FM und stochastisches "random walk"-Rauschen (mechanische Vibrationen und thermische Schwankungen)
- $\sim \delta f^{-3}$: FM-Funkelrauschen
- $\sim \delta f^{-4}$: stochastische FM und mehrfach umgesetztes Rauschen.

Normalerweise sind in Messungen nicht alle Rauschprozesse zu unterscheiden. Die unterschiedliche Frequenzabhängigkeit spielt jedoch beim Schaltungsentwurf und bei der Umrechnung von Rauschkenngrößen eine Rolle (siehe Abschnitt 7.2.6).

7.2 Quantitative Beschreibung des Phasenrauschens

Bisher wurde stillschweigend das Phasenrauschen durch den Pegel der Rauschseitenbänder (Einseitenband-Phasenrauschen) beschrieben. Aus Abschnitt 5.4.2 ist aber bekannt, daß die Größe der Phasenschwankung, für die man sich eigentlich interessiert, nur für kleinen Phasenmodulationshub (Schmalband-Winkelmodulation) durch den Pegel der Seitenbänder richtig wiedergegeben wird. Man definiert deshalb die

- Spektrale Leistungsdichte der Phasenschwankungen $S_\phi(\delta f)$ als die grundlegende Beschreibungsgröße des Phasenrauschens. Sie ist im Fall kleiner Phasenschwankungen doppelt so groß ist wie das
- Einseitenband-Phasenrauschen $\pounds(\delta f)$, das definiert ist als die spektrale Leistungsdichte der Rauschseitenbänder. Das Einseitenband-Phasenrauschen ist die in der Praxis am häufigsten verwendete Beschreibungsgröße.
- Die spektrale Leistungsdichte der Frequenzschwankungen $S_{\Delta f}(\delta f)$ wird zur Beschreibung des Einflusses des Phasenrauschens auf FM-Systeme herangezogen.
- Die spektrale Dichte der relativen Frequenzschwankungen $S_y(\delta f)$ wird benötigt, um die Frequenzschwankungen von Signalen unterschiedlicher Frequenz zu vergleichen.
- Die Rest-FM ist eine integrale Größe, welche die Leistung der Frequenzschwankungen in einer gegebenen Bandbreite angibt.
- Im Zeitbereich werden Phasenschwankungen mit Hilfe der Allan-Varianz $\sigma_y^2(\tau)$ beschrieben.

Man beachte, daß alle obengenannten Leistungsdichten oder Leistungen mit Ausnahme des Einseitenband-Phasenrauschens £(δf) die Leistung angeben, die sich nach einer Demodulation ergibt. Da der Phasen- oder Frequenzhub im Prinzip fast unbeschränkt anwachsen kann, können sich dabei Leistungspegel ergeben, die wesentlich größer sind als die gesamte Signalleistung. Die Beschreibungsgrößen für Phasenrauschen werden im folgenden im einzelnen besprochen.

7.2.1 Spektrale Leistungsdichte der Phasenschwankungen $S_\phi(\delta f)$

Die spektrale Leistungsdichte der Phasenschwankungen ist die grundlegende Rauschkenngröße, von der die folgenden abgeleitet sind. Sie ist definiert als das Quadrat der effektiven Phasenschwankung, bezogen auf die Meßbandbreite:

$$S_\phi(\delta f) \big/ (\mathrm{RAD}^2/\mathrm{Hz}) = \frac{\Delta\phi_{rms}^2}{B} \qquad (7.5)$$

Wie der Name schon andeutet, verwendet man diese Größe, wenn der Einfluß des Phasenrauschens auf phasenempfindliche Systeme, beispielsweise PM-Kommunikationssysteme, erfaßt werden soll. Der bereits erwähnte Zusammenhang $S_\phi(\delta f) = 2 \cdot £(\delta f)$, der für kleine Phasenschwankungen gültig ist, erlaubt es auch, $S_\phi(\delta f)$ in dBc/Hz anzugeben. Für große Phasenschwankungen ergeben sich dabei allerdings Werte von mehr als 0 dBc/Hz. Das ist zulässig, weil $S_\phi(\delta f)$ zunächst keiner physikalischen Leistung entspricht. Vielmehr bleibt die Signalleistung bei beliebig hoher Winkelmodulation konstant. Erst durch Demodulation mit einem PM-Demodulator (Phasendiskriminator) wird $S_\phi(\delta f)$ in eine physikalische Leistungsdichte im Basisband ($f = \delta f$) umgewandelt.

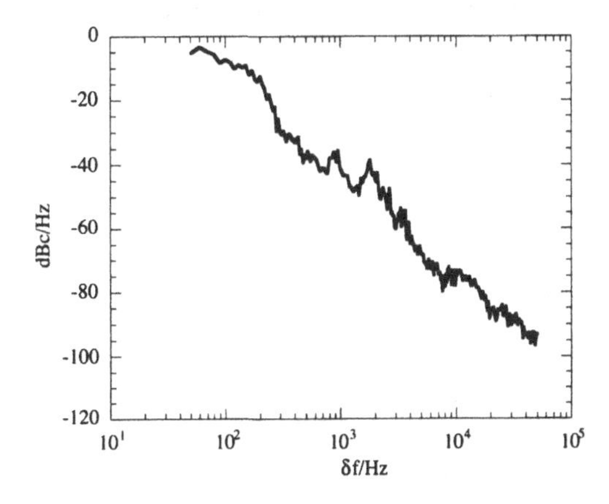

Bild 7.6 Meßbeispiel für $S_\phi(\delta f)$ eines stark verrauschten 1,2 GHz-Oszillators

7.2.2 Einseitenband-Phasenrauschen £(δf)

£(δf), das Einseitenband-Phasenrauschen, wurde bereits als spektrale Leistungsdichte der Rauschseitenbänder definiert:

$$£(\delta f)/(\mathrm{dBc/Hz}) = \frac{\text{Rauschleistung eines Seitenbands bei } \delta f}{(\text{Meßbandbreite}) \cdot (\text{gesamte Signalleistung})} \tag{7.6}$$

Beschränkt man sich auf den häufigen Fall der Schmalband-Winkelmodulation (Abschnitt 5.4.2), so gilt mit Gleichung (5.28)

$$£(\delta f)/(\mathrm{W/Hz}) = \frac{(\Delta\phi_{peak})^2}{4B} = \frac{(\Delta\phi_{rms})^2}{2B} = \frac{S_\phi(\delta f)}{2} \tag{7.7a}$$

$$£(\delta f)/(\mathrm{dBc/Hz}) = S_\phi(\delta f) - 3\ \mathrm{dB} \tag{7.7b}$$

Es handelt sich hier also um ein indirektes Maß der PM-Rauschleistung für den Fall kleiner Phasenabweichungen (< 0,2 Rad). In diesem Fall befindet sich die gesamte Leistungsdichte in den Seitenbändern erster Ordnung. Dabei treten die beiden Seitenbänder mit gleicher Amplitude auf, so daß £(δf) gewöhnlich nur für positive Offsetfrequenzen δf angegeben wird.

Der Vorteil dieser Beschreibungsgröße besteht in der einfachen Messung, da £(δf) dem Spektrum der Rauschseitenbänder entspricht und unmittelbar von jedem Spektralanalysator angezeigt wird. Das gilt allerdings nur, wenn kein wesentlicher Anteil an AM-Rauschen vorhanden ist. Weiterhin ist die Messung großer Phasenhübe nicht möglich. Gleichung (7.7) führt in diesem Fall zu vollkommen falschen Aussagen, weil dann $S_\phi(\delta f)$ sehr viel größer als 0 dBc sein kann, da es sich ja nicht um eine physikalisch vorhandene Leistung handelt, £(δf) aber nicht größer sein kann als die Gesamtleistung des Signals. Die Leistung der Phasenschwankungen bei einer Offsetfrequenz ist nun nicht mehr in einem Seitenband vereinigt, sondern verteilt sich auf mehrere oder gar sehr viele Seitenbänder. Oft wird als Gültigkeitsgrenze von Gleichung (7.7) eine

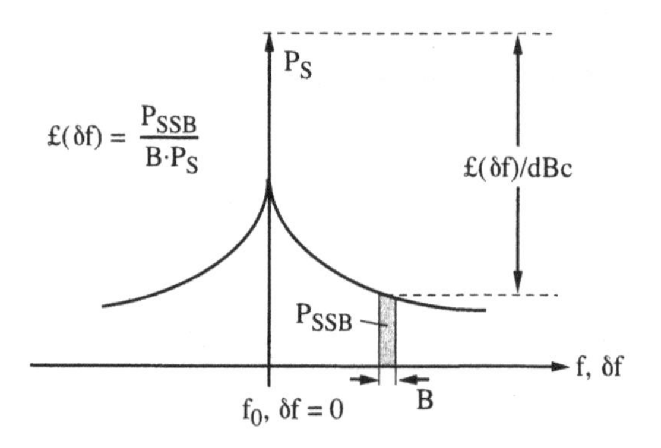

Bild 7.7 Zur Definition des Einseitenband-Phasenrauschens

Gerade mit 10 dB/Dekade Pegelabfall über der Frequenz, die bei 1 Hz einen Wert von -30 dBc/Hz annimmt, angegeben (Bild 7.8). Für Meßwerte oberhalb dieser Geraden ist die Umrechnung nach (7.7) nicht zulässig. Die Grenzgerade ergibt sich folgendermaßen: Innerhalb der Bandbreite $B = \delta f$ wird ein Spitzen-Phasenhub von 0,2 Rad zugelassen. Für breitbandiges Rauschen liegt der Spitzenwert etwa 11 dB über dem Effektivwert, das entspricht einem Faktor von $3{,}55^2$ in der Leistung: $£(\delta f)_{max} = (\Delta\phi_{rms})^2/(2\delta f) = (0{,}2\ \text{Rad}/3{,}55)^2/(2\delta f)$. Daraus erhält man näherungsweise $£(\delta f)_{max}/(\text{dBc/Hz}) \approx -30\ \text{dBc/Hz} - 10 \log(\delta f/\text{Hz})$.

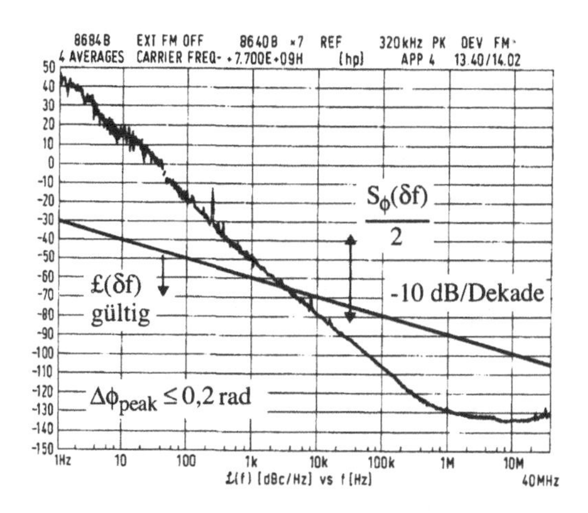

Bild 7.8
Gültigkeitsbereich von Gleichung (7.7): $£(\delta f)$ wurde hier aus einer korrekten Messung von $S_\phi(\delta f)$ berechnet. Werte oberhalb der Gerade sind zunehmend unrealistisch und erreichen sogar 45 dBc/Hz.

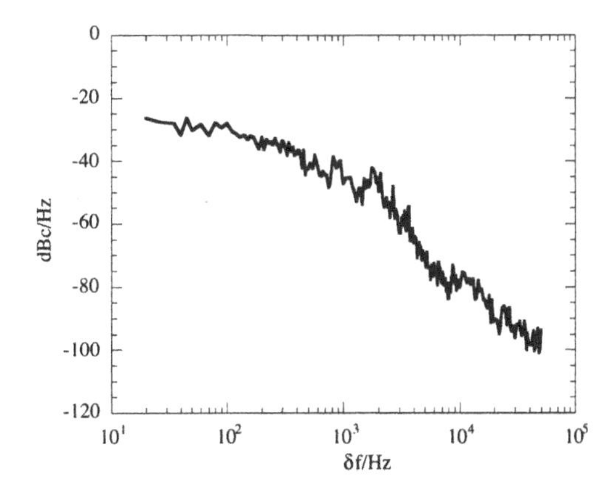

Bild 7.9
$£(\delta f)$ des Oszillators aus Bild 7.6. Man beachte, daß $£(\delta f)$ bei hohen Pegeln deutlich vom Verlauf von $S_\phi(\delta f)$ abweicht. Wichtig ist auch, daß bei dieser Messung der Pegel der Trägerlinie durch die Phasenmodulation stark beeinflußt wird und kein Maß für die gesamte Signalenergie mehr darstellt.

7.2.3 Spektrale Leistungsdichte der Frequenzschwankungen $S_{\Delta f}(\delta f)$

Während $S_\phi(\delta f)$ der Stärke der Phasenschwankungen entspricht, gibt $S_{\Delta f}(\delta f)$ die Stärke der Frequenzschwankungen an. Der Zusammenhang beider Größen ergibt sich aus der Umrechnung von Phasenhub in Frequenzhub nach Gleichung (7.4). Da Leistungen betrachtet werden, geht die Frequenz quadratisch ein:

$$S_{\Delta f}(\delta f) \Big/ _{(Hz)} = \frac{\Delta f_{rms}^2}{B} = \delta f^2 \frac{\Delta \phi_{rms}^2}{B} = \delta f^2 S_\phi(\delta f) \tag{7.8}$$

a)

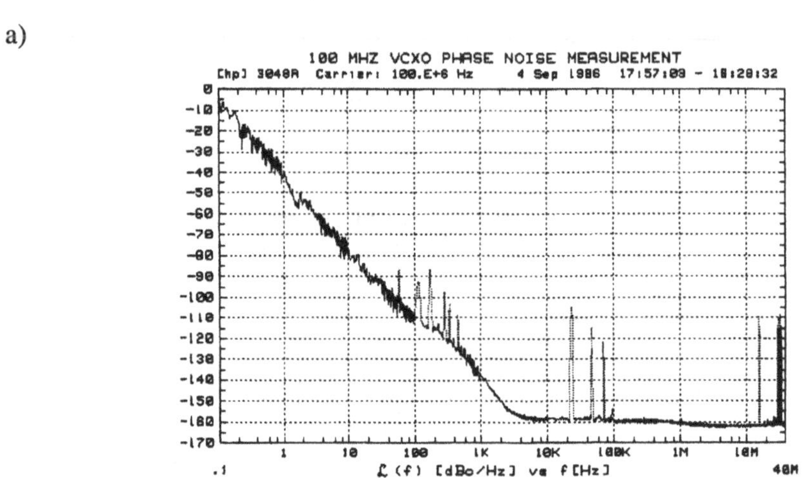

b)

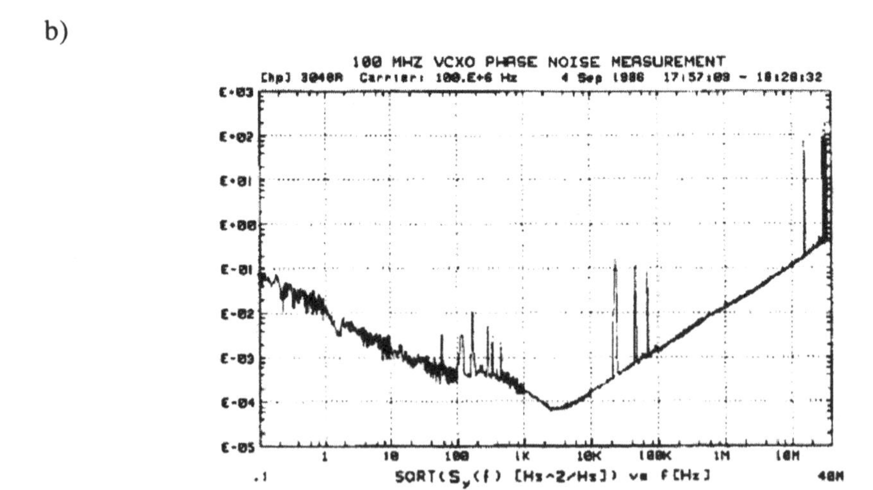

Bild 7.10

a) Meßbeispiel für $S_\phi(\delta f)$ /(dBc/Hz) eines Synthesizers bei 100 MHz. Man beachte die deutlich erkennbaren diskreten Nebenlinien

b) Wurzel aus $S_y(\delta f)$ für dieselbe Quelle. Die Angabe von $S_{\Delta f}(\delta f)$ oder $S_y(\delta f)$ in dB ist nicht üblich.

7.2.4 Spektrale Dichte relativer Frequenzschwankungen $S_y(\delta f)$

Diese Größe unterscheidet sich von der spektralen Leistungsdichte der Frequenzschwankungen $S_{\Delta f}(\delta f)$ lediglich dadurch, daß die Frequenzabweichung auf die Trägerfrequenz bezogen wurde. Entsprechend gilt nun

$$S_y(\delta f) \Big/ \mathrm{Hz}^{-1} = \frac{S_{\Delta f}(\delta f)}{f_0^2} = \frac{\delta f^2}{f_0^2} S_\phi(\delta f). \tag{7.9}$$

Diese Beschreibungsgröße wird benötigt, um Oszillatoren unterschiedlicher Frequenz vergleichen zu können. Soll zum Beispiel in einer Vervielfacher-PLL ein Signal mit der Frequenz f_S mit Hilfe eines niederfrequenten Oszillators stabilisiert werden, so muß der Einfluß der Frequenzvervielfachung auf das Phasenrauschen des niederfrequenten Oszillators berücksichtigt werden. Ein Beispiel für eine solche Umrechnung wurde bereits in Bild 2.33 gegeben. Das Phasenrauschen, ausgedrückt in einer der bisher vorgestellten Beschreibungsgrößen, steigt mit dem Vervielfachungsfaktor n:

$$S_\phi(\delta f)\Big|_{f_S = nf_0} = n^2 \cdot S_\phi(\delta f)\Big|_{f=f_0} \tag{7.10a}$$

$$S_\phi(\delta f) \Big/ (\mathrm{dBc/Hz})\Big|_{f_S = nf_0} = S_\phi(\delta f) \Big/ (\mathrm{dBc/Hz})\Big|_{f=f_0} + 20\log(n) \tag{7.10b}$$

Dieser Zusammenhang ist entsprechend auch für $S_{\Delta f}(\delta f)$ und £(δf) gültig (für letzteres nur bei Schmalband-Winkelmodulation). Er kann leicht aus Gleichung (7.1) hergeleitet werden, indem man das Argument des Sinus mit n multipliziert. Offensichtlich findet eine Erhöhung der Rauschamplitude statt, aber keine Veränderung der absoluten

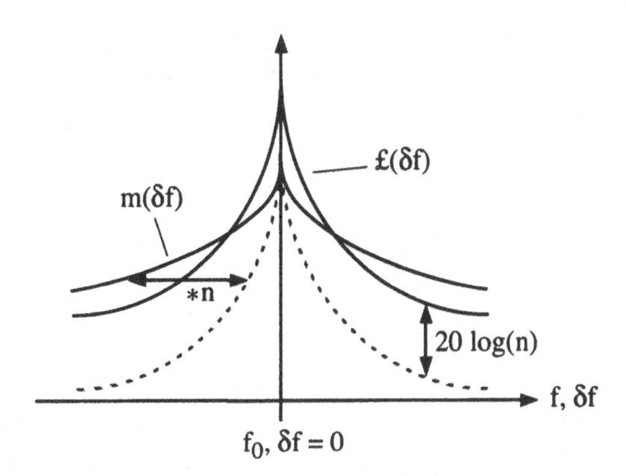

Bild 7.11
Phasenrauschen £(δf) und Amplitudenrauschen *m*(δf) eines Signals, das durch Frequenzvervielfachung aus einem niederfrequenten Signal mit ursprünglich gleichen Phasen- und Amplitudenrauschpegeln erzeugt wurde.

Offsetfrequenz δf. Mit $S_y(\delta f)$ wird hingegen ein absolutes, frequenzunabhängiges Maß gegeben, das es also erlaubt, zwei Oszillatoren unterschiedlicher Frequenz direkt zu vergleichen. Es sei noch darauf hingewiesen, daß das AM-Rauschen durch einen Multiplizierer nicht in der Amplitude erhöht wird, jedoch in der Offsetfrequenz mit n skaliert wird. Dies ist ein weiterer Grund, warum bei synthetisierten Signalquellen bei nicht zu großen Offsetfrequenzen oft das AM-Rauschen klein gegenüber dem Phasenrauschen ist. Bei großen δf kann sich dieses Verhältnis jedoch umkehren (Bild 7.11).

7.2.5 Rest-FM (Residual FM)

Die Rest-FM gibt die integrale Größe der Frequenzschwankungen über einen gegebenen Offsetfrequenzbereich an:

$$\text{Rest-FM}/_{\text{Hz}} = \sqrt{\int_{\delta f_u}^{\delta f_o} S_{\Delta f}(\delta f)\, d(\delta f)} \tag{7.11}$$

Damit kann der Einfluß von Rauschen auf Nachrichtenübertragungssysteme, deren Seitenbänder immer auf einen bekannten Bereich begrenzt sind, in einer einzelnen Größe erfaßt werden. Nachteilig ist daran, daß die Information über den Verlauf des Spektrums verloren geht. Diskrete Störfrequenzen, die innerhalb des spezifizierten Bereichs auftreten, können ein Meßergebnis erheblich verschlechtern. Die Rest-FM kann man durch FM-Demodulation und Bandbegrenzung des Signals auf den gewünschten Bereich messen. Die effektive Rauschleistung, die man dadurch erhält, bezogen auf die Signalleistung, entspricht dem Quadrat der Rest-FM. Wie bereits erwähnt, kann eine solche Demodulation behelfsmäßig durch Umwandlung der FM in AM an der ZF-Filterflanke des Spektralanalysators durchgeführt werden, so daß eine Abschätzung der Rest-FM bei geeigneter Wahl der spektralen Breite der Filterflanke im "Zero-Span"-Modus möglich ist.

7.2.6 Frequenzstabilität im Zeitbereich : Allan-Varianz $\sigma_y^2(\tau)$

Zu kleinen Offsetfrequenzen hin wird die Messung der Kurzzeitstabilität (die in diesem Bereich zur Langzeitstabilität übergeht) im Spektralbereich zunehmend schwierig, schon deshalb, weil sehr kleine Auflösungsbandbreiten benötigt werden. Solche kleinen Frequenzablagen sind dennoch von Interesse, beispielsweise bei hochstabilen Quarzoszillatoren und Dopplerradarsystemen. Man geht hier zur Spezifikation und Messung im Zeitbereich über. Die geeignete Beschreibungsgröße ist die Allan-Varianz $\sigma_y^2(\tau)$

der relativen Frequenzabweichung $y = f_k/f_0$, aufgetragen über das Mittelungsintervall τ der Frequenzmessungen.

$$\sigma_y^2(\tau) = \frac{1}{2(M-1)} \sum_{k=1}^{k=M-1} \left[\frac{f_{k+1}}{f_0} - \frac{f_k}{f_0} \right]^2 \tag{7.12}$$

Dabei ist f_k definiert als die mittlere Frequenz im Zeitintervall $[t+(k-1)\tau, t+k\tau]$, und M ist die (als hinreichend groß angenommene) Anzahl der Messungen. Der Vorteil der Allan-Varianz gegenüber der üblichen Varianz ist, daß nur Differenzen jeweils zweier aufeinanderfolgender Messungen verwendet werden. Infolgedessen beeinflussen Frequenzschwankungen und -driften über größere Zeiträume als τ die Allan-Varianz nur wenig, im Gegensatz zur konventionellen Varianz. Dargestellt wird meist die Wurzel der Allan-Varianz $\sigma_y(\tau)$ (Root Allan Variance Plot).

Der Zusammenhang zwischen Beschreibungsgrößen in Zeitbereich und Spektralbereich wird durch folgende Gleichung hergestellt:

$$\sigma_y^2(\tau) = \int_0^{B_m} S_y(\delta f) \frac{\sin^4(\pi \delta f \tau)}{(\pi \delta f \tau)^2} d(\delta f) = \frac{1}{(\pi f_0 \tau)^2} \int_0^{B_m} S_\phi(\delta f) \sin^4(\pi \delta f \tau)\, d(\delta f) \tag{7.13}$$

B_m gibt hier die Meßbandbreite bzw. die entsprechende äquivalente Rauschbandbreite an. Diese Bandbreite ist deshalb von Bedeutung, weil das Integral in (7.13) über unendliche Bandbreite nicht konvergiert, wenn $S_\phi(\delta f)$ nicht stärker als mit δf^{-1} abfällt (Bild 7.12).

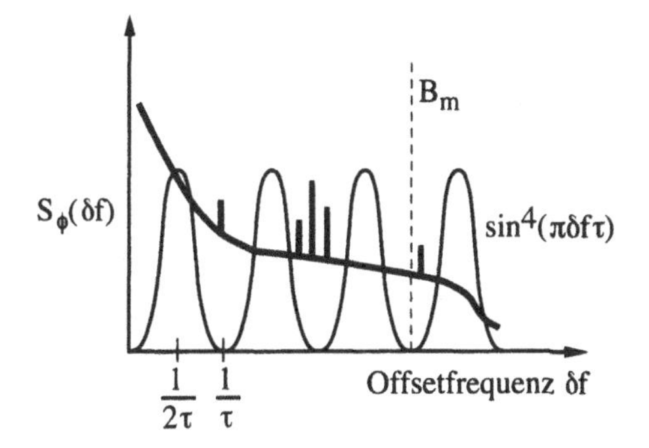

Umrechnung nach Gleichung (7.13):
- mit $\sin^4$ gewichtetes Integral von $S_\phi(\delta f)$
- bei starkem Abfall mit der Frequenz wird die Varianz bei τ im wesentlichen vom Rauschen bei $1/2\tau$ bestimmt
- bei schwachem Abfall mit der Frequenz wird $\sigma_y(\tau)$ abhängig von B_m
- für beliebige $S_\phi(\delta f)$ anwendbar, auch bei starken Nebenlinien

Bild 7.12 Umrechnung von $S_\phi(\delta f)$ in Allan-Varianz mit Gleichung (7.13)

In der Praxis kann oft eine Umrechnung getrennt nach unterschiedlichen Klassen von Rauschen erfolgen, wie in Bild 7.13 beschrieben. Die folgenden Umrechnungsformeln sind aus der HP-Application Note 358-12 "Simplify Frequency Stability Measurements with Built-in Allan Variance Analysis", Hewlett-Packard 1990, entnommen und gelten für $2\pi B_m \tau >> 1$.

Formeln zur stückweisen Umrechnung von Allan-Varianz in $S_\phi(\delta f)$

$S_\phi(\delta f) \sim \delta f^{-\alpha}$		$\sigma_y^2(\tau) = K \cdot S_\phi(\delta f)$
weißes Phasenrauschen:	$\alpha = 0$	$K = \frac{3 B_m}{4\pi^2 f_0^2} \cdot \frac{1}{\tau^2}$
Funkelrauschen:	$\alpha = 1$	$K = \frac{\delta f}{4\pi^2 f_0^2} \cdot \frac{(1.038 + 3\ln(2\pi B_m \tau))}{\tau^2}$
weiße FM, random walk:	$\alpha = 2$	$K = \frac{\delta f^2}{2 f_0^2} \cdot \frac{1}{\tau}$
FM-Funkelrauschen:	$\alpha = 3$	$K = \frac{\delta f^3}{f_0^2} \cdot 2\ln(2)$
random walk FM:	$\alpha = 4$	$K = \frac{\delta f^4}{3 f_0^2} \cdot 2\pi^2 \tau$

(Umrechnung in andere Beschreibungsgrößen im Spektralbereich mit Gleichungen (7.7) - (7.9))

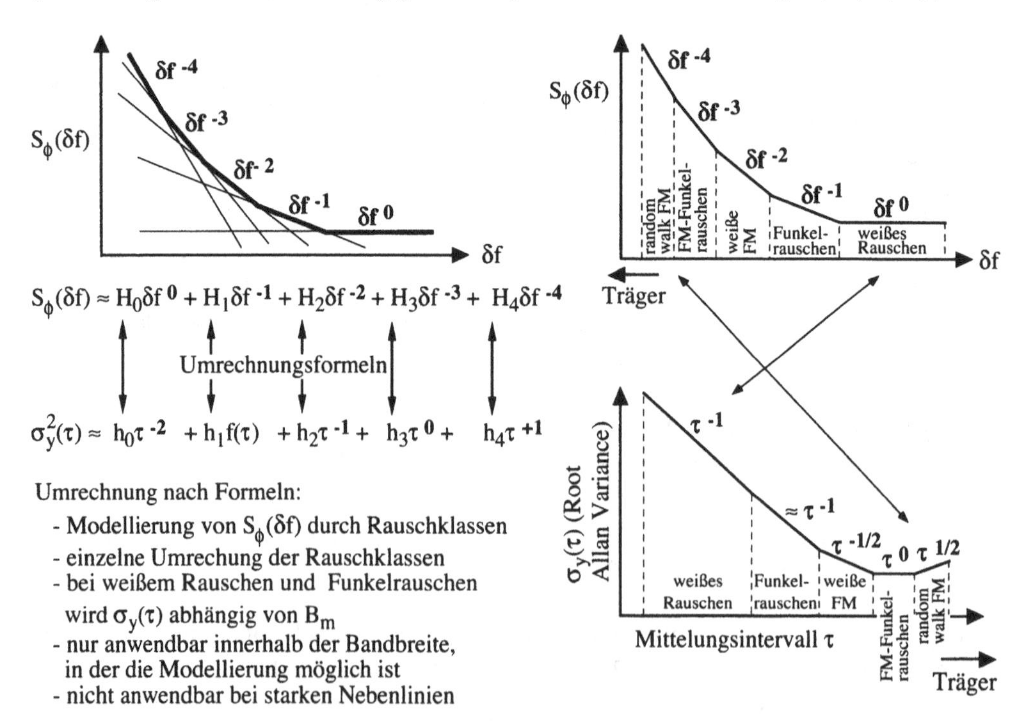

Bild 7.13 Umrechnung von ("Root"-)Allan-Varianz und $S_\phi(\delta f)$ mit Hilfe der Formeln

In Gleichung (7.13) wurde, wie auch in Definition (7.12), angenommen, daß die einzelnen Frequenzmessungen ohne dazwischenliegende Totzeit durchgeführt wurden. Das ist mit konventionellen Zählern nicht möglich und macht Korrekturen nötig. Das in Kapitel 6 vorgestellte Konzept der totzeitfreien Zähler ermöglicht dagegen eine fehlerfreie Messung. Mit dem Frequenz- und Zeitintervall-Analysator HP 5372A kann die Allan-Varianz bis zu $\tau = 8$ s (oder über beliebige Zeiträume mit externer Auswertung) bestimmt werden. Zur Messung hochfrequenter Quellen muß lediglich wieder das Meßsignal heruntergemischt werden. Bei der Messung sind allerdings der Mischer, der verwendete LO und ein eventuell nötiger NF-Verstärker als mögliche Fehlerquellen zu berücksichtigen. Die Meßbandbreite ist auf die ZF-Frequenz beschränkt. Da bei der Auswertung einer einzelnen Meßreihe unterschiedliche Mittelungsintervalle τ aus den Meßwerten gebildet werden können, kann man mit einem Meßvorgang den gesamten Verlauf von $\sigma_y^2(\tau)$ erhalten (dazu ist beim HP 5372A ein externer Rechner mit geeigneter Software erforderlich). Das kleinste erfaßte Zeitintervall τ ist damit etwa gleich dem minimalen Samplingintervall, das größte gleich der gesamten Meßzeit. Ein Meßbeispiel ist in Bild 7.14 gezeigt.

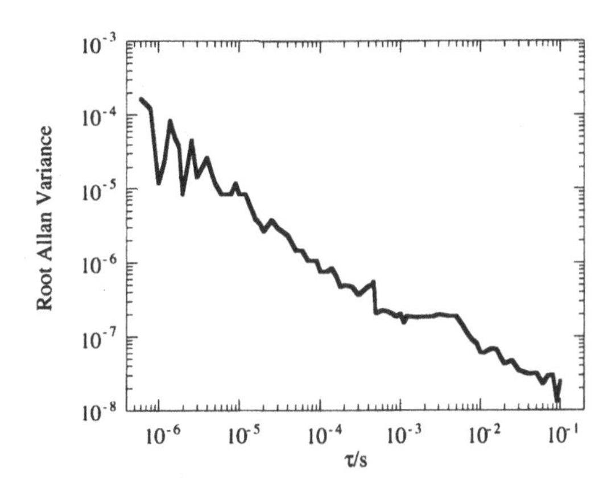

Bild 7.14
Root Allan Variance des 1,2 GHz-Oszillators aus Bild 7.6 (gemessen über einen Teiler durch 10 bei 120 MHz mit HP 5371A, Meßbandbreite 500 MHz). Man beachte, daß der Träger nun rechts vom Bild liegt. Die zu kleinen Mittelungsintervallen hin schlechter werdende Auflösung des Zählers führt für $\tau < 10$ µs zu großen Meßunsicherheiten, wie links im Bild an den unrealistischen Einbrüchen in der Meßkurve zu erkennen ist.

Ein Problem bei Messungen der Allan-Varianz besteht im Einfluß von determinierten Störlinien. Mit Gleichung (7.12) oder Bild 7.12 kann man sich klar machen, daß eine periodisch mit der Frequenz f_m auftretende Frequenzschwankung einen vergrößerten Wert der Allan-Varianz bei **allen** Werten von τ verursacht, mit Ausnahme der Werte $\tau = n/f_m$. Bei letzteren wird die Frequenzschwankung vollständig herausgemittelt. Das bedeutet, eine einzelne Störlinie verschlechtert die gesamte Messung mit Ausnahme diskreter Punkte (Bild 7.15).

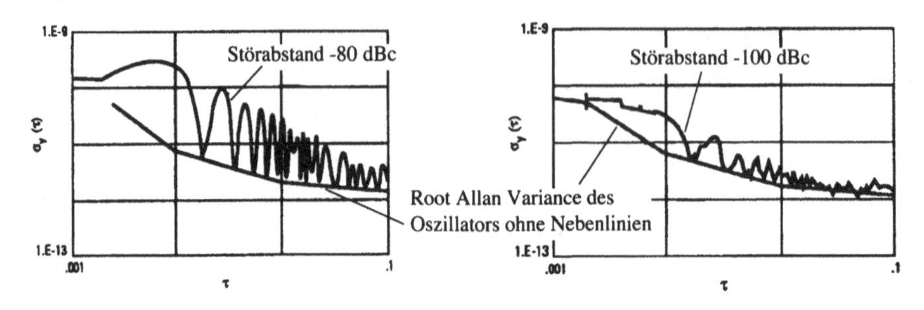

Bild 7.15
Verschlechterung der Allan-Varianz durch determinierte Störlinien a) Allan-Varianz mit und ohne Nebenlinie bei δf = 60 Hz mit -80 dBc Pegel b) wie a), aber Nebenlinie mit -100 dBc Pegel; In beiden Plots ist die Wurzel der Allan-Varianz (Root Allan Variance) aufgetragen

7.2.7 Phasenrauschen und Rauschtemperatur

In Bild 7.5 wurde schon angedeutet, welcher Zusammenhang zwischen einem additiv überlagerten Rauschpegel und dem dadurch verursachten Phasenrauschen eines Trägersignals besteht. Die überlagerten Rauschseitenbänder sind gegenseitig **unkorreliert**. Man erinnere sich, daß ein einzelnes Seitenband bei δf ohne ein dazu symmetrisches Seitenband bei -δf immer einer kombinierten AM und PM entsprechen muß, wobei im Fall der Schmalband-Winkelmodulation der Modulationsindex beider Modulationsarten identisch ist. Soll ein Seitenband bei δf nun in seine beiden Modulationskomponenten zerlegt werden, so sind die beiden dazu nötigen **korrelierten** Seitenbänder bei -δf hinzuzudenken, die sich allerdings gegenseitig auslöschen. Wann

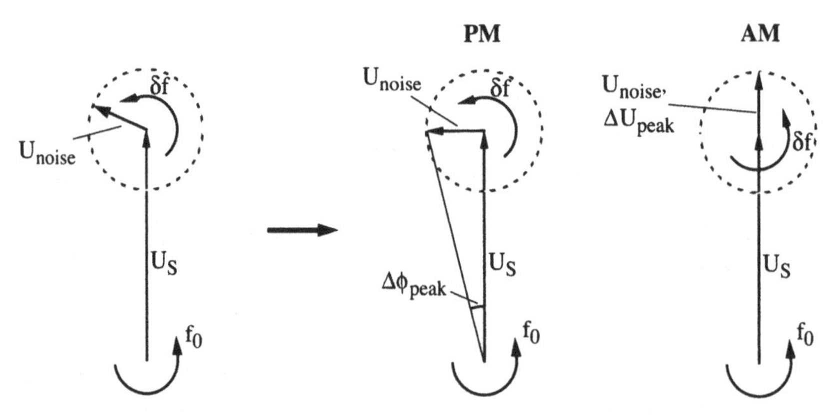

Bild 7.16 Addition des Signalvektors des Trägers und einer Rauschspannung

immer aber von **reinem** AM- oder Phasenrauschen die Rede ist, sind die Rauschseitenbänder zwangsläufig spiegelbildlich zum Träger angeordnet und gegenseitig korreliert (in dem Sinn, daß ihre Zeitfunktionen nach der Demodulation korreliert sind). Die Annahme kombinierter PM und AM durch überlagertes Rauschen soll in Bild 7.16 mit Hilfe einer Signalvektordarstellung verdeutlicht werden.

Die Peak-Rauschspannung U_{noise} an einem Widerstand R ist durch die äquivalente Rauschtemperatur T_e gegeben zu

$$U_{noise} = \sqrt{2RkT_eB}, \tag{7.14}$$

wobei B die Rauschbandbreite und k die Boltzmann-Konstante ist. Aus Bild 7.16 kann man ablesen:

$$\Delta\phi_{peak} \approx \tan(\Delta\phi_{peak}) = \frac{U_{noise}}{U_S} = \frac{\sqrt{2RkT_eB}}{\sqrt{2RP_S}} \tag{7.15}$$

mit der (Peak-)Signalamplitude $U_S = \sqrt{2RP_S}$. Da für das tatsächlich existierende, aber unkorrelierte Seitenband bei $-\delta f$ dieselben Überlegungen gelten, erzeugt dieses eine Phasenabweichung von gleicher Amplitude, die gesamte Leistungsdichte der Phasenschwankungen $S_\phi(\delta f)$ wird durch Addition dieser beiden Leistungsanteile berechnet.

$$S_\phi(\delta f) \Big/ (\mathrm{RAD}^2/\mathrm{Hz}) = \frac{\Delta\phi_{peak}^2(\delta f) + \Delta\phi_{peak}^2(-\delta f)}{\sqrt{2}^2 B} = \frac{kT_e}{P_S} \tag{7.16}$$

Dasselbe Ergebnis erhält man auch, wenn die Rauschleistung gleich dem Modulationsindex (Phasenhub) der PM gesetzt wird. Wenn die Frequenz des Trägersignals relativ niedrig ist und noch in den Bereich des Funkelrauschens im Basisband fällt, muß eine entsprechend höhere äquivalente Rauschtemperatur eingesetzt werden.

7.3 Phasenrauschmessungen im Hochfrequenzbereich

Auch zur Messung des Phasenrauschens gibt es spezialisierte Meßgeräte wie zum Beispiel den Phasenrauschmeßplatz HP 3048A von Hewlett-Packard. Diese Geräte entsprechen weitgehend einem Spektralanalysator, der den speziellen Anforderungen der Phasenrauschmeßtechnik (s.u.) entsprechend ausgelegt ist, mit den im folgenden behandelten Schaltungsanordnungen und mit passenden Ausgabeformaten. Da solche Meßgeräte wegen ihrer Spezialisierung weniger verbreitet sind, werden in den folgenden Abschnitten die Schaltungsanordnungen im einzelnen behandelt.

7.3.1 Direkte Meßmethode (Spektralanalysator)

Die direkte Messung des Einseitenband-Phasenrauschens $\mathcal{L}(\delta f)$ mit dem Spektralanalysator ist einfach durchzuführen (Bild 7.17), eignet sich aber nur für eine begrenzte Anzahl von Signalquellen.

Der entscheidende Vorteil dieser Meßmethode ist ihr einfacher Aufbau, der SA zeigt (fast) direkt $\mathcal{L}(\delta f)$ an, wenn das AM-Rauschen vernachlässigbar (> 10 dB Pegelabstand zu $\mathcal{L}(\delta f)$) ist. Außerdem kann ein großer Offsetfrequenzbereich erfaßt werden. Dagegen stehen einige Nachteile (Bild 7.18):

- Der Spektralanalysator unterscheidet nicht zwischen AM und PM.
- Die Empfindlichkeit ist wegen des hohen Grundrauschens vieler Spektralanalysatoren eingeschränkt (Bild 7.19).
- Der Meßbereich ist zu kleinen Offsetfrequenzen hin durch das Phasenrauschen des geräteinternen LOs sowie durch die Bandbreite und Filterform des Auflösefilters begrenzt.
- $\mathcal{L}(\delta f)$ eignet sich nur bei nicht zu großen Phasenrauschpegeln als Maß für das Phasenrauschen.
- Frequenzdrift des Meßobjekts wirkt sich störend auf die Anzeige aus, insbesondere bei kleinen Wobbelgeschwindigkeiten (die für kleine Auflösungsbandbreite benötigt werden!).

Das Verfahren eignet sich daher nur zur Vermessung von Quellen mit hoher Langzeitstabilität, aber relativ hohem Phasenrauschen. Bild 7.20 gibt ein typisches Meßbeispiel in der üblichen Darstellung (Träger am linken Bildrand, nur positive Offsetfrequenzen) wieder. Die Spektrallinie des Trägers selbst ist durch das Auflösefilter verbreitert, bei kleinen Offsetfrequenzen ist daher keine Messung möglich, weil dort nicht das Phasenrauschen wiedergegeben wird, sondern die Filterfunktion des Auflösefilters.

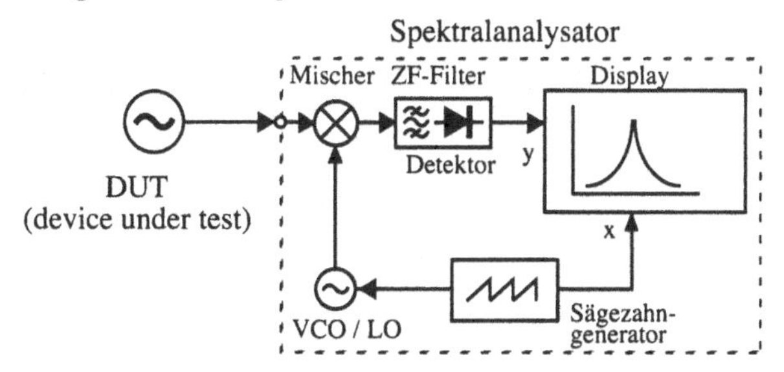

Bild 7.17 Direkte Messung des Einseitenband-Phasenrauschens mit dem SA

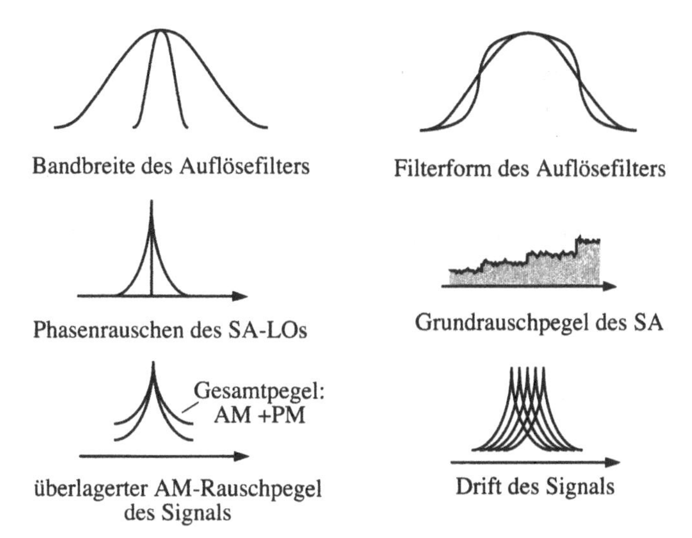

Bild 7.18
Parameter, die die Empfindlichkeit eines Spektralanalysators bei Phasenrauschmessungen beeinflussen.

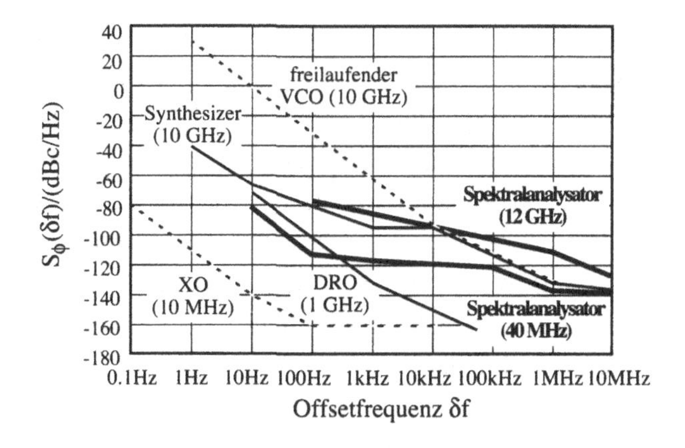

Bild 7.19
Typische Empfindlichkeit der direkten Messung mit Spektralanalysator. Zum Vergleich ist das Phasenrauschen einiger Quellen mit aufgetragen.

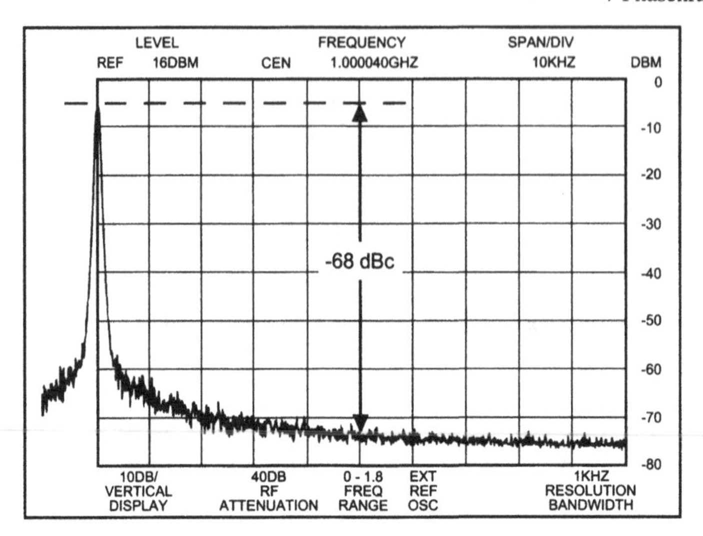

Bild 7.20
Meßbeispiel mit einer Signalleistung von -5 dBm und etwa -73 dBm/kHz bei einer Frequenzablage von 50 kHz. Die Auflösebandbreite beträgt 1 kHz. Für die Messung des Phasenrauschens legt man den Träger normalerweise an den Rand der Anzeige, so daß die Frequenzablage direkt abgelesen werden kann. Hier ist ausnahmsweise das Spektrum über den normalen Anzeigebereich hinaus gezeigt, so daß die Trägerlinie wieder vollständig sichtbar wird.

Datenkorrektur

Der vom Spektralanalysator angezeigte Pegel muß noch korrekt normiert und um einige systematische Fehler korrigiert werden, um $\pounds(\delta f)$ zu bestimmen.

- Der abgelesene Rauschpegel wird auf die allgemein übliche äquivalente Rauschbandbreite von 1 Hz normiert.
- Dazu muß die äquivalente Rauschbandbreite des Auflösefilters berechnet werden (Bild 7.21). Für Gaußfilter gilt $B_{noise} = 1{,}2\ B_{3dB}$ (manche Analysatortypen wie zum Beispiel FFT-Analysatoren führen diese Umrechnung automatisch durch).
- Für die Angabe in dBc muß außerdem noch auf die Gesamtleistung normiert werden. Bei Schmalband-Winkelmodulation wird die Gesamtleistung in guter Näherung durch die Spektrallinie des Trägers wiedergegeben.
- Da Spektralanalysatoren für die Anzeige von sinusförmigen Signalen kalibriert sind, ergibt sich für Rauschpegel ein systematisch zu kleiner Anzeigewert. Der Fehler beträgt insgesamt 2,5 dB.

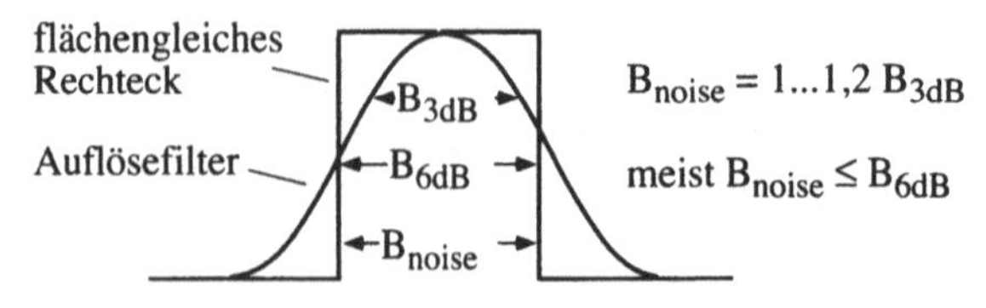

Bild 7.21 Zur Definition der äquivalenten Rauschbandbreite

Der Fehler von 2,5 dB bei der Messung von Rauschpegeln hat zwei Quellen. Erstens werden die Spitzenwerte des Rauschens durch einen logarithmischen Verstärker schwächer verstärkt als mittlere oder kleine Amplitudenwerte, so daß sich der resultierende mittlere Pegel um 1,45 dB nach unten verschiebt, wenn mit logarithmischer Anzeige gearbeitet wird. Zweitens wird der Pegel breitbandiger Signale durch einen für schmalbandige Signale kalibrierten Spitzenwertdetektor um 1,05 dB ($\hat{=}(2/\sqrt{\pi})^2$) zu niedrig bestimmt.

Für einen Meßwert aus Bild 7.20 sei ein Beispiel angegeben:

gemessener Pegel bei 50 kHz:		-73 dBm/kHz
systematischer Fehler:		+2,5 dB
Bandbreitennormierung:	$-10 \log(1{,}2\ B_{3dB}) =$	-30,8 dB
korrekter Rauschpegel:		-101,3 dBm/Hz
-(Trägerleistung):		-(-5 dBm)
Einseitenband-Rauschpegel:	£(50 kHz) =	-96,3 dBc/Hz

7.3.2 Phasendetektor-Methode

Die häufig verwendete Phasendetektor-Methode oder auch Quadraturmethode ist die empfindlichste Methode und gleichzeitig ebenso breitbandig wie die direkte Messung. Die Messung des Rauschpegels findet dabei im Basisband ($f = \delta f$) statt.

7.3.2.1 Meßaufbau und Eigenschaften des Verfahrens

Die Grundidee des Verfahrens ist, die Phasenschwankungen des Meßsignals gegenüber einer durch eine weitere Signalquelle gegebenen Referenzphase mit Hilfe eines Phasendetektors (Phasendiskriminator, PD) zu messen (Bild 7.22). Das Ausgangsspektrum des Phasendetektors kann mit einem Spektralanalysator dargestellt werden und entspricht unmittelbar der spektralen Leistungsdichte der Phasenschwankungen $S_\phi(f)$. Im Mikrowellenbereich wird man allerdings als Phasendetektor einen doppelt balancierten Mischer einsetzen, wobei zwischen dem Meßsignal und der Referenz ein Phasenunterschied von 90° bestehen muß (Quadraturbetrieb, siehe Abschnitt 7.3.2.2). Durch den begrenzten linearen Umsetzungsbereich beim Einsatz eines Mischers als PD werden nur kleine Phasenabweichungen korrekt wiedergegeben, die Messung ist auf Schmalband-Winkelmodulation beschränkt. Man kann auch sagen, durch den Mischer wird das Spektrum des Meßsignals auf eine Mittenfrequenz von 0 Hz, also ins Basisband, umgesetzt. Der vom nachgeschalteten Spektralanalysator angezeigte Rauschpegel entspricht folglich wieder 2·£(f) statt $S_\phi(f)$.

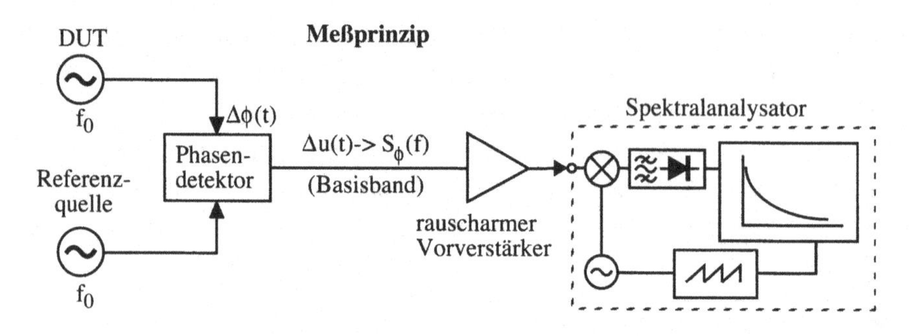

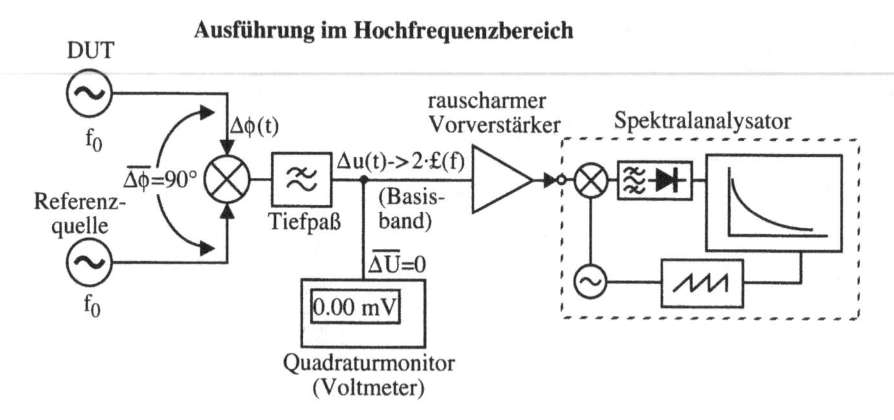

Bild 7.22
Blockschaltbild des Meßaufbaus bei der Phasendetektor-Methode (Two-Oscillator-Technique)

Genauso, wie sich bei der direkten Messung eine verringerte Empfindlichkeit durch das Rauschen des Spektralanalysator-LOs ergab, beschränkt das Eigenrauschen der Referenzquelle die Meßempfindlichkeit. Dennoch hat die Phasendetektor-Methode entscheidende Vorteile gegenüber der direkten Messung:

- Nach der Umsetzung ins Basisband durch einen PD ist der Träger aus dem Spektrum entfernt. Dadurch ist eine erheblich kleinere Meßdynamik des Spektralanalysators erforderlich. Außerdem wird die Messung bei kleinen Offsetfrequenzen möglich, die Überdeckung durch die durch das Auflösefilter verbreiterte Spektrallinie des Trägers entfällt.

- Das Eigenrauschen des Spektralanalysators spielt keine Rolle mehr, weil das zu messende Spektrum im Basisband durch einen (rauscharmen) Niederfrequenzverstärker vorverstärkt werden kann. Im HF-Bereich ist das nur begrenzt möglich, weil die Spektrallinie des Trägers schnell zur Übersteuerung führt.

- Weiterhin wird durch den Phasendetektor das AM-Rauschen unterdrückt, es wird also nur Phasenrauschen gemessen (gute Mischer erreichen im Quadraturbetrieb 30 - 40 dB AM-Unterdrückung).

- Als Referenzquelle kann ein hochstabiler Oszillator benutzt werden, während der LO eines Spektralanalysators wegen der erforderlichen Abstimmbarkeit relativ viel Phasenrauschen zeigt.
- Steht kein solcher Oszillator zur Verfügung, so kann als Referenzquelle ein Oszillator, der dieselben Eigenschaften hat wie das Meßobjekt, verwendet werden. Das Meßergebnis ist dann um 3 dB erhöht. Diese Methode läßt sich vorteilhaft in der Serienfertigung einsetzen.
- Nicht zu große Frequenzdrift des Meßobjekts kann kompensiert werden, indem der Referenzoszillator über eine PLL mit dem Meßobjekt synchronisiert wird.

Nachteilig ist, daß überhaupt eine zweite Quelle benötigt wird. Die erwähnte Kompensation der Frequenzdrift macht außerdem zusätzliche Korrekturen erforderlich. Diese Methode wird im nächsten Abschnitt ausführlicher besprochen.

7.3.2.2 Quadraturherstellung und Synchronisation

Mit Gleichung (2.12) aus Abschnitt 2.2.5.1 kann die Umsetzung einer Phasendifferenz in eine Spannung an einem als idealen Multiplizierer angenommenen Mischer gezeigt werden. Dabei werden hochfrequente Ausgangsspannungen durch einen Tiefpaß herausgefiltert und sind deshalb in der Gleichung vernachlässigt. K_D ist zunächst einfach eine von den Eingangsspannungen linear abhängige Umsetzungskonstante.

$$\Delta u(t) = K_D \cos(\varphi_S - \varphi_R) = K_D \cos\left(\Delta\phi(t) - \overline{\Delta\phi}\right) \tag{7.17}$$

Beträgt nun die mittlere Differenzphase $\overline{\Delta\phi} = 90°$, so ergibt sich für kleine Phasenschwankungen $\Delta\phi(t)$ ein linearer Zusammenhang:

$$\Delta u(t) = K_D \cos\left(\Delta\phi(t) - \frac{\pi}{2}\right) = K_D \sin(\Delta\phi(t)) \approx K_D \cdot \Delta\phi(t) \tag{7.18}$$

K_D wird in diesem Fall als Phasendetektorkonstante bezeichnet.

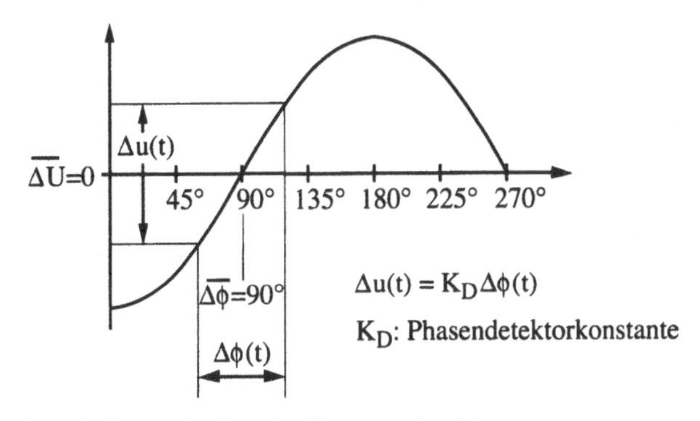

Bild 7.23 Mischer als Phasendetektor im Quadraturbetrieb

Man kann sich den Betrieb eines Mischers in Quadratur ($\overline{\Delta\phi} = 90°$) als Phasendetektor folgendermaßen verdeutlichen: Beim Mischvorgang werden Amplitude und Phase getreu übertragen (Abschnitt 2.2.3.1). Die Trägerfrequenz f_0 wird nun auf 0 Hz umgesetzt, so daß sich die Seitenbänder bei δf und $-\delta f$ im Basisband ($f = |\delta f|$) addieren. Es hängt von der Phasendifferenz der gemischten Signale ab, welche Seitenbänder im Basisband verbleiben: Bei 0° Phasendifferenz heben sich die (gegenphasigen) PM-Seitenbänder weg, der Mischer arbeitet als AM-Demodulator, bei 90° Phasendifferenz heben sich die AM-Seitenbänder weg und der Mischer arbeitet als Phasendetektor.

Wie in Bild 7.22 angedeutet, kann die Bedingung $\overline{\Delta\phi} = 90°$ durch Überwachung der Ausgangsgleichspannung des Phasendetektors, die 0 V betragen muß, überprüft werden. Häufig wird allerdings der Fall auftreten, daß die Quadratur nicht über die gesamte Meßzeit erhalten bleibt, insbesondere bei driftenden Quellen, denn im Prinzip genügt ein einzelner Phasensprung, um die Quadraturbedingung empfindlich zu stören. In diesem Fall muß die 90°-Phasendifferenz durch eine Regelung in Form einer PLL eingestellt werden (Bild 7.24). Dadurch wird auch das Problem der Frequenzdrift behoben. Da der Meßaufbau bereits einen Phasendetektor enthält, kann eine PLL einfach durch Rückführung der Ausgangsspannung des PDs über einen Verstärker realisiert werden.

Die Regelung der Referenzquelle durch eine PLL beeinflußt natürlich das Meßergebnis. Wie in Abschnitt 2.4.2 besprochen, übernimmt die geregelte Quelle innerhalb der Bandbreite der PLL das Phasenrauschen der ungeregelten Quelle. Die Phasendifferenz zwischen Referenzquelle und Prüfling wird also innerhalb der Bandbreite der PLL mehr oder weniger konstant auf 90° gehalten, eine Messung der Phasenschwankung ist nur noch mit zusätzlichen Korrekturen möglich. Man benutzt folglich möglichst kleine

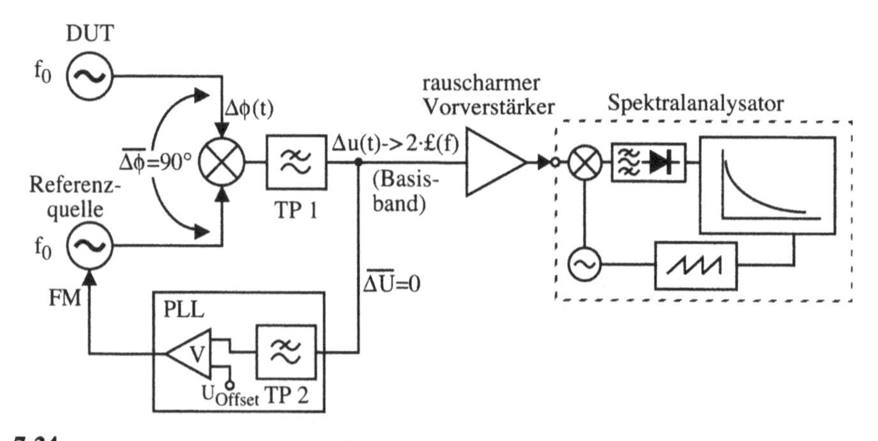

Bild 7.24
Phasendetektor-Methode mit PLL-Synchronisierung der Referenzphase und -frequenz. TP 1 legt die maximale Offsetfrequenz fest, TP 2 die Bandbreite der PLL.

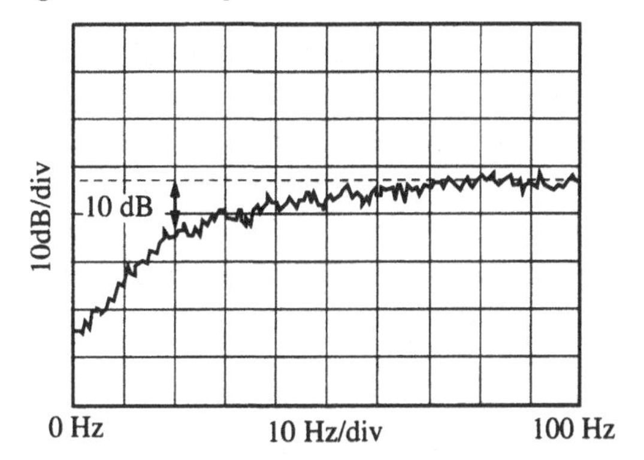

Bild 7.25
Beispiel der Rauschunterdrückung durch eine PLL: $B_{PLL} \approx 70$ Hz, Rauschunterdrückung bei 20 Hz ≈ 10 dB

Regelbandbreiten. Die Bandbreite der PLL kann aber nicht beliebig klein gewählt werden, weil je nach dem Driftverhalten der Quellen die Synchronisation bei zu kleinen Bandbreiten schwierig oder unmöglich wird.

Die Rauschunterdrückung durch die PLL wird gemessen, indem weißes Rauschen auf der HF-Seite eingespeist wird und das resultierende Ausgangsspektrum dargestellt wird (Bild 7.25). Aus einer solchen Messung können die Regelbandbreite der PLL und auch die Korrekturwerte bei kleinen Offsetfrequenzen bestimmt werden.

7.3.2.3 Systemkalibration und Messung der Detektorkonstanten K_D

Zur Kalibration wird die Frequenz der Referenzquelle f_R ein wenig gegen die Signalfrequenz $f_S = f_0$ verstimmt (bei geöffneter PLL), so daß am Ausgang des Mischers ein sinusförmiges Signal mit der Schwebungsfrequenz $f_A = f_S - f_R$ entsteht. Die Phasendetektorkonstante K_D entspricht der Steigung des Schwebungssignals $\Delta u(t) = K_D \cos(2\pi f_A t)$ im Nulldurchgang ($\pi/2$ momentane Phasenverschiebung). Offensichtlich ist aber K_D auch einfach die Amplitude der Schwebung. Nach Gleichung (7.18) und (7.5) kann also $S_\phi(\delta f)$ folgendermaßen berechnet werden:

$$S_\phi(\delta f) = \frac{\Delta\phi_{rms}^2}{B} = \frac{1}{K_D^2}\frac{\Delta u_{rms}^2}{B} = \frac{1}{2P_A}\frac{\Delta u_{rms}^2}{B} \qquad (7.19)$$

Dabei ist zu beachten, daß der Pegel der Schwebung $P_A = (K_D/\sqrt{2})^2$ beträgt. In (7.19) ist implizit die Normierung auf die Trägeramplitude berücksichtigt, denn K_D hängt linear von den Eingangsspannungen des Mischers ab. Man kann sich die Kalibration auch so plausibel machen: Statt auf die Trägerleistung ist auf diejenige Ausgangsleistung des Phasendetektors zu normieren, die der Trägerleistung entspricht. Diese Leistung tritt (momentan) bei 0° Phasenverschiebung auf. Die mittlere Leistung der Schwebung P_A ist halb so groß, die gesuchte Bezugsleistung ist also einfach $2 \cdot P_A$.

Oft wird man für diese Messung das Ausgangssignal des Phasendetektors dämpfen müssen, um eine Übersteuerung des Vorverstärkers oder des Spektralanalysators zu vermeiden. Bei der Bestimmung der Bezugsleistung muß selbstverständlich diese zusätzliche Dämpfung berücksichtigt werden. Es ist außerdem wichtig, daß die Leistung der Referenzquelle bei Bestimmung der Bezugsleistung dieselbe ist wie bei der eigentlichen Messung, da K_D von dieser Leistung abhängt.

7.3.2.4 Datenkorrektur

Die Datenkorrektur bei der Phasendetektor-Methode unterscheidet sich nur in zwei bis drei Punkten von derjenigen bei der direkten Messung:

- Es wird 2·£(δf) gemessen (bei Einsatz eines "echten" PDs sogar $S_\phi(\delta f)$). Zur Umrechnung auf £(δf) sind 3 dB abzuziehen.
- Die Bezugsleistung kann nicht mehr einfach abgelesen werden. Sie entspricht vielmehr der doppelten (= +3 dB) Leistung einer Schwebung, die bei kleiner Frequenzverstimmung von Meßobjekt und Referenzquelle auftritt. Die bei der Messung dieser Leistung eventuell notwendige zusätzliche Dämpfung muß bei der Bestimmung der Bezugsleistung berücksichtigt werden.
- Bei Verwendung einer PLL-Synchronisierung muß eine zusätzliche Korrektur innerhalb der Regelbandbreite stattfinden.

Die weiteren Korrekturen sind dieselben wie bei der direkten Meßmethode:

- Normierung auf die äquivalente Rauschbandbreite 1 Hz unter Beachtung des Umrechnungsfaktors $B_{noise} = 1{,}2\ B_{3dB}$ für Gaußfilter.
- Normierung auf die Bezugsleistung.
- Umrechnung auf effektive Rauschleistung durch Abziehen von 2,5 dB.

Ein (fiktives) Beispiel wäre:

gemessener Pegel bei 20 Hz:		-40 dBm/Hz
systematischer Fehler:		+2,5 dB
Bandbreitennormierung:	-10 log(1,2 Hz) =	-0,8 dB
Rauschunterdrückung durch die PLL:		+10 dB
korrekter Rauschpegel:		-28,3 dBm/Hz
-(Schwebungsleistung + 3 dB + Dämpfung):		-(10 dBm + 3 dB + 30 dB)
Umrechnung $S_\phi(\delta f)$ -> £(δf)		-3 dB
Einseitenband-Rauschpegel:	£(20 Hz) =	-74,3 dBc/Hz

Korrektur von Rauschen der Referenzquelle

Ist das Eigenrauschen der Referenzquelle nicht vernachlässigbar gegenüber den zu messenden Rauschpegeln, so muß auch dies in einer Korrektur berücksichtigt werden. Voraussetzung dafür ist, daß der Rauschpegel $P_{R,noise}$ der Referenzquelle bekannt und nicht wesentlich größer als der zu messende Rauschpegel P_{noise} ist. Da sich die unkorrelierten Rauschleistungen addieren, wird die Korrektur durch Abziehen des bekannten Rauschens der Referenzquelle vorgenommen. Im logarithmischen Maßstab ergibt sich folgende Beziehung:

$$\text{Korrekturwert} / \text{dB} = 10 \log\left(1 + 10^{-(P_{noise} - P_{R,noise})/10\text{dB}}\right) \tag{7.20}$$

Signalabstand $(P_{noise} - P_{R,noise})$/dB	0	1	2	3	4	5	10	15
Korrekturwert/dB	3,0	2,5	2,1	1,8	1,5	1,2	0,4	0,2

Ab einem Pegelabstand von 10 dB wird allgemein keine Korrektur mehr vorgenommen (vgl. Bild 5.20). In Bild 7.26 sind einige typische Beispiele für die spektrale Leistungsdichte der Phasenschwankungen $S_\phi(\delta f)$ von möglichen Referenzquellen und für das Eigenrauschen des Meßaufbaus der Phasendetektor-Methode gegeben. In diesem Bild ist auch zu erkennen, daß alle aufgeführten Signalquellen mit der Phasendetektor-Methode vermessen werden können, wenn eine geeignete Referenzquelle verwendet wird.

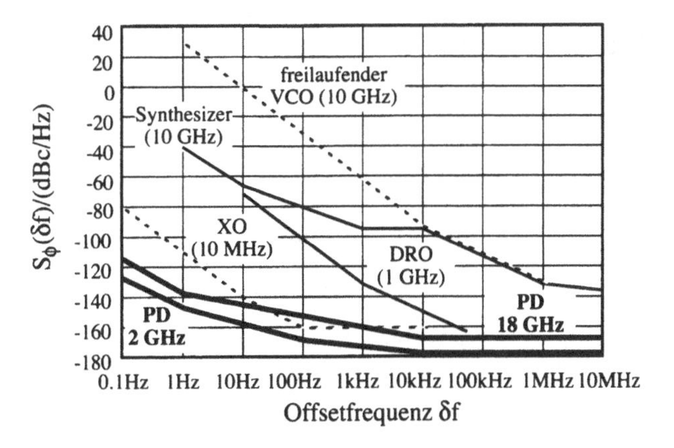

Bild 7.26
Typische spektrale Leistungsdichte der Phasenschwankungen $S_\phi(\delta f)$ einiger Signalquellen und Eigenrauschen des Meßaufbaus der PD-Methode

7.3.3 Frequenzdiskriminator-Methode

Wird statt des Phasendetektors (Phasendiskriminator, PD) ein Frequenzdiskriminator (**FD**, FM-Demodulator) benutzt, so wird $S_{\Delta f}(\delta f)$ statt $S_{\phi}(\delta f)$ gemessen, ebenfalls im Basisband. Im Prinzip hat das den Vorteil, daß keine Referenzphase benötigt wird, sondern eine Referenzfrequenz. Die Referenzfrequenz muß nicht als Signal vorhanden sein, sondern kann durch die Systemparameter des Frequenzdiskriminators gegeben sein. So ist beispielsweise mit jedem Filter mit linearer Filterflanke eine Umwandlung von FM in AM möglich, mit einem nachgeschalteten AM-Demodulator (Detektor) erhält man den gewünschten FM-Demodulator. Ein solcher festfrequenter Demodulator hat jedoch den Nachteil geringer Flexibilität und eignet sich nicht zur Vermessung driftender Quellen. Bei dem im folgenden vorgestellten Verfahren wird der Frequenzdiskriminator durch einen Phasendiskriminator mit vorgeschalteter Verzögerungsleitung angenähert, als Referenzfrequenz wird das Meßsignal selbst benutzt. Dadurch ist der erfaßbare Trägerfrequenzbereich nur durch den nutzbaren Bereich des PDs und der Verzögerungsleitung begrenzt. Bei Verwendung eines Mischers als PD gilt wieder die im letzten Abschnitt diskutierte Einschränkung auf Schmalband-Winkelmodulation.

7.3.3.1 Phasendetektor mit vorgeschalteter Verzögerungsleitung als Frequenzdiskriminator

Ein Problem der Phasendetektor-Methode besteht darin, daß eine zweite Quelle benötigt wird, die auch noch bei driftendem Meßobjekt synchronisiert werden muß. Es ist daher naheliegend, das Meßobjekt selbst als Referenz zu benutzen. Die geeignete Meßgröße ist die Phasendifferenz zwischen dem Meßsignal zum Zeitpunkt t und dem verzögerten Meßsignal zum Zeitpunkt $(t - \tau_d)$. Die Phasendifferenz beträgt bei der Offsetfrequenz δf

$$\begin{aligned}\varphi_S - \varphi_R &= \{2\pi f_0 t + \Delta\phi(\delta f)\sin(2\pi\delta f t)\} \\ &\quad -\{2\pi f_0 (t-\tau_d) + \Delta\phi(\delta f)\sin(2\pi\delta f(t-\tau_d))\}\end{aligned} \tag{7.21}$$

$$\varphi_S - \varphi_R = \underbrace{2\pi f_0 \tau_d}_{\overline{\Delta\phi_\tau}} + \underbrace{\Delta\phi(\delta f)\{\sin(2\pi\delta f t) - \sin(2\pi\delta f(t-\tau_d))\}}_{\Delta\phi_\tau(t)}$$

Dabei ist $\overline{\Delta\phi_\tau} = 2\pi f_0 \tau_d$ die mittlere Phasendifferenz. Die resultierenden Phasenschwankungen $\Delta\phi_\tau(t)$ bei der Offsetfrequenz δf ergeben sich zu

$$\begin{aligned}\Delta\phi_\tau(t) &= \Delta\phi(\delta f)\cdot 2\sin(\pi\delta f\tau_d)\cdot\cos(\pi\delta f(2t-\tau_d)) \\ (\Delta\phi_\tau(t))_{rms} &= \Delta\phi_{rms}(\delta f)\cdot 2\sin(\pi\delta f\tau_d)\end{aligned} \tag{7.22}$$

Umrechnung der Phasenschwankungen des Meßsignals $\Delta\phi$ in Frequenzschwankungen Δf nach Gleichung (7.4) liefert:

$$\left(\Delta\phi_\tau(t)\right)_{rms} = \Delta f_{rms}(\delta f) \cdot 2\pi\tau_d \frac{\sin(\pi\delta f\tau_d)}{\pi\delta f\tau_d} \tag{7.23}$$

Das bedeutet, für kleine Offsetfrequenzen ($\sin(\pi\delta f\tau_d)/(\pi\delta f\tau_d) \approx 1$) ist die Phasenschwankung zwischen dem Meßsignal und dem zeitverzögerten Meßsignal proportional der Frequenzschwankung des Meßsignals. Dieses Ergebnis ist nicht so überraschend, wie es auf den ersten Blick scheint, wenn man sich klarmacht, daß eine Frequenzabweichung durch die Zeitverzögerung in eine Phasenabweichung umgewandelt wird:

$$\text{mit } f = f_0 + \Delta f: \qquad \varphi(t) \overset{\tau_d}{\rightarrow} \varphi(t+\tau_d) = \varphi(t) + \underbrace{2\pi f_0\tau_d}_{\overline{\Delta\phi_\tau}} + \underbrace{2\pi\Delta f\tau_d}_{\Delta\phi_\tau} \tag{7.24}$$

Durch die sin(x)/x-Funktion in Gleichung (7.23) ist berücksichtigt, daß das Meßsignal mit sich selbst verglichen wird. Für Offsetfrequenzen, die n/τ_d ($n = 1, 2, 3, \ldots$) betragen, darf sich keine Phasenabweichung ergeben, denn eine mit n/τ_d periodisch ablaufende Phasenschwankung hat nach der Verzögerungszeit τ_d gerade wieder denselben Wert erreicht wie zum Zeitpunkt t.

Zusammenfassend kann man sagen, daß eine Verzögerungsstrecke mit nachgeschaltetem Phasendetektor für kleine Offsetfrequenzen $\delta f \ll 1/\tau_d$ als Frequenzdiskriminator arbeitet.

7.3.3.2 Aufbau des Meßsystems und Eigenschaften des Verfahrens

Der Aufbau einer Messung mit dem oben beschriebenen Frequenzdiskriminator unterscheidet sich von der Messung mit Phasendetektor dadurch, daß keine zweite Quelle, dafür aber eine Verzögerungsstrecke benötigt wird (Bild 7.27).

Mit Gleichung (7.17) kann aus Gleichung (7.23) die effektive Umsetzungskonstante des Frequenzdiskriminators K_F berechnet werden, wenn ein Mischer als Phasendetektor verwendet wird. Dazu ist sicherzustellen, daß der Mischer in Quadratur betrieben wird, die mittlere Phasendifferenz also $\overline{\Delta\phi_\tau} = \pi/2 \hat{=} 90°$ beträgt.

$$\Delta u(t) = K_D \cos(\varphi_S - \varphi_R) = K_D \cos\left(\Delta\phi_\tau(t) - \overline{\Delta\phi_\tau}\right)$$

$$= K_D \cos\left(\Delta\phi_\tau(t) - \frac{\pi}{2}\right) \approx K_D \cdot \Delta\phi_\tau(t) \qquad (\Delta\phi_\tau < 0{,}2\ \text{Rad})$$

$$(\Delta u(f))_{rms} = \Delta f_{rms}(\delta f) \cdot \underbrace{K_D \cdot 2\pi\tau_d \frac{\sin(\pi\delta f\tau_d)}{\pi\delta f\tau_d}}_{:=K_F} = \Delta f_{rms}(\delta f) \cdot K_F \tag{7.25}$$

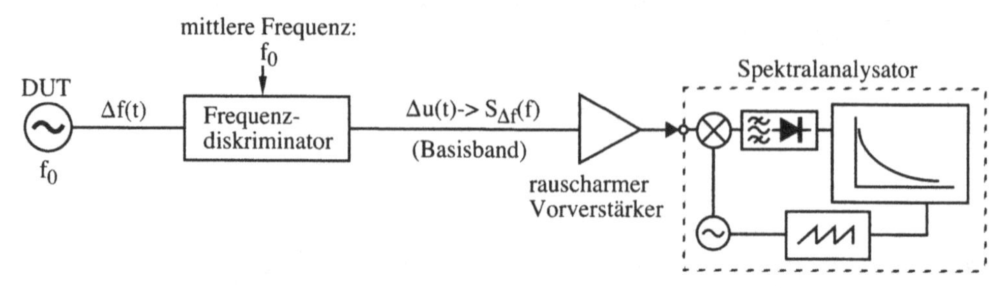

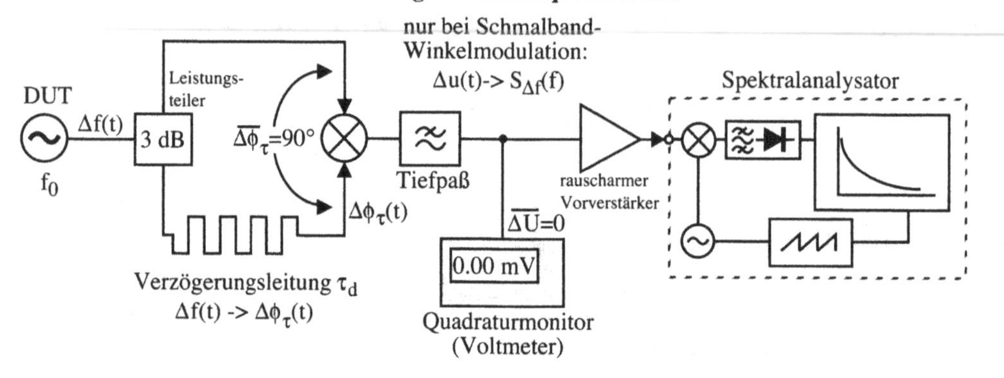

Bild 7.27
Blockschaltbild des Meßaufbaus bei der Frequenzdiskriminator-Methode (Single-Oscillator-Technique). Zur Feinabstimmung kann die Verzögerungsleitung durch einen Phasenschieber ergänzt sein.

Da die Rechnung bisher monofrequent bei der Offsetfrequenz δf durchgeführt wurde, konnte im letzten Rechenschritt statt $(\Delta u(t))_{rms}$ einfach $(\Delta u(f{=}\delta f))_{rms}$ geschrieben werden. Damit ist der Übergang zur breitbandigen Betrachtung vollzogen. Die Umsetzungskonstante K_F ist allerdings frequenzabhängig (Bild 7.28). Bis zu einer Frequenz von etwa $f = 1/(2\pi\tau_d)$ kann die Frequenzabhängigkeit vernachlässigt werden, bei $f = 1/\tau_d$ ist keine Messung mehr möglich.

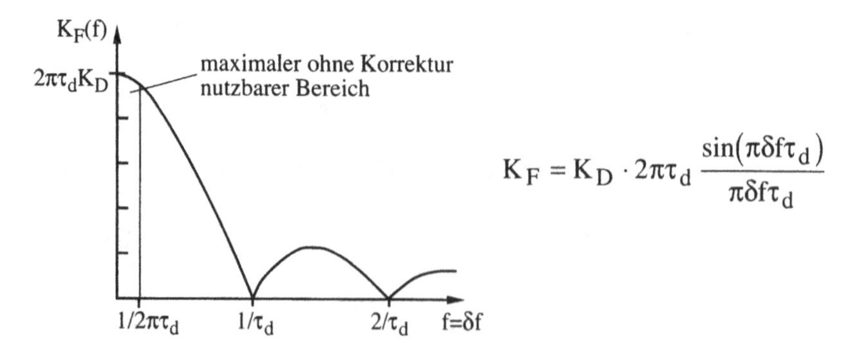

$$K_F = K_D \cdot 2\pi\tau_d \, \frac{\sin(\pi\delta f\tau_d)}{\pi\delta f\tau_d}$$

Bild 7.28 Frequenzabhängigkeit der Umsetzungskonstante K_F

Die Leistungsdichte der Frequenzschwankungen kann nun bestimmt werden:

$$S_{\Delta f}(\delta f) = \frac{\left(\Delta f(\delta f)_{rms}\right)^2}{B} = \frac{1}{K_F^2}\frac{\left(\Delta u(f)_{rms}\right)^2}{B} \tag{7.26}$$

Die Quadraturbedingung $\overline{\Delta\phi_\tau} = \pi/2 \,\hat{=}\, 90°$ nimmt mit (7.21) die Form

$$\tau_d = \frac{(2n-1)}{2f_0} \tag{7.27}$$

an. Diese Bedingung wird durch Anpassung der Verzögerungszeit oder auch möglicherweise durch eine geringfügige Änderung der Meßfrequenz f_0 erfüllt. Zur Kontrolle dient ein Oszilloskop oder Voltmeter als Quadraturmonitor. Bedingung (7.27) ist relativ leicht zu erfüllen und bleibt auch bei stark driftenden Quellen verhältnismäßig lange erhalten.

Die Vorteile der Frequenzdiskriminator-Methode sind damit zusammengefaßt:

- Es kann direkt $S_{\Delta f}(\delta f)$ gemessen werden.
- Eine zweite Signalquelle wird bei der Messung nicht benötigt.
- Auch stark driftende Quellen können vermessen werden.
- Vorteile der Phasendetektor-Methode wie Unterdrückung der Trägerlinie und Unterdrückung von AM-Rauschen bleiben erhalten.

Dem stehen einige Nachteile entgegen:

- Soll $S_\phi(\delta f)$ bestimmt werden, so nimmt die Meßempfindlichkeit wegen Gleichung (7.8): $S_\phi = S_{\Delta f}/\delta f^2$ zu kleinen Offsetfrequenzen δf hin quadratisch ab.
- Die Empfindlichkeit nimmt auch zu hohen Offsetfrequenzen hin ab, die obere Frequenzgrenze ist $\delta f \approx 1/\tau_d$ (dies gilt nicht, wenn ein andersartiger Frequenzdiskriminator verwendet wird).
- Die Meßempfindlichkeit hängt über K_F^2 quadratisch von der Verzögerungszeit τ_d ab. Die Verzögerungszeit kann aber nicht beliebig groß gewählt werden, insbesondere weil im Mikrowellenbereich eine große Zeitverzögerung, die durch Laufzeiten auf Leitungen realisiert wird, mit hohen Dämpfungen verbunden ist.
- Die Kalibration wird aufwendiger (siehe folgenden Abschnitt).

7.3.3.3 Systemkalibration

Zur Kalibration muß wieder K_F bestimmt werden. Eine mögliche Methode ist die Berechnung aus K_D und τ_d nach Gleichung (7.25) oder für kleine Offsetfrequenzen näherungsweise als $K_F \approx K_D \cdot 2\pi\tau_d$. K_D kann mit dem in Abschnitt 7.3.2.3 diskutierten Schwebungsverfahren ermittelt werden. Dazu muß an einem Eingang des Phasendetektors eine zweite, leicht gegen f_0 verstimmte Signalquelle angeschlossen werden, die dieselbe Leistung wie das Meßobjekt in diesen Eingang einspeisen muß. Die Verzögerungszeit τ_d kann aus der elektrischen Länge der Verzögerungsleitung berechnet werden. Eine präzisere Methode ist es aber, die nächsthöhere Frequenz $f_0 + \Delta f_0$ zu bestimmen, bei der die mittlere Phasenverschiebung $\overline{\Delta\phi_\tau}$ wieder ein ungeradzahliges Vielfaches von $\pi/2$ beträgt, bei der also wieder ein Nulldurchgang der mittleren PD-Ausgangsspannung auftritt. Für die Verzögerungszeit gilt dann nach (7.27)

$$\tau_d = \frac{1}{2\Delta f_0}. \tag{7.28}$$

In vielen Fällen wird man K_F nach einer anderen Methode ermitteln: Wird ein FM-moduliertes Signal des Meßobjekts (oder eines anderen Generators mit gleicher Ausgangsleistung) mit bekanntem Modulationshub Δf und der Modulationsfrequenz δf_m in den Meßaufbau eingespeist, so gilt einfach:

$$K_F(\delta f_m) = \frac{(u(t))_{peak}}{(\Delta f(\delta f_m))_{peak}}. \tag{7.29}$$

Man beachte, daß der vom Spektralanalysator angezeigte Pegel $(u(t))_{rms}$ entspricht. Meist wird man die Modulationsfrequenz δf_m niedrig genug wählen, um K_F als konstant annehmen zu können. Ansonsten muß nach (7.25) auf andere Offsetfrequenzen umgerechnet werden.

7.3.3.4 Datenkorrektur

- $S_\phi(\delta f)$ wird mit Gleichung (7.8): $S_\phi = S_{\Delta f}/\delta f^2$ berechnet. Zur Bestimmung von $\pounds(\delta f)$ sind zusätzlich 3 dB abzuziehen.
- K_F muß wie im vorhergehenden Abschnitt beschrieben bestimmt werden. Für Messungen bei großen Offsetfrequenzen ist eine Frequenzgangkorrektur nach (7.25) vorzunehmen.
- Normierung auf die äquivalente Rauschbandbreite 1 Hz unter Beachtung des Umrechnungsfaktors $B_{noise} = 1{,}2\ B_{3dB}$ für Gaußfilter.
- Normierung auf die "Bezugsleistung" K_F^2.
- Umrechnung des Anzeigewerts auf effektive Rauschleistung: -2,5 dB

Ein Zahlenbeispiel, hier ausnahmsweise mit "unüblichen" Einheiten:

Bestimmung der "Bezugsleistung" $K_F^2 \approx (2\pi\tau_d K_D)^2$

$20\log(K_D)$ = (Schwebungsleistung P_A + 3 dB) =	+23 dBm
$20\log(2\pi)$ =	+16 dB
$20\log(\tau_d)$ =20 log(100 ns) =	-140 dB/Hz^2
"Bezugsleistung"	-122 dBm/Hz^2

Bestimmung des Meßwerts

gemessener Pegel bei 1 MHz:		-90 dBm/(10 kHz)
systematischer Fehler:		+2,5 dB
Bandbreitennormierung	10 log(12 kHz) =	-40,8 dB
korrekter Rauschpegel:		-129,3 dBm/Hz
-("Bezugsleistung"):		-(-122 dBm/Hz^2)
Leistungsdichte der Frequenzschwankungen:	$S_{\Delta f}$(1 MHz) =	-7,3 dBc·Hz
Umrechnung $S_{\Delta f}(\delta f)$ -> $£(\delta f)$		
	-20 log(δf)-3 dB = -20 log(1 MHz) - 3 dB =	-123 dB/Hz^2
Einseitenband-Rauschpegel:	£(1 MHz) =	-130,3 dBc/Hz

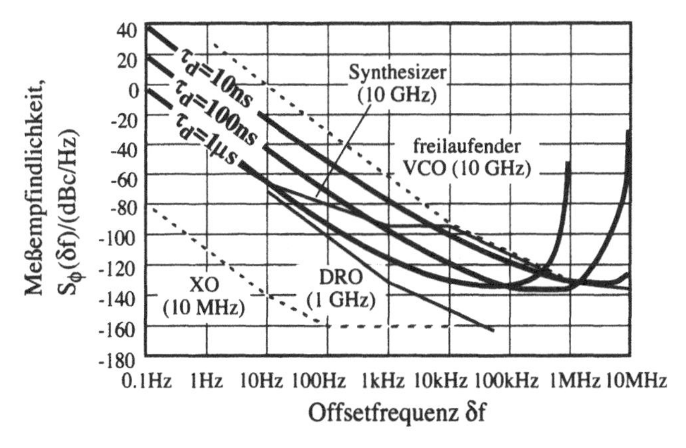

Bild 7.29
Typische Meßempfindlichkeit für $S_\phi(\delta f)$ bei der Frequenzdiskriminator-Methode in Abhängigkeit von der Verzögerungszeit τ_d. Gleichzeitig sind wieder typische Rauschpegel einiger Signalquellen aufgetragen.

Man mache sich klar, daß die Meßempfindlichkeit durch die (immer relativ kleine) Verzögerungszeit entscheidend herabgesetzt wird: Im obigen Beispiel muß ein relativ niedriger Rauschpegel gemessen werden, um einen eher großen Wert von $S_{\Delta f}(\delta f)$ zu erhalten. Das wird bei der Umrechnung auf $S_\phi(\delta f)$ bzw. $£(\delta f)$ erst wieder wettgemacht zu Offsetfrequenzen hin, die in die Größenordnung $1/\tau_d$ kommen (Bild 7.29). Dies ist aber die obere Grenzfrequenz der Messung! Die Frequenzdiskriminator-Methode hat deshalb immer eine geringere Empfindlichkeit als die Phasendetektor-Methode, wenn bei dieser nicht gerade stark rauschbehaftete Referenzquellen verwendet werden.

7.3.4 Vergleich der vorgestellten Meßmethoden

Zur besseren Übersicht folgt eine kurze Zusammenfassung der Eigenschaften der besprochenen Meßmethoden. Die Frequenzdiskriminator-Methode schneidet insbesondere dann schlecht ab, wenn ein Mischer mit vorgeschalteter Verzögerungsleitung benutzt wird, ist aber dennoch für stark driftende Quellen vorteilhaft. Die Messung der Allan-Varianz, die bereits in Abschnitt 7.2.6 dargestellt wurde, eignet sich nur für relativ kleine Offsetfrequenzen.

	Direkte Messung (SA)	**PD-Methode**	**FD-Methode**	**Allan-Varianz (mit FTA)**
Meßgröße:	$£(\delta f)$	$S_\phi(\delta f)$ $2 \cdot £(\delta f)$ (2)	$S_{\Delta f}(\delta f)$ ((1) bei (3))	$\sigma_y^2(\tau)$ Allan-Varianz
Umrechnung in $S_\phi(\delta f)$	$S_\phi = 2 \cdot £$ (1)	entfällt ((1) bei (2))	$S_\phi = S_{\Delta f}/\delta f^2$ ((1) bei (3))	stückweise nach Tabelle
kleine Offset-frequenz	-	+ (- mit PLL)	--	++
große Offset-frequenz	++	++	-- (3)	--
Meßempfind-lichkeit	-	++ (4)	-	+
einfacher Meßaufbau	++	-- (Referenz-quelle!)	- (3) (Verzögerungs leitung!)	++
starke Drift des Meßobjekts	-	-- (+ mit PLL)	++	++
AM-Unter-drückung	--	++	++	+

(1): nur für Schmalband-Winkelmodulation ($\Delta\phi < 0{,}2$ Rad)
(2): Mischer als PD
(3): Mischer und Verzögerungsleitung als FD
(4): bei rauscharmer Referenzquelle oder Vergleich von zwei gleichen Meßobjekten

7.4 Gepulste Phasenrauschmessungen

Phasenrauschmessungen an Pulssignalen werden dann interessant, wenn die zu untersuchende Signalquelle kein CW-Signal erzeugt. Das Spektrum eines Pulssignals besteht aus mehreren Spektrallinien, deren Abstand der Pulswiederholfrequenz (*PRF*) entspricht (siehe Abschnitt 5.1.3.1). Die Rauschseitenbänder überlagern sich jeder dieser Linien, so daß für Offsetfrequenzen $\delta f > PRF/2$ eine starke gegenseitige Überlagerung (Aliasing) auftritt. Der Eindeutigkeitsbereich der Messung ist also auf $\delta f < PRF/2$ beschränkt (Bild 7.30).

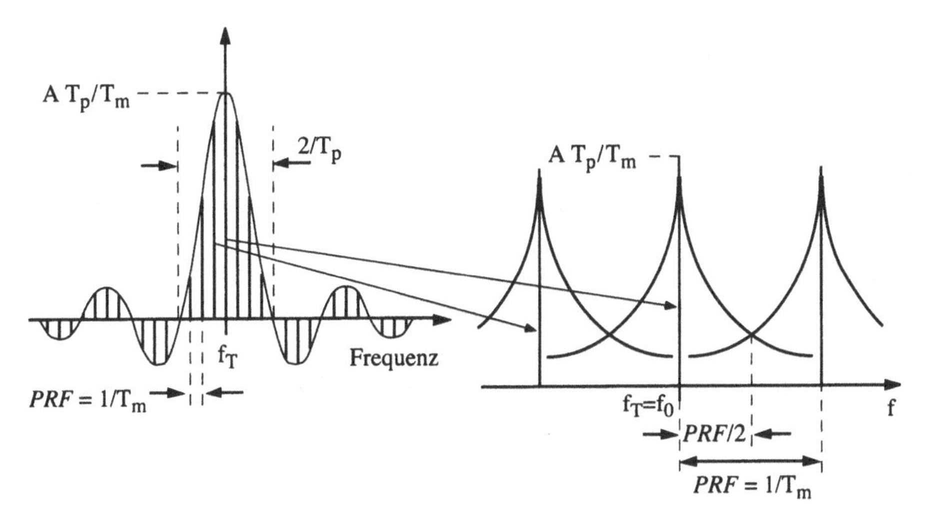

Bild 7.30
Spektrum eines Pulssignals (Liniendarstellung!) und Eindeutigkeitsbereich der Messung. A ist die Trägeramplitude, T_p/T_m das Tastverhältnis (vgl. Bild 5.9).

Zur Messung kann die Phasendetektor-Methode nach Bild 7.22 bzw. 7.24 verwendet werden. Das Ausgangssignal des Phasendetektors muß dazu durch einen Tiefpaß auf den Frequenzbereich $f < PRF$ beschränkt werden, um die hohen Pegel der zur Trägerlinie benachbarten Spektrallinien vom Vorverstärker und von einer eventuell benötigten PLL fernzuhalten. Da der Pegel des Trägers um das Tastverhältnis T_p/T_m abgesenkt ist, ist auch die Meßempfindlichkeit entsprechend kleiner. Bei sehr kleinen Tastverhältnissen (< 5 %) verringert sich die Empfindlichkeit so stark, daß es schwierig wird, Quadratur herzustellen und aufrechtzuerhalten. Bild 7.31 zeigt ein Meßbeispiel. Neben dem gewohnten Spektrum des Phasenrauschens sind die (durch einen Tiefpaß am Ausgang des PDs stark bedämpften) benachbarten Spektrallinien klar zu erkennen. Entsprechend kann auch der Eindeutigkeitsbereich der Messung einfach am Ergebnis abgelesen werden.

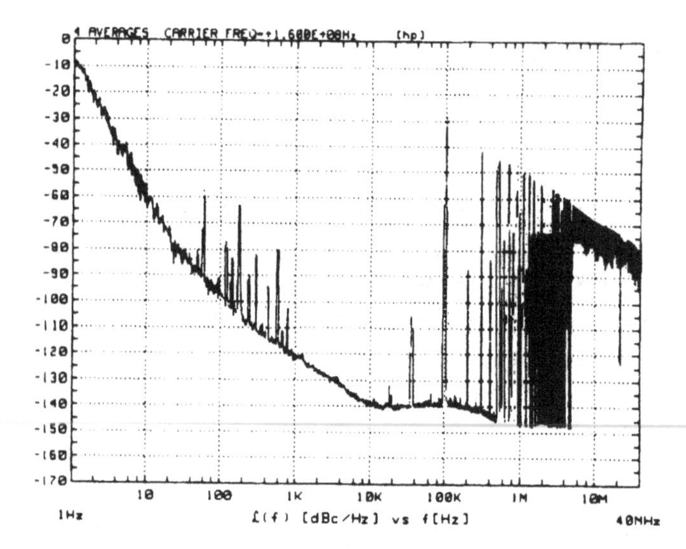

Bild 7.31
£(δf) eines Pulssignals. Die Grenze des Eindeutigkeitsbereichs liegt bei der Hälfte der Offsetfrequenz, bei der die erste Spektrallinie auftritt. Zwischen 50 Hz und 1 kHz sind einige "spurious" zu erkennen.

Ein spezielles Problem entsteht, wenn die Pulse nicht gegenseitig kohärent sind, das heißt, wenn die mittlere Phasenlage von Puls zu Puls schwankt. Ein solches Verhalten führt zu erheblichen Meßfehlern und kann mit einem Oszilloskop als Quadraturmonitor festgestellt werden. Abhilfe ist nur mit einer PLL möglich.

7.5 AM-Rauschmessungen

Wie bei Seitenbändern üblich wird auch die AM-Rauschleistungsdichte $m(\delta f)$ in dBc/Hz angegeben. Zur Messung wird das Signal AM-demoduliert, also gleichgerichtet, und im Basisband dargestellt (Bild 7.32). Dazu eignet sich jeder Detektor, der den gewünschten Frequenzbereich abdeckt. Das Ausgangssignal des Detektors enthält auch eine Gleichspannung, die der Trägeramplitude entspricht. Diese Gleichspannung wird durch einen Hochpaß (Koppelkondensator) herausgefiltert, um eine Übersteuerung des nachfolgenden Vorverstärkers oder des Spektralanalysators zu verhindern. Dadurch ist eine untere Frequenzgrenze der Messung gegeben. Die beiden Seitenbänder des Phasenrauschens heben sich gegenseitig auf, das Ergebnis ist also nicht durch Phasenrauschen verfälscht (vorausgesetzt, es findet keine Umsetzung von PM in AM über einen nichtidealen Frequenzgang statt). Zur Kalibration muß wieder die Umsetzungskonstante des Detektors K_A ermittelt werden. Das könnte prinzipiell mit der Trägerleistung und der ihr entsprechenden Ausgangsgleichspannung des Detektors geschehen.

Allerdings ist die Detektorkonstante meist über einen großen Leistungsbereich, und insbesondere bei Großsignalaussteuerung, nicht konstant. Es ist deshalb besser, die Kalibration mit einem AM-Signal mit bekanntem Modulationshub m vorzunehmen. Die Umsetzungskonstante ergibt sich dann mit dem dabei angezeigten Pegel P_A zu

$$K_A = \frac{(u(t))_{peak}}{m} \quad -> \quad K_A^2\,/\,\mathrm{dBm} = P_A\,/\,\mathrm{dBm} + 3\mathrm{dB} - 20\log(m) \tag{7.30}$$

Auch bei dieser Messung sind dieselben Datenkorrekturen wie bei den Phasenrauschmessungen vorzunehmen. Ein (fiktives) Beispiel wäre:

gemessener Pegel bei 10 kHz:		-100 dBm/kHz
systematischer Fehler:		+2,5 dB
Bandbreitennormierung:	-10 log(1,2 kHz) =	-30,8 dB
korrekter Rauschpegel:		-128,3 dBm/Hz
Bezug auf K_A^2:	$-(P_A$ + 3 dB -20 log(m)) =	-(2 dBm)
AM-Rauschpegel:	m(10 kHz) =	-130,3 dBc/Hz

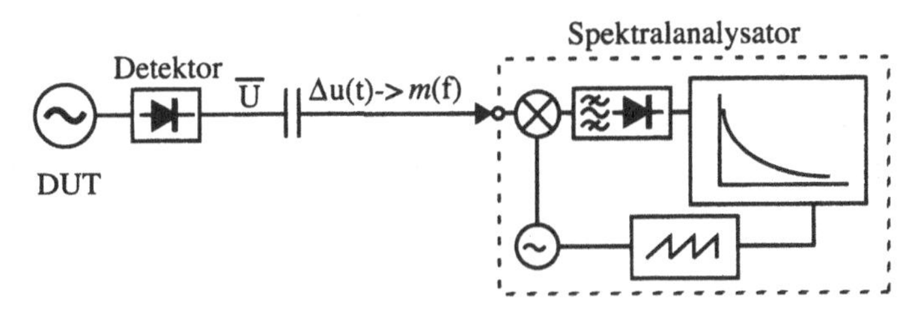

Bild 7.32 Meßaufbau zur AM-Rauschmessung

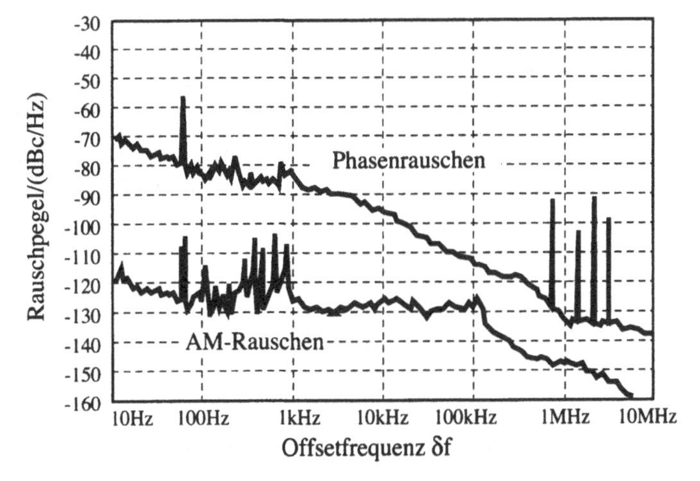

Bild 7.33
Beispiel einer Messung des AM-Rauschens $m(\delta f)$ eines Synthesizers im Vergleich zum Phasenrauschen

8 Lineare Netzwerkanalyse

Die Netzwerkanalyse bzw. der Netzwerkanalysator (NWA) ist heute neben der Schaltungssimulation das wichtigste Werkzeug des Schaltungsentwurfs. Sie dient zur vollständigen Beschreibung des Signalverhaltens in einem Ein- oder Mehrtor. Das umfaßt sowohl die linearen und nichtlinearen Übertragungseigenschaften als auch die entsprechenden Reflexionseigenschaften passiver und aktiver Netzwerke. Im Rahmen dieses Buches wird nur die lineare Netzwerkanalyse behandelt. Darunter versteht man im allgemeinen die Messung der Elemente der Streumatrix (S-Matrix) eines Netzwerks über einen gewünschten Frequenzbereich oder die Bestimmung entsprechender linearer Beschreibungsgrößen. Die nichtlineare Netzwerkanalyse beschränkt sich jedoch häufig auch auf die Messung der linearen Netzwerkseigenschaften in Abhängigkeit von den Ein- und Ausgangsgrößen (Bild 8.1).

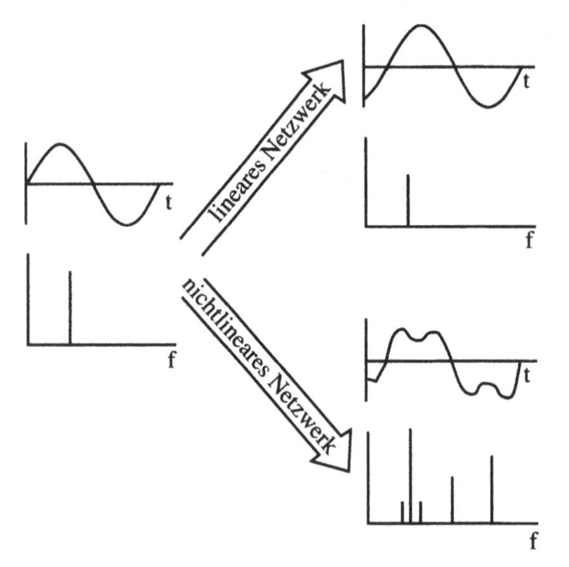

lineare Netzwerkanalyse:
vollständige Systembeschreibung mit Hilfe der Streuparameter-Darstellung
Streuparameter sind frequenzabhängig

nichtlineare Netzwerkanalyse:
meist wird wie bei der linearen Netzwerkanalyse nur die Spektrallinie vermessen, die der Eingangsfrequenz entspricht
-> Netzwerkeigenschaften werden pegelabhängig
-> Oberwellen verursachen Meßfehler
-> zur vollständigen Systembeschreibung müssen zusätzliche Messungen des Spektrums und/oder des Zeitverhaltens durchgeführt werden

Bild 8.1 Lineare und nichtlineare Netzwerkanalyse

Technisch gesehen verhält sich ein Netzwerk linear, wenn

- eine lineare Änderung im Eingangssignal dieselbe lineare Änderung im Ausgangssignal bewirkt.
- das Ausgangssignal, das von der Summe mehrerer Eingangssignale erzeugt wird, identisch ist mit der Summe der Ausgangssignale der einzelnen Eingangssignale.

Bekanntlich ist die Folge dieser Eigenschaften, daß ein sinusförmiges (harmonisches) Eingangssignal ein sinusförmiges Ausgangssignal derselben Frequenz erzeugt, wobei Amplitude und Phase verändert sein können. Lineare Netzwerke sind gewöhnlich alle Baugruppen und Schaltungen, die keine Halbleiter oder Elektronenröhren enthalten wie beispielsweise Filter, Leitungen, Koppler und Antennen, aber auch Verstärker im Kleinsignalbetrieb oder Heterodyn-Übertragungssysteme, deren Eingangsfrequenzen gleich den Ausgangsfrequenzen sind.

Bei nichtlinearen Netzwerken erzeugt ein harmonisches Eingangssignal meist ein nichtharmonisches Ausgangssignal, das mehrere Frequenzen enthält, oder ein harmonisches Ausgangssignal anderer Frequenz. Das Übertragungsverhalten ist meist nicht nur von der Signalfrequenz, sondern auch von der Signalamplitude abhängig. Beispiele solcher Netzwerke sind Mischer, Dioden oder Verstärker im Großsignalbetrieb. Man beachte, daß sich beispielsweise ein Verstärker je nach den jeweiligen Betriebsparametern linear oder nichtlinear verhalten kann.

8.1 Grundlagen und Meßprinzip

Die Signalverarbeitungseigenschaften linearer Netzwerke können vollständig im Frequenzbereich durch die Streuparameter-Beschreibung (S-Parameter-Beschreibung) angegeben werden. Die S-Matrix eines Eintors ist identisch mit dem komplexen Reflexionsfaktor des Eintors. Die S-Matrix eines Zweitors ist definiert durch

$$(b) = [S] \cdot (a) \qquad \Rightarrow \qquad \begin{aligned} b_1 &= S_{11} a_1 + S_{12} a_2 \\ b_2 &= S_{21} a_1 + S_{22} a_2 \end{aligned} \tag{8.1}$$

mit den hinlaufenden Wellen a_i bzw. rücklaufenden Wellen b_i am Tor i. S-Matrizen für Netzwerke mit mehr Toren sind entsprechend definiert. Für die Messung linearer Netzwerke ist es jedoch ausreichend, jeweils nur die Signalübertragung zwischen zwei Toren zu vermessen und die anderen Tore reflexionsfrei abzuschließen. Durch Messungen an jedem möglichen Paar von Toren können so die S-Matrizen beliebiger n-Tore bestimmt werden. Mit Bild 8.2 wird klar, wie die Messung konkret abläuft: Durch reflexionsfreien Abschluß aller Tore des Meßobjekts wird sichergestellt, daß nur eine einlaufende Welle a_i auftritt, die durch den Ausgang des Netzwerkanalysators eingespeist wird. Man beachte, daß auch die Meßanschlüsse des Netzwerkanalysators (Ausgang am Tor i, Eingang am Tor j) angepaßt sind. Dann können die S-Parameter S_{ii} und S_{ji} wie in Bild 8.2 gezeigt berechnet werden. Zur vollständigen Messung eines Zweitors muß als einspeisendes Tor i zunächst Tor 1 (**Vorwärtsmessung**) und danach Tor 2 (**Rückwärtsmessung**) gewählt werden.

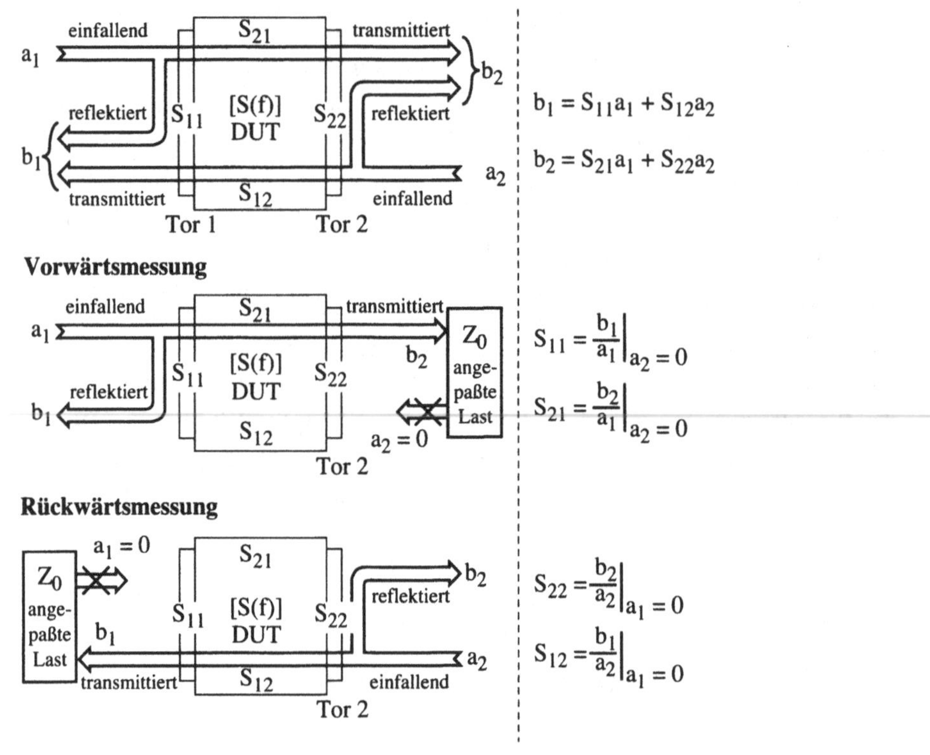

Bild 8.2 Meßprinzip der Netzwerkanalyse

Für ein gegebenes n-Tor (und konstante äußere Einflußgrößen) sind die Elemente der S-Matrix nur noch von der Frequenz abhängig. Die Messung über den gewünschten Frequenzbereich kann punktweise bei diskreten Frequenzen geschehen (step sweep mode beim Synthesizer) oder als analoge Wobbelmessung. Die erreichbare Auflösungsbandbreite R entspricht bei ausreichend langsamer Wobbelung der spektralen Linienbreite des verwendeten Signalgenerators (siehe Abschnitt 5.1.1).

Die primären Meßgrößen bei der Netzwerkanalyse sind Amplitude und Phase der in Gleichung (8.1) verwendeten hin- und rücklaufenden Wellen a_i und b_i. Aus diesen komplexen Meßgrößen können die S-Parameter in Abhängigkeit von der Meßfrequenz bestimmt werden, aber auch andere zur Charakterisierung von Hochfrequenznetzwerken übliche Beschreibungsgrößen:

- Bei der Reflexionsmessung: S_{11}, S_{22}, Stehwellenverhältnis (SWR), Reflexionskoeffizient, komplexe Impedanz, Rückflußdämpfung sowie die Laufzeit von reflektierten Leistungsanteilen im Zeitbereich.

- Bei der Transmissionsmessung: S_{21}, S_{12}, Verstärkung bzw. Einfügungsdämpfung, Transmissionskoeffizient, Phasengang, Gruppenlaufzeit ($d\varphi/d(2\pi f)$) sowie die Laufzeit von transmittierten Leistungsanteilen im Zeitbereich.

Die Berechnung der Zeitbereichsgrößen erfolgt über eine Fouriertransformation aus breitbandigen Messungen (siehe Abschnitt 8.2.2). Alle diese Beschreibungsgrößen können berechnet werden, wenn a_i und b_i komplex, also in Betrag und Phase, gemessen werden. Beschränkt man sich der Einfachheit halber auf die Messung des Betrags, so können allgemein nur Dämpfungen oder Verstärkungen bzw. die Beträge der S-Parameter und SWR bestimmt werden. Man unterscheidet also:

- **Skalare Netzwerkanalyse** und skalarer Netzwerkanalysator (**SNWA**). Hier werden die Amplituden der Meßgrößen erfaßt, es können die Beträge der S-Parameter und SWR gemessen werden.
- **Vektorielle Netzwerkanalyse** und vektorieller Netzwerkanalysator (**VNWA**). Hier werden die Meßgrößen in Amplitude und Phase erfaßt, die S-Parameter werden komplex bestimmt und es können Umrechnungen in beliebige Beschreibungsgrößen vorgenommen werden.

Für viele Anwendungen ist die skalare Netzwerkanalyse ausreichend. Vektorielle Analyse bietet jedoch nicht nur den Vorteil der Umrechnung z.B. in den Zeitbereich, sondern auch bessere Kalibrationsmöglichkeiten (Abschnitt 8.2.3). Das liegt daran, daß bei unbekannter Phase Fehlerterme mit unbekanntem Vorzeichen auftreten, die folglich nicht korrigiert werden können, sondern als Meßunsicherheit betrachtet werden müssen. Bild 8.3 gibt eine Übersicht der Vorteile der vektoriellen Messung. Die skalare Messung ist dagegen weniger aufwendig.

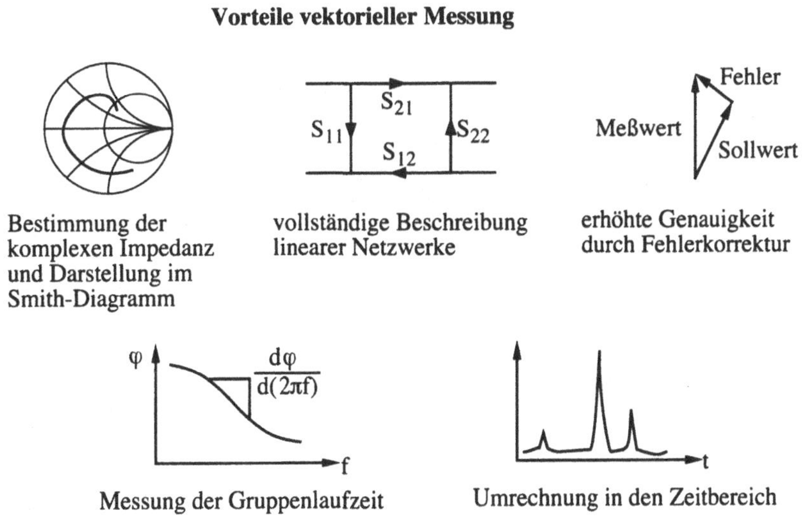

Vorteile vektorieller Messung

Bestimmung der komplexen Impedanz und Darstellung im Smith-Diagramm

vollständige Beschreibung linearer Netzwerke

erhöhte Genauigkeit durch Fehlerkorrektur

Messung der Gruppenlaufzeit

Umrechnung in den Zeitbereich

Bild 8.3 Vorteile der vektoriellen Netzwerkanalyse

8.1.1 Struktur eines Analysators

Ein Netzwerkanalysator läßt sich in folgende vier Funktionsgruppen aufteilen:

- Eine Signalquelle für das Meßsignal.
- Baugruppen zur Trennung der hin- und rücklaufenden Wellen und Signalaufteilung.
- Eine Empfängerbaugruppe, welche die hochfrequenten Meßsignale in Niederfrequenz oder Gleichspannung umsetzt und dadurch die Messung durch den nächsten Funktionsblock ermöglicht.
- Eine Baugruppe zur Signalaufbereitung und -ausgabe. Diese Baugruppe ist bei aktuellen Geräten ein Rechner, der auch die Ablaufsteuerung des Meßvorgangs übernimmt.

Die Baugruppe zur Signaltrennung hat oft auch die Aufgabe, bei der Messung von Zweitoren Ein- und Ausgang zu vertauschen, um die Messung in Rückwärtsrichtung vorzunehmen. In Bild 8.4 ist ein Prinzipschaltbild eines NWAs gegeben.

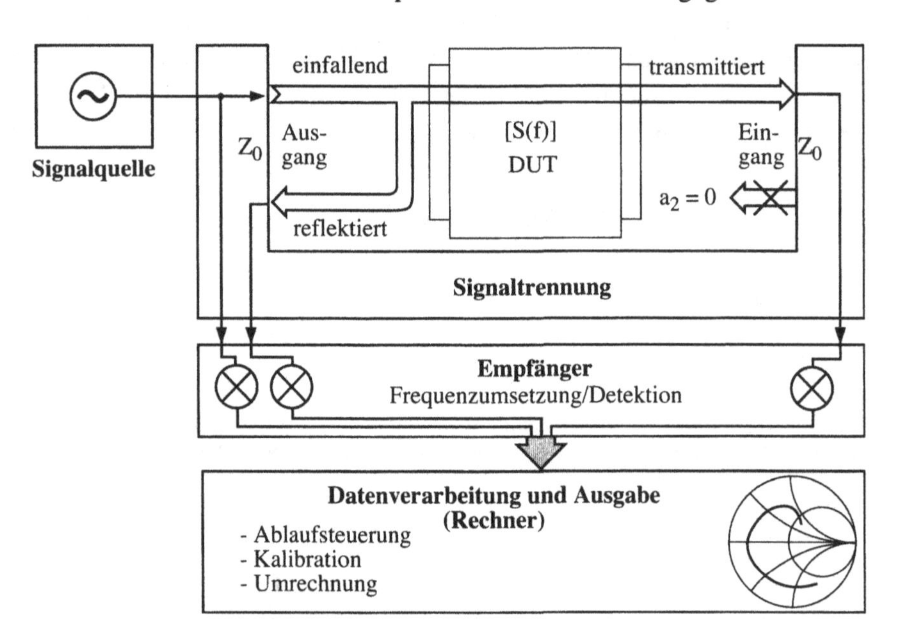

Bild 8.4 Prinzipschaltbild eines Netzwerkanalysators

8.1.2 Signalquelle

Als Signalquelle für einen Netzwerkanalysator kommt nur ein wobbelbarer Generator in Frage (fest abgestimmte bzw. manuell verstimmbare "Netzwerkanalysatoren" werden eher als Vektorvoltmeter bezeichnet). Wobbelbare Generatoren wurden in den Abschnitten 2.1.2, 2.1.4 und 2.3 besprochen. Für hohe Genauigkeitsansprüche benötigt man eine stabile Signalquelle, also einen Synthesizer. Das gilt besonders bei der vektoriellen Netzwerkanalyse, wenn elektrisch lange Objekte vermessen werden: Eine große Signallaufzeit macht sich in erhöhten Grundrauschpegeln bei der Phasenmessung bemerkbar. Der VNWA verhält sich hier ähnlich wie der Meßaufbau der Frequenzdiskriminator-Methode (Abschnitt 7.3.3), bei der die Empfindlichkeit für Phasenrauschen quadratisch mit der Verzögerungszeit steigt.

8.1.3 Signaltrennung

Die nächste Baugruppe eines Analysators muß einerseits das Signal des Generators in das Meßsignal und ein Referenzsignal aufteilen, andererseits hin- und rücklaufende Wellen an den Meßanschlüssen trennen. Für die einfache Leistungsteilung können resistive Teiler (Bild 8.5) verwendet werden. Zur Trennung von hin- und rücklaufender Welle wird ein Richtkoppler benötigt (Bild 8.6 und Bild 8.7). Resistive Teiler haben gegenüber Richtkopplern den Vorteil kleinerer Frequenzabhängigkeit.

Im praktischen Aufbau wird diese Baugruppe häufig zusammen mit der ersten Frequenzumsetzungsstufe in einem eigenen Gehäuse untergebracht und dann als "**Test Set**" bezeichnet. Solche Test Sets werden zur Erweiterung bestehender Analysatoren zu höheren Frequenzen hin bis zu 1 THz angeboten. Wie bereits erwähnt, enthält ein Test Set für Zweitor-Messungen meist einen (heute oft elektronischen) Umschalter, der Aus- und Eingang des NWAs für die Rückwärtsmessung vertauscht.

Schließlich sind zum Test Set auch die Meßanschlüsse des Analysators zu rechnen. Zur Kontaktierung unterschiedlichster HF-Leitungsbauformen gibt es entsprechend viele Anschluß- und Tastkopfkonstruktionen. Ein aktuelles Entwicklungsgebiet sind Tastköpfe für "on-wafer" Tests von integrierten Schaltungen.

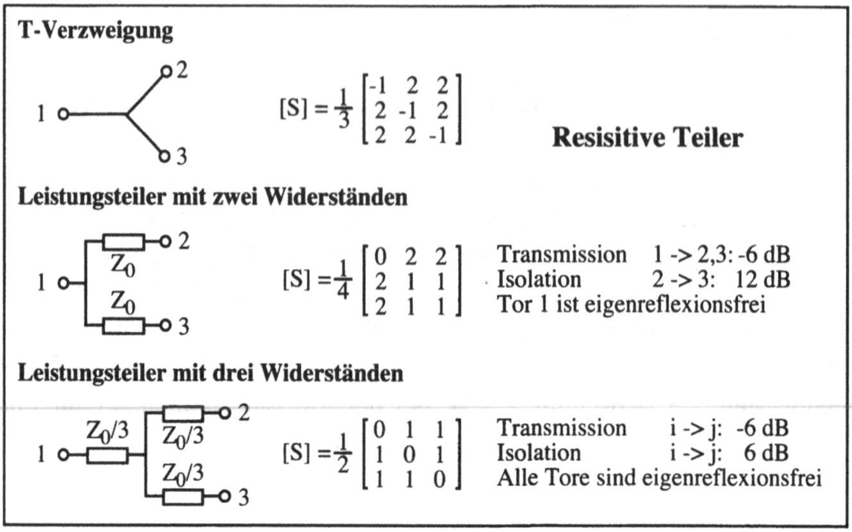

Resisitive Teiler

T-Verzweigung

1, 2, 3

$$[S] = \frac{1}{3}\begin{bmatrix} -1 & 2 & 2 \\ 2 & -1 & 2 \\ 2 & 2 & -1 \end{bmatrix}$$

Leistungsteiler mit zwei Widerständen

1, 2, 3, Z_0, Z_0

$$[S] = \frac{1}{4}\begin{bmatrix} 0 & 2 & 2 \\ 2 & 1 & 1 \\ 2 & 1 & 1 \end{bmatrix}$$

Transmission 1 -> 2,3: -6 dB
Isolation 2 -> 3: 12 dB
Tor 1 ist eigenreflexionsfrei

Leistungsteiler mit drei Widerständen

1, 2, 3, $Z_0/3$, $Z_0/3$, $Z_0/3$

$$[S] = \frac{1}{2}\begin{bmatrix} 0 & 1 & 1 \\ 1 & 0 & 1 \\ 1 & 1 & 0 \end{bmatrix}$$

Transmission i -> j: -6 dB
Isolation i -> j: 6 dB
Alle Tore sind eigenreflexionsfrei

Bild 8.5
Schaltung und S-Matrix resistiver Teiler (unter Vernachlässigung der Leitungslängen; alle S-Matrizen bezogen auf Z_0)

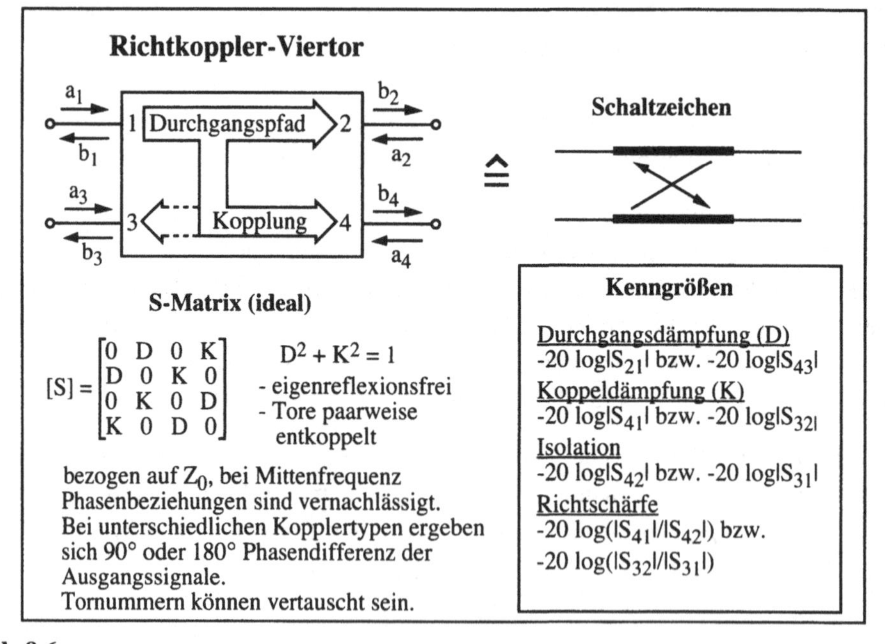

Bild 8.6
Funktionsweise und Kenngrößen eines Richtkopplers. Die Kenngrößen sind auch oft mit umgekehrtem Vorzeichen definiert. Häufig ist das unbenutzte Tor 3 bereits intern reflexionsfrei abgeschlossen.

Signaltrennung mit Richtkopplern

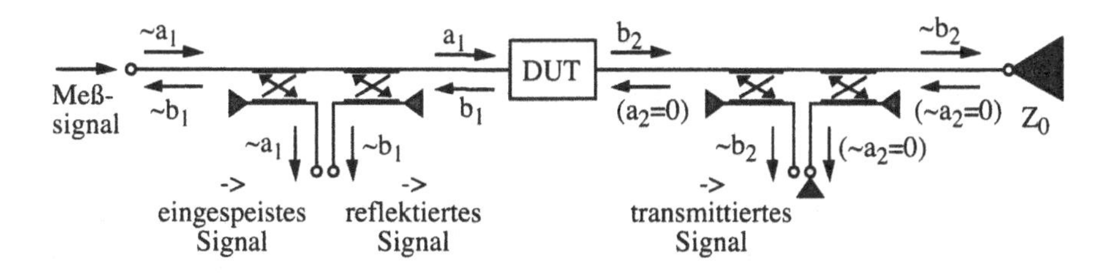

Signaltrennung mit resistiven Teilern und Richtkopplern

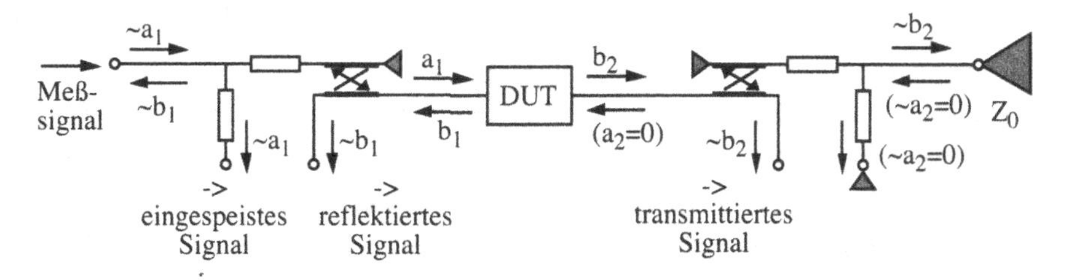

Vereinfachter Meßaufbau bei Messung nur eines S-Parameters

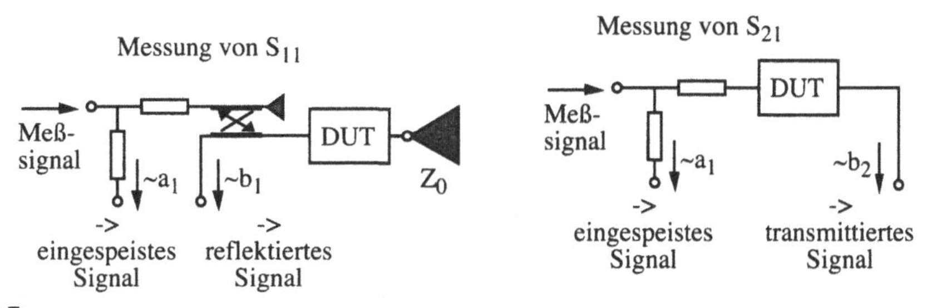

Bild 8.7
Signaltrennung mit Richtkopplern und resistiven Teilern. Zur Rückwärtsmessung wird a_2 eingespeist, die Signalrichtung kehrt sich um.

Die beiden Richtkoppler, die in Bild 8.7 oben jeweils in Reihe geschaltet sind, könnten im Prinzip durch je einen Richtkoppler ersetzt werden. An den zwei Auskopplungs-Toren dieses Richtkopplers stehen dann dieselben Signale an. Man vermeidet diese Schaltung aber, weil hier jede (in der Realität unvermeidliche) Reflexion an den Kopplerausgängen ein direktes Übersprechen zwischen den Auskopplungs-Toren verursacht (vgl. Anhang 10.2).

8.1.4 Empfangstechniken

Zur Messung der am Eingang des Meßobjekts reflektierten Welle bzw. der transmittierten Welle unterschiedet man drei Techniken:

- Direkte, **breitbandige Detektion** des HF-Signals mit einem Diodendetektor eignet sich nur zur Messung der Amplitude und kommt deshalb nur bei der skalaren Netzwerkanalyse zum Einsatz. Um das Meßsystem weniger anfällig gegen eingestreute Störungen und DC-Drift zu machen, kann das Meßsignal mit einer niedrigen Frequenz amplituden- oder pulsmoduliert werden. Hinter dem Diodendetektor wird dann das demodulierte Signal schmalbandig vermessen.
- Frequenzumsetzung in einem Heterodynempfänger eignet sich auch für vektorielle Analyse, weil Phasendifferenzen in den ZF-Bereich getreu übertragen werden. Man unterscheidet wegen der unterschiedlichen Empfindlichkeit **fundamentale Mischung** und **Oberwellenmischung**. Da auf der ZF-Seite schmalbandig gefiltert wird, handelt es sich um eine selektive Empfangstechnik, die eine wesentlich höhere Meßempfindlichkeit als die breitbandige Detektion erlaubt (Bild 8.8).

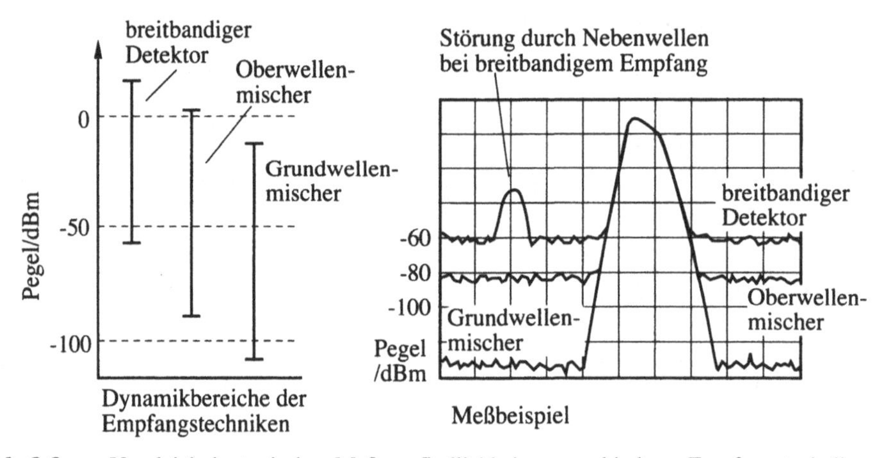

Bild 8.8 Vergleich der typischen Meßempfindlichkeiten verschiedener Empfangstechniken

In Bild 8.9 ist das Blockschaltbild der Signaldetektion auf der ZF-Seite bei vektorieller Netzwerkanalyse dargestellt. Durch Einsatz der Digitaltechnik können heute jedoch Synchrondetektoren statt fehlerbehafteter Elemente wie analoge Phasendetektoren oder logarithmische Verstärker verwendet werden (Bild 8.10). Die Ausgangssignale der Synchrondetektoren enthalten die vollständige Amplituden- und Phaseninformation, die Umrechnung auf die gesuchten Meßgrößen findet nach der Digitalisierung statt. Zur Funktionsweise eines Synchrondetektors sei an den Betrieb eines Mischers in Quadratur als Phasendetektor erinnert (vgl. Abschnitt 7.3.2.2). Man kann sich einen Synchrondetektor vorstellen als eine Kombination aus zwei Mischern, deren LO-Signale um 90° phasenverschoben sind. Die Gleichspannungen an den Ausgängen, die sich ergeben, wenn durch Mischung mit der ZF-Frequenz auf 0 Hz heruntergemischt wird, sind nach Gleichung (2.12)

$$U_K \sim U_S \cdot \cos(\varphi_S - \varphi_{LO}) \qquad \text{Kophasal – Komponente}$$
$$U_Q \sim U_S \cdot \sin(\varphi_S - \varphi_{LO}) \qquad \text{Quadratur – Komponente} \tag{8.2}$$

Nach Amplitude und Phase aufgelöst ergibt sich

$$U_S^2 \sim U_K^2 + U_Q^2 \qquad \varphi_S = \varphi_{LO} + \arctan\frac{U_Q}{U_K} \tag{8.3}$$

Die hier noch vorhandenen unbekannten Größen und Proportionalitätsfaktoren entfallen bei Bezug auf die Referenzgrößen.

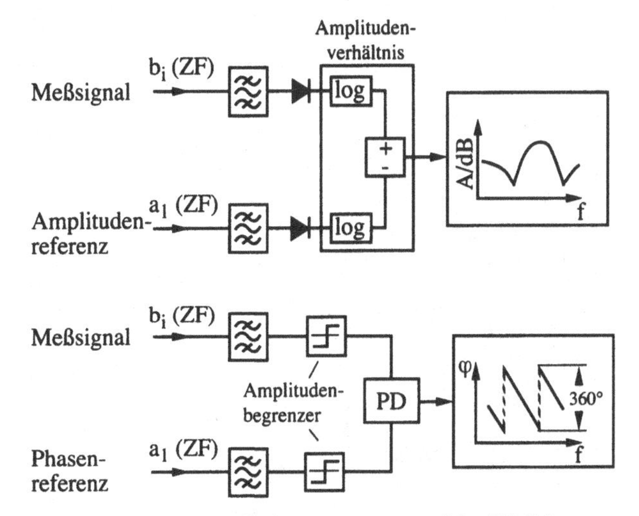

Bild 8.9 Prinzip der Amplituden- und Phasenmessung auf der ZF-Seite

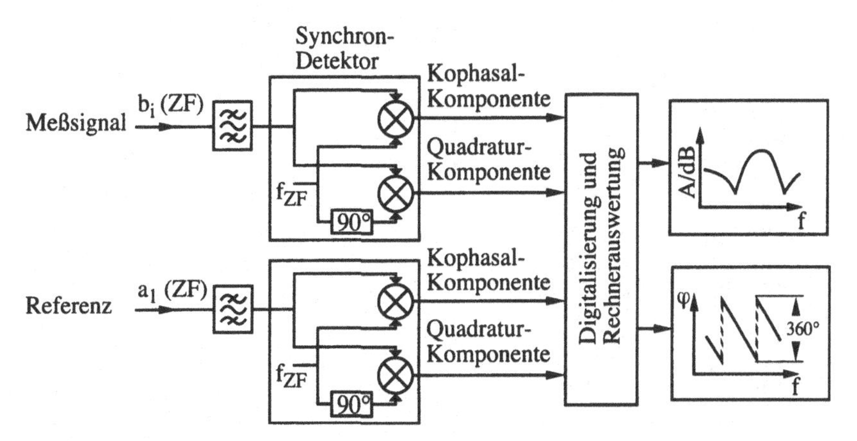

Bild 8.10 Amplituden- und Phasenmessung auf der ZF-Seite mit Synchrondetektor

Auch bei der skalaren Netzwerkanalyse kann eine hohe Meßempfindlichkeit bis zu -130 dBm erreicht werden, wenn eine schmalbandige Heterodyntechnik zum Einsatz kommt. Realisiert wird ein solcher skalarer Netzwerkanalysator (SNWA) durch einen Spektralanalysator mit Mitlaufgenerator, wie in Abschnitt 5.4.3 beschrieben.

8.1.5 Verarbeitung der Meßwerte und Ausgabeformate

Besonders vektorielle Netzwerkanalysatoren sind heute mit die aufwendigsten Geräte der Hochfrequenzmeßtechnik. Es ist daher nicht verwunderlich, daß auch eine große Rechenkapazität mit eingebaut wird. Dies ist für eine hochwertige Kalibration notwendig (Abschnitt 8.2.3), macht sich aber auch in den Datenverarbeitungsmöglichkeiten eines NWAs bemerkbar. Üblicherweise steht eine große Anzahl unterschiedlicher Ausgabeformate zur Verfügung (Bild 8.11). Besonders hervorzuheben ist hier die oft

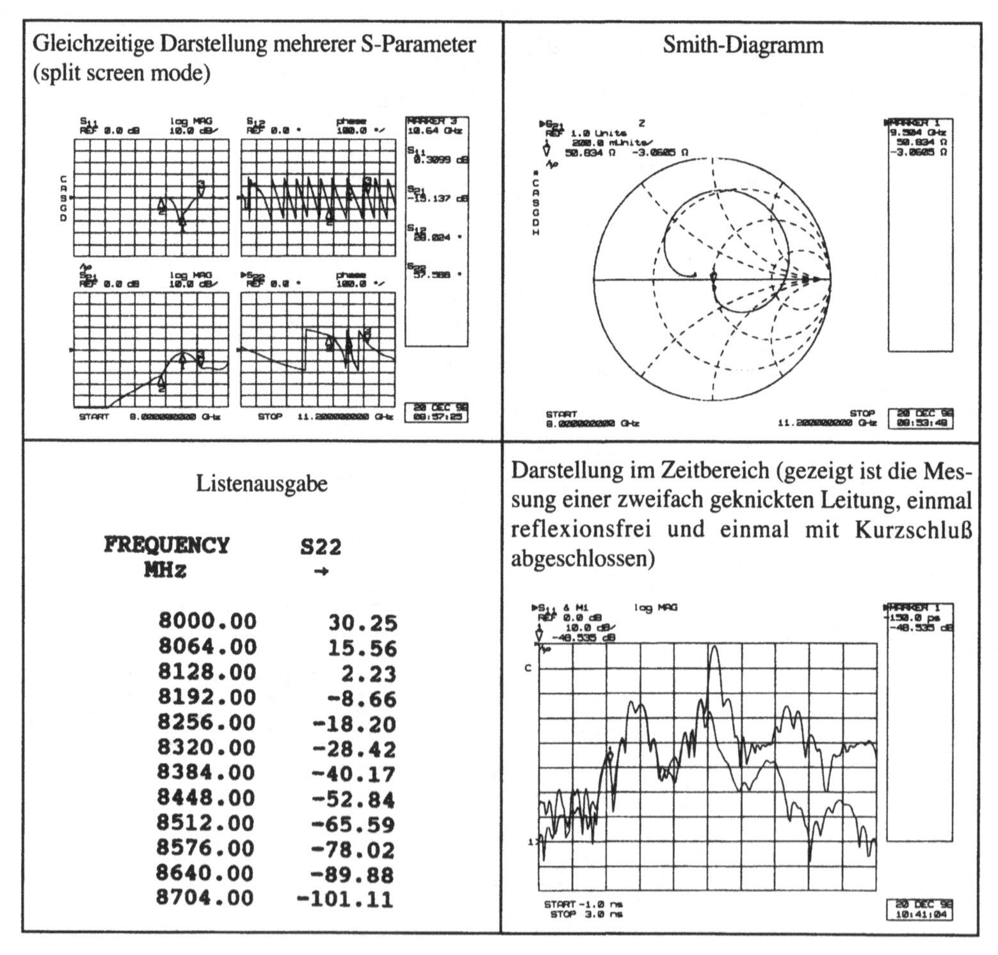

FREQUENCY MHz	S22 →
8000.00	30.25
8064.00	15.56
8128.00	2.23
8192.00	-8.66
8256.00	-18.20
8320.00	-28.42
8384.00	-40.17
8448.00	-52.84
8512.00	-65.59
8576.00	-78.02
8640.00	-89.88
8704.00	-101.11

Bild 8.11 Beispiele für Ausgabeformate von NWAs (siehe auch Bild 8.12)

eingebaute schnelle Fouriertransformation (fast fourier transform, **FFT**), welche die Auswertung der Ergebnisse im Zeitbereich möglich macht (Nur VNWA, Abschnitt 8.2.2). Ebenso üblich ist eine Menüführung bei der Durchführung der Messung und automatisierte Meß- und Kalibrationsabläufe.

Als Beispiel wird der vektorielle Netzwerkanalysator HP 8510 betrachtet. Die möglichen Ausgabegrößen dieses Analysators sind:

- Übertragungsmessung: Übertragungsfunktion in Betrag und Phase, Einfügungsdämpfung und Gewinn, Dämpfung absolut, S-Parameter, elektrische Länge, Gruppenlaufzeit, Abweichung von linearer Phase
- Reflexionsmessung: Impedanz in Betrag und Phase, Rückflußdämpfung, Stehwellenverhältnis
- Zeitbereich: Signallaufzeit, Systemantwort auf verschiedene Anregungen (Frequenzbereichsreflektometrie); Messung einer einzelnen Reflexionsstelle oder eines einzelnen Signalwegs innerhalb eines Netzwerks durch "Gating" im Zeitbereich und Rücktransformation in den Frequenzbereich (siehe Abschnitt 8.2.2)

Bild 8.12 zeigt ein Meßbeispiel mit dem HP 8510. Außer der gesuchten Meßgröße werden Zusatzinformationen wie Markerwerte, Zustand des Geräts und Warnhinweise sowie ein Menü zur Benutzerführung dargestellt.

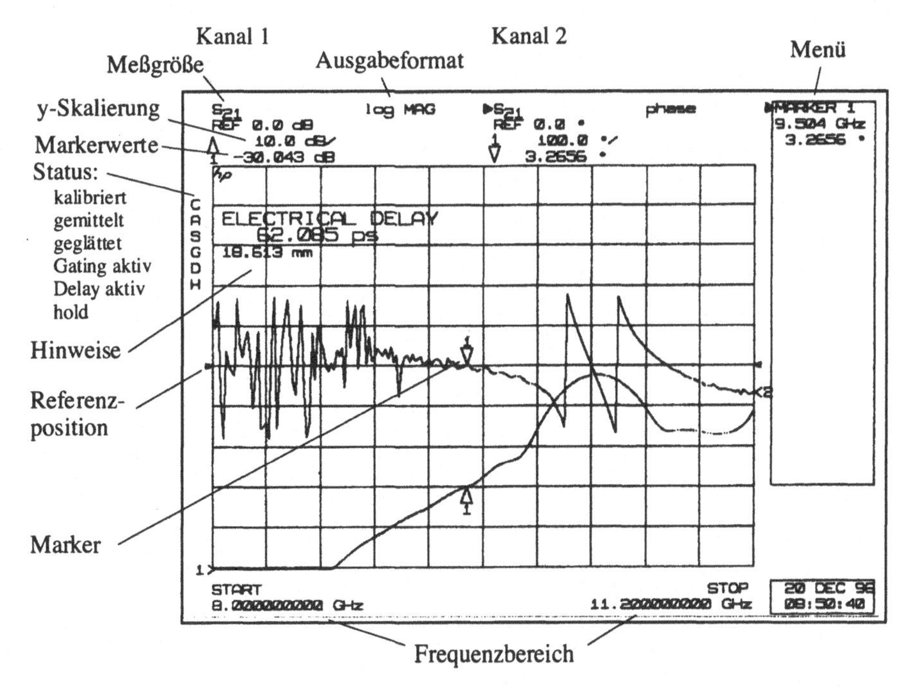

Bild 8.12
Anzeige des VNWAs HP 8510 mit einem Meßbeispiel, Benutzermenü und Zusatzinformation

8.2 Vektorieller Netzwerkanalysator (VNWA)

Ein vektorieller Netzwerkanalysator (VNWA) stellt alle Möglichkeiten der linearen Netzwerkanalyse zu Verfügung. Da die Meßgrößen in vektorieller Form bekannt sind, sind aufwendige Kalibrationsmethoden und Fehlerkorrekturen möglich, wie in Abschnitt 8.2.3 behandelt. Zuvor werden noch Beispiele für den Aufbau von VNWAs gegeben und Umrechnung und Auswertung im Zeitbereich vorgestellt (Abschnitt 8.2.2).

8.2.1 Aufbau eines VNWAs

In Bild 8.4 wurde ein Überblick über die Funktionsblöcke eines Netzwerkanalysators gegeben. Bild 8.13 zeigt nun das Blockschaltbild eines realen VNWAs, des HP 8510. Man erkennt die vier Funktionsblöcke Generator, Test Set, Empfänger (ZF-Detektor) und Datenverarbeitung.

In Bild 8.14 ist das Blockschaltbild eines Test Sets dargestellt. Dadurch, daß die erste Mischstufe im Test Set untergebracht ist (und manchmal auch eine zweite), ist eine Erweiterung des Frequenzbereichs eines NWAs einfach durch Auswechseln des Test Sets möglich. Es ist aber ebenso denkbar, dem vorhandenen Test Set ein weiteres vorzuschalten. Wichtig ist, daß bei jeder Frequenzumsetzung die Meßsignale und die

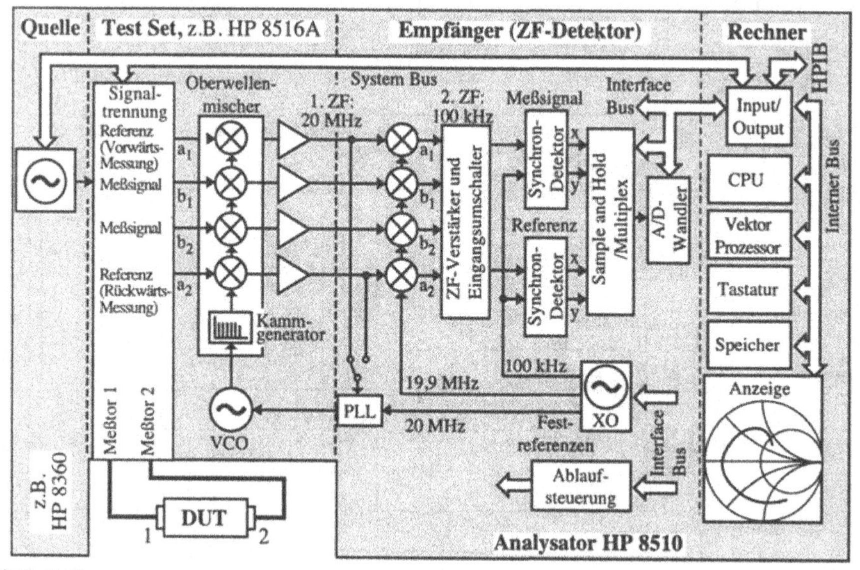

Bild 8.13
Blockschaltbild des vektoriellen Netzwerkanalysators HP 8510 (DUT= device under test, Prüfling)

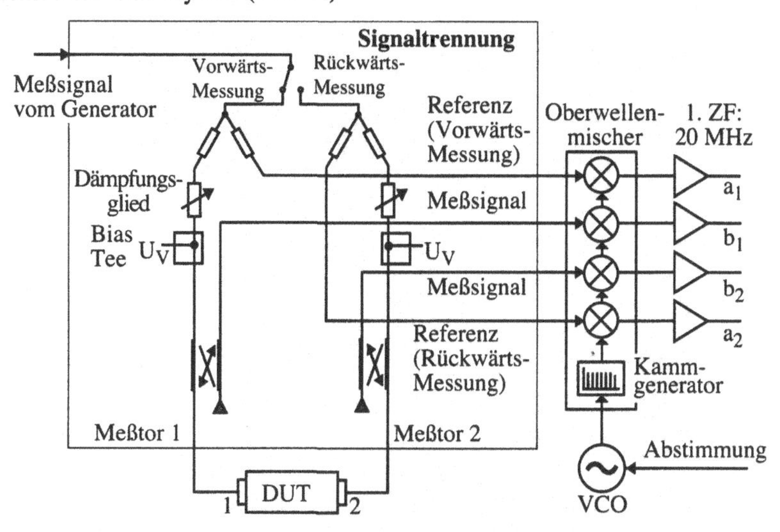

Bild 8.14
S-Parameter Test Set für HP 8510. Mit den einstellbaren Dämpfungsgliedern können die Pegelverhältnisse am Prüfling kontrolliert werden. Über die eingebauten "Bias Tees" kann eine Vorspannung oder Versorgungsspannung an den Prüfling (DUT) angelegt werden.

Referenz mit ein und derselben Oszillatorfrequenz gemischt werden, weil sonst die Phasenbeziehungen verloren gehen. Bei Einhaltung dieser Bedingung kann man auch selbst einfache Test Sets zur Frequenzbereichserweiterung aufbauen.

Durch den Einsatz immer kleinerer Koaxialstecker kann heute ein Frequenzbereich bis 110 GHz mit Koaxialleitungen abgedeckt werden (z.B. HP 8510XF; HF-Netzwerkanalysatoren haben eine untere Grenzfrequenz bei 40 MHz). Gewöhnlich geht man jedoch bereits ab etwa 50 GHz zur Hohlleitertechnik über, wobei ein Test Set nun ein Hohlleiterband umfaßt (Bild 8.15). Die französische Firma AB Millimetre bietet beispielsweise Vektor-Netzwerkanalysatoren mit Test Sets bis zu 1 THz an.

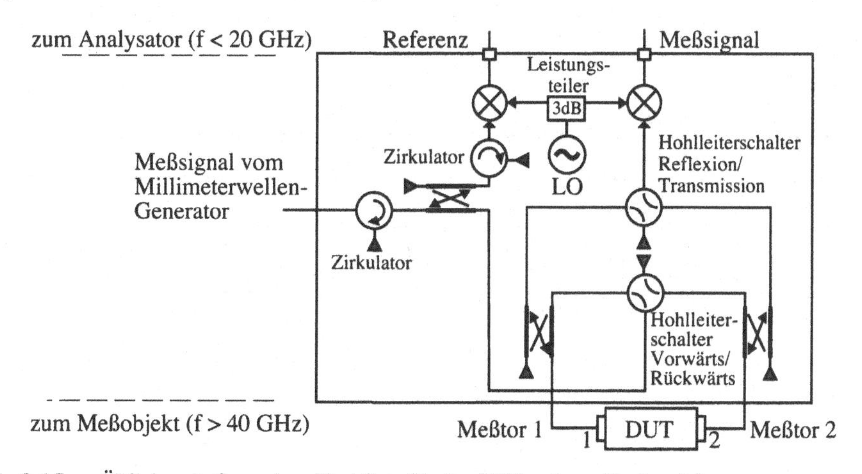

Bild 8.15 Üblicher Aufbau eines Test Sets für den Millimeterwellenbereich

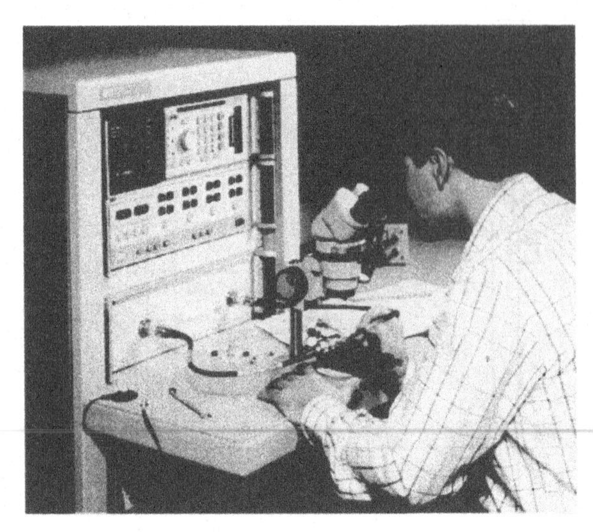

Bild 8.16
Der gängige Meßaufbau mit dem HP 8510 für Schaltungs- und Komponentenmessung: Analysator und Test Set im Rack mit Meßtisch. Der Generator (Synthesized Sweeper) befindet sich unter dem Meßtisch.

Die Meßgenauigkeit eines Netzwerkanalysators kann nur zusammen mit dem verwendeten Test Set angegeben werden. Eine allgemeine Spezifikation ist schwierig, einerseits wegen der hohen Meßbandbreite, andererseits, weil die Genauigkeit entscheidend von den Eigenschaften des Prüflings beeinflußt wird. Die folgenden Angaben sind als Abschätzung der "worst case" Meßfehler zu verstehen.

Eigenschaften des HP 8510B mit Test Set HP 8516A

Frequenzbereich:	45 MHz - 40 GHz durch internen Frequenzverdoppler genügt ein Generator bis 20 GHz
Frequenzauflösung:	6 Hz step sweep mode mit 51, 101, 201 oder 401 Frequenzpunkten
Meßzeit pro Frequenzpunkt:	ca. 2 ms
FFT (Option):	≈ 0,5 s für 201 Meßpunkte
Die folgenden Daten gelten bis 20 GHz bei kalibriertem Gerät	
Typische Ausgangsleistung:	-10 dBm
Meßdynamik:	-5 dBm bis -100 dBm (Mittelungsfaktor 1024)
Meßgenauigkeit: Reflexion:	±0,3 dB, ±2° (S_{11} > -10 dB)
Transmission:	±0,1 dB, ±0,7° (S_{21} > -40 dB, S_{11},S_{22} < -10 dB)
Anpassung der Meßanschlüsse:	-40 dB
Richtschärfe:	-40 dB
Übersprechen:	-115 dB

Die Genauigkeit kann stellenweise sehr viel besser sein, aber auch sehr viel schlechter, z.B. bei Phasenmessung eines sehr kleinen Reflexionsfaktors. Allgemein ergibt sich eine schlechtere Meßgenauigkeit zu höheren Frequenzen hin, bei Transmissionsmessungen mit gleichzeitig hoher Reflexion, bei Transmissionsmessungen mit hoher Dämpfung oder bei Reflexionsmessungen mit kleiner Reflexion.

8.2.2 Frequenzbereichsreflektometrie (FDR)

Bei der **Zeit**bereichsreflektometrie (time domain reflectometry, TDR) handelt es sich um ein eigenes Gebiet der Meßtechnik, das im Rahmen dieses Buches nicht behandelt wird. Man mißt hierbei die Antwort eines Systems im Zeitbereich auf eine gegebene Anregung, üblicherweise einen Impuls, einen Spannungssprung oder ein HF-Pulssignal (HF-Burst). Über die Signallaufzeit erhält man Information über Lage und Art von Störstellen oder über den Verlauf der Signalwege. Das bekannteste Beispiel für ein Meßverfahren der Zeitbereichsreflektometrie dürfte das Radar sein.

Ist die Übertragungsfunktion H(f) eines Netzwerks vollständig bekannt, so kann die Systemantwort y(t) auf ein gegebenes Anregungssignal u(t) durch Fouriertransformation berechnet werden:

$$u(t) \circ\!\!-\!\!\bullet\ U(f) \quad \longrightarrow \quad y(t) \circ\!\!-\!\!\bullet\ Y(f) = H(f) \cdot U(f) \tag{8.4}$$

Mit einer breitbandigen Messung im Spektralbereich können also im Prinzip dieselben Ergebnisse gewonnen werden wie mit der Zeitbereichsreflektometrie. Man nennt dieses Verfahren **Frequenzbereichsreflektometrie** (frequency domain reflectometry, **FDR**). Ein Vorteil der Frequenzbereichsreflektometrie gegenüber der direkten Zeitbereichsreflektometrie besteht darin, daß beim VNWA bessere Methoden der Fehlerkorrektur verfügbar sind. Außerdem ist ein Netzwerkanalysator ein universelles Meßgerät, während Meßplätze für TDR meist auf einen kleinen Anwendungsbereich beschränkt sind. Vor allem aber werden durch die Methode des "Gatings" im Zeitbereich weitere Möglichkeiten der Frequenzbereichsmessung erschlossen, wie im folgenden beschrieben.

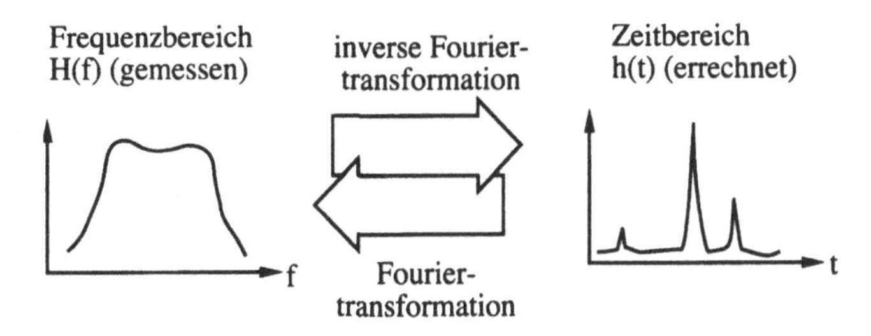

Bild 8.17 Umrechnung von Frequenz- und Zeitbereichsgrößen

Die Darstellung von Systemantworten im Zeitbereich bringt also folgenden Nutzen:

- Durch unterschiedliche Laufzeiten der Signalanteile werden die Anteile aus verschiedenen Reflexions- oder Transmissionswegen zeitlich getrennt und können so einzeln untersucht werden.
- Aus den Laufzeiten kann bei bekannter Ausbreitungsgeschwindigkeit im Meßobjekt auf die Lage von Reflexionsstellen oder auf den Verlauf von Signalwegen geschlossen werden.
- Die Form der Antworten einzelner Signalanteile läßt auf den Charakter der Reflexionsstelle bzw. des Übertragungswegs schließen (siehe Bild 8.20).

Speziell bei der FDR mit vektoriellen Netzwerkanalysatoren ergeben sich weitere Vorteile:

- Die einzelnen, zeitlich getrennten Signalanteile können von der gesamten Systemantwort durch "Gating" abgespaltet und einzeln in den Frequenzbereich zurücktransformiert werden. Dadurch kann das Verhalten einzelner Elemente innerhalb eines Netzwerks untersucht werden. Insbesondere können so unerwünschte Reflexionen oder Signalwege rechnerisch beseitigt werden (s.u.).
- Diese Methode des "Gatings" kann auch zur Kalibration benutzt werden (siehe Abschnitt 8.2.3).
- Die Fehlerkorrektur des VNWAs wird im Zeitbereich für die Reflektometrie nutzbar.
- Der VNWA ist vielseitiger als die meisten TDR-Meßplätze, insbesondere durch weitgehend freie Wahl der Meßbandbreite.

Bevor die Eigenschaften der Frequenzbereichsreflektometrie näher betrachtet werden, soll die prinzipielle Verfahrensweise an zwei Beispielen veranschaulicht werden. Das erste Beispiel ist die Messung einer zweifach geknickten Streifenleitung. Während in der Reflexion der Leitung in Bild 8.18 zunächst keine besonderen Strukturen erkennbar werden, können in der errechneten Impulsantwort deutlich vier Reflexionen unterschieden werden, die den vier Störstellen (zwei Anschlüsse und zwei Knicke) der Leitung zugeordnet werden können.

Wenn man beispielsweise die zweite der vier Reflexionen herausgreift, also mit einer Fensterfunktion heraus-"gated", und einzeln zurücktransformiert, erhält man die Reflexion eines einzelnen Streifenleitungsknicks im Frequenzbereich, die ebenfalls in Bild 8.18 gezeigt ist. Zu beachten ist dabei allerdings, daß Signalleistung, die bereits vor dieser Störstelle reflektiert wurde (in diesem Beispiel am Eingangsstecker) auch nach dem "Gaten" noch fehlt. Durch "Herausgaten" können also Störstellen nur dann beseitigt werden, wenn der dort reflektierte oder weggedämpfte Leistungsanteil vernachlässigbar klein im Vergleich zur Gesamtleistung ist.

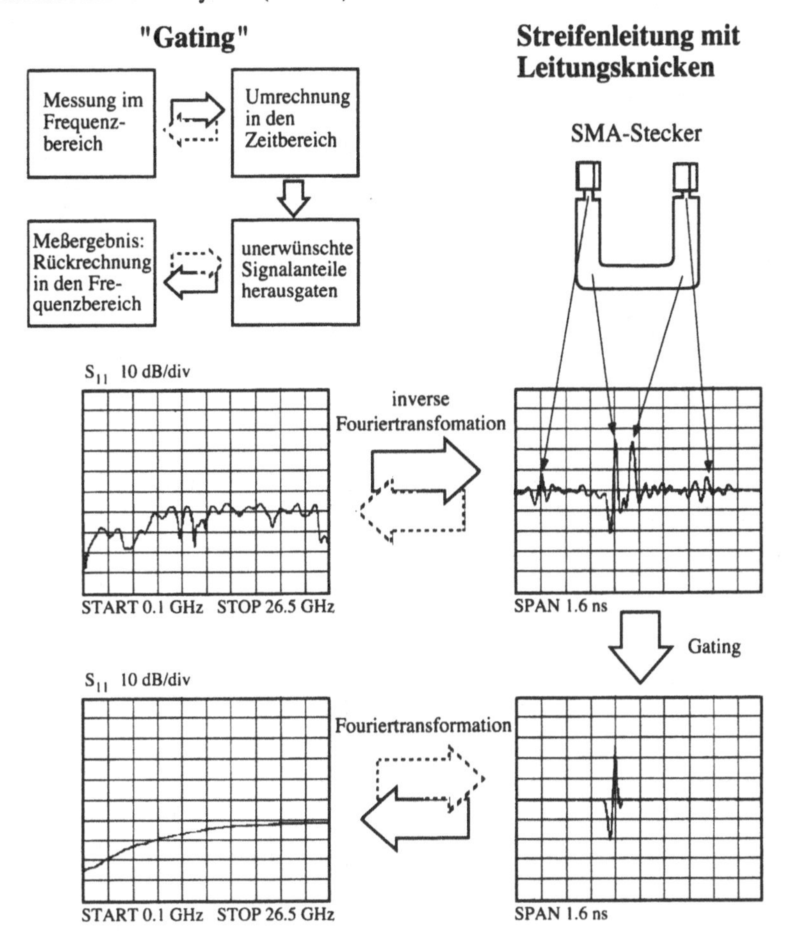

Bild 8.18
Messung der Reflexion eines einzelnen Streifenleitungsknicks durch Gating im Zeitbereich. Diese Methode eignet sich auch, um Fehlerstellen in Leitungen zu finden.

Im zweiten Beispiel soll die Übertragungscharakteristik einer Antenne vermessen werden. Bei der Messung ist der indirekte Signalweg, der durch Reflexion am Boden entsteht, störend. In der errechneten Impulsantwort (Bild 8.19) ist zu erkennen, daß sich die Signalanteile aus dem direkten und dem einfach reflektierten Übertragungsweg etwas überlagern. Beim Gating muß nun durch Wahl einer geeigneten Fensterfunktion ein Kompromiß zwischen vollständiger Erfassung des direkten Signalanteils und Unterdrückung des indirekten Anteils geschlossen werden.

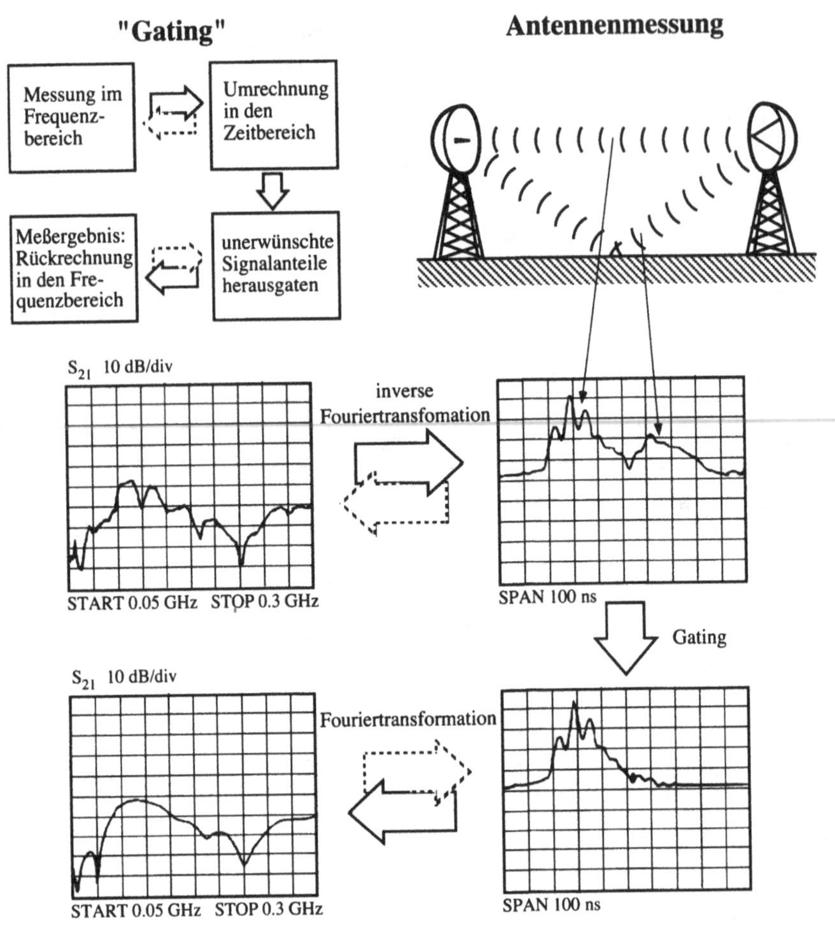

Bild 8.19
Übertragungsmessung an einer Antenne. Der unerwünschte indirekte Signalweg wird durch Gating weitgehend entfernt.

Die zeitliche Trennung der Signalanteile und Rückrechnung einzelner Anteile in den Frequenzbereich mit Hilfe von Gating ist sicher eine der wichtigsten Anwendungen der FDR. Die Systemantwort läßt aber außerdem nicht nur die Lage von Reflexionsstellen erkennen, sondern auch deren Charakter. In Bild 8.20 ist ein Überblick über die reflektierten Antworten einiger Impedanzen bei Sprung- oder Impulsanregung gegeben. Im Vergleich mit Bild 8.18 ist beispielsweise zu erkennen, daß sich ein Knick in der Streifenleitung wie eine Parallelkapazität verhält. Weiterhin ist mit Bild 8.20 klar, daß die Zeitauflösung bei der Messung etwa der Impulsbreite bzw. Anstiegszeit der Anregungsfunktion entspricht.

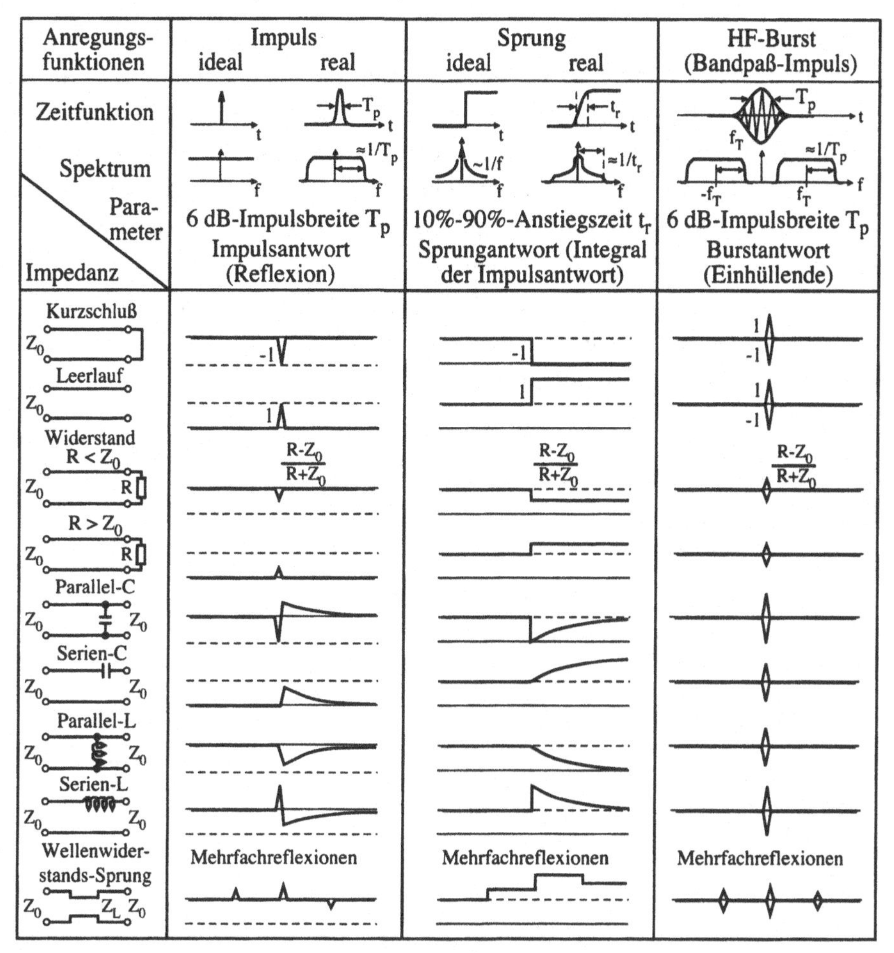

Bild 8.20
Zeitfunktion und Spektren üblicher Anregungsfunktionen und typische Systemantwort einiger Reflexionsstellen (die durchgezogene Linie ist jeweils die Nullinie). Je nach Anstiegszeit und Meßbandbreite sind die Signalflanken flacher oder steiler und die exponentiellen "Ladekurven" eher auch impulsförmig.

Wie wird nun tatsächlich die Umrechnung in den Zeitbereich vorgenommen? Nach Gleichung (8.4) müßte die gemessene Übertragungsfunktion H(f) mit dem Spektrum der gewünschten Anregung multipliziert werden, danach erhält man die gesuchte Systemantwort durch Fouriertransformation. H(f) ist aber nur innerhalb der Meßbandbreite B bekannt, das heißt, man verfügt lediglich über das Produkt der Übertragungsfunktion mit einem idealen Bandpaß der Bandbreite B. Nach Bild 8.20 bzw. 8.21 entspricht der ideale Bandpaß aber dem Spektrum eines HF-Bursts mit einer Impulsbreite von $T_p \approx 1{,}2/B$. Durch Fouriertransformation der (bandbegrenzten!) Meßwerte erhält man also direkt eine Burstantwort. Das Spektrum eines Impulses der Breite $T_p \approx 0{,}6/B$ entspricht einem Tiefpaß mit der oberen Grenzfrequenz B. Um die Impulsantwort zu berechnen, benötigt man deshalb zusätzlich Werte der Übertragungsfunktion um den Nullpunkt der Frequenzachse. Da HF-Netzwerkanalysatoren eine untere Grenzfrequenz von etwa 40 MHz haben, muß diese Lücke durch Extrapolation gefüllt werden. Durch Fouriertransformation der zu niedrigen Frequenzen hin ergänzten Meßwerte erhält man also die Impulsantwort. Für die Bestimmung einer sinnvollen Impulsantwort ist aber wichtig, daß tatsächlich gemessene Werte auf wesentlich größerer Bandbreite vorliegen als extrapolierte Werte. Die Impulsantwort benötigt folglich Messungen mit möglichst niedriger Grenzfrequenz und auf großer Bandbreite. Für die Sprungantwort, die einfach durch Integration der Impulsantwort gewonnen wird, gilt dasselbe. Es ist dagegen nur von geringer Bedeutung, daß das NF-Verhalten des Meßobjekts nicht richtig wiedergegeben wird.

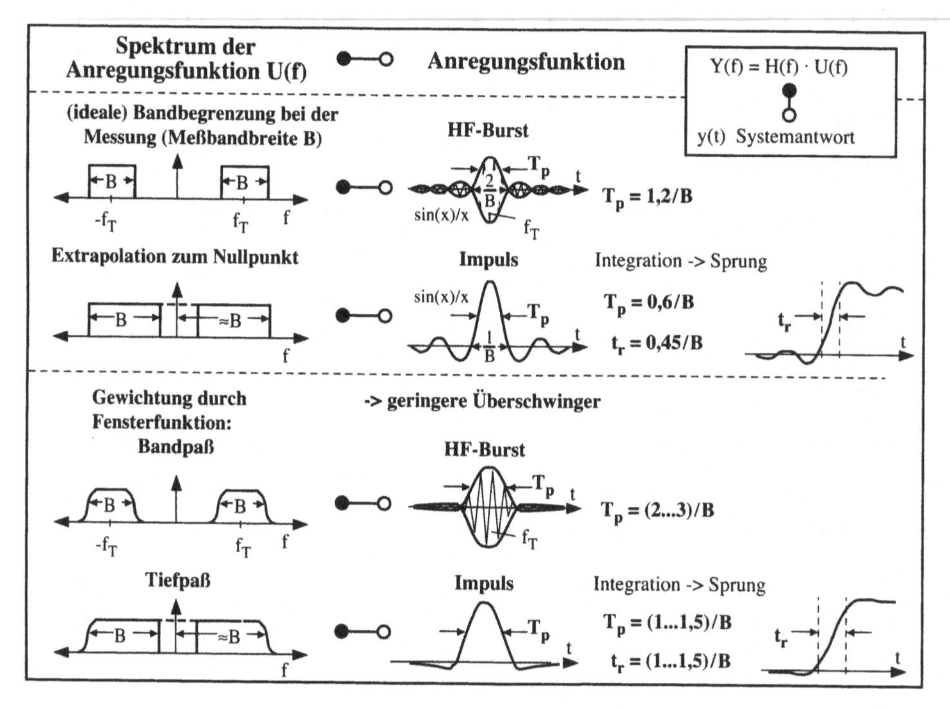

Bild 8.21 Modellierung der Anregungsfunktion bei der FDR

Die Anregungsfunktionen werden damit durch die Bandbegrenzung der Meßwerte modelliert. Wie in Bild 8.21 gezeigt entspricht ein idealer Band- oder Tiefpaß einer sin(x)/x-Anregungsfunktion. Die hohen Überschwinger (=Nebenmaxima) der sin(x)/x-Funktion sind besonders störend, wenn einzelne Systemantworten von unterschiedlicher Amplitude zu trennen sind. Das Problem wird behoben, indem die Meßwerte zusätzlich mit einer band- oder tiefpaßförmigen Fensterfunktion mit weniger steilem Filterverlauf gewichtet werden. Man erhält so Anregungsfunktionen mit geringeren Überschwingern, allerdings auf Kosten der Zeitauflösung. Entsprechend wird auch beim Gating im Zeitbereich keine Rechteckfunktion als Fensterfunktion verwendet, sondern eine weicher verlaufende "Bandpaßfunktion" über der Zeit, um Verzerrungen bei der Rücktransformation in den Frequenzbereich zu vermindern. Ein Überblick über gängige Fensterfunktionen wird in K. D. Kammeyer/ K. Kroschel: "Digitale Signalverarbeitung" gegeben. Beim HP 8510 wird übrigens keine FFT verwendet, sondern die Chirp-z-Transformation, die sich von der FFT darin unterscheidet, daß sie eine freie Wahl des dargestellten Bereichs und der Punktanzahl der Darstellung zuläßt.

Man kann also zusammenfassen: Die Anregungsfunktion wird bei der FDR durch die Bandbegrenzung der Meßwerte modelliert. Durch direkte FFT der Meßwerte erhält man die Burstantwort, zur Bestimmung der Impulsantwort sind zuvor die Meßwerte zu niedrigen Frequenzen hin zu extrapolieren. Die Sprungantwort wird durch Integration der Impulsantwort errechnet. Überschwinger im Zeitbereich werden auf Kosten der Zeitauflösung reduziert durch Gewichtung der Meßwerte vor der Transformation mit einer geeigneten Fensterfunktion. Die Zeitauflösung (=Impulsbreite oder Anstiegszeit) bei der Impulsantwort bzw. bei der Sprungantwort beträgt etwa

$$\Delta t \approx (0{,}6\ ...\ 1{,}5)/B, \qquad (8.5)$$

je nach benutzter Fensterfunktion, wobei B die Meßbandbreite ist. Die Zeitauflösung bei der Burstantwort ist um den Faktor zwei schlechter. Bei der Messung der Impuls- oder Sprungantwort ist zu beachten, daß die untere Grenzfrequenz möglichst klein sein muß verglichen zur Meßbandbreite, um die Extrapolation der Meßwerte zu erlauben.

Impuls- oder Sprungantwort eignen sich prinzipiell nicht für schmalbandige Messungen, und auch nicht für die breitbandige Messung von schmalbandigen Meßobjekten, die außerhalb ihres Durchlaßbereichs beispielsweise wegen starker Reflexion oder sehr kleiner Transmission nur ungenaue Meßwerte zulassen. Aber auch der Zeitauflösung bei der HF-Burstanregung ist bereits durch die Bandbreite des Meßobjekts eine Auflösungsgrenze gesetzt. Als typisches Beispiel sei die Vermessung einer Streifenleitungsschaltung angeführt:

Dielektrizität des Substrats: $\varepsilon_{r,eff} = 9$ -> Signalgeschwindigkeit 10^8 m/s	
breitbandige Messung: Bandbreite: 45 MHz bis 20 GHz	schmalbandige Messung: Bandbreite: 5 GHz bis 6 GHz
Impulsanregung: $\Delta t = 1/(20\ \text{GHz})$ -> 50 ps Zeitauflösung -> 2,5 mm Ortsauflösung	Burstanregung: $\Delta t = 2/(1\ \text{GHz})$ -> 2 ns Zeitauflösung -> 10 cm Ortsauflösung

Die angegebene Ortsauflösung bezieht sich auf Reflexionsmessung, bei der jeder Signalweg doppelt zurückgelegt wird. Man erkennt also, daß sich die Frequenzbereichsreflektometrie am besten für breitbandige Meßobjekte eignet, während die Umrechnung schmalbandiger Messungen in den Zeitbereich nur bei elektrisch langen Objekten sinnvoll ist.

Eine wichtige Eigenschaft der diskreten Fouriertransformation wurde noch nicht besprochen. Die diskrete Abtastung eines kontinuierlichen Spektrums entspricht dem Spektrum des periodisch fortgesetzten Signals. Dies ist die Aussage des Abtasttheorems. Da von der Übertragungsfunktion nur diskrete Meßwerte vorliegen, wird auch das Spektrum der Anregungsfunktion nur an diskreten Punkten verwendet. Man kann sagen, dadurch wiederholt sich die Anregung zwangsläufig periodisch. In der Systemantwort im Zeitbereich tritt folglich ein Aliasing-Effekt auf, der den Eindeutigkeitsbereich T_m in der Systemantwort auf

$$T_m = \frac{1}{\text{Frequenzauflösung}} = \frac{(\text{Anzahl der Meßpunkte}) - 1}{\text{Meßbandbreite B}} \tag{8.6}$$

beschränkt. Aussagen über Systemantworten mit größeren Laufzeiten sind jedoch manchmal durch Verändern der Meßbandbreite möglich. Dadurch werden nämlich die überlagerten Systemantworten verschoben, während die gesuchten Signalanteile an Ort und Stelle bleiben und somit identifiziert werden können.

8.2.3 Fehlerkorrektur

Bei der Messung mit Netzwerkanalysatoren treten **zufällige Fehler** auf, wie z.B. die begrenzte Frequenzauflösung aufgrund der Linienbreite des Meßsignals, Fehler durch Phasen- und Amplitudenrauschen der Mischoszillatoren und Quantisierungsfehler bei der A/D-Wandlung. **Driftfehler** entstehen durch Drift der Oszillatoren oder mechanische Längenänderungen aufgrund von Temperaturschwankungen. Diese Fehler können durch konstant gehaltene Umgebungsbedingungen stark vermindert werden. Den größten Einfluß auf die Meßgenauigkeit haben aber **systematische Fehler**, die durch nichtideales Verhalten der verwendeten Schaltungselemente, wie z.B. nur endliche Isolation der Koppler oder Fehlanpassungen, verursacht werden. Diese Fehler können bei vektorieller Messung weitgehend rechnerisch durch Kalibration beseitigt werden. Die Grundidee dabei ist, den Netzwerkanalysator durch einen **idealen Analysator** zu beschreiben und die nichtidealen Elemente in einem **Fehlermehrtor**, das zwischen Analysator und Meßobjekt geschaltet ist, zusammenzufassen. Die Parameter des Fehlermehrtors werden bei der Kalibration aus Messungen von bekannten Standards bestimmt. Die Genauigkeit der Kalibration ist dann einerseits von der Qualität der Standards bestimmt, andererseits aber auch von einer möglichen Drift der Fehlergrößen. Oft ist aber eine wesentliche Grenze der Meßgenauigkeit nach Kalibration durch die Reproduzierbarkeit der Verbindungen zwischen Standards und NWA bzw. zwischen Meßobjekt und NWA gegeben, da ja diese Verbindungen zur Kalibration geöffnet werden müssen. Bevor die Kalibrationsverfahren im einzelnen besprochen werden, soll die zur Herleitung benötigte Methode der Signalflußdiagramme ("flow graphs") an einem Beispiel erläutert werden.

8.2.3.1 Signalflußdiagramme ("flow graphs")

Die wichtigsten Regeln zur Umformung von Signalflußdiagrammen sind in Anhang 10.1 zusammengefaßt. Eine detaillierte Darstellung der Methode wird bei Michel, H. J.: "Zweitor-Analyse mit Leistungswellen" gegeben. Hier soll die Anwendung von Signalflußdiagrammen lediglich an einem Beispiel demonstriert werden.

Bei der 1-Tor-Messung, also der Messung eines Reflexionsfaktors r_A, interessiert man sich für den Einfluß eines nichtidealen Adapters zwischen Analysator und Meßobjekt. Die durch die Streumatrizen von Meßobjekt und Adapter gegebenen Gleichungen können in einem Signalflußdiagramm dargestellt werden (Bild 8.22). Zur Berechnung des resultierenden Reflexionsfaktors der Gesamtanordnung kann man die einzelnen Signalwege, welche die einfallende Welle durchläuft, verfolgen. Das wurde ebenfalls in Bild 8.22 durchgeführt, das Ergebnis ist

$$\frac{b_1}{a_1} = S_{11} + \frac{S_{21} r_A S_{12}}{1 - S_{22} r_A} \tag{8.7}$$

Für komplexere Netzwerke wird man, anstatt die einzelnen Signalwege zu verfolgen, die Mason'sche Regel anwenden, um ein Netzwerk zu berechnen. Diese Regel ist in Anhang 10.1 beschrieben, und auch Gleichung (8.7) wird dort nochmals hergeleitet.

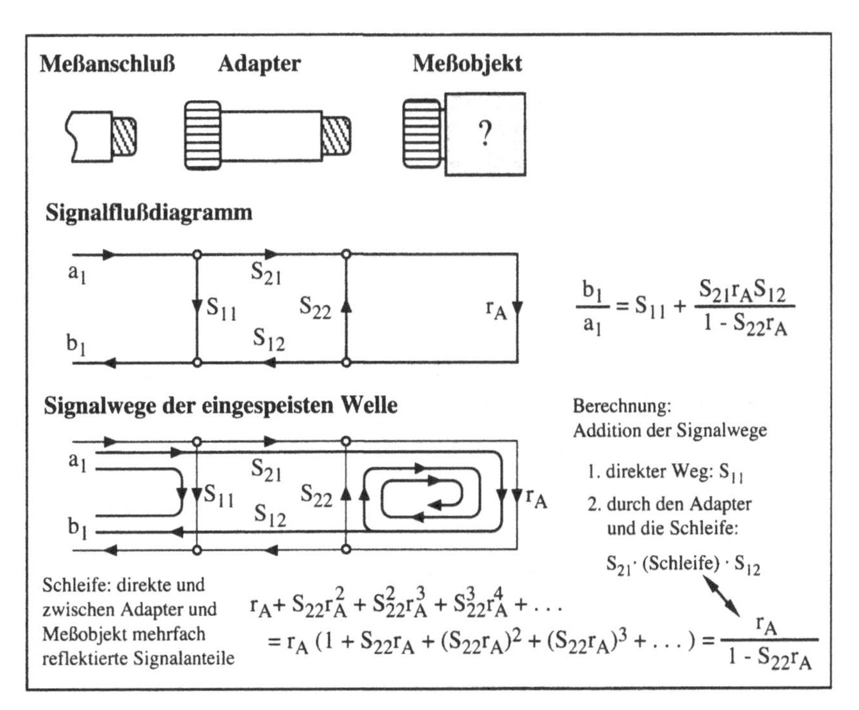

Bild 8.22
Reihenschaltung von Meßobjekt und Adapter: Signalflußdiagramm und Berechnung des resultierenden Reflexionsfaktors

8.2.3.2 1-Tor-Kalibration

Man unterscheidet 1-Tor- und 2-Tor-Kalibration. Die 2-Tor-Kalibration wird benötigt, wenn auch Transmission gemessen werden soll (siehe nächsten Abschnitt).

Bei 1-Tor-Messungen soll der Reflexionsfaktor des Meßobjekts bestimmt werden. Im Fehlermodell werden die nichtidealen Eigenschaften des Netzwerkanalysators durch ein Fehler-Zweitor zwischen Meßobjekt und Analysator beschrieben. Das Flußdiagramm dieser Anordnung ist dann identisch mit dem in Bild 8.22 für eine Reihenschaltung gegebenen (Bild 8.23). Der Zusammenhang zwischen dem gemessenen Reflexionsfaktor r_M und dem Reflexionsfaktor des Meßobjekts r_A ist also direkt durch Gleichung (8.7) gegeben, wobei die Streuparameter des Fehler-Zweitors nun mit e_{ij} $(i, j = 0,1)$ bezeichnet werden. Durch Auflösen nach r_A erhält man

$$r_M = e_{00} + \frac{e_{10} r_A e_{01}}{1 - e_{11} r_A} \tag{8.8a}$$

$$\Rightarrow \qquad r_A = \frac{r_M - e_{00}}{e_{10}e_{01} + e_{11}(r_M - e_{00})} = \frac{r_M - E_D}{E_R + E_S(r_M - E_D)} \tag{8.8b}$$

für den gesuchten Reflexionsfaktor. Man beachte, daß alle Größen in (8.8) komplex sind. Da e_{10} und e_{01} nur als Produkt auftreten, werden nur drei Fehlerkoeffizienten benötigt:

$E_D = e_{00}$	Richtschärfe (directivity)
$E_R = e_{10} \cdot e_{01}$	Frequenzgangfehler (reflection frequency response)
$E_S = e_{11}$	Quellenfehlanpassung des NWAs (source mismatch)

Man braucht (mindestens) drei Messungen bekannter Standards, um die Fehlerkoeffizienten aus einem Gleichungssystem bestimmen zu können. Mit Gleichung (8.8b) kann dann die Fehlerkorrektur vorgenommen werden. Man bezeichnet dieses Verfahren der 1-Tor-Kalibration allgemein als **3-Term-Fehlerkorrektur**. Um eine hohe Genauigkeit zu erreichen, müssen die Reflexionsfaktoren der Standards im Smith-Diagramm möglichst weit voneinander entfernt sein. Die beiden üblichen Kalibrationsverfahren unterscheiden sich durch die verwendeten Standards (Bild 8.24).

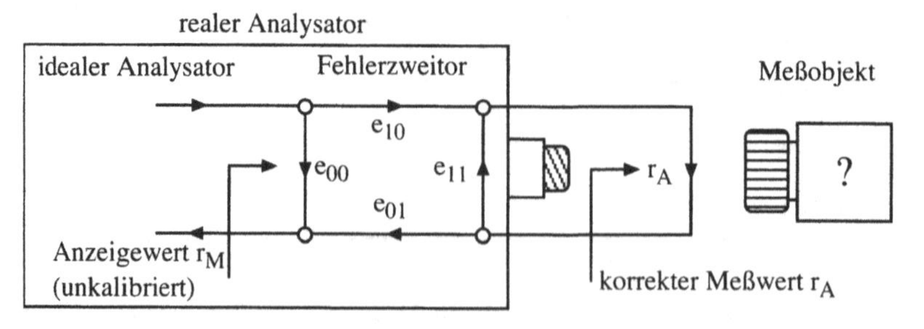

Bild 8.23 Fehlermodell bei der 1-Tor Messung

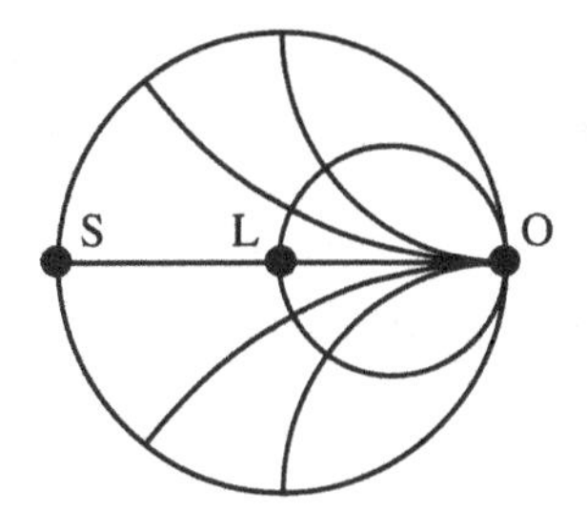

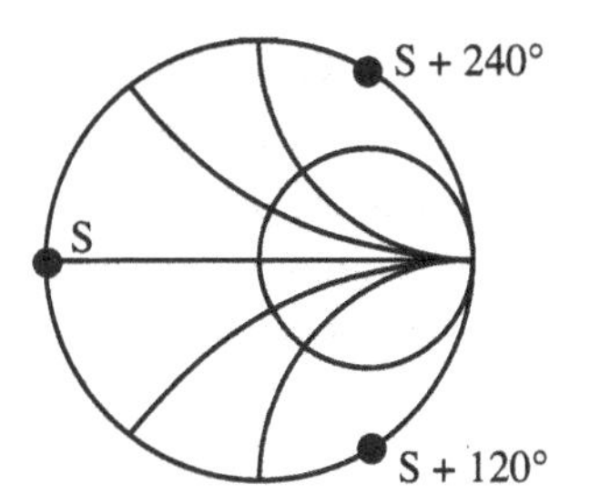

OSL-Kalibration (open, short, load) 3S-Kalibration (3 shorts mit Offsetlängen)

Bild 8.24 Lage der verwendeten Reflexionsstandards im Smith-Diagramm

OSL-Kalibration

Die OSL-Kalibration ist die klassische 3-Term-Fehlerkorrektur für Netzwerkanalysatoren. Sie verwendet als Standards einen Leerlauf (open), einen Kurzschluß (short) und einen angepaßten Abschluß (load). Zu höheren Frequenzen hin ergeben sich dadurch folgende Probleme:

- Der Leerlauf ist wegen seiner Abstrahlung schwierig zu realisieren. Zur Abhilfe kann man stattdessen einen Kurzschluß mit vorgeschalteter λ/4-Leitung (λ/4 Offset-Kurzschluß) verwenden. Dadurch wird jedoch der Frequenzbereich der Kalibration eingeschränkt, oder man muß mehrere Kurzschlüsse verwenden.
- Auch die Anpassung des angepaßten Abschlusses wird zu höheren Frequenzen hin durch parasitäre Elemente verschlechtert. Schon bei wenigen GHz verwendet man deshalb einen Abschluß mit veränderlicher Offsetleitung (sliding load). Dies ist allerdings nicht bei allen Leitungsformen möglich, z.B. nicht für Streifenleitungen.

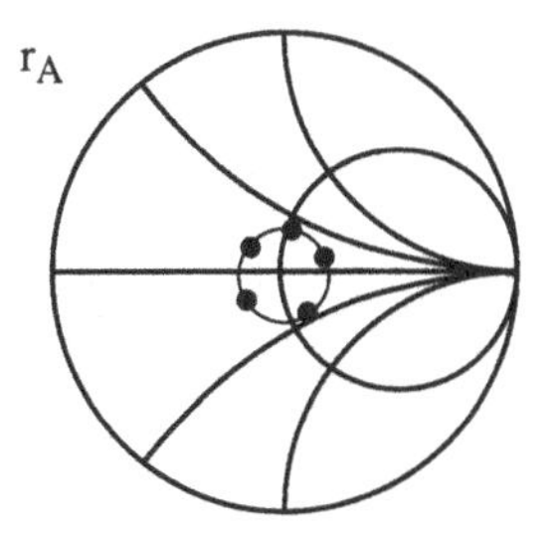

Reflexionsfaktoren einer "sliding load"

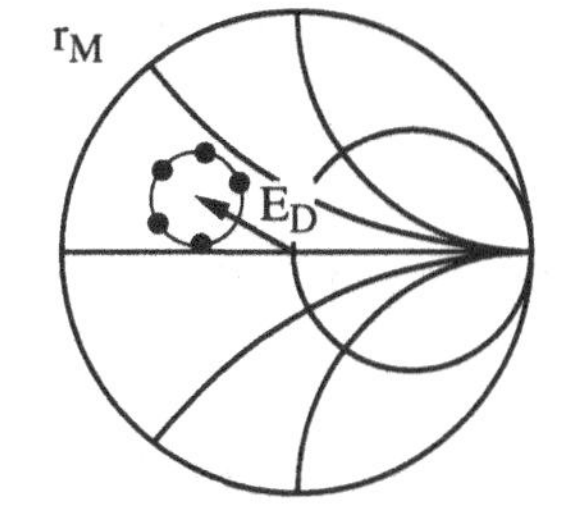

Meßwerte (unkalibriert)

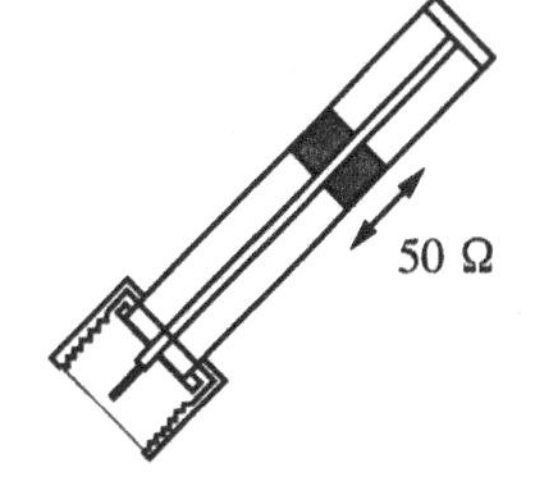

technische Ausführung einer koaxialen "sliding load"

Bild 8.25
Reflexionsarmer Abschluß für höhere Frequenzen: "sliding load" (Reflexion und Richtschärfe E_D stark übertrieben)

Der Nutzen einer "sliding load" (Bild 8.25) muß noch erklärt werden. Die Reflexionsfaktoren eines reflektierenden Abschlusses mit veränderlicher Offsetleitung liegen auf einem Kreis um den Anpassungspunkt, das heißt, mit mehreren Messungen mit unterschiedlichen Leitungslängen kann der Anpassungspunkt ($r_A = 0$) bestimmt werden. Mit Gleichung (8.8a) wird klar, daß der Meßwert bei $r_A = 0$ direkt dem Fehlerterm E_D entspricht.

3S-Kalibration

Die 3S-Kalibration ist ebenfalls ein 3-Term-Fehlerkorrekturverfahren. Sie unterscheidet sich von der OSL-Kalibration nur dadurch, daß drei Kurzschlüsse mit Offsetleitungen verwendet werden (Bild 8.24). Um im Smith-Diagramm möglichst weit voneinander entfernte Reflexionsfaktoren zu erhalten, benutzt man folgende Standards:

direkter Kurzschluß (Phase 180°),
Kurzschluß mit λ/6-Offsetleitung (Phase 300°),
Kurzschluß mit λ/3-Offsetleitung (Phase 60°)

Für große Bandbreiten müssen wegen der Frequenzabhängigkeit der Phase mehr als drei Kurzschlüsse oder ein Kurzschluß mit veränderlicher Offsetleitungslänge verwendet werden.

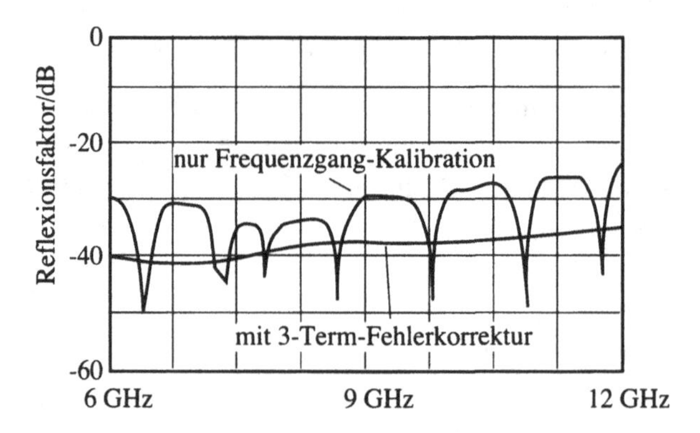

Bild 8.26
Typische Reflexionsfaktormessung eines gut angepaßten Meßobjekts: Vergleich des Meßergebnisses ohne und mit 3-Term-Fehlerkorrektur

In Bild 8.26 ist eine Messung mit und ohne 3-Term-Fehlerkorrektur gezeigt. Typisch sind die Einbrüche der Kurve ohne vektorielle Fehlerkorrektur, verursacht durch gegenseitige Kompensation von Meßfehlern und Reflexion des Meßobjekts bei entsprechender Phasenlage.

Zeitbereichsmethode

In Abschnitt 8.2.2 wurde "Gating" im Zeitbereich beschrieben als eine Methode, die Elemente eines Netzwerks rechnerisch zu trennen und einzeln zu vermessen. Dies nutzt man auch zur Kalibration, indem man störende Reflexionsstellen heraus-"gated". Man verwendet diese Methode zur Erweiterung oder Verbesserung einer bestehenden Kalibration. Ein typisches Beispiel ist die Vermessung von Streifenleitungsschaltungen. Sind die verwendeten Übergänge von Koaxial- auf Streifenleitung nicht ausreichend reproduzierbar oder sind keine geeigneten Streifenleitungsstandards vorhanden, so wird eine Kalibration der Koaxialanschlüsse des Analysators vorgenommen. Dann verbleiben die Übergänge als Fehlerquelle. Durch Gating im Zeitbereich kann nun auch der Einfluß dieser Übergänge entfernt werden, abgesehen von Mehrfachreflexionen (vgl. Bild 8.18).

Das Verfahren ermöglicht also die Verbesserung einer bestehenden Kalibration, erfordert aber breitbandige Messungen und ausreichende Signallaufzeiten zwischen Meßobjekt und unerwünschten Reflexionen. Da für jede Messung zwei Fouriertransformationen benötigt werden, ist die Kalibration durch Gating sehr rechenintensiv.

8.2.3.3 2-Tor-Kalibration

Zweitor-Test Sets ermöglichen die Messung aller Streuparameter eines Meßobjekts durch Umschaltung des einspeisenden Tors (Vorwärts- und Rückwärtsmessung). Einfachere Aufbauten, sogenannte Reflection-Transmission-Test Sets besitzen keinen Umschalter, die Rückwärtsmessung wird durch Umdrehen des Meßobjekts ausgeführt. In beiden Fällen muß die zuvor besprochene 1-Tor-Kalibration auf zwei Tore erweitert werden.

Sowohl der "ideale" Analysator als auch das Meßobjekt sind jetzt Zweitore, das zur Modellierung dazwischengeschaltete Fehlermehrtor ist also ein Viertor mit 16 unbekannten Streuparametern. Da sich die Parameter des Netzwerkanalysators bei der Umschaltung im Zweitor-Test Set ändern, sind zunächst zwei unterschiedliche Fehler-Viertore für Vorwärts- und Rückwärtsmessung erforderlich. In beiden Fällen werden nur je drei Leistungswellen ausgewertet (jeweils die eingespeiste Welle, die reflektierte und die transmittierte), so daß nur 12 Streuparameter von jedem der beiden Fehler-Viertore in die Rechnung eingehen. Durch Vernachlässigung einiger Übersprechterme erhält man das hier nicht besprochene **16-Term-Fehlermodell** oder das weit verbreitete **12-Term-Fehlermodell** (genauer 12-Term-2-Tor-Fehlermodell), bei dem jedes Fehler-Viertor durch je 6 Fehlerkoeffizienten beschrieben wird. Für Reflection-Transmission-Test Sets, die keinen Umschalter besitzen, also nur die Vorwärtsmessung erlauben, wird nur eines der beiden Fehler-Viertore mit 6 Fehlerkoeffizienten benötigt. Weitere Vereinfachungen führen zum **8-Term-Fehlermodell**.

12-Term-Fehlermodell

Bevor das Fehlermodell im Detail besprochen wird, soll zunächst geklärt werden, welche Kalibrationsstandards zur Bestimmung der 6 Fehlerkoeffizienten für eine Meßrichtung benötigt werden. Das einspeisende Tor kann mit Leerlauf, Kurzschluß

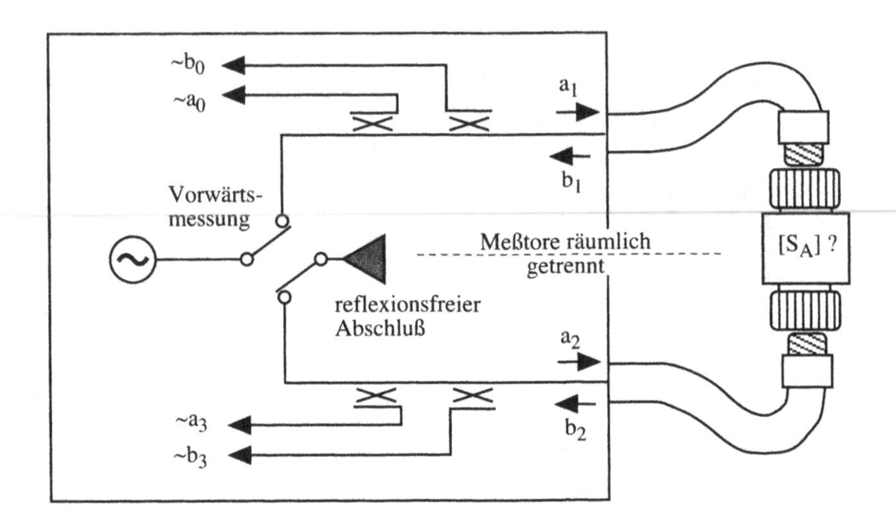

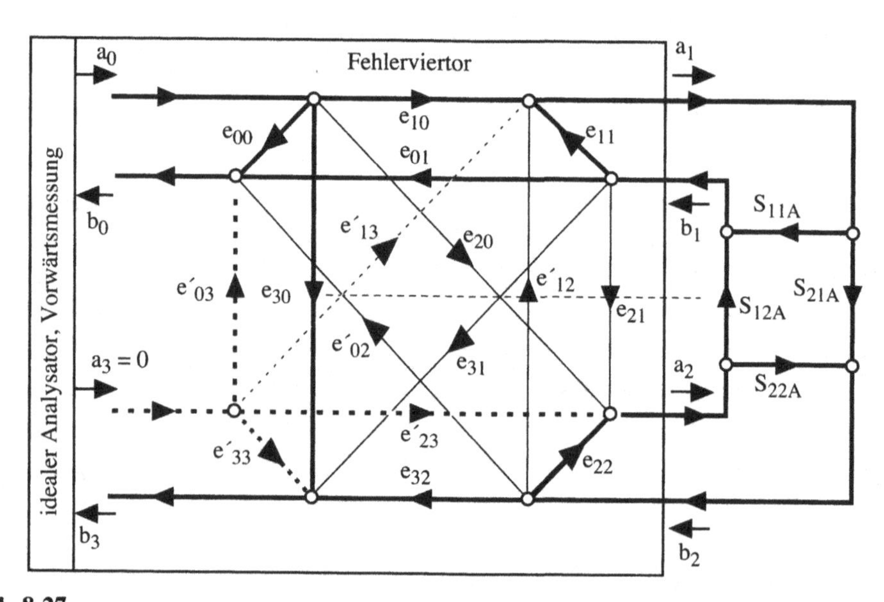

Bild 8.27

Entwicklung des 12-Term-2-Tor-Fehlermodells am Beispiel der Vorwärtsmessung: Gestrichelte Signalwege gehen nicht in die Rechnung ein, dünne Signalwege werden vernachlässigt. Es verbleiben 7 Fehlerterme (pro Meßrichtung), von denen aber je einer redundant ist.

oder angepaßt abgeschlossen werden, das ergibt drei Gleichungen. Mit dem anderen Meßtor geht das nicht, weil hier ohne Verbindung zum einspeisenden Tor kein Signal vorhanden ist. Die direkte Verbindung der beiden Meßtore liefert zwei weitere Gleichungen. Die noch fehlende Gleichung erhält man aus einer Messung mit offenen Meßanschlüssen. Im Prinzip genügen also dieselben Standards wie bei 1-Tor-Kalibration (OSL oder 3S), ergänzt durch die direkte Verbindung der Tore (through) und eine "no connection"-Messung. Bei Bedarf verwendet man andere Standards oder nimmt noch weitere zur Erhöhung der Genauigkeit hinzu.

In Bild 8.27 ist die Entwicklung des 12-Term-Fehlermodells am Beispiel der Vorwärtsmessung gezeigt. Die Übersprechterme entsprechen Signalwegen "von oben nach unten" und umgekehrt (e_{20}, e_{30}, e_{21}, e_{31}, e'_{02}, e'_{03}, e'_{12}, e'_{13}). Wegen der räumlichen Trennung der Meßtore können alle Übersprechterme vernachlässigt werden, mit Ausnahme der Terme e_{30} und e'_{03}, die das Übersprechen im Umschalter modellieren. Man beachte aber, daß direkt am Meßobjekt (z. B. in der Testfassung) starkes Übersprechen auftreten kann, das durch e_{21} und e'_{12} beschrieben werden müßte. Dann ist ein 16-Term-Fehlermodell zu verwenden, oder es werden zusätzlich Zeitbereichsmethoden eingesetzt. Da der ideale Netzwerkanalysator keine reflektierte Welle erzeugt, gehen vier Terme nicht in die Rechnung ein (im Bild am Beispiel der Vorwärtsmessung: $a_3 = 0$, gestrichelte Linien entfallen). Damit ergeben sich folgende Signalflußdiagramme für Vorwärts- und Rückwärtsmessung:

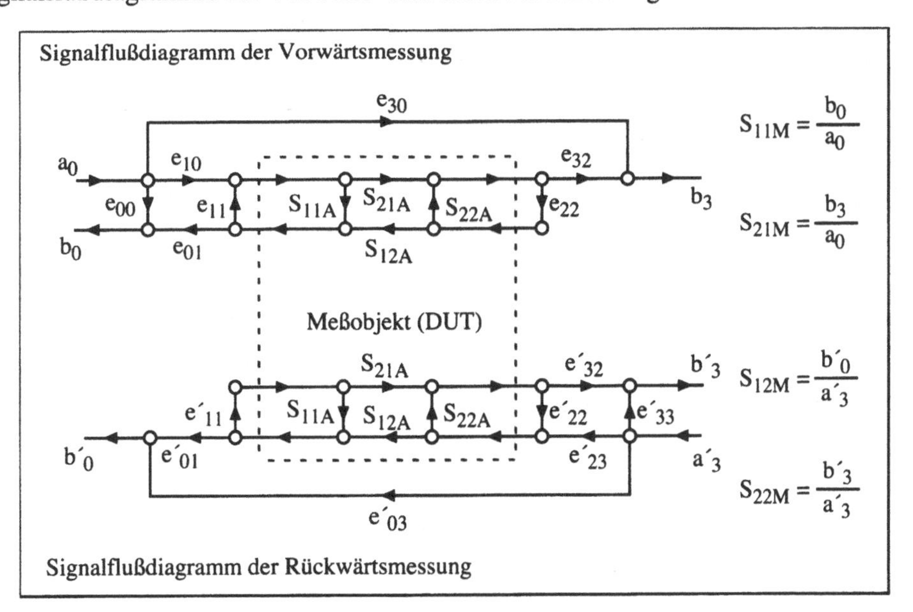

Koeffizienten bei der Rückwärtsmessung sind zunächst von denen der Vorwärtsmessung zu unterscheiden (gestrichene Größen).

Faßt man redundante Parameter der Fehlermehrtore zusammen, so verbleiben letztendlich je 6 Fehlerkoeffizienten für Vorwärts- und für Rückwärtsbetrieb:

$E_D = e_{00}$,	$E'_D = e'_{33}$	Richtschärfe (directivity)
$E_S = e_{11}$,	$E'_S = e'_{22}$	Quellenfehlanpassung (source mismatch)
$E_L = e_{22}$,	$E'_L = e'_{11}$	Lastfehlanpassung (load mismatch)
$E_T = e_{10} \cdot e_{32}$,	$E'_T = e'_{23} \cdot e'_{01}$	Frequenzgangfehler der Transmission
$E_R = e_{10} \cdot e_{01}$,	$E'_R = e'_{23} \cdot e'_{32}$	Frequenzgangfehler der Reflexion
$E_X = e_{30}$,	$E'_X = e'_{03}$	Isolationsfehler (leakage)

Die folgende Rechnung zeigt am Beispiel der OSL-Kalibration , wie die Fehlerkoeffizienten bestimmt werden (für Vorwärtsmessung). Dazu werden die Fehlerkoeffizienten in die Flußdiagramme eingesetzt, wobei e_{10} und e'_{23} durch eins und e_{32}, e_{01}, e'_{01}, e'_{32} durch die entsprechenden Frequenzgangfehler E_T, E_R, E'_T , E'_R ersetzt werden.

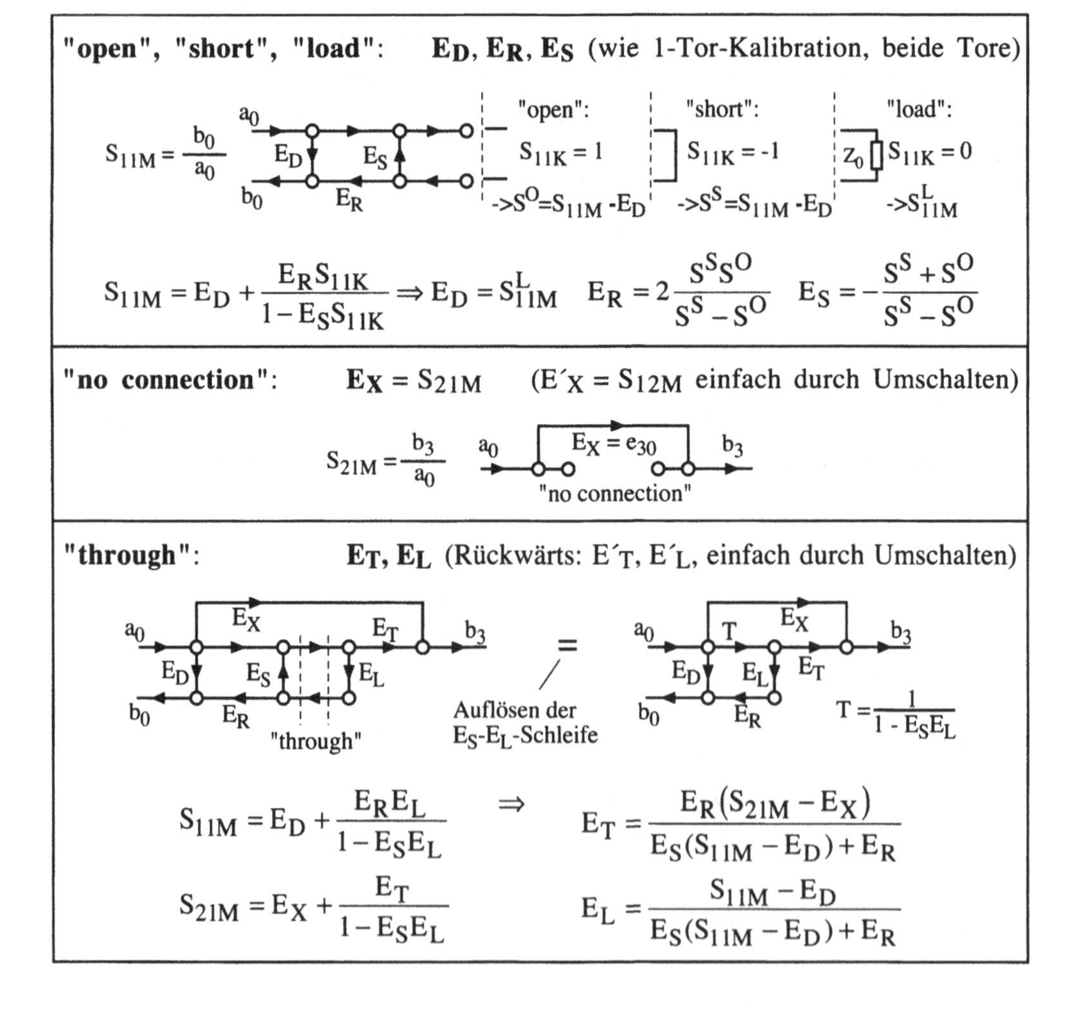

Die entsprechenden Gleichungen und Flußdiagramme für Rückwärtsbetrieb (gestrichene Größen) erhält man durch Ersetzen der Indizes (0->3, 1->2). Mit den so bestimmten Fehlerkoeffizienten können nun Meßwerte in die aktuellen Werte des Meßobjekts umgerechnet werden:

Mit den Hilfsgrößen $A = (S_{11M} - E_D)/E_R \quad B = (S_{21M} - E_X)/E_T$

$C' = (S_{12M} - E'_X)/E'_T \quad D' = (S_{22M} - E'_D)/E'_R$

ergibt sich

$$
\begin{aligned}
S_{11A} &= \frac{(1 + D'E'_S)A - C'BE_L}{(1 + AE_S)(1 + D'E'_S) - C'E'_L BE_L} \\
S_{12A} &= \frac{[1 + A(E_S - E'_L)]C'}{(1 + AE_S)(1 + D'E'_S) - C'E'_L BE_L} \\
S_{21A} &= \frac{[1 + D'(E'_S - E_L)]B}{(1 + AE_S)(1 + D'E'_S) - C'E'_L BE_L} \\
S_{22A} &= \frac{(1 + AE_S)D' - BC'E'_L}{(1 + AE_S)(1 + D'E'_S) - C'E'_L BE_L}
\end{aligned}
\qquad (8.9)
$$

Man beachte, daß die in Vorwärtsrichtung bestimmten Größen S_{11A}, S_{21A} auch von den Fehlerkoeffizienten und Meßwerten der Rückwärtsmessung abhängen und umgekehrt. Dieser Zusammenhang entsteht durch den Einfluß von S_{12A} und S_{22A} auf die Meßwerte S_{11M}, S_{21M} (entsprechend für die Rückwärtsrichtung). Dadurch kann die Berechnung der gesuchten Streuparameter nur durchgeführt werden, wenn die vollständige Zweitor-Messung in beiden Richtungen vorliegt.

In Bild 8.28 ist als Beispiel ein Algorithmus dargestellt, nach dem Kalibration und Messung ablaufen. Es sollte klar sein, daß die Fehlerkorrektur-Rechnungen an jedem Frequenzpunkt der gewählten Meßbandbreite durchgeführt werden müssen. Da es sich bei allen Größen um komplexe Werte handelt, sind die Rechnungen entsprechend umfangreich. Diese Fehlerkorrekturen sind daher erst seit einigen Jahren machbar mit Hilfe der großen Rechenkapazität moderner Meßgeräte. Gleichzeitig sind mit der starken Erhöhung der Meßgenauigkeit durch diese Kalibrationen die Ansprüche an die Kalibrationsstandards gestiegen. Für den Anwender bedeutet das, daß die sorgfältige Pflege der Standards, die Sauberkeit der Verbindungen und die reproduzierbare Kontaktierung ebenso entscheidend ist für eine hohe Meßgenauigkeit wie die Vermeidung von äußeren Störeinflüssen (EMV).

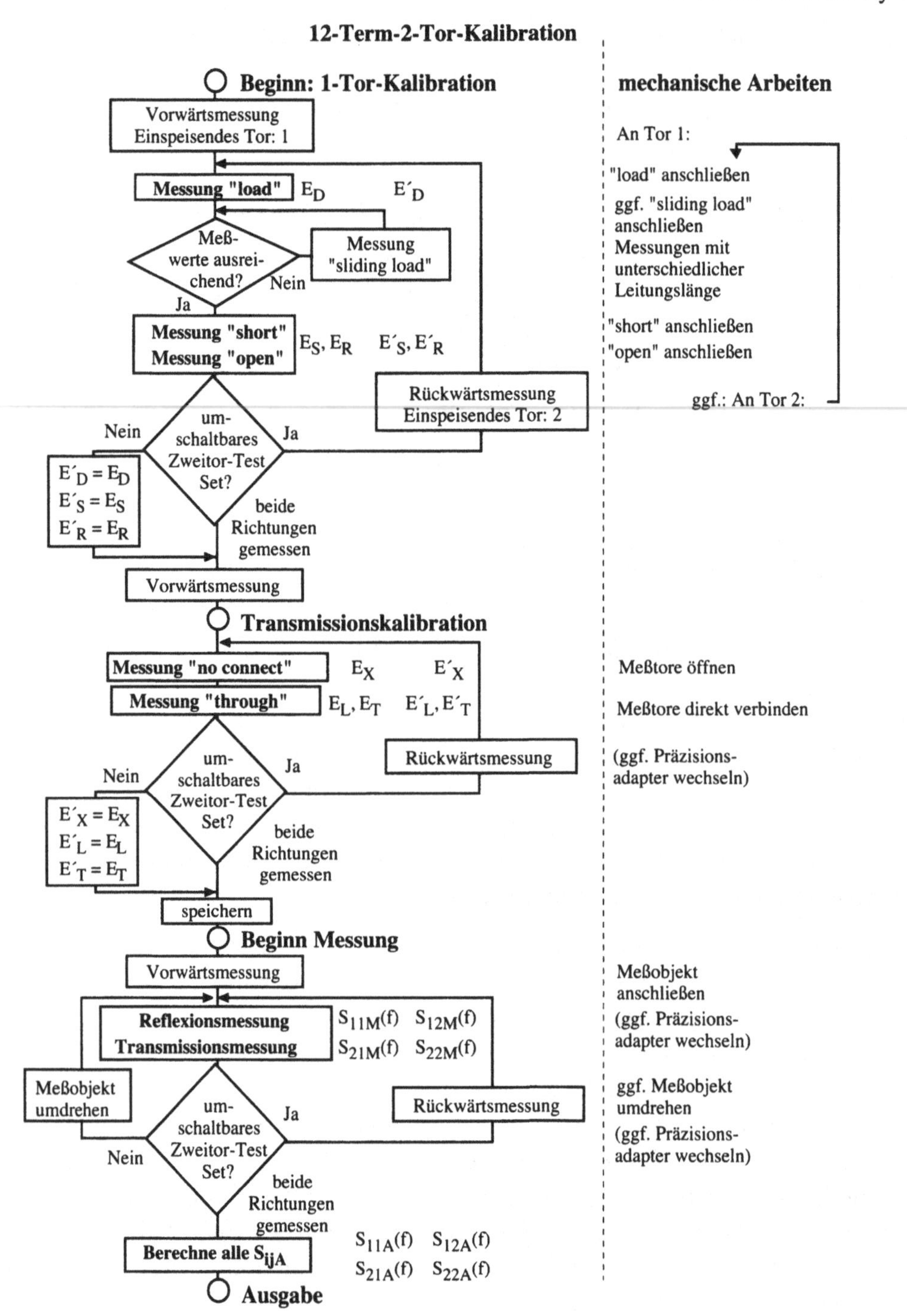

Bild 8.28 Algorithmus für Kalibration und Messung (12-Term-Fehlermodell)

8-Term-Fehlermodell

Beim 8-Term-Fehlermodell wird durch folgende Annahmen das Fehler-Viertor des 12-Term-Fehlermodells in zwei Fehler-Zweitore aufgeteilt (Bild 8.29):

- Der Isolationsfehler wird vernachlässigt oder anderweitig berücksichtigt: $E_X = e_{30} = 0$, $E'_X = e'_{03} = 0$
- Die Anpassung der Meßtore ändert sich nicht durch die Umschaltung von Vorwärts- und Rückwärtsmessung: $e_{11} = e'_{11}$, $e_{22} = e'_{22}$

Die letztere Annahme ist plausibel, wenn zwischen dem Umschalter und den Meßausgängen eine genügend große Dämpfung besteht. Dann ist die Rückwirkung des Umschalters zu den Anschlüssen hin vernachlässigbar. Wichtig ist, daß durch diese beiden Vernachlässigungen keine Unterscheidung zwischen den Fehlermehrtoren für Vorwärts- und Rückwärtsbetrieb mehr nötig ist: $e_{ij} = e'_{ij}$. Die verbleibenden Fehlerkoeffizienten sind:

$E_D = e_{00}$,	$E'_D = e_{33}$	Richtschärfe (directivity)
$E_{S,L} = e_{11}$,	$E'_{S,L} = e_{22}$	Quellen- bzw. Lastfehlanpassung
$E_T = e_{10} \cdot e_{32}$,	$E'_T = e_{23} \cdot e_{01}$	Frequenzgangfehler der Transmission
$E_R = e_{10} \cdot e_{01}$,	$E'_R = e_{23} \cdot e_{32}$	Frequenzgangfehler der Reflexion

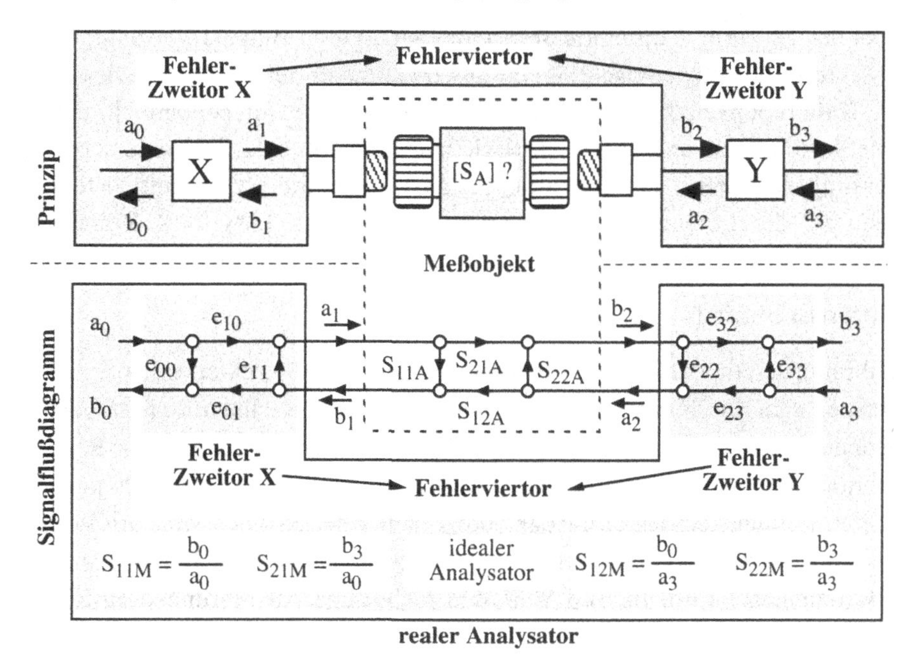

Bild 8.29
8-Term-Fehlerkorrektur: Das Fehler-Viertor zerfällt in zwei Fehler-Zweitore, die außerdem unabhängig sind von Vorwärts- oder Rückwärtsbetrieb.

Am resultierenden Signalflußdiagramm (Bild 8.29) ist zu erkennen, daß nun alle Fehlerkoeffizienten mit Ausnahme der Frequenzgangfehler der Transmission E_T, E'_T durch einfache 1-Tor-Kalibrationen der beiden Meßtore bestimmt werden können. Für die Frequenzgangfehler wird wieder eine "through"-Messung in beiden Meßrichtungen benötigt. Oft werden aber speziell für dieses Fehlermodell andere Standards benutzt. Man macht dabei Gebrauch davon, daß das resultierende Gleichungssystem zur Bestimmung der 8 Fehlerkoeffizienten schon mit wenigen Standards überbestimmt ist. Das bedeutet, daß die redundanten Gleichungen zur Erhöhung der Genauigkeit benutzt werden können, oder daß einige Parameter der Standards mehr oder weniger undefiniert sein dürfen. Typisch für die 8-Term-Fehlerkorrektur sind deshalb Kalibrationsverfahren wie TRL (through, reflect, line) oder TRM (through, reflect, match), bei denen die Phase einiger Kalibrationsstandards nicht zur Kalibration ausgewertet wird (siehe unten).

Zeitbereichsmethoden

Wie bereits bei der 1-Tor-Kalibration erläutert, kann auch bei der Zweitor-Messung eine bestehende Kalibration durch Gating im Zeitbereich verbessert werden. Ein typisches Beispiel ist die in Bild 8.19 beschriebene Antennenmessung. Der dort auftretende unerwünschte Signalweg müßte in der Kalibration durch die Fehlerterme e_{21} und e_{12} aus Bild 8.27 beschrieben werden. Diese Übersprechterme sind allerdings bereits bei der 12-Term-Kalibration vernachlässigt. Wie in Bild 8.19 gezeigt, kann das unerwünschte Übersprechen nachträglich durch Gating entfernt werden. Diese rechenintensive Kalibrationsmethode benötigt wieder, wie immer im Zeitbereich, möglichst große Meßbandbreiten und/oder elektrisch lange Meßobjekte. Besonders bei Hohlleitermessungen besteht das spezielle Problem, daß die Systemantworten durch Dispersion auf den Leitungen verzerrt sind, das heißt, die Orts- bzw. Zeitauflösung wird weiter verschlechtert bzw. die benötigte Meßbandbreite wird weiter vergrößert.

Kalibrationsstandards

Die Kalibrationsmethoden, die mit 12-Term- oder 8-Term-Fehlerkorrektur arbeiten, unterscheiden sich durch die Kombination der Kalibrationsstandards. Man verwendet verschiedene Standards einerseits, um die erreichbare Genauigkeit durch Redundanz der Kalibrationsmessungen zu erhöhen, andererseits, weil einige Standards je nach der verwendeten Leitungstechnik einfacher oder genauer herzustellen sind. Im Prinzip ist jede Kombination zulässig, die genug voneinander unabhängige Gleichungen für die Fehlerkoeffizienten liefert. In Bild 8.30 sind technische Ausführungen einiger Standards gezeigt.

Mit der Kalibration wird auch die Referenzebene festgelegt, auf die sich die errechnete Phase bezieht. Diese Ebene ist zunächst durch den Phasenverlauf der Kalibrationsstandards gegeben, das heißt, z.B. durch die genaue Lage des Kurzschlusses oder des (effektiven) Leerlaufs innerhalb des Abschlusses. Die Referenzebene kann jedoch später rechnerisch verschoben werden ("electrical delay").

Ein häufig auftretendes Problem ist, daß das Meßobjekt nicht dieselben Anschlüsse wie die Standards hat. Manche Kalibrationssets enthalten daher zusätzlich verschiedene geeichte Präzisionsadapter mit gleicher Länge, Transmission (≈1) und Reflexion (≈0).

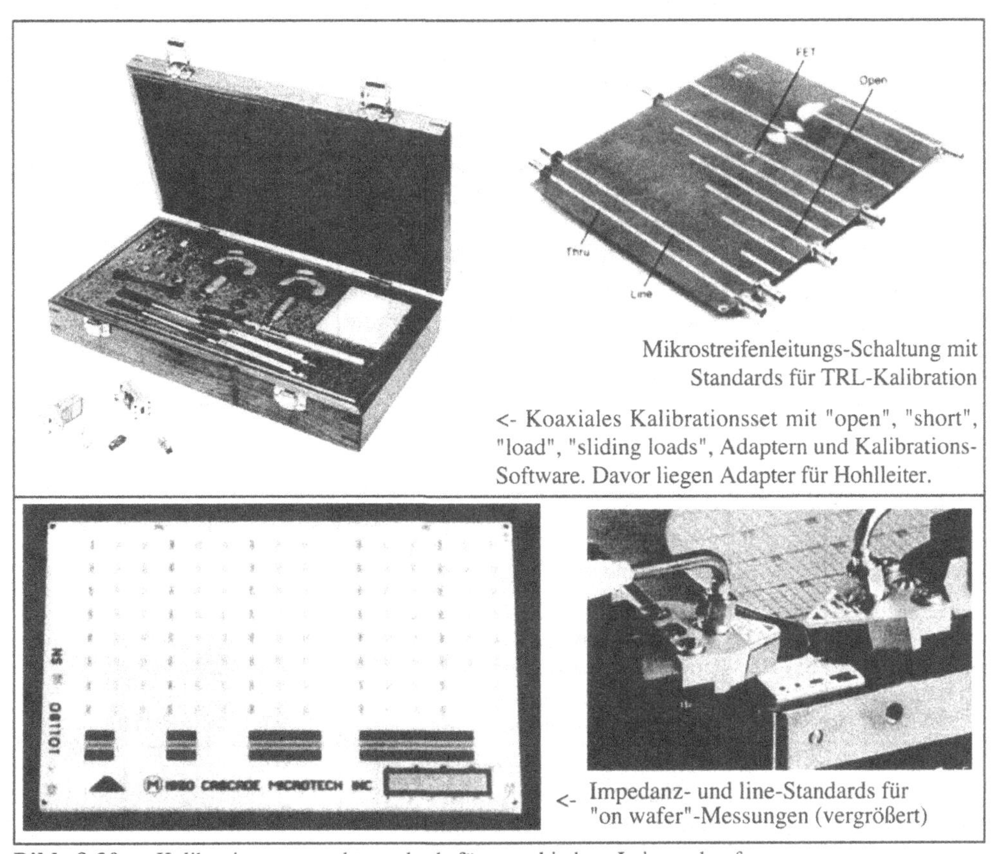

Mikrostreifenleitungs-Schaltung mit Standards für TRL-Kalibration

<- Koaxiales Kalibrationsset mit "open", "short", "load", "sliding loads", Adaptern und Kalibrations-Software. Davor liegen Adapter für Hohlleiter.

<- Impedanz- und line-Standards für "on wafer"-Messungen (vergrößert)

Bild 8.30 Kalibrationssets und -standards für verschiedene Leitungsbauformen

1-Tor-Abschlüsse (Z_0 ist der Bezugswiderstand der Kalibration):

Leerlauf, **O** = "open"	$r_A = 1$	Zu höheren Frequenzen hin schwierig realisierbar (Streukapazität und Abstrahlung). Ggf. schmalbandig ersetzbar durch $\lambda/4$-Offset-Kurzschluß	
Kurzschluß, **S** = "short"; Offset-Kurzschluß	$r_A = -1$ $\|r_A\| = 1$	Häufig gut realisierbar; Kurzschluß mit Offsetleitung wird benutzt, um die Phase der Reflexion kontrolliert zu ändern (frequenzabhängig). Definiert Z_0 durch Z_L der Leitung.	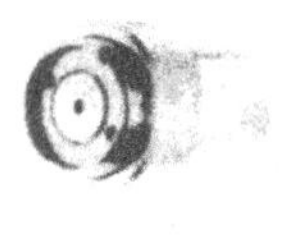
Totalreflexion mit unbestimmter Phase, **R** = "reflect"	$\|r_A\| = 1$	Meist als "offset-short". Wird oft zusammen mit 8-Term-Fehlerkorrektur benutzt (Phase ist redundant -> Standard ist leicht zu spezifizieren)	z.B. waveguide-short 
angepaßter Abschluß, **L** = "perfect load" oder **M** = "match"; "sliding load"	$r_A = 0$ $\|r_A\| \approx 0$	Definiert Z_0; für höhere Frequenz schwierig zu realisieren (parasitäre Effekte) -> Abhilfe mit "sliding load" (Abschluß mit veränderbarer Offsetleitung); nicht bei allen Leitungsbauformen hinreichend gut realisierbar.	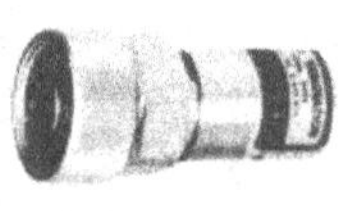 (siehe auch Bild 8.25)
"offset load", Abschluß mit definierter Reflexion ≠ 1	$\|r_A\| < 1$ z.B. -20 dB	Wird bisweilen zur Erhöhung der Genauigkeit hinzugenommen; für die Realisierbarkeit gilt dasselbe wie bei der "load".	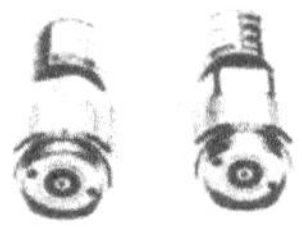

2-Tor-Verbindungen:

direkte Verbindung, **T** = "through"	$S_{11} = 0$, $S_{21} = 1$	Benötigt keinen Standard, aber häufig Präzisionsadapter, um überhaupt eine Verbindung zu ermöglichen. Bei fast allen 2-Tor-Verfahren benutzt.	
keine Verbindung, "no connection"	$S_{11} = 1$, $S_{21} = 0$	Wird nur benötigt, wenn Übersprechterme berücksichtigt werden (12- oder 16-Term-Fehlerkorrektur). Problem: Abstrahlung der offenen Anschlüsse	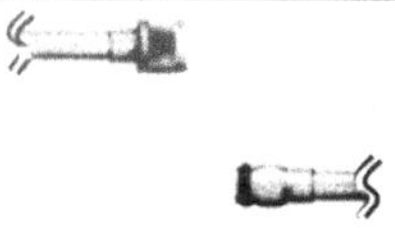
(Verzögerungs-) Leitung, **L** = "line" oder **D** = "delay"	$S_{11} = 0$, $\|S_{21}\| = 1$	Oft mit 8-Term-Fehlerkorrektur, wobei die Phase redundant ist, aber $\neq n \cdot 180°$ sein muß (sonst gleich "through") -> eingeschränkte Bandbreite. Für niedrige Frequenzen sind zu große Leitungslängen erforderlich. Definiert Z_0 durch Z_L der Leitung.	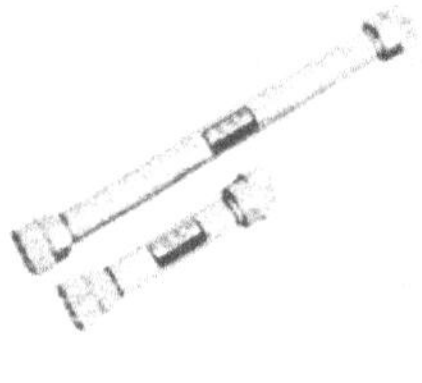
Dämpfung **A**="attenuation"	$S_{11} = 0$, $\|S_{21}\| < 1$	Statt der "line", um das Problem der Frequenzabhängigkeit bzw. der großen Leitungslänge zu lösen. Realisierungsprobleme wie beim "load".	

Überblick über die Kalibrationsverfahren

2-Tor-Kalibration (8-Term-/12-Term-Fehlermodell); *auch für 1-Tor-Kalibration (3-Term-Fehlermodell)

Verfahren	Standards Bezugsimpedanz Z_0	vorkali- briert?	Band- breite	Anmerkungen
OSL* (SOLT) **(12-Term)**	open, short, load -> Z_0, through, no connection	nein	groß mit sliding load	Vorteil: Auch für 1-Tor-Kalibration Nachteil: alle Arten von Abschlüssen benötigt; geeignet für koaxiale Kalibration
3S* **(12-Term)**	short l = 0, short l = $\lambda/6$, short l = $\lambda/3$ -> Z_0 through, no connection	nein	1:2	Vorteil: Auch für 1-Tor-Kalibration kein "load " oder "open" erforderlich; Nachteil: für hohe Genauigkeit gute Symmetrie der "shorts" erforderlich; größere Bandbreite erfordert mehr "shorts"
TRL, LRL, TSD (8-Term)	through/line, reflect/short, line/delay -> Z_0	nein	1:8	Vorteil: kein "load "erforderlich Nachteil: für größere Bandbreite mehr "lines"; nicht für niedrige Frequenzen wegen großer Leitungslänge
TRM, LRM, TRA, LRA (8-Term)	through/line, reflect, match/attenuator -> Z_0	nein	entspricht match	Vorteil: für niedrigere Frequenzen geeignet, breitbandig Nachteil: "match/attenuator " nötig
Time Domain **(TD*)**	through, reflect mit Leitung -> Z_0	ja	groß (Voraussetzung!)	Auch für 1-Tor-Kalibration; Zur nachträglichen Erfassung von nicht mitkalibrierten Übergängen und Signalwegen; nur für elektrisch hinreichend lange Meßobjekte; rechenintensiv; Verfälschung durch Dispersion
modifizierte **TD***	open mit Leitung -> Z_0	ja	groß (Voraussetzung!)	

Die angegebenen Kalibrationsmethoden sind die am häufigsten benutzten, es existieren aber noch etliche weitere Verfahren. Auch die Namensgebung ist nicht immer gleich. Man beachte die Verwechslungsgefahr zwischen L ="load" (="match") und L ="line". Die Zuordnung der Verfahren zu 12-Term- und 8-Term-Fehlermodell ist nicht zwingend, wird aber oft so vorgenommen. Für das 16-Term-Fehlermodell, das im Gegensatz zu den anderen Modellen auch die Übersprechterme am Meßobjekt selbst berücksichtigt, sind schließlich in allen Fällen noch Kalibrationsstandards hinzuzunehmen.

Als Beispiel für die je nach Kalibrationsmethode erreichbare Genauigkeit sei ein Vergleich einiger Verfahren bei koaxialer Kalibration angegeben (Hewlett-Packard). Die Unterschiede in den verbleibenden Meßfehlern sind vor allem in der unterschiedlichen Qualität der Standards begründet. Die TRL-Methode schneidet hier wegen der relativ hohen Frequenz gut ab, hat aber nur beschränkte Bandbreite. Bei einigen wenigen GHz oder darunter ist eher das OSL-Verfahren günstig.

Restfehler bei 18 GHz:	OSL	mit sliding load	mit 20 dB-offset-load	TRL
Richtschärfe	-40 dB	-52 dB	-60 dB	-60 dB
Anpassung	-35 dB	-41 dB	-42 dB	-60 dB
Frequenzgang	±0,1 dB	±0,05 dB	±0,035 dB	≈0 dB

8.3 Skalarer Netzwerkanalysator (SNWA)

Der skalare Netzwerkanalysator unterscheidet sich vom VNWA in erster Linie durch die einfachere Signaldetektion. Mit breitbandiger Detektion durch Diodendetektoren wird kein aufwendiger ZF-Teil benötigt, so daß SNWAs wesentlicher billiger sind als VNWAs. Durch den Verzicht auf Phaseninformation gehen allerdings die Möglichkeiten zur Umrechnung in den Zeitbereich und zur vektoriellen Fehlerkorrektur verloren. Besonders im Millimeterwellenbereich sind die Vorteile der vektoriellen Analyse oft geringer, weil Kalibration oder Umrechnung nur so genau sein können wie die Phasenmessung, die aber mit der abnehmenden Wellenlänge zunehmend schwierig wird. Es sei noch erwähnt, daß mit aufwendigen Methoden (Sechs-Tor-Messung) auch mit reiner Amplitudenmessung eine der vektoriellen Kalibration entsprechende Genauigkeit erreicht werden kann, indem Leistungspegel gemessen werden, die durch Interferenz von Meßsignal und Referenz **vor der Detektion** erzeugt wurden. Bei der Messung nichtlinearer Netzwerke kann übrigens breitbandige Detektion von Vorteil sein, so verursacht z.B. eine Frequenzumsetzung im Meßobjekt keine Probleme, ein Mischer kann also quasi "linear" vermessen werden.

8.3.1 Aufbau eines SNWAs

Der prinzipielle Aufbau eines skalaren Netzwerkanalysators wurde in Abschnitt 8.1 besprochen und entspricht Bild 8.4. Der Unterschied zum vektoriellen NWA besteht vor allem in der einfacheren Signaldetektion. In Bild 8.31 und Bild 8.32 sind Beispiele für SNWAs gezeigt. Wichtig für die Praxis ist, daß man mit einem Spektralanalysator mit Mitlaufgenerator selbst einen hochwertigen, weil schmalbandig messenden SNWA aufbauen kann. So ist in Bild 8.32 ein aus Einzelkomponenten aufgebauter SNWA für quasioptische Messungen bei 110-150 GHz gezeigt, der am Forschungszentrum Karlsruhe verwendet wird. Die für diesen Frequenzbereich außergewöhnliche Meßdynamik von bis zu 80 dB wurde hier durch sorgfältige Optimierung der Signaltrennungs-Komponenten erreicht. Der Einfluß einer nichtidealen Signaltrennung auf den Meßfehler wird in den nächsten beiden Abschnitten diskutiert.

Bild 8.31
Skalarer Netzwerkanalysator 562 (Wiltron) mit externer Quelle (Wiltron Synthesizer 6700)

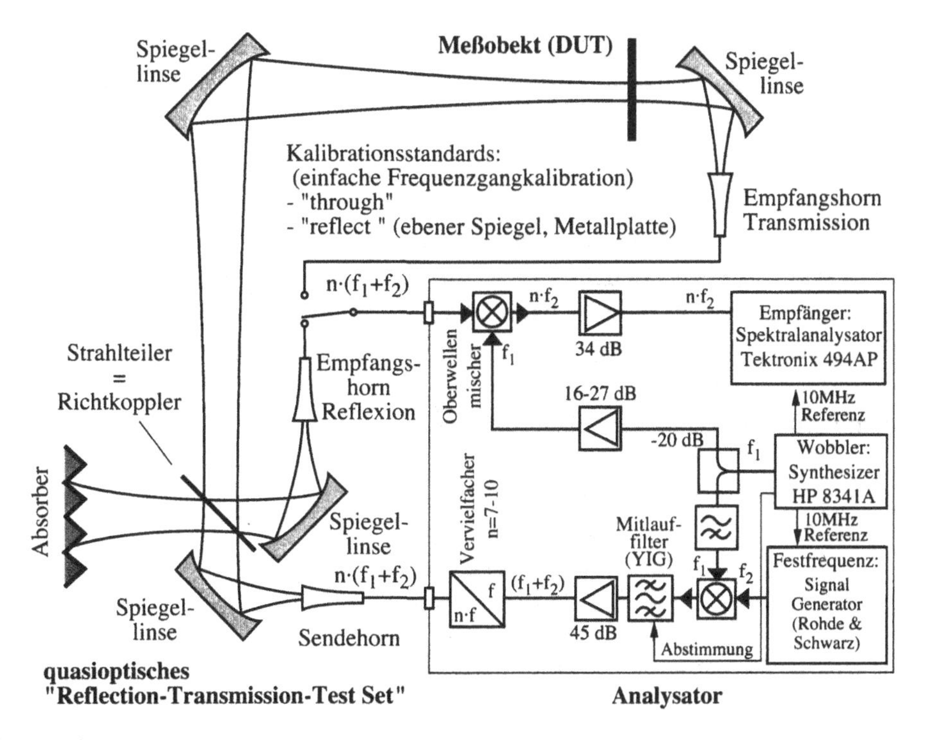

Bild 8.32
Skalarer Netzwerkanalysator mit schmalbandiger Signaldetektion für quasioptische Messungen bei 110-150 GHz . Die Meßdynamik liegt zwischen 60 und 80 dB.

8.3.2 Übertragungsmessung

Bei der skalaren Übertragungs- oder Transmissionsmessung des Streuparameters S_{21} wird die Meßunsicherheit wesentlich durch Fehlanpassungen von Meßausgang und -eingang des Analysators (r_S und r_L) bestimmt. Der Frequenzgangfehler E_T kann dagegen auch hier durch Kalibration ausgeglichen werden. Das Signalflußdiagramm der Messung mit diesen drei Fehlerkoeffizienten ist (vgl. Abschnitt 3.1.2.2):

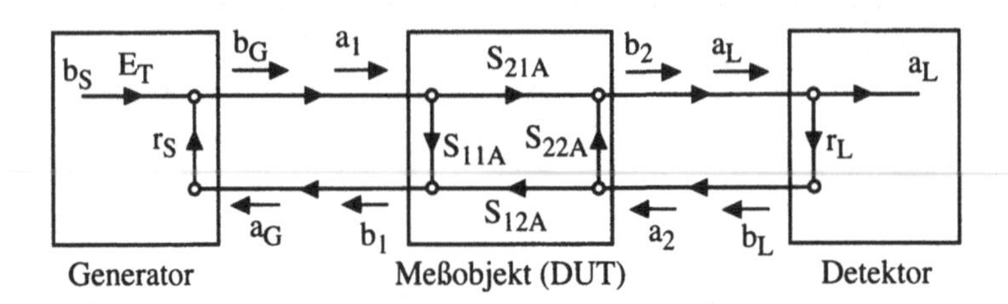

Die Transmission T_{LS} dieses Signalflußdiagramms ist ein Maß für S_{21A}. Sie ergibt sich mit der Mason'schen Regel (siehe Anhang 10.1) zu:

$$T_{LS} = \frac{a_L}{b_S} = \frac{E_T \cdot S_{21A}}{1-(S_{11A}r_S + S_{22A}r_L + S_{12A}S_{21A}r_Sr_L) + S_{11A}S_{22A}r_Sr_L} \qquad (8.10)$$

Man erkennt, daß Mehrfachreflexionen zwischen Meßobjekt und den Analysator-Anschlüssen Meßunsicherheiten in T_{LS} verursachen, die vom Phasenverhalten des Meßobjekts abhängen. Die **Kalibration des Frequenzgangfehlers** E_T wird vorgenommen, indem alle Meßwerte auf die Referenzmessung T_{LSK} einer verlustfreien Leitung oder einer bekannten Dämpfung bezogen werden. Für eine verlustfreie Leitung von vernachlässigbarer Länge ergibt sich

$$T_{LSK} = \frac{E_T}{1-r_Sr_L}$$

$$S_{21M} = \frac{T_{LS}}{T_{LSK}} = \frac{S_{21A}\cdot(1-r_Sr_L)}{(1-S_{11A}r_S)(1-S_{22A}r_L) + S_{11A}S_{22A}r_Sr_L} \qquad (8.11)$$

Die Meßunsicherheit ΔT ist durch Maximum und Minimum des verbleibenden Meßfehlers gegeben. Dabei ist der letzte Term des Nenners in (8.11) ($S_{12A}\cdot S_{21A}\cdot r_S\cdot r_L$) meist vernachlässigbar klein.

$$\begin{matrix}\max\\\min\end{matrix}(\Delta T) = \left|\frac{\begin{matrix}\max\\\min\end{matrix} S_{21M}}{S_{21A}}\right| = \left|\frac{(1\pm|r_Sr_L|)}{(1\mp|S_{11A}r_S|)(1\mp|S_{22A}r_L|)}\right| \qquad (8.12)$$

In logarithmischer Darstellung ergibt sich für die **Meßunsicherheit**:

$$\begin{aligned}\pm\Delta T/\mathrm{dB} &= \pm\Delta S_{21M}/\mathrm{dB} \\ &= 20\log\left|1\pm\left|r_S r_L\right|\right| - 20\log\left|1\mp\left|S_{11A} r_S\right|\right| - 20\log\left|1\mp\left|S_{22A} r_L\right|\right|\end{aligned} \tag{8.13}$$

Der erste Fehlerterm kann durch eine verbesserte Kalibration entfernt werden: Wird statt des in (8.11) berechneten T_{LSK} einer einzelnen Referenzmessung der Mittelwert mehrerer Referenzmessungen mit unterschiedlicher Leitungslänge eingesetzt, so ergibt sich $\overline{T_{LSK}} = E_T$, der Koeffizient des Frequenzgangfehlers wird also korrekt bestimmt und die Meßunsicherheit durch Mehrfachreflexion bei der Referenzmessung $(1 \pm r_S r_L)$ mittelt sich weg.

Eine weitere **Verringerung der Meßunsicherheit** ΔT/dB ist vor allem **durch Verbesserung der Anpassungen** möglich. Eine gängige Methode ist das **Vorschalten von Dämpfungsgliedern**. Dies verbessert die Anpassung um das Doppelte der Dämpfung (in dB), soweit die Anpassung des Dämpfungsglieds nicht selbst schlechter ist (vgl. Gleichung (3.17)). Nachteilig ist, daß sich der Dynamikbereich ebenfalls verringert. Wie bei der Leistungsmessung (Abschnitt 3.1.2.2) kann der Fehler durch **Zwischenschalten von Isolatoren** oder Richtungsleitungen vollständig vermieden werden, aber meist ist die Bandbreite dieser nicht-umkehrbaren Bauteile zu klein für den Einsatz in einem Breitband-Meßsystem oder die Einfügungsdämpfung unerwünscht groß.

Durch Regelung der Generatorleistung mit einer **Amplitudenregelschleife** (ALC, "automatic level control") kann die effektive Ausgangsanpassung r_S ebenfalls beeinflußt werden, denn wenn die Ausgangsamplitude konstant und lastunabhängig ist, ist $r_S = 0$ für reflektierte Anteile des Ausgangssignals. Wenn ein Teil der Ausgangsleistung durch ein Dreitor ausgekoppelt wird und als Regelgröße dient, ergibt sich das in Bild 8.33 gezeigte Signalflußdiagramm.

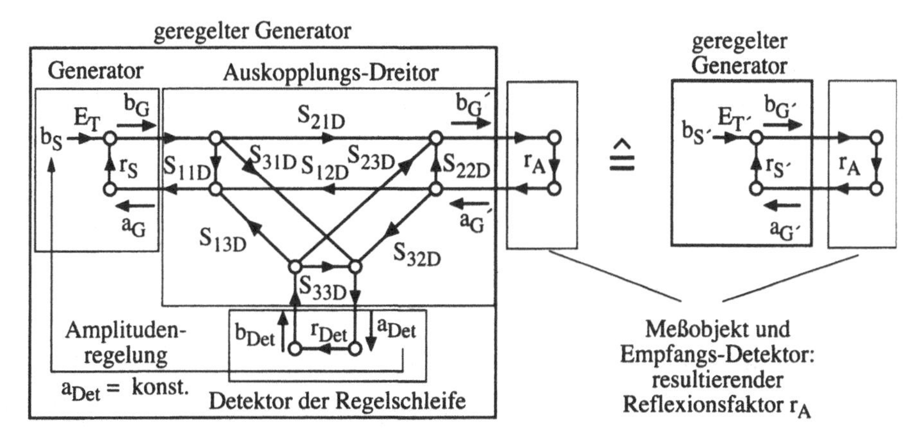

Bild 8.33 Signalflußdiagramm der Amplitudenregelschleife

Der Regelkreis hält die Amplitude a_{Det} am Schleifen-Detektor konstant, so daß a_{Det} der konstanten Quellenleistung $b_{S'}$ eines äquivalenten Generators mit der Ausgangsleistung $b_{G'}$ entspricht. Man beachte, daß die eigentliche Quellenleistung b_S nicht mehr konstant ist. Durch Vergleich von $b_{G'}/a_{Det}$ mit $b_{G'}/b_{S'}$ kann die effektive Anpassung der Gesamtschaltung $r_{S'}$ ermittelt werden. Mit Hilfe der im Anhang hergeleiteten Transmissionskoeffizienten (Gleichung (10.2)) für ein beschaltetes Dreitor ergibt sich folgender Zusammenhang:

$$\frac{b_{G'}/b_S}{a_{Det}/b_S} = \frac{E_T\left(S_{21D}\left(1 - S_{33D}r_{Det}\right) + S_{23D}r_{Det}S_{31D}\right)/(\text{Nenner})}{E_T\left(S_{31D}\left(1 - S_{22D}r_A\right) + S_{32D}r_A S_{21D}\right)/(\text{Nenner})}$$

$$\Rightarrow \qquad \frac{b_{G'}}{a_{Det}} = \frac{\left(1 - S_{33D}r_{Det}\right)\frac{S_{21D}}{S_{31D}} + S_{23D}r_{Det}}{1 - r_A\left(S_{22D} - S_{21D}\frac{S_{32D}}{S_{31D}}\right)} \stackrel{!}{=} \frac{b_{G'}}{b_{S'}} = \frac{E_{T'}}{1 - r_A r_{S'}} \tag{8.14}$$

Damit sind Frequenzgangfehler und effektive Ausgangsanpassung des geregelten Generators

$$E_{T'} = \left(1 - S_{33D}r_{Det}\right)\frac{S_{21D}}{S_{31D}} + S_{23D}r_{Det} \tag{8.15}$$

$$r_{S'} = S_{22D} - S_{21D}\frac{S_{32D}}{S_{31D}} \tag{8.16}$$

Dadurch ist nun die Möglichkeit gegeben, durch geeignete Wahl des Auskopplungs-Dreitors die Anpassung $r_{S'}$ auf Null herunterzuregeln, und zwar mit einem Leistungsteiler mit zwei Widerständen (siehe Bild 8.5):

$$S_{22D} = S_{32D} = \frac{1}{4} \qquad S_{21D} = S_{31D} = \frac{1}{2} \qquad \Rightarrow \quad r_{S'} = 0 \tag{8.17}$$

Ein Leistungsteiler mit zwei Widerständen ist also für die Amplitudenregelung und Verbesserung der Ausgangsanpassung optimal geeignet. In einer realen Schaltung müssen natürlich wieder, wie immer, Verschlechterungen durch nichtideales Verhalten des Leistungsteilers berücksichtigt werden.

8.3.3 Reflexionsmessung

Die Messung des Betrags eines Reflexionsfaktors r_A benötigt wieder einen Richtkoppler zur Trennung von hin- und rücklaufender Welle (oder, bei niedrigen Frequenzen, eine Meßbrücke). Die Qualität der Messung wird nun wesentlich durch die

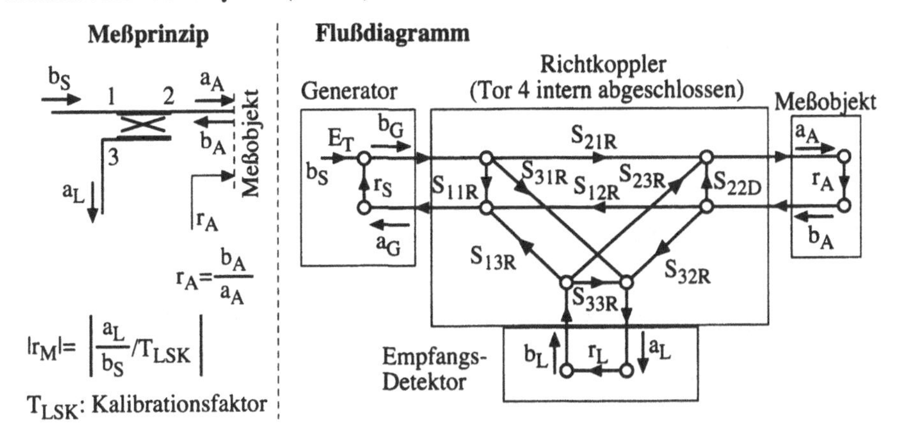

Bild 8.34
Signalflußdiagramm der Reflexionsmessung. Im Vergleich zu Bild 8.6 sind die Tore des Richtkopplers vertauscht. Die Isolation entspricht nun S_{31}, Die Kopplung S_{32} und die Durchgangsdämpfung S_{12}.

Parameter des Richtkopplers bestimmt. Das Signalflußdiagramm der Messung ist in Bild 8.34 gegeben. Man beachte, daß dieses Diagramm nur rein formal dem aus Bild 8.33 entspricht (bei der Amplitudenregelung muß aber der Richtkoppler andersherum eingebaut werden).

Die Transmission $T_{LS} = a_L/b_S$ kann wieder mit der Mason'schen Regel bestimmt werden. Das wird in Anhang 10.1 für ein beschaltetes Dreitor durchgeführt, das Ergebnis für obiges Signalflußdiagramm ist:

$$T_{LS} = \frac{a_L}{b_S} = \frac{E_T\left(S_{31R}\left(1 - S_{22R}r_A\right) + S_{21R}r_A S_{32R}\right)}{1 - S_{22R}r_A - r_S S_{21R}r_A S_{12R} - r_L S_{23R}r_A S_{32R}} \tag{8.18}$$

$$T_{LS} = E_T S_{21R} S_{32R} \frac{r_A + I\left(1 - S_{22R}r_A\right)}{1 - r_A r_X}$$

$$\text{mit} \quad r_X = S_{22R} - r_S S_{21R} S_{12R} - r_L S_{23R} S_{32R} \quad \text{und} \quad I = \frac{S_{31R}}{S_{21R} S_{32R}}$$

Dabei wurden alle Terme, die Produkte der kleinen Reflexionsfaktoren r_S, r_L und S_{iiR} enthalten, als vernachlässigbar angenommen.

Zur Frequenzgang-Kalibration werden die Meßwerte wieder auf die Referenzmessung (T_{LSK}) eines bekannten Reflexionsfaktors bezogen. Die Meßunsicherheit bei der Referenzmessung kann wieder durch Mittelung ($\overline{T_{LSK}}$) über verschiedene Messungen, z.B. über je eine Messung mit Kurzschluß- und mit Leerlauf-Standard, weitgehend vermieden werden (Bild 8.35). Es sollte klar sein, daß die Mittelung über die Beträge der Referenzmessungen ausgeführt wird.

Referenzmessung: "short"

$$T_{LSK} = E_T S_{21R} S_{32R} \frac{-1 + I(1 + S_{22R})}{1 + r_X}$$

$$|r_M| = \left|\frac{T_{LS}}{T_{LSK}}\right| = \left|\frac{r_A + I(1 - S_{22R} r_A)}{-1 + I(1 + S_{22R})} \cdot \frac{1 + r_X}{1 - r_A r_X}\right|$$

Referenz: Mittelung (Bild 8.35)

$$\overline{T_{LSK}} = E_T S_{21R} S_{32R}$$

$$|r_M| = \left|\frac{T_{LS}}{\overline{T_{LSK}}}\right| = \left|\frac{r_A + I(1 - S_{22R} r_A)}{(1 - r_A r_X)}\right|$$

mit $\frac{1}{1-\varepsilon} \approx 1 + \varepsilon$ (kleine ε) und $I' = I(1 + |S_{22R}|)$ folgt:

$$|r_M| \approx |(r_A + I')(1 + I')(1 + r_X)(1 + r_A r_X)|$$

$$\approx |r_A + I' + r_A I' + r_A r_X + r_A^2 r_X|$$

$$\max_{\min} |r_M| \approx |r_A| \pm \left(|r_A^2 r_X| + |I'| + |r_A I'| + |r_A r_X| \right) \quad (8.19a)$$

$$|r_M| \approx |(r_A + I')(1 + r_A r_X)|$$

$$\approx |r_A + I' + r_A^2 r_X|$$

$$\max_{\min} |r_M| \approx |r_A| \pm \left(|r_A^2 r_X| + |I'| \right) \quad (8.19b)$$

Meßunsicherheit bei skalarer Reflexionsmessung (8.19)

In den Gleichungen (8.19a,b) wurden wieder Produkte der (kleinen) Größen r_X und I' vernachlässigt. Man beachte, daß bei der Transmissionsmessung die Meßunsicherheit als Faktor, hier aber als additive Abweichung beschrieben wird.

Wie ist die Meßunsicherheit (8.19) nun zu interpretieren? Für einen gut angepaßten Richtkoppler ($S_{22R} \approx 0$) mit einer Koppeldämpfung von $|S_{32R}/\text{dB}| = 10$ dB oder mehr ist r_X praktisch identisch mit r_S. In diesem Fall ist auch die Durchgangsdämpfung klein ($|S_{21R}| \approx 1$), so daß $I \approx I'$ praktisch gleich dem Kehrwert der Richtschärfe S_{32R}/S_{31R} ist (vgl. Gleichung (8.18)). Aus (8.19) geht nun hervor, daß die Meßunsicherheit einerseits durch endliche Richtschärfe (Summand I') verursacht wird. Dieser Summand wird vor allem bei kleiner Reflexion r_A des Meßobjekts wichtig. Bei

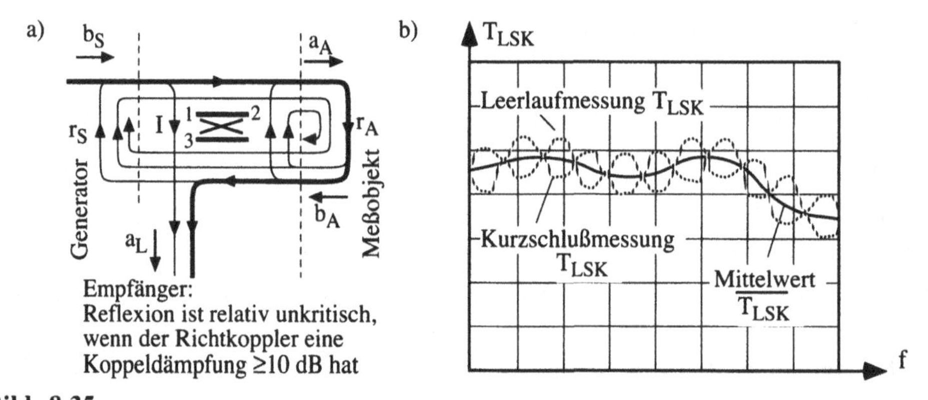

Bild 8.35
a) Ursachen der Meßunsicherheit; b) Verlauf der Kalibrationsfaktoren T_{LSK} bei Kurzschluß- und Leerlauf-Standard und resultierendes $\overline{T_{LSK}}$

großem r_A geht andererseits der Summand $r_A^2 r_X$ stark ein, hier spielt also die Mehrfachreflexion zwischen Generator und Meßobjekt die entscheidende Rolle. Weitere Summanden in (8.19a) rühren von der Meßunsicherheit der Referenzmessung her. Eine **Verbesserung der Meßgenauigkeit bei kleiner Reflexion** des Meßobjekts r_A wird also durch Verwendung von Kopplern mit großer **Richtschärfe** erreicht, **bei großer Reflexion** dagegen durch Verbesserung der **Anpassung des Meßausgangs**. Letzteres ist wieder durch Regelung der Quelle möglich. Bild 8.36a,b zeigt die maximale Meßunsicherheit bei skalarer Reflexionsmessung in Abhängigkeit von r_A.

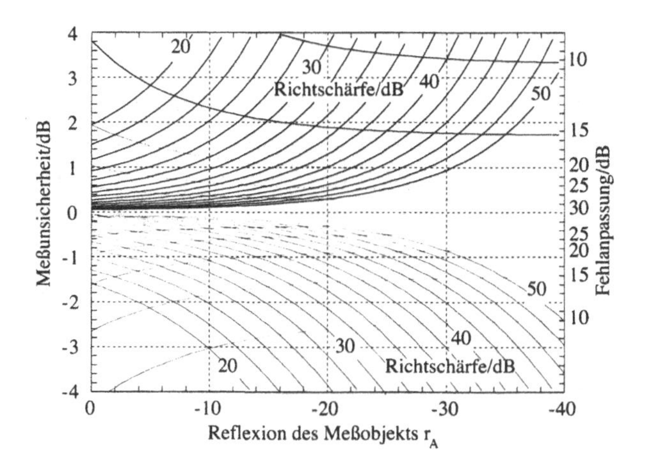

Bild 8.36a
Maximale Meßunsicherheit nach (8.19a) in Abhängigkeit vom Reflexionsfaktor des Meßobjekts r_A; Parameter sind die Richtschärfe (oder $1/I'$) und die Fehlanpassung des Meßausgangs r_S (oder r_X).

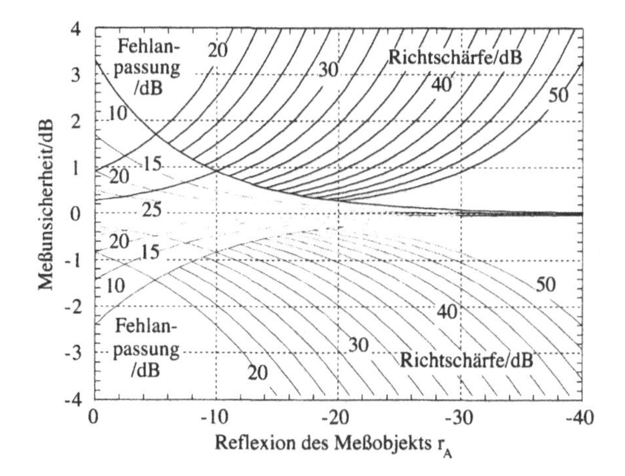

Bild 8.36b
Maximale Meßunsicherheit nach (8.19b) in Abhängigkeit vom Reflexionsfaktor des Meßobjekts r_A; Parameter sind die Richtschärfe (oder $1/I'$) und die Fehlanpassung des Meßausgangs r_S (oder r_X). Man beachte, daß durch die verbesserte Kalibration insbesondere die durch Fehlanpassung verursachte Meßunsicherheit kleiner wird und für kleine r_A ganz verschwindet.

9 Antennenmeßtechnik

Viele Hochfrequenzsysteme dienen letztendlich zur Übertragung von Information oder Energie im Freiraum. Daher ist die Bestimmung der elektrischen Eigenschaften von Antennen von besonderem Interesse. Weil die Antenne zwangsläufig in Wechselwirkung zu dem sie umgebenden Raum steht, ist die Antennenmeßtechnik - im Gegensatz zu anderen Gebieten der Hochfrequenzmeßtechnik - zur Berücksichtigung des die Antenne umgebenden Raumes gezwungen. Tatsächlich ist die Bereitstellung einer geeigneten Meßumgebung (Antennenmeßraum) oft mit erheblichem Aufwand verbunden. Abschnitt 9.2 geht daher auf die unterschiedlichen Meßumgebungen und Antennenmeßstrecken ein, bevor in Abschnitt 9.3 der Meßvorgang selbst und die zugehörigen Verfahren besprochen werden. Zuvor sei jedoch im folgenden Abschnitt ein Überblick über die elektrischen Kenngrößen einer Antenne gegeben.

9.1 Kenngrößen einer Antenne

Je nach Anwendung und Frequenzbereich treten Antennen in den unterschiedlichsten Bauformen auf. Bild 9.1 zeigt eine Auswahl der wichtigsten Ausführungen von Einzelantennen. Insbesondere aus den Bauformen (a), (b), (d), (g) und (i) stellt man Antennenarrays zusammen, die dann insgesamt als eine Antenne mit entsprechend veränderten Eigenschaften, wie zum Beispiel starke Richtwirkung mit möglicherweise elektronisch einstellbarer Richtung (phased arrays), wirken. Auf Entwurf und spezielle Eigenschaften dieser Bauformen und Arrays soll im Rahmen dieses Buches nicht eingegangen werden (siehe z.B. C.A. Balanis, "Antenna Theory").

Offensichtlich ist die Vielfalt möglicher Antennen mit einer entsprechenden Vielfalt von Eigenschaften verbunden. Dies betrifft nicht nur die elektrischen, sondern auch mechanische Eigenschaften oder Fragen der Korrosions- und Alterungsbeständigkeit. So müssen z.B. kleine Antennen an Flugzeugen oder Satelliten bei möglichst kleinem Gewicht größten mechanischen oder thermischen Belastungen standhalten. Fernseh- und UKW-Antennen, die häufig auf hohen Bergen stehen, müssen Vereisung und Sturm aushalten und korrosionsfest sein. Diese Beispiele zeigen, daß zur vollständigen Charakterisierung einer Antenne die im folgenden besprochene elektrische Meßtechnik je nach Anwendungsfall durch andersgeartete Messungen ergänzt werden sollte.

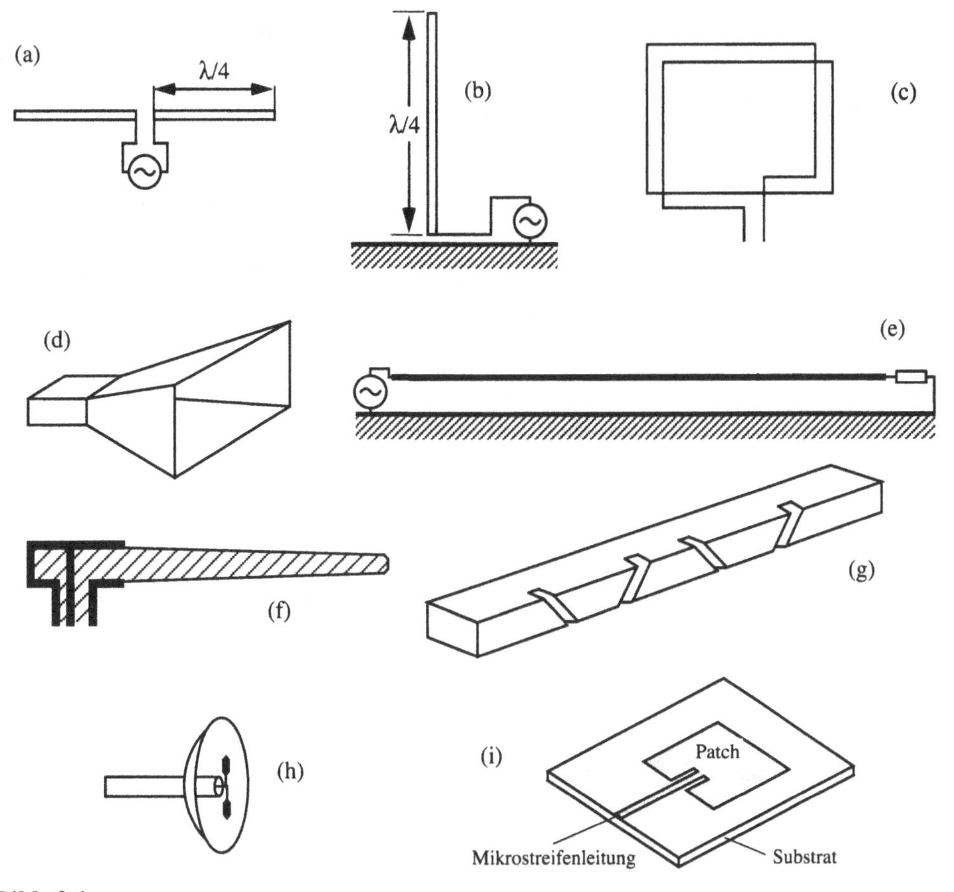

Bild 9.1
Verschiedene Antennenformen: (a) Dipolantenne, (b) Monopolantenne, (c) Rahmenantenne , (d) Hornstrahler, (e) Langdrahtantenne, (f) dielektrischer Strahler, (g) Hohlleiter-Schlitzantenne, (h) parabolische Reflektorantenne, (i) planare Antenne (Patchantenne)

Die elektrischen Kenngrößen zur Charakterisierung einer Antenne sind im Überblick:

- Eingangsimpedanz
- Wirkungsgrad und Strahlungswiderstand
- Gewinn bzw. Antennenwirkfläche
- Richtcharakteristik
- Polarisationseigenschaften
  - linear (horizontal oder vertikal)
  - elliptisch (rechts oder links drehend)
  - zirkular (rechts oder links drehend)

Aufgabe der Antennenmeßtechnik ist die Bestimmung dieser Größen in geeigneten Darstellungsformen, zum Beispiel die Richtcharakteristik für die gewünschte Polarisation über dem Azimutwinkel der Antenne (s.u.), über dem Elevationswinkel oder dreidimensional räumlich. Die Definitionen der Kenngrößen und einiger weiterer Begriffe zur Beschreibung von Antennen werden im folgenden besprochen.

Die **Eingangsimpedanz** einer Antenne $Z_A = R_A + jX_A$, also die am Antenneneingang meßbare Impedanz, ist wohl die am einfachsten zugängliche Kenngröße. Solange keine wesentlichen Verluste in den Zuleitungen oder innerhalb der Antenne auftreten, gibt die Qualität der Anpassung bereits wichtige Informationen über den möglichen Einsatzbereich der Antenne wieder. Da sich die der Antenne zugeführte Wirkleistung P_A in Verlustleistung P_V und Strahlungsleistung P_S aufteilt, zerlegt man entsprechend den Realteil R_A in einen Verlustwiderstand R_V und einen sogenannten **Strahlungswiderstand** R_S

$$R_A = R_V + R_S \tag{9.1}$$

Der **Wirkungsgrad** η der Antenne ergibt sich als Verhältnis der Strahlungsleistung P_S zur eingespeisten Wirkleistung P_A zu

$$\eta = \frac{P_S}{P_A} = \frac{R_S}{R_V + R_S} \tag{9.2}$$

Dieser Wirkungsgrad macht jedoch keine unmittelbare Aussage über den Wirkungsgrad einer Leistungsübertragung zwischen zwei Antennen, weil ja nicht die gesamte abgestrahlte Leistung auch empfangen wird. Als Maß für die von einer Antenne aus einem ebenen Wellenfeld der Leistungsdichte S_r entnommene Leistung P_E dient die **Antennenwirkfläche** A_W:

$$P_E = S_r A_W \tag{9.3}$$

Die (maximale) Antennenwirkfläche kann sich gerade bei Antennen der Größenordnung einer Wellenlänge erheblich von der geometrischen **Aperturgröße** (Projektion der geometrischen Antennenfläche auf eine Ebene senkrecht zur einfallenden Welle) A_{geom} unterscheiden und nähert sich bei im Vergleich zur Wellenlänge großen Antennen der Fläche A_{geom} an. Man definiert dazu den **Flächenwirkungsgrad**

$$\eta_F = \frac{A_W}{A_{geom}} \tag{9.4}$$

Ein der Antennenwirkfläche entsprechendes Maß ist der **Richtfaktor** D_i (directivity, i für isotrop). Er gibt an, um welchen Faktor die maximale abgestrahlte Leistungsdichte

S_{rmax} einer abgestrahlten Welle größer ist als die von einem isotropen Strahler (eine fiktive Antenne, welche die Strahlungsleistung gleichmäßig auf alle Raumrichtungen aufteilt, Kugelstrahler) abgestrahlte Leistungsdichte $S_i = P_S/(4\pi r^2)$:

$$D_i = \frac{S_{r\,max}}{S_i} = 4\pi r^2 \frac{S_{r\,max}}{P_s} \tag{9.5}$$

Der **Antennengewinn** G_i unterscheidet sich vom Richtfaktor nur darin, daß in G_i die Verluste der Antenne berücksichtigt sind:

$$G_i = \eta D_i = \eta \frac{S_{r\,max}}{S_i} = \eta 4\pi r^2 \frac{S_{r\,max}}{P_s} \tag{9.6}$$

Der Gewinn wird durch Messung ermittelt (siehe Abschnitt 9.3.1), während der Richtfaktor eher ein theoretisches Maß darstellt. Bei verlustarmen Antennen ($\eta \approx 1$) wird häufig nicht zwischen G_i und D_i unterschieden. Es ist üblich, den Gewinn logarithmisch (in dBi, d.h. auf isotropen Strahler bezogen) anzugeben. Manchmal sind Richtfaktor bzw. Gewinn nicht auf den isotropen Strahler, sondern auf den Halbwellendipol (Bild 9.1(a)) bezogen, was eine Reduzierung um den Gewinn des Halbwellendipols ($G_i = 1{,}64$ bzw. $G_i/\text{dBi} = 2{,}15$) zur Folge hat.

Sowohl G_i (bzw. D_i) als auch die Antennenwirkfläche A_W stellen ein Maß für die Wechselwirkung der Antenne mit einer Welle dar. Der Zusammenhang zwischen Antennengewinn (bzw. Richtfaktor) und Antennenwirkfläche ist

$$A_W = \frac{\lambda^2}{4\pi} G_i \tag{9.7}$$

(unter der Annahme $\eta = 1$, sonst wäre noch zu unterscheiden, ob in A_W die Verluste innerhalb der Antenne berücksichtigt sind oder nicht).

Daß die Antennenwirkfläche, die zunächst als Kenngröße beim Empfang einer Welle definiert wurde, direkt mit dem Gewinn, der hier als Kenngröße für den Sendebetrieb eingeführt wurde, verknüpft ist, sollte nicht verwundern. Der Grund liegt darin, daß Antennen umkehrbar sind, wie viele andere Bauelemente der HF-Technik. Das bedeutet, für die Transmission einer Übertragungsstrecke zwischen zwei Antennen spielt es keine Rolle, in welche Richtung gesendet wird, Sende- und Empfangsantenne sind also vertauschbar (**Reziprozitätstheorem**). Dies gilt, solange keine nicht-umkehrbaren Bauelemente wie Verstärker oder Zirkulatoren in die Übertragungsstrecke eingebracht wurden. Eine zu untersuchende Antenne kann sowohl im Sende- als auch im Empfangsbetrieb vermessen werden, mit identischem Ergebnis.

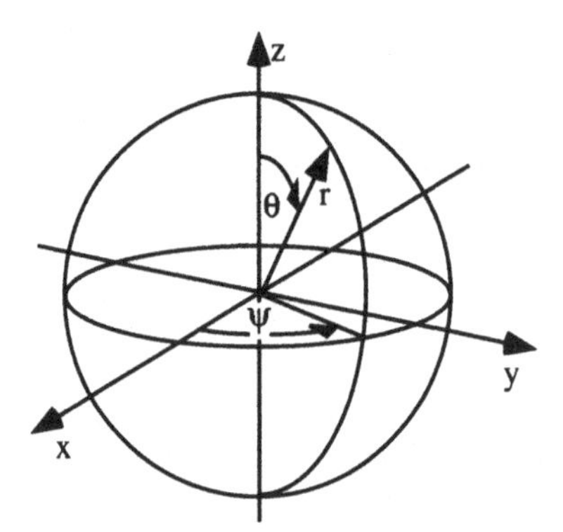

Bild 9.2 Kugelkoordinatensystem zur Beschreibung der Richtcharakteristik

Es war nun schon mehrfach von der maximalen Strahlungsleistungsdichte bzw. von der maximalen Antennenwirkfläche die Rede. Da das Flächenintegral über die abgestrahlte Leistungsdichte wieder die Strahlungsleistung P_S ergeben muß, sollte klar sein, daß eine Steigerung der Leistungsdichte in einer Abstrahlrichtung eine Verringerung der Leistungsdichte in einer anderen Richtung zur Folge hat. Der Richtfaktor bzw. der Antennengewinn hängt damit von der betrachteten Abstrahlrichtung ab, und entsprechend auch die Antennenwirkfläche von der Richtung der einfallenden Welle. Man bezeichnet als Gewinn bzw. Wirkfläche im engeren Sinne normalerweise die Maximalwerte. Die Verteilung der Strahlungsleistung über die Abstrahlrichtungen wird mit der **Richtcharakteristik** C(ψ,θ) beschrieben:

$$C(\psi,\theta) = \left.\frac{\left|\vec{E}(\psi,\theta)\right|}{\left|\vec{E}_{max}\right|}\right|_{r=const.} = \left.\frac{\left|\vec{H}(\psi,\theta)\right|}{\left|\vec{H}_{max}\right|}\right|_{r=const.} \tag{9.8}$$

Die jeweiligen Feldstärken sind im Fernfeld zu nehmen, der konstante Abstand r muß also hinreichend groß sein (siehe Abschnitt 9.2.1.1). Dort sind elektrisches und magnetisches Feld proportional zueinander ($|H| = |E|/Z_{F0}$ mit $Z_{F0}=\sqrt{\mu_0/\varepsilon_0}\approx 377\Omega$). Die Koordinaten ψ und θ, an denen die Felder jeweils zu nehmen sind, sind in Bild 9.2 definiert. ψ wird in diesem Zusammenhang als **Azimutwinkel** bezeichnet, θ als **Poldistanzwinkel**, und π/2 - θ ist der **Elevationswinkel**. Zeichnet man die dreidimensionale Richtcharakteristik über einer Schnittebene, so spricht man vom **Richtdiagramm**, im Spezialfall eines Richtdiagramms über dem Azimut ψ (θ = const.) vom **Azimutdiagramm**, und ein Richtdiagramm über der Elevation θ (ψ = const.) heißt **Elevationsdiagramm**. In der Praxis benutzt man außerdem **E-Ebenen-Diagramme** oder **H-Ebenen-Diagramme**, die relativ zu den vorherrschenden Feldvektoren in der Antenne definiert sind (siehe Abschnitt 9.3.2). Benutzt man als Bezugsebene den Erdboden, so lassen sich zudem noch **Horizontal-** bzw. **Vertikaldiagramme** definieren.

Der Richtfaktor (bzw. bei vernachlässigbaren Verlusten der Antennengewinn) ergibt sich aus der Richtcharakteristik über den Zusammenhang mit der Strahlungsleistung

$$\begin{aligned} P_s &= r^2 \int_{\psi=0}^{2\pi} \int_{\theta=0}^{\pi} \frac{E^2(\psi,\theta)}{2\,Z_{F0}} \sin\theta \, d\theta \, d\psi \\ &= r^2 S_{r\,max} \int_{\psi=0}^{2\pi} \int_{\theta=0}^{\pi} C^2(\psi,\theta) \sin\theta \, d\theta \, d\psi \ , \qquad S_{r\,max} = \frac{E_{max}^2}{2\,Z_{F0}} \end{aligned} \tag{9.9}$$

zu

$$D_i = \frac{4\pi}{\int_{\psi=0}^{2\pi} \int_{\theta=0}^{\pi} C^2(\psi,\theta) \sin\theta \, d\theta \, d\psi} \tag{9.10}$$

Zur Herleitung setze man die Leistungsdichte des isotropen Strahlers $S_i = P_S/(4\pi r^2)$ (Richtcharakteristik $C = 1$) in (9.5) ein.

Eine weitere aus der Richtcharakteristik abgeleitete Kenngröße, die **Halbwertsbreite** ψ_{HB} oder 3 dB-Breite eines Strahlungsmaximums (räumlich: einer Strahlungskeule), bezeichnet den Winkelbereich, an dessen Grenzen die Leistungsdichte der Strahlung halb so groß wie im Maximum ist (d.h. 3 dB weniger). Der **Halbwertswinkel** ψ_{HW}, der Winkel zwischen dem Strahlungsmaximum und dem 3 dB-Punkt, ist bei symmetrischen Richtdiagrammen halb so groß wie ψ_{HB}.

Bisher war generell von der Leistungsdichte der abgestrahlten Welle an einem durch r, θ und ψ gegebenen Ort die Rede. Im allgemeinen wird man jedoch auch die Polarisation der Wellen berücksichtigen müssen, da einerseits die Sendeantenne bei einer Hochfrequenzübertragung ihre Leistung auf unterschiedlich polarisierte Wellen verteilt, andererseits die Empfangsantenne verschiedene Polarisationen unterschiedlich gut empfangen kann. Oft macht man sich sogar diese Eigenschaften zunutze, um Signale zu trennen.

Als **Polarisationsrichtung** einer Welle wird generell die Richtung des elektrischen Feldvektors angegeben. Bei einer **linear polarisierten** ebenen Welle liegt der elektrische Feldvektor immer in einer Ebene. Man kann jede linear polarisierte Welle in eine **vertikal** polarisierte und eine **horizontal** polarisierte Welle zerlegen (relativ zum Erdboden oder zu einem beliebigen Koordinatensystem). Die beiden Teilwellen sind dabei in Phase. Überlagert man dagegen eine vertikal und eine horizontal linear polarisierte Welle gleicher Ausbreitungsrichtung mit gegenseitiger Phasenverschiebung, so rotiert im allgemeinen der resultierende elektrische Feldvektor im Laufe der Zeit. Man spricht dann von einer **elliptisch** polarisierten Welle. Dabei ist noch zwischen links drehender und rechts drehender Welle zu unterscheiden. Die Drehrichtung ist definiert als diejenige Drehrichtung, die ein ortsfester Beobachter in Ausbreitungsrichtung sehen würde. Die **zirkular** polarisierte Welle stellt einen Sonderfall der elliptisch polarisierten Welle dar, bei dem die Phasenverschiebung 90° beträgt und die Amplituden der beiden überlagerten Teilwellen gleich sind, so daß der elektrische Feldvektor sozusagen auf einem Kreis rotiert.

Im allgemeinen wird eine Antenne sowohl vertikal als auch horizontal polarisierte Wellen bzw. mehr oder weniger rotierende Wellen aussenden. Man gibt nun Richtdiagramme entsprechend Gleichung (9.8) bzw. Gewinne entsprechend (9.6) einzeln für die gewünschte Polarisation an, indem man nicht die gesamte Leistungsdichte bzw. die gesamte Feldstärke einsetzt, sondern nur den Anteil, welcher der gesuchten Polarisation entspricht. So unterscheidet man oft zwischen **Kopolarisation** als der erwünschten und **Kreuzpolarisation** als der unerwünschten linearen oder zirkularen Polarisationsrichtung. Aus dem Vergleich der beiden Richtdiagramme kann dann beispielsweise die Fähigkeit einer Antenne, die Kreuzpolarisation zu unterdrücken, ermittelt werden. Ein weiteres Beispiel für die Bedeutung der Polarisation ist der Empfang einer zirkularen Welle durch eine Antenne, die nur eine lineare Polarisationsrichtung empfängt. Da hierbei nur die Hälfte der ankommenden Leistung aufgenommen wird, reduziert sich der Antennengewinn in diesem Fall um 3 dB. Die Vermessung der Polarisationseigenschaften von Antennen wird in Abschnitt 9.3.2 besprochen.

9.2 Antennenmeßstrecke und Meßumgebung

Normalerweise möchte man ein Element eines Hochfrequenzsystems in reproduzierbarer und von äußeren Einflüssen möglichst unabhängiger Weise charakterisieren. Bei der Antennenmeßtechnik sind zwei Vorgehensweisen zu unterschieden:

- Die Antenne wird **ohne Rückreflexion der abgestrahlten Leistung** vermessen. Man vermeidet hier im Idealfall jede Rückwirkung der Umgebung und erhält so Meßwerte, welche die Antenne allein charakterisieren und daher zum Vergleich mit der zum Entwurf benutzten Modellierung der Antenne geeignet sind.
- Die Antenne wird **am Einsatzort** (oder zumindest zusammen mit wesentlichen Elementen der Umgebung, beispielsweise die oft ebenfalls Leistung abstrahlende Zuleitung, Halterungen oder metallische Gehäuse) vermessen. Diese Messung gibt Auskunft darüber, wie sich eine Antenne im realen Einsatz verhalten wird, eignet sich aber weniger zum Vergleich mit theoretischen Modellen.

In der Praxis wird man beide Methoden benötigen, erstere zum Entwurf und zur Optimierung der Antenne, zweitere zur Untersuchung der Eigenschaften im konkreten Anwendungsfall. Bevor auf die damit verbundenen Probleme eingegangen werden kann, müssen zunächst Aufbau und Anforderungen an die Meßstrecke besprochen werden.

9.2.1 Die Antennenmeßstrecke

Bild 9.3 zeigt den prinzipiellen Aufbau eines Antennenmeßplatzes. Zur Ausrüstung eines solchen Antennenmeßplatzes gehören neben leistungsstarken Sendern hoher Frequenzkonstanz empfindliche selektive Empfänger mit automatischer Frequenznachstimmung. Moderne Antennenmeßplätze sind gewöhnlich mit einem Netzwerkanalysator ausgestattet und bieten die Möglichkeit zur Kalibration des Frequenzgangs, manchmal auch zur rechnerischen Beseitigung eventueller Reflexionen in der Meßumgebung im Zeitbereich (vgl. Abschnitt 8.2.2). Für die zu vermessende Antenne wird ein Drehtisch (Antennendrehstand) benötigt, der nicht nur bei möglichst hoher Einstellgenauigkeit das Meßobjekt tragen muß, sondern auch noch reflexionsarm verkleidet sein muß, da er sonst die Messung erheblich verfälschen kann. Bei Frequenzen oberhalb einiger GHz besteht ein spezielles Problem darin, daß sich die Übertragungseigenschaften (besonders der Phasengang) der Leitung vom Meßobjekt zum Sender oder Empfänger durch die mechanische Verformung beim Drehen merklich verändern können und die Meßgenauigkeit einschränken. Speziell für solche Anwendungen gibt es daher verdrehbare Übergänge oder Hochfrequenzkabel mit hoher Konstanz von Phasenverlauf und Dämpfung.

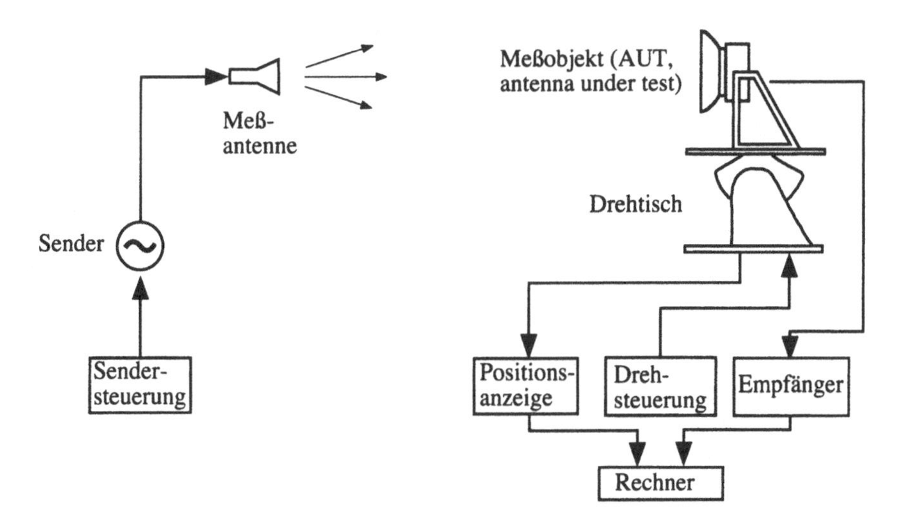

Bild 9.3
Schematischer Aufbau eines Antennenmeßplatzes. Alternativ kann auch mit dem Meßobjekt (AUT, antenna under test) gesendet und mit der Antenne des Meßplatzes (Meßantenne) empfangen werden.

9.2.1.1 Fernfeldbedingung

Schon zur Definition der Richtcharakteristik und anderer Kenngrößen in Abschnitt 9.1 wurde gefordert, daß die Messung im Fernfeld stattfindet. Im Fernfeld ist das Richtdiagramm unabhängig vom Abstand r. Für die Anlage einer Antennenmeßstrecke ist es nun von größter Bedeutung, in welchem Abstand von der zu vermessenden Antenne die Fernfeldcharakteristik mit der geforderten Genauigkeit gemessen werden kann.

Wie Bild 9.4 zeigt, kann man das von einer Antenne abgestrahlte Wellenfeld in mehrere Regionen unterteilen. Man unterscheidet dabei zwischen dem reaktiven Nahfeld, dem abstrahlenden Nahfeld und dem abstrahlenden Fernfeld. Je nachdem, in welchem Abstand man mißt, erhält man verschiedene Meßergebnisse z.B. für die Richtcharakteristik (Bild 9.5).

In den meisten Fällen interessiert nur das Strahlungsverhalten der Antennen im Fernfeld. In großer Entfernung von einer Antenne ist die Krümmung der Phasenfronten der abgestrahlten Welle vernachlässigbar, die empfangene Welle im Fernfeld ist daher eine ebene Welle mit ebenen Phasenfronten. In der Praxis läßt man Abweichungen von der ebenen Phasenfront bis zu $\lambda_0/16$ (22,5°) zu. Daraus ergibt sich das in Bild 9.4 angegebene Kriterium für den minimalen Abstand $r \geq 2 \cdot D^2/\lambda_0$ für Fernfeldmessungen, wie im folgenden gezeigt wird.

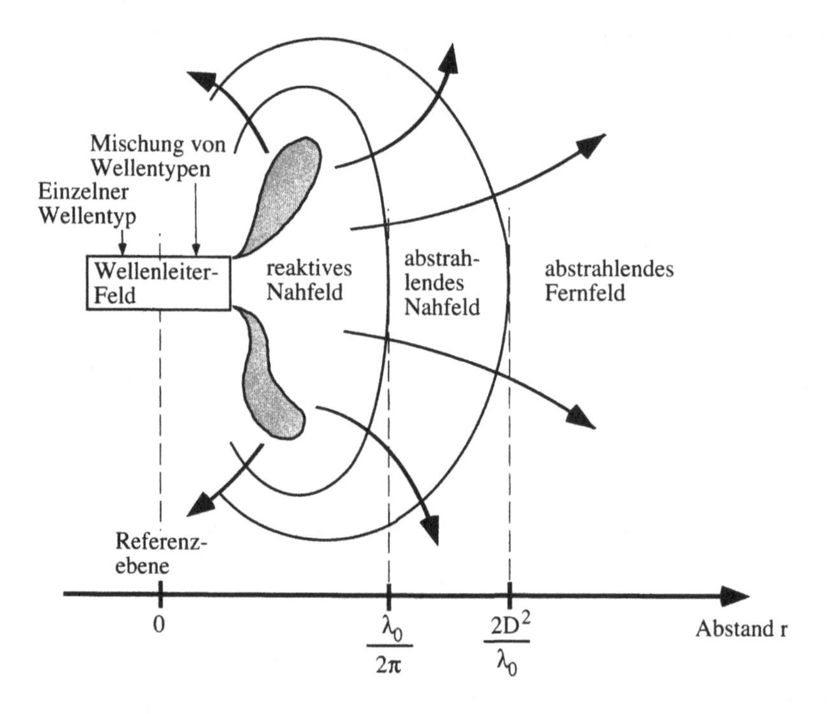

Bild 9.4 Feldregionen einer Antenne. D ist die maximale Ausdehnung der Antenne.

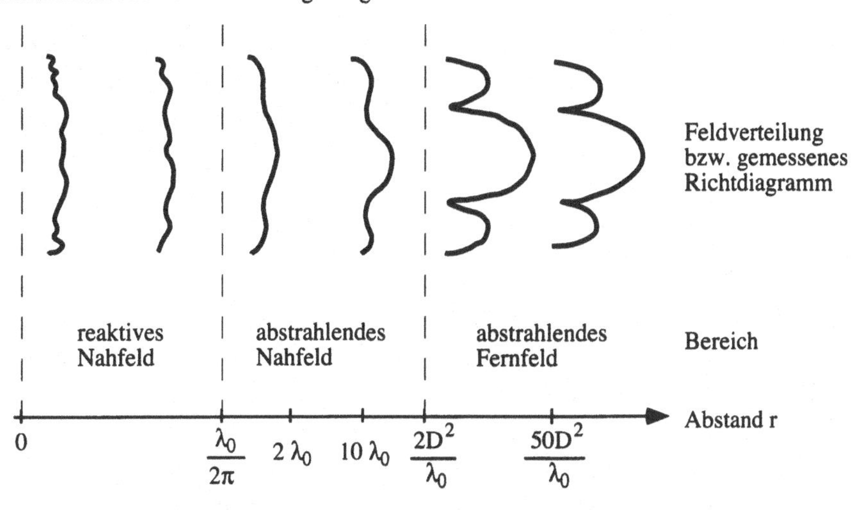

Bild 9.5 Abhängigkeit der Feldverteilung von den Feldregionen

Zur Herleitung kann aufgrund der Umkehrbarkeit das reziproke Problem betrachtet werden: Am Meßpunkt wird eine Kugelwelle abgestrahlt, die durch eine Antenne im Abstand r_{SE} mit der maximalen Ausdehnung D senkrecht zur einfallenden Welle empfangen wird (Bild 9.6). Der maximale Wegunterschied Δl (bzw. der entsprechende maximale Phasenunterschied $\Delta\varphi = 2\pi\Delta l/\lambda_0$) ergibt sich für die einfallende Kugelwelle zwischen der Mitte und dem Rand der Antenne zu:

$$\Delta l = \sqrt{r_{SE}^2 + \left(\frac{D}{2}\right)^2} - r_{SE} \tag{9.11}$$

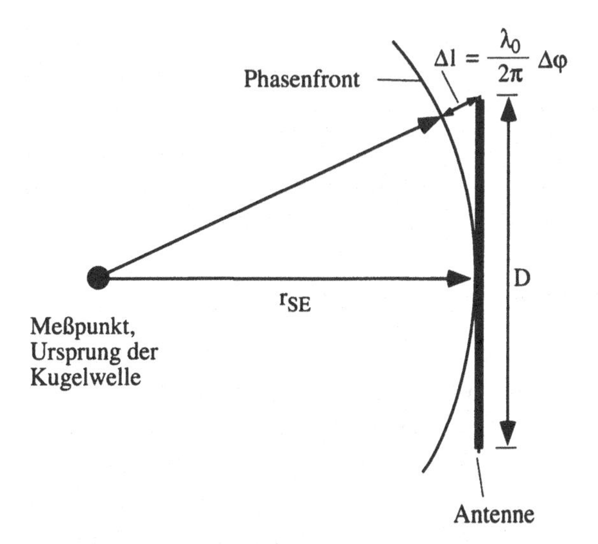

Bild 9.6 Phasenfehler als Funktion von Entfernung und maximalem Aperturdurchmesser D

Durch Einsetzen des maximal zulässigen Wegunterschieds $\Delta l \leq \lambda_0/16$ (und unter Vernachlässigung eines Summanden $(\lambda_0/16)^2$) erhält man die **Fernfeldbedingung**, d.h. den minimalen Abstand zwischen Sende- und Empfangsantenne für Fernfeldmessungen, zu

$$r_{SE} \geq \frac{2\,D^2}{\lambda_0} \tag{9.12}$$

Man spricht hierbei auch von der **Fernfeldnäherung**. Der minimale Abstand nach (9.12) kann für jede einzelne Antenne angegeben werden, in einer Antennenmeßstrecke muß man sich jedoch sowohl für die Sende- als auch für die Empfangsantenne im Fernfeld befinden. In der Praxis erweist sich der Abstand $2 \cdot D^2/\lambda_0$ für die genaue Vermessung beispielsweise scharfer Minima in der Richtcharakteristik als noch zu klein, man sollte dann eher $r = 50 \cdot D^2/\lambda_0$ wählen, was aber oft nicht realisierbar ist.

Als weitere Bedingung für eine korrekte Messung des Richtdiagramms im Fernfeld muß auch die Amplitudenvariation über der Empfangsantenne auf einen von der gewünschten Meßgenauigkeit abhängigen Wert beschränkt sein. Mit anderen Worten, das zu vermessende Richtdiagramm muß innerhalb des Winkelbereichs, der durch die Empfangsantenne abgedeckt wird, hinreichend konstant sein. Oft läßt man einen Unterschied der Strahlungsdichte zwischen Zentrum und Rand der Empfangsantenne von $\Delta S \leq 0{,}25\,\mathrm{dB}$ zu. Daraus kann ein Kriterium für die maximalen Aperturdurchmesser D_s und D_E der beiden Antennen des Meßsystems abgeleitet werden:

$$D_S \cdot D_E \leq \frac{\lambda_0}{4} r_{SE} \tag{9.13}$$

Die Aperturgröße der Meßantenne kann allerdings nicht beliebig klein gewählt, da der Gewinn linear von der Aperturfläche bzw. von der Antennenwirkfläche abhängt (vgl. Gleichung (9.7)). Bei zu kleinem Gewinn der Meßantenne sinkt aber die Empfangsleistung und damit die Meßdynamik aufgrund der begrenzten Empfindlichkeit des Empfängers. Insbesondere zu höheren Frequenzen hin ist es oft nicht ohne weiteres möglich, zum Ausgleich die Sendeleistung zu erhöhen.

9.2.1.2 Meßfehler durch Reflexionen

Am Einsatzort einer Antenne verändern sich die Eigenschaften der Antenne in erster Linie aufgrund von Reflexionen an der Umgebung. Dies muß im realen Einsatz beachtet werden (siehe Abschnitt 9.2.2). Möchte man aber die Antenne allein charakterisieren, sind Reflexionen möglichst zu vermeiden, wie zu Beginn dieses Abschnitts diskutiert. Dies gelingt jedoch nur unvollkommen. Der Einfluß der Reflexion kann sich überall im Richtdiagramm bemerkbar machen und soll an zwei in der Praxis wichtigen Beispielen besprochen werden.

Meßfehler durch Bodenreflexion bei der Messung der Richtcharakteristik

In Bild 9.7 ist eine typische Antennenmeßstrecke parallel zum Erdboden dargestellt. Es soll der Gewinn der Sendeantenne ermittelt werden. Die Empfangsantenne ist dazu auf das Maximum des Richtdiagramms der Sendeantenne ausgerichtet. Ein Teil der abgestrahlten Leistung erreicht jedoch die Empfangsantenne nicht auf direktem Weg, sondern über eine Reflexion am Boden. Je nach Wegunterschied der beiden Ausbreitungswege überlagern sich die Leistungsanteile konstruktiv oder destruktiv, so daß sich eine Meßunsicherheit wie bei der Leistungsmessung (Abschnitt 3.1.2) oder bei der skalaren Netzwerkanalyse (Abschnitt 8.3.3) ergibt. Für vernachlässigbaren Meßfehler fordert man wieder, daß die reflektierten Leistungsanteile mindestens 10 dB unter den direkt empfangenen Anteilen liegen. Diese Bedingung ist oft bei der Messung des maximalen Gewinns relativ leicht einzuhalten, wird aber problematisch, wenn die Richtcharakteristik in Bereichen $C(\psi,\theta) < 0{,}1$ vermessen werden soll, weil dann die am Boden reflektierte Leistung leicht größer werden kann als die direkt empfangene Leistung. Zur Vermeidung der Reflexionen sind folgende Methoden gebräuchlich:

- Durch Auslegen des Bodens mit dämpfendem Material wird die Reflexion reduziert.
- Durch Aufstellen von Reflektoren am Boden wird die Bodenreflexion gezielt von der Empfangsantenne weggelenkt.
- Für die Meßstrecke wird eine Meßantenne gewählt, die möglichst nur Leistung aus der Richtung der zu messenden Antenne empfängt, die also eine Richtcharakteristik mit schmaler Hauptkeule und möglichst niedrigen Nebenkeulen besitzt. Entsprechend ihrer Richtcharakteristik wird die reflektierte Welle gedämpft.
- Der reflektierte Anteil kann durch "Gating" im Zeitbereich entfernt werden. Dies kann entweder direkt im Zeitbereich mit Hilfe von Pulssignalen durchgeführt werden, oder durch Umrechnung breitbandiger Messungen im Frequenzbereich in den Zeitbereich. Letzteres wurde in Abschnitt 8.2.2 (Bild 8.19) besprochen und erfordert eine Meßstrecke mit vektoriellem Netzwerkanalysator.

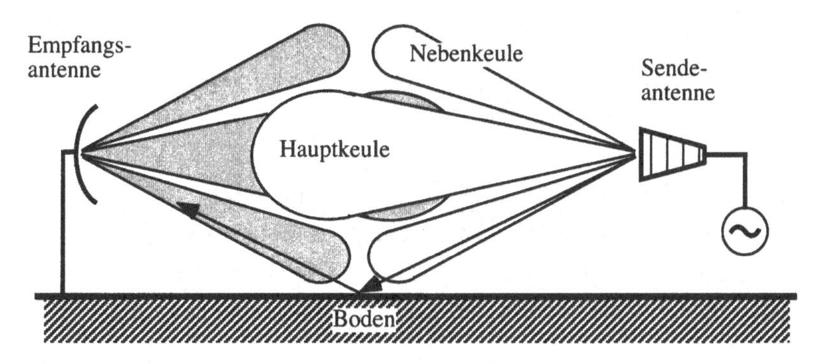

Bild 9.7 Bodenreflexion bei der Antennenmessung

Es sei noch erwähnt, daß man bei sogenannten Bodenreflexions-Meßstrecken die Reflexion am Boden bewußt in Kauf nimmt und sogar durch Auslegen von Metallbelägen verstärkt, um die maximale Empfangsleistung bei konstruktiver Überlagerung der Leistungsanteile bestimmen zu können.

Fehlerhafte Messung der Rückwärtsstrahlung einer Richtantenne

Besonders groß ist das Problem der Reflexion dann, wenn man gerade die Minima der Richtcharakteristik oder Nebenkeulen kleiner Amplitude ausmessen möchte. Dies ist beispielsweise der Fall, wenn die Rückwärtsstrahlung einer Richtantenne, also die unerwünschte Strahlung "nach hinten", gemessen werden soll. Man gibt hier gewöhnlich das Vor-Rück-Verhältnis, also das Verhältnis der Strahlungsleistung in Richtung der Hauptkeule zur Strahlungsleistung in der Gegenrichtung an. Da bei guten Richtantennen dieses Verhältnis sehr groß werden kann (bis zu 50 dB), können auch z.B. bei der Messung in einem Absorberraum (siehe Abschnitt 9.2.3) reflektierte Leistungsanteile auftreten, die weit größer sind als die direkt empfangene Leistung (Bild 9.8). Zur Abhilfe greift man wieder zu den oben genannten Methoden. Man mache sich dazu klar, daß die Dämpfung der reflektierten Anteile bis zu 60 dB betragen muß, was gerade bei Frequenzen von wenigen GHz oder darunter schwierig zu erreichen ist.

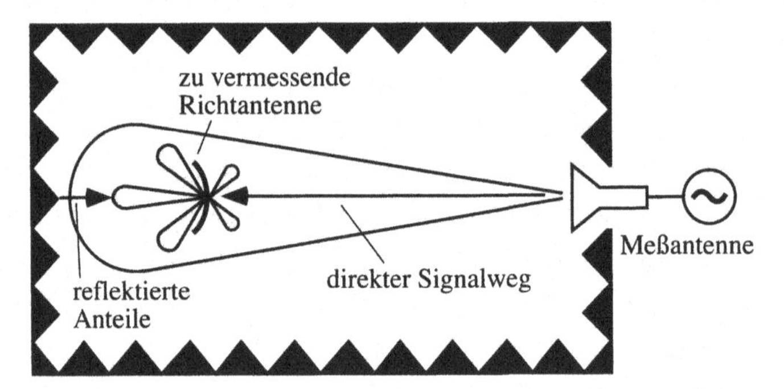

Bild 9.8
Störung durch Reflexion der Hauptstrahlung. Wie bereits erwähnt, kann wegen der Umkehrbarkeit von Antennen auch mit dem Meßobjekt gesendet und mit der Meßantenne empfangen werden.

9.2.2 Freiraummessungen

Sehr große Antennen (Richtfunk-, Radar-, Satellitenantennen) werden im Original immer im Freien vermessen. Meßobjekt und Sendeantenne werden je auf eine Landschaftserhöhung gebracht. Zur Messung wird die Empfangsantenne (das Meßobjekt) im Fernfeld der Sendeantenne gedreht und das Empfangssignal ausgemessen.

In einigen Fällen, in denen dies nicht möglich ist, wird die zu vermessende Antenne als Sendeantenne benutzt und die Richtcharakteristik mit dem Flugzeug oder Hubschrauber ausgeflogen oder mit dem Schiff ausgeschwommen. Besonders hilfreich ist dabei die Verwendung des Satellitennavigationssystems GPS (global positioning system) zur genauen Bestimmung des aktuellen Meßpunkts.

Die Vermessung von Antennen am Einsatzort hat den Vorteil, daß die Einflüsse der Umgebung mit erfaßt und bei Korrekturen berücksichtigt werden können. Nachteilig ist, daß Störungen durch Rauschen, Fremdeinstrahlungen usw. nicht ausgeschlossen werden können. Wie bereits besprochen, sind solche Messungen meist nicht zum Vergleich mit den Entwurfsmodellen geeignet, soweit nicht schon im Entwurf die Umgebung berücksichtigt wird. Man behilft sich manchmal in der Entwurfsphase mit herunterskalierten Modellen der Antenne bei entsprechend höherer Frequenz, die noch im Absorbermeßraum vermessen werden können.

9.2.3 Der Absorbermeßraum

Im Frequenzbereich oberhalb von 100 MHz und bei nicht zu großen Antennenabmessungen kann man eine Reihe von Vorteilen durch Messen im Absorbermeßraum erhalten. Ein Absorbermeßraum (anechoic chamber) ist ein gegen HF-Störungen von außen abgeschirmter, mit absorbierendem Material ausgekleideter Raum. Durch die Absorption der gesamten auf Wände, Boden und Decke auftreffenden Strahlungsleistung erhält man eine ideale Meßumgebung zur Vermessung von Antennen ohne äußere Reflexionen. Im realen Absorberraum gelingt diese vollständige Absorption mehr oder weniger gut, je nach Frequenzbereich, wie bereits im vorhergehenden Abschnitt als Beispiel besprochen.

Als absorbierende Wandbeschichtung kommen Schaumabsorber in Pyramiden- oder Keilform und/oder Ferritkacheln zum Einsatz. Schaumabsorber sind aus graffitiertem Schaumstoff hergestellt und bewirken eine Dämpfung der in sie eindringenden Welle. Die Dämpfung wird noch durch die Mehrfachreflexion der verbleibenden Strahlungsleistungsanteile zwischen den Pyramiden bzw. den Keilen verstärkt. Man kann in der Pyramiden- oder Keilform auch eine Struktur zur reflexionsarmen Anpassung des Freiraum-Wellenwiderstands an das dahinterliegende verlustbehaftete Schaumstoffmaterial sehen. Dabei muß die Höhe der Absorber h mindestens $\lambda/4$ betragen, so daß für Pyramiden-Absorber eine untere Grenzfrequenz gegeben ist durch:

$$f > \frac{c_0}{4h} \tag{9.14}$$

Die kleinste Reflexion erhält man für senkrecht auf die Pyramiden einfallende Wellen. Durch geeignete Materialwahl und mit optimiertem Verlauf der Materialkonstanten innerhalb der Absorber erreicht man bei 10 GHz Dämpfungen über 60 dB, bei wenigen GHz aber eher 40 dB.

Ferritkacheln kommen erst seit einigen Jahren zum Einsatz, insbesondere in Meßkammern für EMV-Messungen, die für Frequenzbereiche unterhalb 1 GHz ausgelegt sind. Die Ferritkacheln werden vor einer Metallwand angebracht und wirken als $\lambda/4$-Transformator, um den Kurzschluß der Metallwand an den leeren Raum anzupassen. Die Bandbreite dieser Absorber wird durch den Einsatz dispersiver Ferrite erhöht. Dennoch zeigen Ferritkacheln eine stärkere Frequenzabhängigkeit der Reflexion als Schaumabsorber in Pyramiden- oder Keilform, eignen sich aber für niedrigere Frequenzen bei weitaus kleinerem Raumbedarf.

Bild 9.9 zeigt zwei mögliche Bauformen von Absorbermeßräumen. Durch die Gestaltung des Meßraums als getaperte Kammer kann man einen Teil des (meist kostspieligen) Absorbermaterials bei gleicher Länge der Meßstrecke einsparen. Die Meßantenne wird am hinteren Ende des Raums angebracht, wodurch auch erreicht wird, daß bei nicht zu hohen Frequenzen der Wegunterschied zwischen dem direkten Signalweg und dem Weg über einfache Reflexion an den schrägen Wänden vernachlässigbar klein wird, so daß sich keine störenden Interferenzerscheinungen ergeben. Wird in die Meßkammer dagegen eine konkav gekrümmte Wandfläche eingebracht, kann es vorkommen, daß die Reflexion auf einen Fokuspunkt konzentriert wird, in dem dann die Meßergebnisse entsprechend verschlechtert werden. Es sei auch noch erwähnt, daß EMV-Meßkammern zur Emissionsmessung mit reflektierendem Metallfußboden ausgestattet sind (zur Simulation des Erdbodens, nach der Norm des Europäischen Komitees für elektrotechnische Standardisierung CENELEC EN 50 147) und für die Antennenmessung erst mit Absorbern ausgelegt werden müssen.

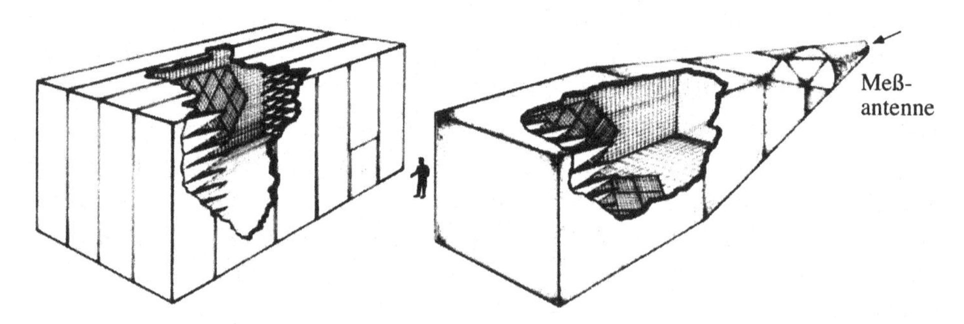

Bild 9.9 Absorberräume: Rechteckige Kammer und getaperte Kammer (rechts)

9.2.4 Die kompakte Fernfeld-Meßstrecke

Mit der Fernfeldbedingung (9.12) wurde eine minimale Länge der Meßstrecke bei gegebener Frequenz und bei gegebenem Meßobjekt hergeleitet. Bei großen Antennen oder niedrigen Frequenzen kann die erforderliche Meßstrecke oft nicht in einem Absorbermeßraum untergebracht werden (man beachte, daß sich die Antennenwirkfläche A_W bzw. das Quadrat des Durchmessers der Apertur D^2 für Antennen gleichen Gewinns mit $1/f^2$ skaliert, der minimale Abstand zur Fernfeldmessung ist also für Antennen gleichen Gewinns nach (9.12) proportional $1/f$). Bei der kompakten Fernfeld-Meßstrecke (compact range far field) werden die Schwierigkeiten des Fernfeldabstandes im Absorberraum durch Einbau eines Präzisions-Parabolreflektors ausgeschaltet (Bild 9.10). Damit sind Messungen im Absorberraum möglich, die sonst wegen eines zu kleinen Antennenabstandes im Raum nur im Freiraum-Meßfeld mit allen Wetter- und Störungsschwierigkeiten ausgeführt werden müßten.

Mit dem von einem Erregerhorn "ausgeleuchteten" Parabolreflektor erreicht man, daß nach der Reflexion der vom Horn abgestrahlten Welle am Parabolreflektor in der Meßzone des Absorberraums eine ebene Welle vorhanden ist. Eine solche ebene Welle würde im Fernfeld erst bei wesentlich größerem Abstand von der Sendeantenne auftreten.

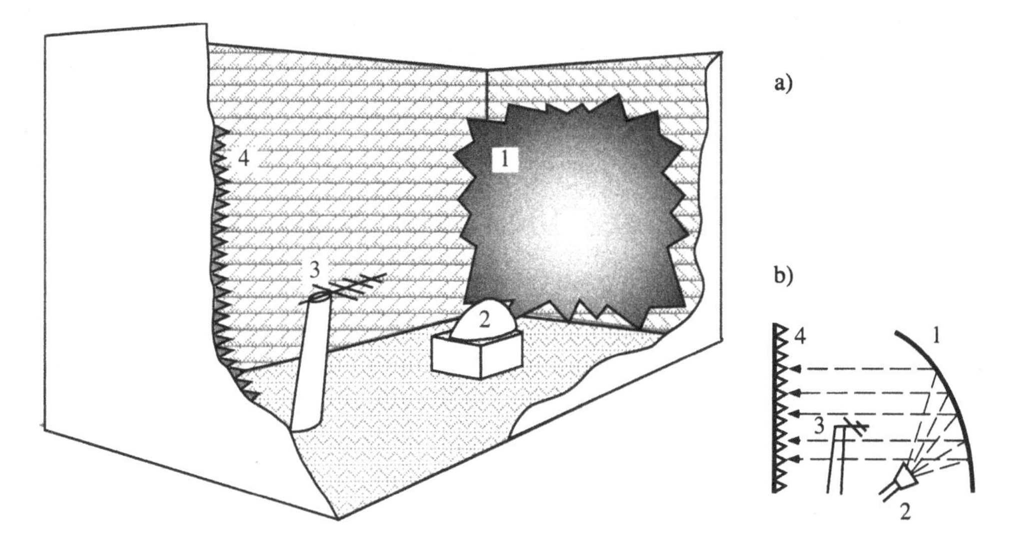

Bild 9.10
Kompakte Fernfeld-Meßstrecke: a) Gesamtansicht, b) Prinzipbild; 1 Parabolreflektor, 2 Erregerhorn, 3 Meßobjekt auf Drehtisch "im Fernfeld", 4 mit Pyramiden-Absorbern bedeckte Rückwand. Allgemein sind alle Seiten des Raumes mit Absorbern bedeckt.

Um Randbeugungseffekte am Rand des Reflektors klein zu halten, "zähnt" man den Rand (Bild 9.10). Man kann den Rand auch mit Absorbermaterial belegen. Zwischen Sendeantenne (Meßantenne) und Meßobjekt darf keine direkte Kopplung bestehen, deshalb werden sie gegeneinander abgeschirmt. Abschirmung und Testantennenträger werden zur Vermeidung von Reflexionen mit Absorbern abgedeckt. Im Frequenzbereich zwischen 2 GHz und 40 GHz haben sich die kompakten Fernfeld-Meßstrecken bei der Messung an relativ kleinen Antennen bewährt. Sie machen eine "Direkt-Meßtechnik" wie bei großen Fernfeld-Meßstrecken möglich und fordern trotz des kleinen Meßabstandes nicht den Rechnereinsatz der nachfolgend beschriebenen Nahfeld-Meßtechnik.

9.2.5 Die Nahfeld-Meßstrecke

In Fällen, in denen die Vermessung der Antenne sehr große Fernfeldabstände erfordert und die Vermessung der oft sehr empfindlichen Antennensysteme im Freien nicht angebracht scheint, kann man auf sogenannte in Absorberräumen eingebaute Nahfeld-Meßstrecken zurückgreifen, mit denen man genaue Nahfeldmessungen an Antennen durchführen kann. Die Meßergebnisse werden dann rechnerisch in die Fernfeldrichtdiagramme transformiert (siehe z.B. C.A. Balanis, "Antenna Theory"). Für derartige Messungen gelten höchste Genauigkeitsanforderungen bei der Positionierung von Sende- und Empfangsantenne, weil sich Positionierungsfehler bei der Umrechnung verstärken.

9.3 Messung der Kenngrößen einer Antenne

Die grundlegenden Kenngrößen einer Antenne sind Gewinn, Richtcharakteristik und Impedanz. Die Messung der Impedanz wird mit dem Netzwerkanalysator durchgeführt, wobei allerdings auf die Vermeidung von Reflexionen in der Umgebung zu achten ist. Sonst kann das Meßergebnis erheblich verfälscht werden. Im Zweifelsfall sollte man die Änderung der Meßwerte bei Positionsänderung oder Drehung der Antenne prüfen und bei großen Umgebungseinflüssen zumindest die größten Teile der abgestrahlten Leistung durch Absorbermatten wegdämpfen oder gezielt von der Antenne wegreflektieren.

Mit den in Abschnitt 9.1 angegebenen Formeln lassen sich alle weiteren Kenngrößen aus Gewinn und Richtcharakteristik berechnen. Die Messung von Gewinn und Richtcharakteristik wird in den folgenden Abschnitten besprochen.

9.3.1 Gewinnmessung

Prinzipiell kann der Richtfaktor bzw. bei verlustarmen Antennen der Gewinn mit Gleichung (9.10) ebenfalls aus der Richtcharakteristik berechnet werden. Normalerweise vermeidet man aber die komplizierte Messung der Richtcharakteristik, wenn man nur den Gewinn wissen möchte. Die direkte Messung des Antennengewinns kann auf mehrere Arten erfolgen. Allen im folgenden vorgestellten Methoden ist gemeinsam, daß die Antennen jeweils für maximalen Gewinn ausgerichtet werden müssen, ihre Hauptstrahlrichtungen müssen also jeweils in Richtung der anderen Antenne liegen.

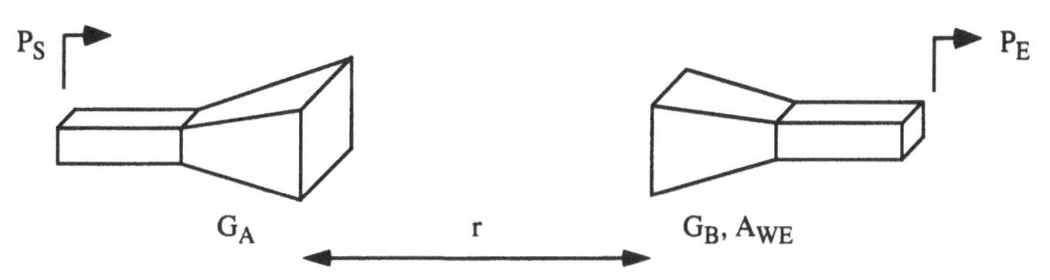

Bild 9.11 Meßaufbau für die Gewinnbestimmung

Bild 9.11 zeigt zwei Antennen A und B mit den Gewinnen G_A und G_B im Abstand r voneinander. Wirkt eine Antenne als Sender und die andere als Empfänger, so gilt für den Zusammenhang zwischen gesendeter Leistung P_S und empfangener Leistung P_E:

$$\frac{P_E}{P_S} = \left(\frac{\lambda_0}{4\pi r}\right)^2 G_A\, G_B \qquad (9.15)$$

In logarithmischer Form gilt entsprechend:

$$10 \log \frac{P_E}{P_S} = 20 \log\left(\frac{\lambda_0}{4\pi r}\right) + G_A / \mathrm{dB} + G_B / \mathrm{dB} \qquad (9.16)$$

Der Faktor $(\lambda/(4\pi r))^2$ beschreibt die **Ausbreitungsdämpfung (Freiraumdämpfung)**, die sich einfach aus der Verteilung der Sendeleistung auf eine mit r^2 größer werdende Fläche ergibt. Mit dieser Übertragungsgleichung sind nun unterschiedliche Meßverfahren möglich.

9.3.1.1 Zwei-Antennen-Methode

Verwendet man für die Gewinnmessung zwei vollkommen identische Antennen mit $G_A = G_B$, so gilt:

$$G_A / \mathrm{dB} = G_B / \mathrm{dB} = \frac{1}{2}\left[10 \log \frac{P_E}{P_S} - 20 \log\left(\frac{\lambda_0}{4\pi r}\right)\right] \qquad (9.17)$$

Voraussetzung ist, wie schon gesagt, die korrekte Ausrichtung der beiden Antennen. Es handelt sich hier um eine Präzisionsmessung, die auch zu Eichzwecken benutzt werden kann. Oft hat man aber keine zwei identischen Antennen zur Verfügung, oder man möchte eine spezielle Meßantenne zur Unterdrückung von Reflexionen verwenden (siehe Abschnitt 9.2.1.2). Wenn der Gewinn dieser Meßantenne hinreichend genau bekannt ist, kann man dennoch mit Gleichung (9.17) den gesuchten Gewinn des Meßobjekts berechnen. Andernfalls greift man zur Drei-Antennen-Methode.

9.3.1.2 Drei-Antennen-Methode

Bei der Drei-Antennen-Methode müssen die drei Antennen A, B und C nicht genau gleich sein. Man führt insgesamt drei Messungen wie in Bild 9.12 dargestellt durch. Aus den drei Messungen erhält man 3 Gleichungen mit 3 Unbekannten G_A, G_B und G_C, die sich leicht lösen lassen.

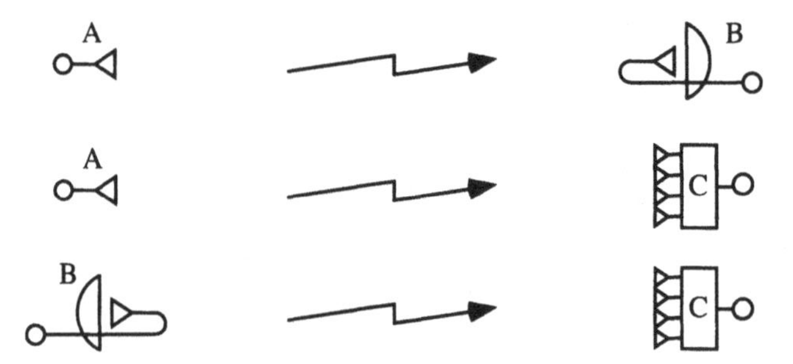

Bild 9.12 Drei-Antennen-Methode

$$G_A/\mathrm{dB} + G_B/\mathrm{dB} = 10\log\left(\frac{P_E}{P_S}\right)_{AB} - 20\log\left(\frac{\lambda_0}{4\pi r}\right) \tag{9.18a}$$

$$G_A/\mathrm{dB} + G_C/\mathrm{dB} = 10\log\left(\frac{P_E}{P_S}\right)_{AC} - 20\log\left(\frac{\lambda_0}{4\pi r}\right) \tag{9.18b}$$

$$G_B/\mathrm{dB} + G_C/\mathrm{dB} = 10\log\left(\frac{P_E}{P_S}\right)_{BC} - 20\log\left(\frac{\lambda_0}{4\pi r}\right) \tag{9.18c}$$

9.3.1.3 Gewinnvergleichsverfahren

Hat man mittels der Zwei-Antennen-Methode oder der Drei-Antennen-Methode den Gewinn einer Antenne genau bestimmt, so kann diese für weitere Messungen als **Gewinnormal** (standard gain horn) eingesetzt werden. Hierzu mißt man nach Bild 9.13 zuerst die von der Vergleichsantenne empfangene Leistung $P_{E,\mathrm{Normal}}$. Danach ersetzt man die Vergleichsantenne durch das Meßobjekt und mißt die von ihm empfangene Leistung $P_{E,Meßobjekt}$. Der Gewinn des Meßobjekts ergibt sich dann zu:

$$G = G_{Normal} \frac{P_{E,Me°objekt}}{P_{E,Normal}} \tag{9.19a}$$

$$G/dB = G_{Normal}/dB + P_{E,Me°objekt}/dB - P_{E,Normal}/dB \tag{9.19b}$$

Dies ist die in der Praxis am häufigsten verwendete Methode, wobei die Berechnung des Gewinns nach (9.19) über eine Kalibration der Meßstrecke mit dem Gewinnormal durchgeführt wird: Man mißt die Transmission der Strecke mit dem Gewinnormal und speichert diese als Referenzkurve, danach muß zur Ermittlung des Gewinns eines Meßobjekts nur noch der Gewinn des Normals zur Messung addiert und die Referenzkurve subtrahiert werden (alle Größen in dB).

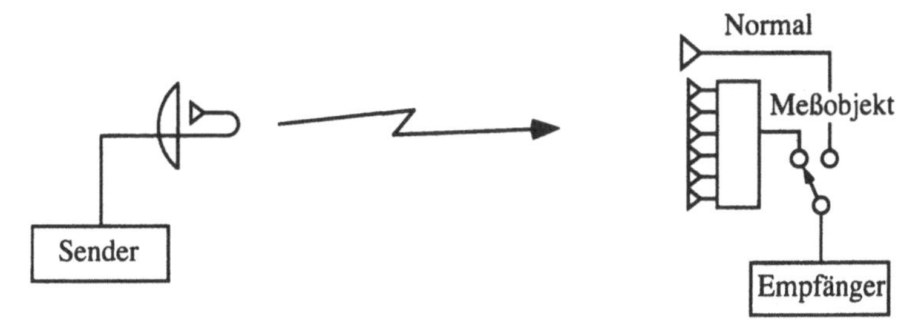

Bild 9.13
Gewinnvergleichsverfahren. Man beachte, daß es normalerweise nicht genügt, die Empfangsantennen umzuschalten. Vielmehr ist jeweils auch eine Ausrichtung für maximalen Gewinn vorzunehmen.

9.3.2 Messung der Richtcharakteristik

Bei der Messung der Richtcharakteristik wird das Meßobjekt im Strahlungsfeld der Sendeantenne gedreht und die Ausgangsspannung des Meßempfängers als Funktion der Position aufgezeichnet. Dabei ist sowohl die polare als auch die kartesische Darstellung der Richtdiagramme in linearer oder logarithmischer Skalierung üblich. Bei logarithmischer Skalierung im Polardiagramm ist besonders auf die untere Grenze der Darstellung zu achten, da ja dann in der Mitte des Diagramms nicht wie gewohnt der Nullpunkt liegt, sondern eine willkürlich gewählte untere Grenze.

Da die zu vermessende Antenne mechanisch gedreht werden muß, ist die Aufnahme eines Richtdiagramms oder gar der gesamten Richtcharakteristik meist zeitaufwendig. Wegen des langen Meßvorgangs sind an den Meßsender hohe Anforderungen bezüglich Frequenz- und Amplitudenkonstanz zu stellen, und auch die Verstärkung des Meßempfängers darf nicht driften. Heutige Synthesizer und Netzwerkanalysatoren können normalerweise alle diese Ansprüche erfüllen. Führt man die Messung der (verstärkten) Empfangsleistung allerdings mit einem Diodendetektor durch, so muß insbesondere auf den Einfluß der Umgebungstemperatur auf die Detektorkennlinie geachtet werden.

Bild 9.14 zeigt als Meßbeispiel die Richtdiagramme einer Arrayantenne (8×4 Patcharray). Bei **linear polarisierten Antennen** genügt in der Regel die Messung des Richtdiagramms in zwei zueinander orthogonalen Ebenen, die aufgespannt werden durch die Hauptstrahlrichtung und den elektrischen Feldvektor (**E-Ebene**) bzw. den magnetischem Feldvektor (**H-Ebene**). Die resultierenden Diagramme werden dann als **E-Ebenen-Diagramm** bzw. **H-Ebenen-Diagramm** bezeichnet.

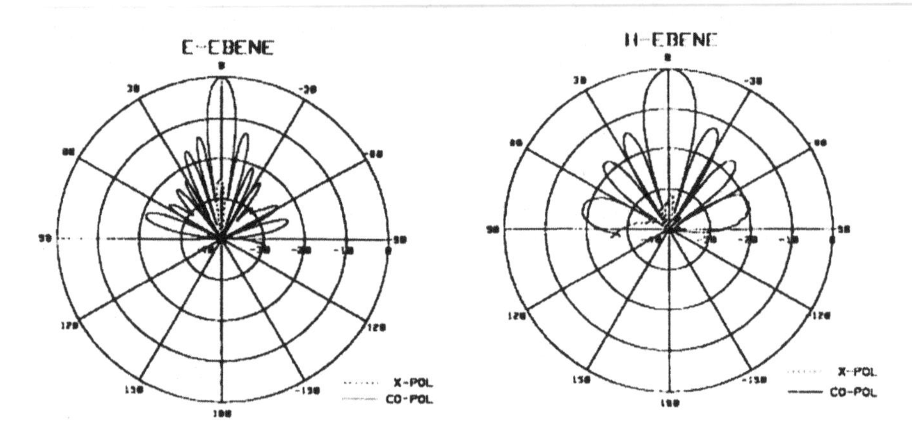

Bild 9.14 E-Diagramm und H-Diagramm eines 8×4 Patcharrays, jeweils Ko- und Kreuzpolarisation

Weiterhin ist in Bild 9.14 zwischen der erwünschten Kopolarisation und der dazu orthogonalen unerwünschten Kreuzpolarisation unterschieden (vgl. Abschnitt 9.1). Mißt man, wie allgemein üblich, mit linear polarisierten Hornantennen (die gleichzeitig als Gewinnormal dienen und dann "standard gain horn" heißen), so erhält man automatisch das Richtdiagramm für nur eine Polarisationsrichtung (unter der in der Praxis gut erfüllbaren Annahme, daß die verwendete Hornantenne nur die erwünschte Polarisationsrichtung abstrahlt). Durch Drehen des Horns um 90° erhält man das Richtdiagramm für die dazu orthogonale Polarisation.

Zur Messung von elliptisch bzw. zirkular polarisierten Antennen läßt man eine linear polarisierte Sendeantenne mit konstanter Drehzahl drehen. Dadurch wird die zu testende Empfangsantenne mit einer rotierenden linear polarisierten Welle angestrahlt (nicht zu verwechseln mit einer elliptisch polarisierten Welle, die ja mit ihrer Schwingungsfrequenz rotiert). Da bei einer elliptisch polarisierten Antenne die empfangene Leistung von der momentanen Polarisationsrichtung dieser einfallenden Welle abhängig ist, schwankt die Empfangsleistung im Rhythmus der Umdrehungen der Sendeantenne.

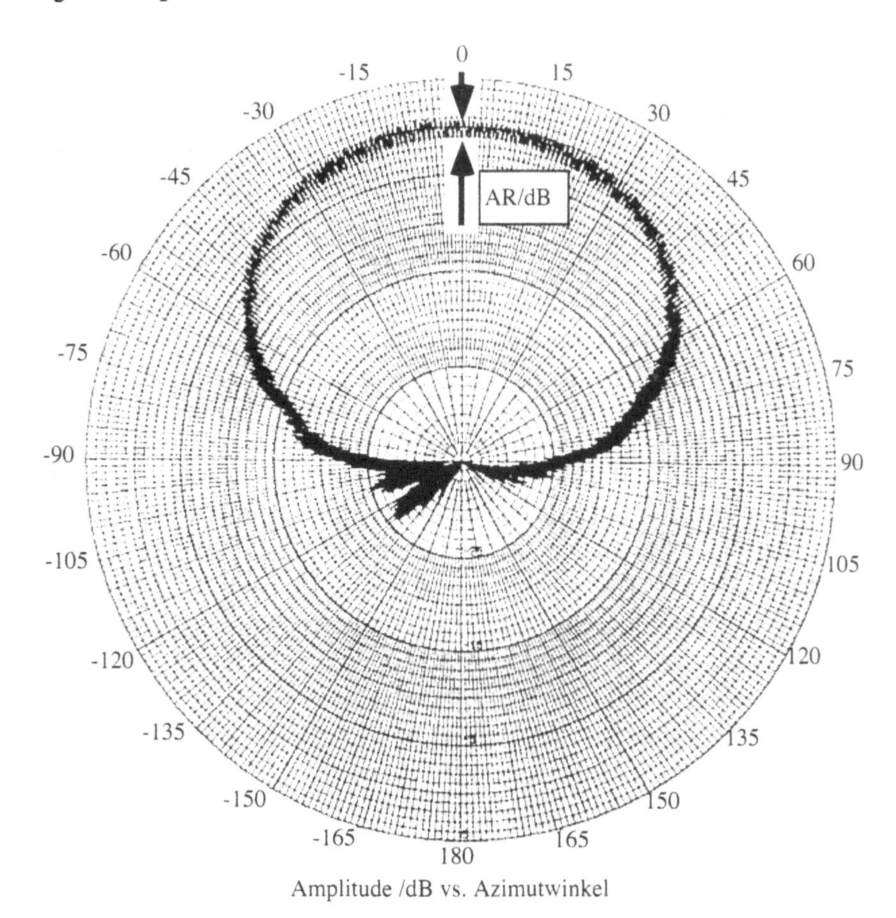

Bild 9.15
Richtdiagramm für eine zirkular polarisierte Antenne mit dem Achsenverhältnis AR in Hauptstrahlrichtung. AR ist das Verhältnis von großer zu kleiner Achse der Ellipse, auf welcher der elektrische Feldvektor rotiert.

Dreht man dazu noch die Empfangsantenne in Azimut oder Elevation, so erhält man ein Richtdiagramm nach Bild 9.15. Die beiden Einhüllenden dieser Kurve geben die in einer bestimmten Raumrichtung maximal bzw. minimal empfangene Leistung an. Die Differenz zwischen beiden wird als **Achsenverhältnis** AR (axial ratio) bezeichnet. Ein entsprechendes Maß ist die Elliptizität (= arccot(±AR)). Eine Abweichung des Achsenverhältnisses vom angestrebten Wert 1 reduziert den Gewinn von Antennen, wenn diese zirkular angestrahlt werden. Die Gewinnreduzierung errechnet sich aus:

$$\Delta G = \frac{(1+\mathrm{AR})^2}{2+2\mathrm{AR}^2} \qquad \text{AR in linearem Ma°stab}\,;\ \mathrm{AR}/\mathrm{dB} = 20\log \mathrm{AR} \qquad (9.20)$$

Das Achsenverhältnis ist damit ein Maß für die Qualität einer Empfangsantenne für zirkular polarisierte Wellen.

Ein letzter Punkt ist noch zur Aufnahme eines Richtdiagramms zu besprechen. Bisher wurde nicht angegeben, wie die zu vermessende Antenne auf dem Drehtisch zu montieren ist, oder genauer, welcher Punkt als Nullpunkt des Kugelkoordinatensystems der Messung gewählt werden sollte. Wenn man sich im Fernfeld befindet, ist es für die Messung der Richtcharakteristik nach Gleichung (9.8), die mit den Beträgen der Felder definiert ist, tatsächlich von geringer Bedeutung, wo sich der Nullpunkt des Koordinatensystems genau befindet. Eine geringe Verschiebung des Nullpunkts, z.B. ein Versatz der zu vermessenden Antenne auf dem Drehtisch, würde den Abstand zur Meßantenne in den verschiedenen Positionen nur geringfügig ändern und hätte damit auch auf die gemessenen Feldstärken bzw. Leistungsdichten kaum Einfluß.

Interessiert man sich nun aber für einen Phasenverlauf des Richtdiagramms (nach Gleichung (9.8) ohne Betragsbildung), so hat auch eine geringfügige Verschiebung des Nullpunkts erhebliche Auswirkungen. Zur vollständigen Angabe des Richtdiagramms gehört dann eigentlich die Angabe des Nullpunkts des Kugelkoordinatensystems der Messung. Man wählt normalerweise das sogenannte **Phasenzentrum** als Nullpunkt (und damit als Drehpunkt der Messung). Das Phasenzentrum ist definiert als der Mittelpunkt der idealisiert als Kreis (bzw. als Kugel im dreidimensionalen) angenommenen Phasenebenen im Fernfeld. Wenn die Phasenebenen tatsächlich Kreise bilden, erhält man mit dem Phasenzentrum als Nullpunkt ein Richtdiagramm mit konstanter Phase, die abgestrahlte Welle kann dann gewissermaßen als Kugelwelle (allerdings mit nicht konstanter Amplitude) angesehen werden. Im streng mathematischen Sinn existiert ein solches Phasenzentrum nur für wenige einfache Antennenformen wie die Dipolantenne. Dennoch ist es sinnvoll, ein Phasenzentrum auch für andere Antennen so anzugeben, daß der Phasengang der Richtcharakteristik möglichst glatt wird, und zum Nullpunkt der Messung zu wählen. Das ist gerade beim Zusammenschalten mehrerer Antennen zu einem Array von Bedeutung, weil dann die Differenzphasen zwischen den Leistungsanteilen einzelner Antennen eine Rolle spielen. Mit einem geeignet gewählten Phasenzentrum kann oft der Phasengang der Richtcharakteristik vernachlässigt werden, was den Entwurf solcher Arrays erheblich erleichtern kann.

10 Anhang

10.1 Signalflußdiagramme

Die Methode der Signalflußdiagramme erlaubt die Berechnung des Übertragungsverhaltens von Netzwerken durch Modellierung mit einem Signalflußgraphen. Grundelemente eines solchen Graphen sind Knoten, welche die Leistungswellen a_i, b_i darstellen, und gerichtete Kanten, welche die Übertragungswege der Leistungswellen symbolisieren. Auf einer Kante wird die übertragene Leistungswelle mit dem Transmissionsfaktor, der zunächst einem Streuparameter entspricht, multipliziert. Mit diesen Elementen ist eine Darstellung der Streuparameterbeschreibung von Netzwerken möglich. Durch graphische Manipulationsregeln werden Umformungen ermöglicht, welche die Berechnung des Übertragungs- oder Reflexionsverhaltens eines Netzwerks stark vereinfachen können, die vor allem aber anschaulicher sind als rein rechnerische Umformungen.

Signalflußdiagramme einfacher Netzwerke

Quelle mit Reflexionsfaktor r_S $b_G = b_S + r_S a_G$	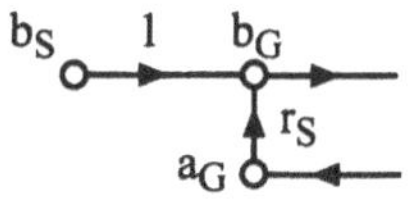
Last mit Reflexionsfaktor r_L $b_L = r_L a_L$	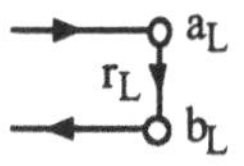
allgemeines Zweitor $\begin{pmatrix} b_1 \\ b_2 \end{pmatrix} = \begin{bmatrix} S_{11} & S_{12} \\ S_{21} & S_{22} \end{bmatrix} \begin{pmatrix} a_1 \\ a_2 \end{pmatrix}$	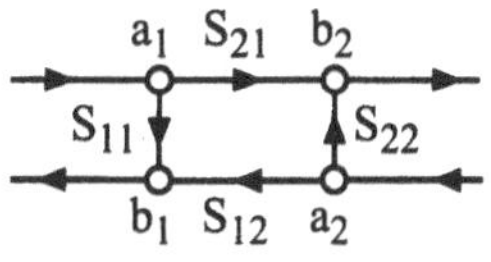
allgemeines Dreitor $\begin{pmatrix} b_1 \\ b_2 \\ b_3 \end{pmatrix} = \begin{bmatrix} S_{11} & S_{12} & S_{13} \\ S_{21} & S_{22} & S_{23} \\ S_{31} & S_{32} & S_{33} \end{bmatrix} \begin{pmatrix} a_1 \\ a_2 \\ a_3 \end{pmatrix}$	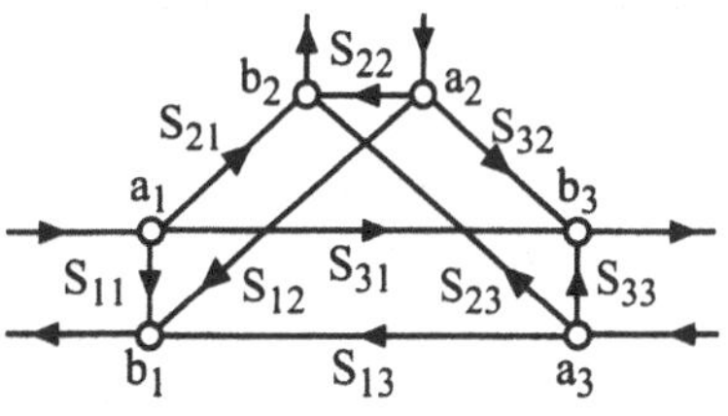

Durch Kombination dieser Netzwerke, d. h. verbinden der Knoten, die den ein- und auslaufenden Wellen entsprechen, können beliebige Schaltungen mit Ein-, Zwei- oder Dreitoren modelliert werden. Zur Vereinfachung der dabei entstehenden komplizierten Flußgraphen benötigt man die folgenden Regeln.

Definitionen und Umformungsregeln

Ein **Pfad** durchläuft das Netzwerk in Richtung der Kanten, wobei kein Knoten zweimal überschritten werden darf. Die **Pfadtransmission** ist das Produkt der Transmissionsfaktoren aller Kanten, die der Pfad durchläuft.

Eine **Schleife erster Ordnung** ist ein geschlossener Pfad, ihre **Schleifentransmission** ist der Wert des Pfades

Eine **Schleife n-ter Ordnung** besteht aus n Schleifen erster Ordnung, die sich nicht berühren, ihre **Schleifentransmission** ist das Produkt der Schleifentransmissionen dieser n Schleifen.

Mason'sche Regel: Der Transmissionsfaktor, der das Verhältnis zweier Wellenamplituden x (a oder b) an den Knoten k und j beschreibt, kann angegeben werden als:

$$T_{kj} := \frac{x_k}{x_j} = \frac{\begin{array}{c} P_1\left[1-\sum^{(1)}L(1)+\sum^{(1)}L(2)-\sum^{(1)}L(3)\pm\ldots\right] \\ +P_2\left[1-\sum^{(2)}L(1)+\sum^{(2)}L(2)-\sum^{(2)}L(3)\pm\ldots\right] \\ +\ldots \end{array}}{1-\sum L(1)+\sum L(2)-\sum L(3)\pm\ldots} \qquad (10.1)$$

Dabei ist:

P_i : Die Pfadtransmission des i-ten Pfades von j nach k. Die Summation muß über **alle** möglichen Pfade des betrachteten (Teil-)Netzwerks von j nach k erfolgen.

$\sum L(n)$: Die Summe der Schleifentransmissionen aller möglichen Schleifen n-ter Ordnung des (Teil-)Netzwerks.

$\sum^{(i)} L(n)$: Die Summe der Schleifentransmissionen aller möglichen Schleifen n-ter Ordnung des (Teil-)Netzwerks, die den i-ten Pfad nicht berühren.

Die Mason'sche Regel erlaubt es, in einem Signalflußdiagramm beliebige Transmissionsfaktoren T_{kj} zu bestimmen und Teilnetzwerke durch eine einzelne Kante zu ersetzen. Aus dieser allgemeinen Regel können Regeln für einfache Fälle hergeleitet werden. Dabei wird auch klar, welche Bedeutung die Schleifentransmission hat. Zuvor sei noch erwähnt, daß neben der Mason'schen Regel auch einige einfache Regeln, wie z.B. die Zusammenfassung zweier paralleler Kanten (Gleichgerichtete Kanten zwischen denselben Knoten) durch Addition ihrer Transmissionsfaktoren, hilfreich sind.

Elimination von Schleifen:

Das gegebene Teilnetzwerk hat nur den Pfad t_1 und eine Schleife erster Ordnung $t_1 \cdot t_2 \cdot t_3 \cdot t_4$. Verfolgt man den Weg eines Signals (mittleres Bild), so wird deutlich, daß die Schleife die Mehrfachreflexion beschreibt. Nach (10.1) ergibt sich

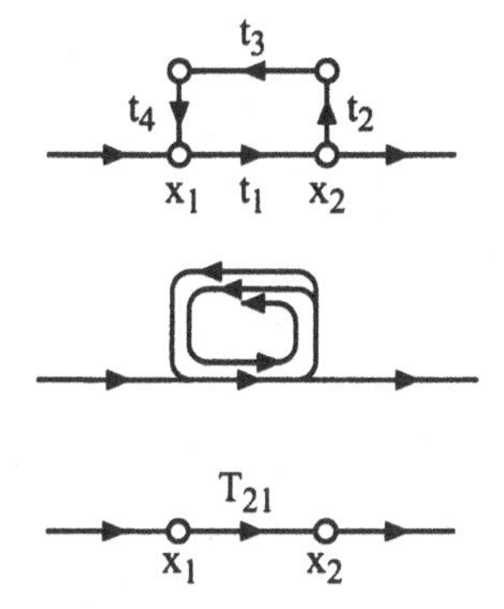

$$T_{21} = \frac{x_2}{x_1} = \frac{t_1}{1 - t_1 \cdot t_2 \cdot t_3 \cdot t_4}$$

Reflexion einer Reihenschaltung von Zweitor und Last:

Das Netzwerk hat die Pfade S_{11} und $S_{21} \cdot r_L \cdot S_{12}$ sowie eine Schleife erster Ordnung $S_{22} \cdot r_L$ Am Weg des Signals (mittleres Bild) wird wieder deutlich, daß die Schleife die Mehrfachreflexion zwischen Last und Zweitor beschreibt. Nach (10.1) ergibt sich

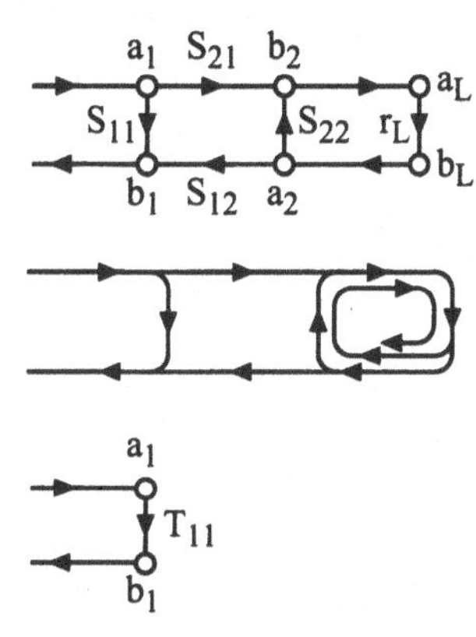

$$T_{11} = \frac{b_1}{a_1} = \frac{S_{11}(1 - S_{22} r_L) + S_{21} r_L S_{12}}{1 - S_{22} r_L}$$

$$T_{11} = \frac{b_1}{a_1} = S_{11} + \frac{S_{21} r_L S_{12}}{1 - S_{22} r_L}$$

Transmission durch ein beschaltetes Dreitor:

Es genügt die Berechnung einer Transmission. Das Ergebnis kann aus Symmetriegründen auf die anderen Transmissionen übertragen werden.

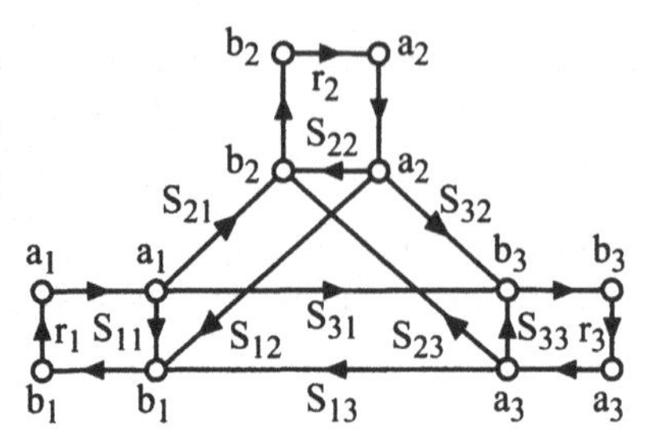

Schleifen 1. Ordnung -> $\sum L(1)$
$r_1 \cdot S_{11}$, $r_2 \cdot S_{22}$, $r_3 \cdot S_{33}$,
$r_1 \cdot S_{21} \cdot r_2 \cdot S_{12}$, $r_2 \cdot S_{32} \cdot r_3 \cdot S_{23}$, $r_3 \cdot S_{13} \cdot r_1 \cdot S_{31}$,
$r_1 \cdot S_{21} \cdot r_2 \cdot S_{32} \cdot r_3 \cdot S_{13}$, $r_1 \cdot S_{31} \cdot r_3 \cdot S_{23} \cdot r_2 \cdot S_{12}$

Schleifen 2. Ordnung -> $\sum L(2)$
$r_1 \cdot S_{11} \cdot r_2 \cdot S_{22}$, $r_1 \cdot S_{11} \cdot r_3 \cdot S_{33}$, $r_2 \cdot S_{22} \cdot r_3 \cdot S_{33}$,
$r_1 \cdot S_{21} \cdot r_2 \cdot S_{12} \cdot r_3 \cdot S_{33}$, $r_2 \cdot S_{32} \cdot r_3 \cdot S_{23} \cdot r_1 \cdot S_{11}$, $r_3 \cdot S_{13} \cdot r_1 \cdot S_{31} \cdot r_2 \cdot S_{22}$,

Schleifen 3. Ordnung -> $\sum L(3)$
$r_1 \cdot S_{11} \cdot r_2 \cdot S_{22} \cdot r_3 \cdot S_{33}$

Pfade, z. B. von a_1 nach b_2:
S_{21} (berührt nicht $r_3 \cdot S_{33}$), $S_{31} \cdot r_3 \cdot S_{23}$ (berührt alle Schleifen)

$$-> \quad \frac{b_k}{a_j} = \frac{S_{kj}(1 - S_{ii} r_i) + S_{ij} r_i S_{ki}}{\text{Nenner}} \qquad \text{Nenner} = 1 - \sum L(1) + \sum L(2) - \sum L(3) \quad (10.2)$$

mit j: einspeisendes Tor, k: Ausgangstor, i: drittes Tor (beschaltet)

Abweichungen der Darstellungen im Text von der Norm

Die in Abschnitt 3.1.2 benutzte Form unterscheidet sich zunächst dadurch von der normgerechten Darstellung, daß an Signalquellen und -senken auch weggedämpfte Leistungsanteile durch entsprechende Leistungswellen angegeben wurden. Damit wird der Energieerhaltungssatz in die Flußdiagrammdarstellung eingeführt, um die Gleichungen zur Leistungsmessung herleiten zu können. Zweitens wurden Leistungswellen durch Pfeile an den Signalpfaden symbolisiert, um das Ablesen der Gleichungen aus den Diagrammen auch ohne Kenntnis der Methode der Signalflußdiagramme zu ermöglichen. Zur Umwandlung der Diagramme im Text in eine normgerechte Darstellung sind einfach die Werte an den "Leistungswellen"-Pfeilen den jeweils nächstliegenden Knoten zuzuordnen, wobei weggedämpfte Leistungswellen wegzulassen sind.

10.2 Richtschärfe eines Kopplers bei reflektierender Last

Die Richtschärfe eines Kopplers (siehe Bild 8.6) wird durch Reflexion an den Ausgängen verschlechtert. Beispielsweise bei der Reflexionsmessung tritt diese Situation immer dann auf, wenn das Meßobjekt nicht direkt an den Koppler angeschlossen, sondern über einen Adapter mit ihm verbunden wird. Eine einfache "worst case" Abschätzung der effektiven Richtschärfe R_{eff} einer Kombination Koppler-reflektierender Adapter erhält man durch Addition der Richtschärfe des Kopplers mit dem um die Koppeldämpfung verbesserten Reflexionsfaktor des Adapters:

$$R_{eff} / \mathrm{dB} = 20 \log\left(10^{-\frac{|R_{Koppler}|}{20\mathrm{dB}}} + 10^{-\frac{|r_{Adapter}|+3\mathrm{dB}}{20\mathrm{dB}}} \right) \qquad (10.3)$$

Dabei wurde eine (minimale) Koppeldämpfung von 3 dB angenommen. Man erhält die in Bild 10.1 dargestellte effektive Richtschärfe.

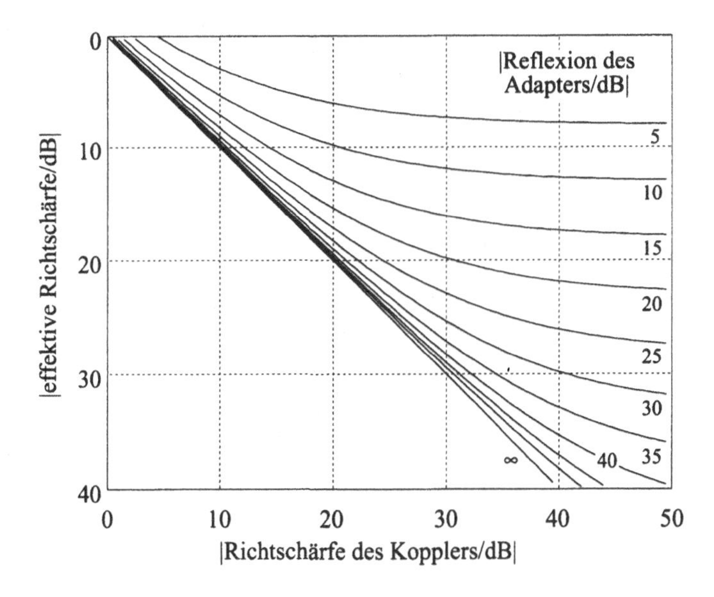

Bild 10.1
Effektive "worst case" Richtschärfe eines mit einem fehlangepaßten Adapter beschalteten Kopplers in Abhängigkeit von der Richtschärfe des Kopplers; Parameter ist der Reflexionsfaktor des Adapters.

10.3 Umrechnung Reflexion - Stehwellenverhältnis

$\|r/dB\|$ Rückfluß- dämpfung "return loss"	r Reflexion "(voltage) reflection coefficient"	$r^2/\%$ Leistungs- reflexion/% "power reflection"	$\|t/dB\|$ Trans- missions- dämpfung "trans-mission loss"	t Trans- mission "(voltage) trans-mission coefficient"	$(1-r^2)/\%$ Leistungs- trans- mission/% "power trans-mission"	SWR/dB VSWR Stehwellen- verhältnis "standing wave ratio" SWR/dB = 20 log(VSWR)	
$-20\log(r)$	$\frac{VSWR-1}{VSWR+1}$	$r^2/\%$	$-20\log(t)$	$\sqrt{1-r^2}$	$(1-r^2)/\%$	SWR	$\frac{1+r}{1-r}$
0.00	1.00	100	∞	0.00	0.00	∞	∞
0.500	0.944	89.1	9.64	0.330	10.9	30.8	34.8
1.00	0.891	79.4	6.87	0.454	20.6	24.8	17.4
1.50	0.841	70.8	5.35	0.540	29.2	21.3	11.6
2.00	0.794	63.1	4.33	0.607	36.9	18.8	8.72
2.50	0.750	56.2	3.59	0.662	43.8	16.9	7.00
3.00	0.708	50.1	3.02	0.706	49.9	15.3	5.85
3.50	0.668	44.7	2.57	0.744	55.3	14.0	5.03
4.00	0.631	39.8	2.20	0.776	60.2	12.9	4.42
4.50	0.596	35.5	1.90	0.803	64.5	11.9	3.95
5.00	0.562	31.6	1.65	0.827	68.4	11.1	3.57
5.50	0.531	28.2	1.44	0.847	71.8	10.3	3.26
6.00	0.501	25.1	1.26	0.865	74.9	9.57	3.01
6.50	0.473	22.4	1.10	0.881	77.6	8.93	2.80
7.00	0.447	20.0	0.967	0.895	80.0	8.35	2.61
7.50	0.422	17.8	0.850	0.907	82.2	7.81	2.46
8.00	0.398	15.8	0.749	0.917	84.2	7.32	2.32
8.50	0.376	14.1	0.661	0.927	85.9	6.87	2.20
9.00	0.355	12.6	0.584	0.935	87.4	6.44	2.10
9.50	0.335	11.2	0.517	0.942	88.8	6.05	2.01
10.0	0.316	10.0	0.458	0.949	90.0	5.69	1.92
10.5	0.299	8.91	0.405	0.954	91.1	5.35	1.85
11.0	0.282	7.94	0.359	0.959	92.1	5.03	1.78
11.5	0.266	7.08	0.319	0.964	92.9	4.74	1.73
12.0	0.251	6.31	0.283	0.968	93.7	4.46	1.67
12.5	0.237	5.62	0.251	0.971	94.4	4.20	1.62
13.0	0.224	5.01	0.223	0.975	95.0	3.96	1.58
14.0	0.200	3.98	0.176	0.980	96.0	3.51	1.50
15.0	0.178	3.16	0.140	0.984	96.8	3.12	1.43
16.0	0.158	2.51	0.110	0.987	97.5	2.78	1.38
18.0	0.126	1.58	0.0694	0.992	98.4	2.20	1.29
20.0	0.100	1.00	0.0436	0.995	99.0	1.74	1.22
22.0	0.0794	0.631	0.0275	0.997	99.4	1.38	1.17
25.0	0.0562	0.316	0.0138	0.998	99.7	0.978	1.12
30.0	0.0316	0.1	0.00	0.999	99.9	0.55	1.07
35.0	0.0178	0.0316	0.00	1.000	100.0	0.309	1.04
40.0	0.01	0.01	0.00	1.000	100.0	0.174	1.02
∞	0.00	0.00	0.00	1.000	100.0	0.000	1.00

10.4 Wichtige Hersteller von Meßgeräten im Hochfrequenz- und Mikrowellenbereich (Stand 1998)

Hersteller (alphabetisch)	**Deutschlandvertretung**	
Anritsu GmbH (USA/Japan)	Düsseldorf	
www.anritsuwiltron.com	Tel. 0211/96855-0	
Hewlett-Packard (USA)	z.B. HP DIREKT oder	Zentrale Böblingen
www.hewlett-packard.de	Tel. 0180/524-6330	07031/14-0
IFR Systems (USA)	IFR GmbH Dachau	
www.ifrsys.com	Tel. 08131/2926-0	
Marconi: siehe IFR		
Rohde&Schwarz (D)	Werk München	Vertrieb Karlsruhe
www.rsd.de	Tel. 089/4129-0	0721/97821-0
Tektronix (USA)	Vertrieb Köln	
www.tek.com	Tel. 0221/9477-0	
Wiltron: siehe Anritsu		

Diese Liste erhebt keinen Anspruch auf Vollständigkeit. Es gibt eine Vielzahl auch von kleineren Unternehmen, die Meßgeräte oder Zusätze und Erweiterungen herstellen und auf ihrem Arbeitsgebiet hohe Qualität bieten können (z.B. AB Millimetre (F), spezialisiert auf Millimeterwellen-VNWAs). Viele kleinere Hersteller bieten ihre Produkte über Distributoren an (z.B. Parzich GmbH, Puergen, Tel. 08196/7021).

Literatur

Im folgenden sind Bücher und einige spezielle Publikationen zur Hochfrequenzmeßtechnik, geordnet nach Autor oder Herausgeber, angegeben. Es sei jedoch darauf hingewiesen, daß neueste Informationen am besten in Prospekten und Lehrgängen der Hersteller zu erhalten sind. Zur Forschung in der Meßtechnik findet man Artikel in verschiedenen wissenschaftlichen Zeitschriften, beispielsweise in "IEEE Transactions on Instrumentation and Measurement". Bei einigen Fragestellungen sind auch die im nachfolgenden Bildnachweis genannten Quellen hilfreich.

Einführende und allgemeine Literatur zur Hochfrequenzmeßtechnik

A. E. Bailey, "Microwave Measurements", Peter Peregrinus Verlag, London, 2. Auflage, 1989.

G. H. Bryant, "Principles of Microwave Measurements", Peter Peregrinus Verlag, London, 1988.

G.F. Engen, "Microwave Circuit Theory and Foundations of Microwave Metrology", IEE Electrical Measurement Series 9, Peter Peregrinus Verlag, London, 1992.

H. Groll, "Mikrowellenmeßtechnik", Vieweg Verlag, Braunschweig, 1969.

G. Käs, P. Pauli, "Mikrowellentechnik", Franzis Verlag, München, 1991.

M. Kummer, "Grundlagen der Mikrowellentechnik", Kapitel 9, VEB Verlag Technik, Berlin, 2.Auflage, 1989.

T. S. Laverghetta, "Microwave Measurements and Techniques", Artech House, Dedham, 1976.

B. Schiek, "Meßsysteme der Hochfrequenztechnik", Hüthig Verlag, Heidelberg, 1984.

W. D. Schleifer, "Hochfrequenz- und Mikrowellenmeßtechnik in der Praxis", Hüthig Verlag, Heidelberg, 1981.

E. Schuon, H. Wolf, "Nachrichten-Meßtechnik", Springer Verlag, Heidelberg, 1987.

Literatur zu einzelnen Kapiteln oder zu speziellen Themengebieten

Kapitel 2: Meßgeneratoren

A. Blanchard, "Phase-Locked Loops: Application to Coherent Receiver Design", John Wiley & Sons , New York, 1976.

J.A. Crawford, "Frequency Synthesizer Design Handbook", Artech House, London, 1994.

M.T. Faber, J. Chramiec, M.E. Adamski, "Microwave and Millimeter-Wave Diode Frequency Multipliers", Artech House, London, 1995.

F.M. Gardner, "Phaselock Techniques", John Wiley & Sons , New York, 1967.

S.A. Maas, "Microwave Mixers", Artech House, London, 1993.

S.A. Maas, "Nonlinear Microwave Circuits", Artech House, London, 1993.

R.C. Rogers, "Low Phase Noise Microwave Oscillator Design, Artech House, London, 1991.

Kapitel 3: Leistungsmessung

A. Fantom, "Radio Frequency and Microwave Power Measurement", Peter Peregrinus Verlag, London, 1990.

Hewlett-Packard, "Fundamentals of RF and Microwave Power Measurements", HP Application Note 64-1A, 1997.

H.-J. Michel, "Zweitor-Analyse mit Leistungswellen", Teubner Verlag, Stuttgart, 1981.

Kapitel 4: Frequenzmessung

Chronos Group, "Frequency Measurement and Control", Chapman & Hall, London, 1993.

Hewlett-Packard, "Fundamentals of Electronic Counters", HP Application Note 200, 1978.

Kapitel 5: Hochfrequenz-Spektralanalysatoren

M.Engelson, F. Telewski, "Spectrum Analyzer, Theory and Applications", Artech House, London, 1974.

Hewlett-Packard, "Spectrum Analysis" und "Spectrum Analysis....Pulsed RF", HP Application Notes 150-1 und 150-2, 1989 und 1971.

Kapitel 6: Hochfrequenzmessungen in der Modulationsebene

M. I. Skolnik, "Radar Handbook", zweite Auflage, McGraw-Hill, New York, 1990.

Kapitel 7: Phasenrauschmeßtechnik

Hewlett-Packard, "Phasenrausch-Meßtechnik im HF- und Mikrowellenbereich", Seminarunterlagen, 1988.

National Bureau of Standards, "Characterization of Frequency Stability", NBS Technical Note 394, 1970.

Kapitel 8: Lineare Netzwerkanalyse

Hewlett-Packard, "Skalare Netzwerkanalyse im Mikrowellenbereich", Seminarunterlagen, 1987.

Hewlett-Packard, "Understanding the Fundamental Prinziples of Vector Network Analysis", "Exploring the Architectures of Network Analysers" und "Applying Error Correction to Network Analyser Measurements", HP Application Notes 1287-1, 1287-2 und 1287-3, 1997.

K. D. Kammeyer, K. Kroschel: "Digitale Signalverarbeitung", Teubner Verlag, Stuttgart, 1989, 4. Auflage 1998.

H.-J. Michel, "Zweitor-Analyse mit Leistungswellen", Teubner Verlag, Stuttgart, 1981.

Kapitel 9: Antennenmeßtechnik

C.A. Balanis, "Antenna Theory", John Wiley & Sons, New York, 1982.

"IEEE Standard Test Procedures for Antennas", The Institute of Electrical and Electronics Engineers, 1979.

E. Stirner, "Antennen, Band 3: Meßtechnik", Hüthig Verlag, Heidelberg, 1985.

Mathematische Handbücher

M. Abramowitz, I.A. Stegun, "Pocketbook of Mathematical Functions" (gekürzte Ausgabe des "Handbook of Mathematical Functions"), Verlag Harri Deutsch, Frankfurt/Main, 1984.

I.N. Bronstein, K.A. Semendjajew, "Taschenbuch der Mathematik", Verlag Harri Deutsch, Frankfurt/Main, 1987.

Bildnachweis

Folgende Bilder wurden mit freundlicher Genehmigung der jeweils genannten Firmen verwendet:

Advanced ElectroMagnetics, Inc.

Bild 9.9 "Products and Services for Anechoic Chambers", Prospekt, 1991.

EIP Microwave Inc.

Bild 4.10 Nach Geräteunterlagen.

Bild 4.11 Nach Geräteunterlagen.

Hewlett Packard GmbH

Bild 1.3 Nach "A Modulation-Domain Analyzer", Hewlett Packard, Microwave Journal, Januar 1991, 169-171.

Bild 2.22 Nach den mitgelieferten Geräteunterlagen des HP 83599 A.

Bild 2.23 "Microwave sources yield improved performance at diminishing cost", Jack Browne, Microwaves & RF, November 1989.

Bild 2.25 Nach den mitgelieferten Geräteunterlagen des HP 83650 A.

Bild 2.26 Nach den mitgelieferten Geräteunterlagen des HP 83650 A .

Bild 2.27 "Swept sources synthesize clean signals to 40 GHz", Jack Browne, Microwaves & RF, November 1989.

Bild 2.28 Nach den mitgelieferten Geräteunterlagen des HP 83650 A.

Bild 2.29 Nach den mitgelieferten Geräteunterlagen des HP 83650 A.

Bild 3.16 "Coaxial & Waveguide Measurement Accessories Catalog", Katalog Nr. 5952-8262, 1982.

Bild 3.18 HP Application Note 64-1, 1977.

Bild 3.27 HP 33334 B, C, D, E Coaxial GaAs Microwave Detectors - Technical Data, Datenblatt, 1989.

Bild 5.1 Nach "Grundlagen der dynamischen Signalanalyse", Hewlett-Packard Application Note 243, 1989.

Bild 5.16 Nach den mitgelieferten Geräteunterlagen des HP 8569 B.

Bild 5.33 "HP 4396A 1,8-.GHz-Netzwerk / Spektrum-Analysator", Prospekt, 1992.

Bild 6.1 Nach "HP 5371A Frequency and Time Interval Analyzer - Technical Data", Datenblatt Nr. 5952-7940, 1988.

Bild 6.3 Nach "Frequency and Time Interval Analyzer Measurement Hardware", Paul S. Stephenson, HP Journal, Februar 1989, 35-41.

Bild 6.4 Nach "HP 5371A Frequency and Time Interval Analyzer - Technical Data", Datenblatt Nr. 5952-7940, 1988.

Bild 6.6 "Pre-Trigger Simplifies VCO Step Response Measurements", HP Application Note 358-4, 1989.

Bild 6.8 "Modulation Domain", Prospekt Nr. 5952-7957

Bild 6.9 Nach "HP 5371A Frequency and Time Interval Analyzer - Technical Data", Datenblatt Nr. 02-5952-7940, 1988.

Bild 6.10 "Die Frequenz-Zeit-Ebene - Eine neue Dimension", Wilfried Horneff (HP), Sonderdruck aus "e" 9 vom 25.04.89.

Bild 6.11 "Clock Rate Independent Jitter Measurements for Digital Communications", HP Application Note 358-5, 1989.

Bild 6.12 "Characterizing Chirp Coded Modulation in Radar Systems", HP Application Note 358-11, 1989; Modulation Domain Techniques for Measuring Complex Radar Signals", HP Application Note 358-9, 1989.

Bild 6.13 "Characterizing Barker Coded Modulation in Radar Systems", HP Application Note 358-10, 1989.

Bild 7.2 Nach "Phasenrausch-Meßtechnik im HF- und Mikrowellenbereich", Seminarunterlagen, 1988.

Bild 7.3 Nach "Phasenrausch-Meßtechnik im HF- und Mikrowellenbereich", Seminarunterlagen, 1988.

Bild 7.8 "Low Phase Noise Applications of the HP 8662A and 8663A", HP Application Note 283-3, 1986.

Bild 7.10 "HP 3048A Phase Noise Measurement System, Technical Data" Datenblatt Nr. 5951-6720, 1988.

Bild 7.13 Nach "Simplify Frequency Stability Measurements with Built-in Allan Variance Analysis", HP Application Note 358-12, 1989.

Bild 7.15 "Simplify Frequency Stability Measurements with Built-in Allan Variance Analysis", HP Application Note 358-12, 1989.

Bild 7.19 Nach "Phasenrausch-Meßtechnik im HF- und Mikrowellenbereich", Seminarunterlagen, 1988.

Bild 7.25 Nach "Phasenrausch-Meßtechnik im HF- und Mikrowellenbereich", Seminarunterlagen, 1988.

Bild 7.26 Nach "Phasenrausch-Meßtechnik im HF- und Mikrowellenbereich", Seminarunterlagen, 1988.

Bild 7.29 Nach "Phasenrausch-Meßtechnik im HF- und Mikrowellenbereich", Seminarunterlagen, 1988.

Bild 7.31 "Phasenrausch-Meßtechnik im HF- und Mikrowellenbereich", Seminarunterlagen, 1988.

Bild 7.33 Nach "Phasenrausch-Meßtechnik im HF- und Mikrowellenbereich", Seminarunterlagen, 1988.

Bild 8.3 Nach "Vektorielle Netzwerkmessungen im HF-Bereich", Seminarunterlagen, 1989.

Bild 8.13 Nach "Powerful network analyser refines microwave measurements", C.R. Braun, MSN, Jan. 1984, 56-64.

Bild 8.14 Nach "Powerful network analyser refines microwave measurements", C.R. Braun, MSN, Jan. 1984, 56-64.

Bild 8.16 "Vektor-Netzwerk-Analyse mit HF-Pulssignalen", Philip Lorch (HP), HF-Report, April 1990, 66.

Bild 8.18 "Vektorielle Netzwerkmessungen im HF-Bereich", Seminarunterlagen, 1989.

Bild 8.19 "Vektorielle Netzwerkmessungen im HF-Bereich", Seminarunterlagen, 1989.

Bild 8.30 "HP 8510 B Network Analyzer - Techical Data", Datenblatt, 1988; "Network Analysis - Applying the HP 8510 B TRL calibration for non-coaxial measurements", HP Product Note 8510-8, 1987; "HP 85109 C Network Analyzer System - Techical Data", Prospekt, 1993; "On-wafer test meets the single-key cal", Microwave Engineering Europe, October 1992, 16.

Tabelle S. 218 "Coaxial & Waveguide Measurement Accessories Catalog", Katalog Nr. 5952-8262, 1982.

Parzich GmbH (langjährige Deutschlandvertretung der Hughes Aircraft Company)

Bild 2.3 Nach "Hughes Millimeter-Wave Products", Katalog 1990, S.79.

Bild 2.6 Nach "Hughes Millimeter-Wave Products", Katalog 1990, S.41.

Bild 2.31 "MM-Wave Synthesizer has 8-to-15-GHz Bandwidth", M.P Fortunato und K.Y. Ishikawa, Microwaves, Mai 1982.

Bild 2.32 Nach "Hughes Millimeter-Wave Products", Katalog 1990, S.44.

Bild 2.33 Nach "Hughes Millimeter-Wave Products", Katalog 1990, S.45.

Bild 3.28 Nach "Hughes Millimeter-Wave Products", Katalog 1990, S.75.

Bild 4.3 Nach "Hughes Millimeter-Wave Products", Katalog 1990, S.32.

Wandel & Goltermann

Bild 5.19 "Meßtechnik-Symposium: HF- und Mikrowellentechnik", Seminarunterlagen, 1990.

Wiltron-Anritsu

Bild 2.30 "6600B Series Sweep Generators", Prospekt, 1986.

Bild 8.31 "Model 562 Scalar Network Analyzer 10 MHz to 40 GHz", Prospekt, 1989.

Alle weiteren Messungen wurden mit einem Tektronix Tek 494 AP Spektralanalysator oder einem HP 8510 C VNWA aufgenommen.

Sachwortverzeichnis